中国好家风故事读本

上册

上海文化出版社
上海故事会文化传媒有限公司

序言
Preface

家风恒久远 故事永流传

(代序)

在中华民族的价值体系中,家庭通常处于个人与社会的中介位置。而在实践理性中,修身、齐家、治国三个层次,家庭治理又起到"内圣外王"的桥梁作用。家庭单元的重要性自不待言。

同时,我们也看到,在家庭的话语系统中,家风、家规(家训、家范)一明一暗,相辅相成,是一个家庭(家族)长期积累、形成的认知标准和行为惯习,是人生启蒙教育和养成教育的重要基础。

如果说,家规(家训、家范)秉持外在的、具体的、有形的、成文的规定性,那么,家风则具有内在的、抽象的、无形的、不成文的约束力。家庭(家族)中如有人违犯了家规(家训、家范)将会受到相应的惩罚,而败坏家风者则需要承担一定的道德风险。

也正因为家风"羚羊挂角,无迹可寻",同时又"春风化雨,润物无声",所以中国传统中把那些只可意会的家风,取其神而略其形,演绎成生动有趣的故事形式,口口相传,代代相沿,从而汇聚成中华民族家风故事之"名山大川",高山仰止,景行行止;遗风余泽,沾馥后人。

一时之语,可以守之百世;一家之语,可以共之天下。

史载,鲁国有位叫敬姜的母亲,早年守寡,以绩线为生,养家糊口。儿子公父文伯长大做了官,一天退朝回来发现她还在纺线,就有点不大高兴,说现在自己当了官,而母亲仍劬劳如初,别人会认为自己不够孝顺。敬姜听了,马上变了脸色,把文伯教训了一番:"今我,寡也,尔又在下位,朝夕处事,犹恐忘先人之业,况有怠惰,其何以避辟!"后来,人们便以"敬姜犹绩"的故事,提醒人们富贵了也不应忘记"初心"。

杨震是东汉时期著名的政治家。民间所传"四知"的故事,就出自他的一段经历。说一天晚上,有个叫王密的学生来到杨震家,神神秘秘地给他递了个包裹,打开来,里面严严实实包着十斤黄金,王密笑着说这事没人知道,劝杨震放心收下。杨震闻言大怒:"你这行为就是行贿;我如收下便是收贿。这么大的事,你知、我知、天知、地知,你怎么说没人知道呢?"他虽身居高位,但为官清廉,家庭生活也很节俭。转任涿州太守时,有人劝他替后代置办一些家产,被他严词拒绝。他说:"我把清白家风留给子孙,这比什么样的遗产都要宝贵!"果如其言,杨震后代出了不少清官。史书称"自震至彪,四世三公,德业相继",而"震畏四知,秉去三祸"(秉是指杨震的儿子杨秉,曾说过"一生中有酒色财三不惑"的话),成为千古美谈。

像这样"薪火相传"的家风故事,历史上还有不少记载,如"书法世家"王羲之、王献之,"一门三学士"苏洵、苏轼、苏辙,以及人才辈出的"曾氏家族"等,但总而言之,莫不都是有了一个让人击节赞赏的好家风。是故有"家风正,子孙兴"之说。

毫无疑问，好家风是中华优秀传统文化之一。习近平总书记指出，要把家风建设放在重要位置。中华民族在五千多年的文明发展进程中创造了博大精深的中华文化，其中积淀着中华民族最深沉的精神追求，包含着中华民族最根本的精神基因，代表着中华民族独特的精神标识。中华优秀传统文化是中华民族的突出优势，是中华民族自强不息、团结奋进的重要精神支撑，是我们最深厚的文化软实力。

作为社会的晴雨表和时代的记录者，《故事会》杂志多年来一直讲述着老百姓喜爱的故事。渗透着家风、家教的家庭故事也不例外，是这本杂志的重点题材和应有之义。特别值得一提的是，2016年，在上海市妇女联合会的精心指导下，上海世纪出版集团、上海市出版工作者协会的大力支持下，浙江省丽水市莲都区人民政府、新民晚报社、《故事会》杂志社，联合举办了全国性"中国好家风"故事大型征文活动，应者云集，好稿频频。为此，《故事会》杂志特开辟"中国好家风"征文选登栏目，以相对集中的方式刊登了大量优秀征文作品。

《中国好家风故事读本》可以看作是集本次征文之大成。此外，为了让更多的读者看到更为优秀的作品，我们还择优选录了《故事会》历年来关于"家风"这一主题的部分优秀故事作品，以培育和弘扬社会主义核心价值观，将中华民族传统家庭美德发扬光大。

本书结构上共分"注重家教""持家有方""兄友弟恭""父慈子孝""夫妻情笃"等五方面，其主要特色有：

第一，小故事和大道理相结合。通过感人的细节、曲折的情节让读者进一步感受蕴涵其中的道德规范、传统风范。第二，文字和讲述相结合。加强作品的易读性和口传性。第三，当代和传统相结合。适当增选一些传统题材,以加强作品的亲和力和感染力。

需说明的是,参与本书的编选者对每则故事都进行了严格的把关、审核、讨论和细腻的艺术加工。在坚持故事文学特点的基础上塑造鲜明、生动的人物形象,提高艺术美感,力求口头性与文字性的完美结合,努力使每一篇作品都能读、能讲和能传。

《故事会》编辑部

目录 Content

家风恒久远 故事永流传(代序) ················· 3

第一章 注重家教 ················· 11

看门风 ·················	顾敬堂	12
父亲时代的借贷 ·················	王乃飞	18
抖腿 ·················	郑小亮	23
万里挑一 ·················	鲁 汉	28
老爸修族谱 ·················	大刀红	33
疯狂的茶虫 ·················	徐树建	38
一枚小铜钿 ·················	沈纪龙	43
草鸡宴 ·················	高国俊	48
空白有价 ·················	杨汉光	54
饿死不做贼 ·················	杨春萍	59
有口难开 ·················	张春风	63
千里姻缘 ·················	张成磊	67
老爷子还会这一手 ·················	无字仓颉	71
不义之财 ·················	唐雪嫣	75
谁是"古清风" ·················	张国心	81
第一堂课 ·················	宾能艺	86
一笔善款 ·················	马凤文	91
答对有奖 ·················	刘力超	95
门神 ·················	何 童	100

目录
Content

跟你学做人⋯⋯⋯⋯⋯⋯⋯⋯⋯⋯尹洪林 105
老爸不傻⋯⋯⋯⋯⋯⋯⋯⋯⋯⋯⋯韩 冬 109
做人的尊严⋯⋯⋯⋯⋯⋯⋯⋯⋯⋯唐雪嫣 115

第二章 持家有方⋯⋯⋯⋯⋯⋯⋯⋯⋯⋯ 119

治家有方⋯⋯⋯⋯⋯⋯⋯⋯⋯⋯⋯郑小亮 120
一只铜铃铛⋯⋯⋯⋯⋯⋯⋯⋯⋯⋯顾章玲 125
断锯⋯⋯⋯⋯⋯⋯⋯⋯⋯⋯⋯⋯⋯黄华明 130
谁动了我的微信⋯⋯⋯⋯⋯⋯⋯⋯张晶晶 135
广场舞的前世今生⋯⋯⋯⋯⋯⋯⋯凤 凰 140
差一票⋯⋯⋯⋯⋯⋯⋯⋯⋯⋯⋯⋯⋯老 时 144
走眼的行家⋯⋯⋯⋯⋯⋯⋯⋯⋯⋯裴文兵 149
老规矩破不得⋯⋯⋯⋯⋯⋯⋯⋯⋯曹景建 155
洪水袭来⋯⋯⋯⋯⋯⋯⋯⋯⋯⋯⋯童树梅 160
扯席⋯⋯⋯⋯⋯⋯⋯⋯⋯⋯⋯⋯⋯郑小亮 166
一条鱼⋯⋯⋯⋯⋯⋯⋯⋯⋯⋯⋯⋯叶敬之 171
难买的轿子⋯⋯⋯⋯⋯⋯⋯⋯⋯⋯赵功强 176
王家生意经⋯⋯⋯⋯⋯⋯⋯⋯⋯⋯童程东 179
藏钥匙⋯⋯⋯⋯⋯⋯⋯⋯⋯⋯⋯⋯翟怀舒 185
大头菜养鸭⋯⋯⋯⋯⋯⋯⋯⋯⋯⋯周秋兰 190
老爸的至宝⋯⋯⋯⋯⋯⋯⋯⋯⋯⋯魏 炜 195
经商之道⋯⋯⋯⋯⋯⋯⋯⋯⋯⋯⋯滕建军 200

目录
Content

最后一个苹果⋯⋯⋯⋯⋯⋯⋯⋯⋯⋯⋯⋯⋯杨汉光 205
认门酒⋯⋯⋯⋯⋯⋯⋯⋯⋯⋯⋯⋯⋯⋯⋯侯晓琪 208
这个女婿不简单⋯⋯⋯⋯⋯⋯⋯⋯⋯⋯⋯向曙红 213
父子约定⋯⋯⋯⋯⋯⋯⋯⋯⋯⋯⋯⋯⋯⋯阿　宇 220
洗礼⋯⋯⋯⋯⋯⋯⋯⋯⋯⋯⋯⋯⋯⋯⋯⋯何　燕 225

第三章 兄友弟恭⋯⋯⋯⋯⋯⋯⋯⋯⋯⋯ 231

哑巴失踪⋯⋯⋯⋯⋯⋯⋯⋯⋯⋯⋯⋯⋯⋯杨金凤 232
祖传书案⋯⋯⋯⋯⋯⋯⋯⋯⋯⋯⋯⋯⋯⋯王长昆 236
兄弟鞋⋯⋯⋯⋯⋯⋯⋯⋯⋯⋯⋯⋯⋯⋯⋯田　光 241
免费旅游⋯⋯⋯⋯⋯⋯⋯⋯⋯⋯⋯⋯⋯⋯徐军欢 246
两个白头翁⋯⋯⋯⋯⋯⋯⋯⋯⋯⋯⋯⋯⋯徐树建 252
一套遗产房⋯⋯⋯⋯⋯⋯⋯⋯⋯⋯⋯⋯⋯曾拥军 257
躲不掉的亲情⋯⋯⋯⋯⋯⋯⋯⋯⋯⋯⋯⋯韦　强 262
千金不做回头客⋯⋯⋯⋯⋯⋯⋯⋯⋯⋯⋯蕉下客 269
受伤的南瓜⋯⋯⋯⋯⋯⋯⋯⋯⋯⋯⋯⋯⋯杨汉光 276

- ◇ 以身垂范而教子侄,不在诲言之谆谆也。　　　　　　　——曾国藩
- ◇ 父兄之责,在躬行道德以范子弟,而著其条目于家教,子弟有不帅教者责之。　　　　　　　　　　　　　　　　　　　　　　——蔡元培
- ◇ 吾恐死而俗变。谨视尔家,毋变尔俗也。　　　　　——(春秋)晏婴
- ◇ 汝非独身当服行,并以训汝子孙,使知前辈之风俗云。——(宋)司马光
- ◇ 大抵童子之性,乐嬉游,而惮拘俭,如草之始萌芽,舒畅之,则条达,摧挠之,则衰萎。　　　　　　　　　　　　　　　　——(明)王守仁
- ◇ 只要思想未遭锢蔽的人,谁也喜欢子女比自己更强,更健康,更聪明高尚。　　　　　　　　　　　　　　　　　　　　　　　——鲁迅
- ◇ 养不教,父之过;教不严,师之惰。　　　　　　　　　——《三字经》
- ◇ 为子孙作富贵计者,十败其九。　　　　　　　　　　——(宋)林逋
- ◇ 富贵子弟无成者,失于姑息也;贫贱子弟易成者,习于严束也。
　　　　　　　　　　　　　　　　　　　　　　　　　——(清)陈芪
- ◇ 父之爱子,教以义方。　　　　　　　　　　　　　——(宋)司马光

第一章 注重家教

◇ 为人父者,慈惠以教;为人子者,孝悌以肃。 ——《管子》
◇ 为人父而不明父子之义以教其子而整齐之,则子不知为人子之道以事其父矣。故曰:父不父,则子不子。 ——《管子》
◇ 以德遗后者昌,以祸遗后者亡。谦柔卑退者,德之余;强暴奸诈者,祸之始。 ——(宋)林逋
◇ 自亲其亲,自爱其子,而不爱人之亲,不爱人之子,则天下之贫贱愚不肖者,老幼矜寡孤独废疾者,皆困苦颠连,失所教养矣。 ——康有为
◇ 为人母者,不患不慈,患于知爱而不知教也。 ——(宋)司马光

关键词：家教

> 家风对一个人的影响深远，所以看门风这个习俗也有一定的道理，但可千万别看走眼咯……

看门风

顾敬堂

东北早时候，媒婆保媒之后，当事人双方家长都会互相到对方家里瞅瞅：看看家里柴火垛堆得高不高，有几头大牲口，庄稼侍弄得好不好……以此来判断对方是不是过日子的家庭，这个行为被称为"看门风"。

何卓今年二十七岁了，至今没有结婚。两年前处过一个女朋友，自己感觉比较满意，回家一汇报，老爷子何局长端着茶杯沉吟半天说道："你先别着急拍板，等约个时间我去她家拜访一下，看看门风再决定。"

何局长的老伴有些担心地说道："都啥年代了还看门风，只要姑娘优秀就行了。"

何局长严厉地看了老伴一眼："老话说得好，'买猪得看圈'，家风不正能出好孩子？这事儿就这么定了！"

老伴不甘心地看了他一眼，没敢再争辩。

何局长带着礼物跟着何卓到了小丽家里，小丽家看来条件不错，一百四十平方的房子装修得富丽堂皇。小丽的母亲热情地寒暄过之后，给何局长奉上茶，带着老公和女儿扎进厨房忙活起来。

吃过饭,何局长不置可否,带着儿子回家之后,立刻命令何卓和小丽分手。

何卓自然要问个为什么,何局长不满地说道:"你没发现吗?咱们去她家之后,都是小丽的母亲在说话,这说明是她当家;另外,小丽的父母在厨房忙活的时候,他爸爸不小心弄掉一片菜叶,小丽的母亲眼睛立刻瞪得溜圆,恶狠狠地用手擂了他一拳,他立刻满脸堆笑地弯腰捡起来。而小丽就在他们身边,对这件事好像没看到似的,显然她已经习惯了家里的这种状态。"

何卓辩解道:"可是小丽对我很温柔呀。"

何局长摇摇头说道:"处对象的时候,谁都想把最好的一面展现给对方,但时间长了就会暴露出本性,她已经习惯了母亲强势的家庭生活,等你们结婚之后,难免会处处把自己摆在前面,这样你会幸福吗?"

何卓不甘心地说道:"仅仅根据这点小事就让我和小丽分手,有点说不过去吧?"

何局长严肃地说道:"你还年轻,我希望在婚姻大事上,你多听听我的意见,很多领导摔跟头,都是因为没找到一个贤惠的媳妇。当然,你是成年人了,我的意见也仅供参考。"

何局长老伴生气地说道:"说得好听,还仅供参考,在咱家你的意见就是圣旨!"

何卓看了看父亲的满头白发,张了张嘴,终于没忍心反驳他。事情就这么过去了。

事情过了两年,何局长退休了,时间充裕起来,没事和老伴溜溜公园逛逛街。刚开始还挺新鲜,时间长了老伴就唠叨上了:"老头子,你说咱家何卓都二十七了,咋还不处对象呢?当时要不是你搅和,咱现在可能都抱上孙子了,哪至于一天到晚就咱俩大眼瞪小眼的。"

何局长不以为然地说:"他都不急你跟着瞎操什么心呀,应该是没遇上合适的。"

老伴小声嘟囔道:"我那个闺蜜赵迎春,打小就长得跟花骨朵似的,谈一个对象她妈妈就挑毛病,这看不上那看不上的,把迎春一直拖到三十多岁,最后高不成低不就的,自己过了一辈子……"

何局长心里明白老伴这是在嫌自己掺和了,自己也有些替儿子着急,于是妥协道:"行了行了,下回我不管了还不成吗?"

老伴奇怪道:"嘿,你现在咋这么好说话了?以前我一说点啥都能被你呛城墙上去!"

何局长摇着扇子说道:"那时我是局长嘛,最害怕家属跟着瞎掺和意见,影响我的工作。现在退休了,也犯不了错误,以后家里的事你说了算。"

老伴听完之后兴奋坏了,手里有了尚方宝剑,于是四处托人,给儿子物色合适的对象。这天她兴冲冲地跑回家里,拿出手机给何局长看:"我们老同事给介绍了一个姑娘,长得这个俊呀,一点都不输给那个小丽,我估计咱家小卓肯定能看上!"

何局长戴着花镜仔细看了半天,也挺满意:"嗯,别说,长得还挺像小丽,行,哪天咱俩去看看门风。"

老伴嗔怪地戳了他一指头:"又来了!以为是到下属单位检查工作呢?现在是卖方市场,人家要先到咱家看看门风!"

"嘿!都啥年代了,居然还有和咱一个做派的!"何局长吃了一惊,转而又高兴起来,"有点意思,咱这门风不怕人家看。不成也没关系,权当热闹热闹了。"

以前看人家的时候没觉得啥,如今被人家看,何局长心里还有点没底。老伴提议把家具什么的换换,别让人觉得家里寒酸,何局长思考半天，还是一票否决了："我一辈子也没弄虚作假，虽然不差那两个钱，但我觉得没必要花，我就习惯这些老物件了，咱家就这样，要是看不上，说明也不是一家人。"

说话也快，转眼到了约好见面的日子了，老两口在厨房忙活了一上午。临近中午的时候，门铃响了，何局长把防盗门打开，两口子站在门口等人上来。这天，何卓没在家。他意思是等双方老人看中了再露面，省得不成了再尴尬。

不一会儿，媒人领着一对夫妇上楼了。媒人挨个介绍一遍，何局长赶紧把人让进了屋，对方哼哼哈哈地应付着，眼睛却四处转，这是在看家里的硬件设施了。

何局长心里一直有些疑惑，直到上了酒桌才试探着问道："二位，咱们是不是在哪见过？"

女方老爸冷哼一声："何局长真是贵人多忘事呀，两年前你还到我家看过门风呢！"

何局长大吃一惊，同时也明白为啥看对方眼熟了，赶紧忙不迭地道歉："哟哟哟！瞧我这脑袋，真是对不住了，你们是小丽的父母呀，我说看照片上的姑娘长得那么像小丽呢！"

小丽父亲有些阴阳怪气地说道："可不敢怪您，我们小门小户的，哪敢让您记在心里呀。"说到这里，他的眉头忽然一皱，龇了一下牙。何局长敏感地觉察到是小丽妈妈在桌子底下踩了他一脚。

何局长心里虽然不舒服，但来者是客，再说也挺感谢小丽妈妈解围的，于是再三道歉，气氛渐渐融洽起来。

酒喝到一半的时候，何局长试探着问道："我们家就是一般条件，没有太多钱，但工作一辈子了，三四十万还是能拿出来的，不知道你们能不能看上？"

小丽爸爸冷笑了一下："我们家也不是什么大户人家，我做点小生意，一年赚不了几个钱，五六十万还是能挣到手的……"

何局长皱了一下眉头，刚想说"那就不高攀了"之类的话，却只见小丽妈妈对着小丽爸爸瞪了一眼，小丽爸爸顿时低下头不说话了。

小丽妈妈转过脸来笑着对何局长夫妇说道："不好意思，家教不严，让老哥老嫂子见笑了，对你们家我非常满意，说句不中听的话，买猪得看圈，我们没什么文化，有俩钱也没啥好炫耀的，只要两个孩子没意见，我绝不阻拦。"

原本何局长对女人强势比较反感，但今天却觉得这个待定的亲家母特别顺眼，于是高兴地举起杯说道："行，咱们就这么定了，其余就看孩子们的意见了。"

小丽父母吃饱喝足之后告辞而去。何局长和老伴商量半天，觉得女方家这么有钱，恐怕未必能看上自己家，心里有些不是滋味。也不是何局长挑剔别人家的时候了。

晚上的时候，何卓下班回来。老妈立即迫不及待地和儿子汇报情况，告诉他来相亲的居然是小丽的父母。何卓一点都没有意外的表情。

何局长看出破绽来了，于是审问儿子道："你小子是不是早知道呀？"

何卓白了老爸一眼："我们压根就没断过！"

老两口目瞪口呆，简直不敢相信自己的耳朵。

何卓这才说起了前因后果。小丽的父亲是个小包工头，承建一些市政工程。听说何卓的父亲是水利局局长之后，就想着能不能通过这层关系和他要点工程干着，结果小丽的母亲说啥也不同意，认为这是拿女儿做交易，同时也会让男方家看不起。那天看门风的时候，小丽的爸爸在厨房里还想争取媳妇的同意，结果被狠狠地擂了一拳,为了掩饰尴尬,于是假装低头捡掉在地上的菜叶。

小丽的爸爸听说何局长没看上自己家,非常生气,坚决不同意两人继续交往。一对恋人不得已转入了地下,一晃就是两年。直到双方家长都着急了,何卓串通了妈妈以前单位的老同事,在中间穿针引线,安排了第二次看门风的活动。

听到这里,何局长紧张地问道:"那他家看上咱家了吗?"

何卓骄傲地说:"那还用说,我岳母回去之后对咱家赞不绝口,说以前就担心咱家门风不正,这下放心了,一看咱家这八十年代怀旧复古的风格,就知道您不是个贪官,可以放心把小丽嫁过来了。"

何局长一拍大腿,激动地说道:"好家伙,岳母都叫上了,行!有这么个深明大义的岳母,姑娘也差不到哪儿去,以后对你厉害点我也认了!"

何卓又白了老爸第二眼:"你儿子这么优秀,还用人家管?小丽对我温柔着呢!"

关键词:家教

> 时时处处为别人着想,父亲是这样一个人,孩子看在眼里,将来也会成为一个为人着想的人。

父亲时代的借贷

王乃飞

我小时候,父亲在外地工作,一出门就是几个月,很少回家。

这年冬天,过了腊月二十三,父亲才回家来准备过年。母亲悄悄对父亲说:"胖子那钱都借了半年了,到现在也不说还,要不你催催他?"

母亲嘴里的"胖子",是父亲的好兄弟,住在几里外的李家村。这是半年前的事了,一天,胖子叔突然到我家,提出要借钱,父亲也在家,正好手里还有三百块钱,就都交给了他。胖子叔临走说,最多半年,到年前一定还回来,可现在眼看要过年了,也不见胖子叔来还钱。那时候,父亲一个月的工资才七十多块,这三百块相当于父亲四个月的工资呢。

父亲听了母亲的话,却摇了摇头说:"我看再缓一缓吧!胖子这几年日子不好过啊,老娘生病,还有几个孩子……等他有了钱再说吧。"母亲虽然不放心,但也不好再说什么了。

到了大年二十九的早晨,天上突然飘起了大雪,密集得对面看不到人,我们家已经把过年的东西准备得差不多了,可以安下心来好好玩。就在这时候,院子里出现了一个人,身上脸上挂满了雪,背上扛着个东西,手里还提着个篮子。等他拍打掉身上的雪,才看清竟是胖子叔。

父亲跑出来说:"下这么大的雪,你怎么来了?"

胖子叔就说:"早就想来,忙到现在才有空出来!"

胖子叔背上背着的是一个糖葫芦把子,上面还插着几十根糖葫芦,筐子里装着的是白莲藕。

胖子叔进了屋,一坐下来就从衣兜里掏出一沓钱来,对母亲说:"嫂子,那钱我拿来了,一借就借了半年,实在不好意思。"

母亲就说:"兄弟,我们不急,你急用的话,就拿着去用吧!"

胖子叔说:"不是说'勤借勤还再借不难'吗?说好了半年还,说话就得算话,现在还也有点晚了,没耽误你过年吧?"

母亲只好收下钱,往箱子里放,胖子叔却说:"嫂子,你先点一点吧。"母亲说:"你还的钱我还不相信吗?"胖子叔坚持道:"交情归交情,还是点一点好。"

母亲便坐在床边点起钱来。胖子叔拿来的那些钱,面值不等,有一块的,有五块的,最多的是十块的,点起来挺费劲。

在母亲点钱的空当,父亲给胖子叔沏好了茶,两个人才喝了一会儿,母亲就把钱点完了,却疑惑地说:"胖子,这钱好像有点不对。"

胖子叔说:"嫂子,哪里不对啦?"

母亲说:"我数着怎么少了十块钱啊!"

胖子叔皱了下眉头,说:"这钱我半个月前就攒出来了,当时我还数了两遍呢!"

母亲就把钱递给胖子叔,他又点了一遍,说:"还真是的,这钱是我媳妇动了,还是当时数错了呢?"他又全身上上下下地摸了一通,也没摸到钱。

父亲就在一边说:"算了算了,谁跟谁呀,少十块就少十块吧!"

胖子叔却说:"不行,你等着,我再回家给你拿钱去。"

父亲拉住他说:"兄弟,你就不要来回地跑了,咱兄弟俩这交情,还不值那十块钱吗?"

可胖子叔非要回家拿钱,父亲就说:"你就是要拿钱,也得吃了饭再去,这么远的路,为了十块钱,不值当的。"

胖子叔却说:"我就打算在你家吃饭呢。这样吧,你在家准备饭菜,我回家一趟就来,耽误不了,今天咱兄弟俩要多喝点。"

父亲犟不过胖子叔,还是让他走了。胖子叔很快就消失在大雪中。

等父亲在家炒了四个菜,又烫了一壶酒,胖子叔就回来了。他脚上的鞋子都湿透了,脸上冻得通红,嘴里还呼出一团团热气。胖子叔一进来就掏出十块钱给母亲,这个账这才算是了了。

父亲赶忙让胖子叔先喝杯酒,暖暖身子。两个人这一喝酒,就喝到太阳落山,他们已经很久没有这么痛快地喝过酒了。

等天快黑下来了,雪也停了,胖子叔站起身要走。我们都不放心,让他住一晚上,跟我睡一张床,可他执意要走,父亲就出去送胖子叔。

半个小时后,父亲才回来,母亲就说:"胖子这人真实诚,为了十块钱,再跑回去拿,我都有些过意不去了。"

父亲叹了口气,说:"我这个兄弟啊,说好的事,他就是拼了命也要做到。"又说,"说起来,这钱咱真不该要。干娘要吃药,还有那几个孩子,他就是到集上卖点糖葫芦,再挖点儿白莲藕,能赚几个钱呀。"

母亲说:"可他把钱拿来了,你不要他也不愿意呀。"

父亲就说:"我知道他这个人,就是再难也不拖别人的一分钱。这钱就放这里吧,万一他有什么难处,就借给他。"

转眼就过年了,我们欢欢喜喜地过了几天,这天傍晚,母亲却神色不安地对父亲说:"孩子他爹,胖子上次拿来的钱没少,今天我又点了一遍,正好三百——是咱多要了人家十块。"

父亲问:"怎么回事?"

母亲说:"也不知道怎么回事儿,当时胖子也点过,是少了一块呀。"

于是父亲取出钱又点了一遍,感觉有一张钱上有点粘手,那是一点糖稀,父亲想了想就明白了:胖子卖糖葫芦,手上沾了糖稀,点钱的时候把糖稀留在了钱上,两张钱就粘在了一起,所以才数不出来。

父亲叹了口气,说:"看来胖子家的确生活得够难的,今年冬天火炉子都没生起来呀!"

我就问:"你怎么知道胖子叔没生炉子呀?"

父亲说:"我们家里暖和,糖稀化开了,再点的时候才多出了十块钱。如果你胖子叔屋里有炉子,能冷得两张钱都粘在一起吗?他的屋里一定是很冷的。"

母亲沉默了一会儿,对父亲说:"我看咱还是抽个空,把钱给胖子送过去吧。"

父亲点点头:"过几天,我要去看干娘,到时候再拿过去也不迟。"

等过几天,父亲领着我到胖子叔家,我发现胖子叔家果真没生炉子,屋里很冷,那个干奶奶身上盖着好几层被子。胖子叔见我们来了,以最好的酒菜款待我们。酒桌上,父亲就对胖子叔说了多出十块钱的事儿,接着就拿出那三百块钱来,说:"兄弟,这钱我又拿回来了,反正我一时半会儿也用不着,你就先用着吧。"

胖子叔低下头,说:"哥,我刚用了你的钱,怎么好再用呢?"

父亲笑着说:"兄弟,你别忘了,你借我钱是去年的事,我来送钱是今年的事,这是两码事儿。"

胖子叔眼圈红了,说:"哥,我谢谢你了,等我一有了钱就还你。"

这一幕都被我看在眼里,当时我才十几岁,心里却感到暖暖的。

几年后,胖子叔的日子越过越好,又一年的大年二十九,胖子叔骑着自行车到我家来,给我家里买了很多东西,那三百块钱,就成了几张五十元的。母亲把钱放在箱子里,弟兄俩又好好地喝了一场酒。

以后,我们两家经常来往,就像亲戚一样,几十年不间断。这就是父亲为我们留下的家风——时时处处为别人着想。这些年来,父亲交了很多朋友,他们都说,父亲是一个真正可以交心的人。

关键词：家教

> 抖腿是个坏习惯，更坏的是，一家人都有抖腿的习惯……

抖腿

郑小亮

这事儿发生在几十年前，有个村子叫百家村，杂姓，建在一处山旮旯里，交通不便，乡亲们没见过什么大世面。

村里有个叫刘大毛的，喜欢赶集，有一天，天刚蒙蒙亮，刘大毛便背着背篓，翻山越岭到镇上去了。一路上，刘大毛走得轻快，连走带闪好不快活。来到镇上的时候，东方刚吐鱼肚白，街市开始慢慢嘈杂起来，刘大毛东瞄西看，哪里有热闹往哪里钻。

集市的好玩意多，刘大毛眼睛往里头一扎就出不来，直到叫卖油饼果子的声音此起彼伏，他肚子里"咕咕"作响，这才来到一个摊子上买面吃。正"哧溜"吃着面，不远处传来尖厉的叫喊声："呀，我的钱袋子不见了！"看样子是有人遭贼了，刘大毛赶紧大口喝干面汤，往刚才叫喊的地儿赶去。

失窃的是个中年男子，身穿当时时髦的"的确良"，看样子应该是城里人。那人慌乱了一阵便很快冷静下来，高声说道："我的钱几分钟之前还在，小偷还没来得及离开，在场各位最好都别动，免得叫人怀疑。"说罢，他喊同行的人去派出所报案。

此人这样一说，周围的人想走也不敢走了，生怕脱不了干系，也活该刘大毛倒霉,他刚钻进去就被框定为犯罪嫌疑人了。不过他倒也无所谓,反正他身正不怕影子歪,顺便瞧瞧热闹也好。

没一会儿,派出所来了俩警察,走过来便询问情况。之后便瞪大眼睛观察,看四周有没有常进出派出所的"惯犯"。眼睛扫了几扫,就在其中一个警察收回余光的时候,突然又猛地一回头,死死盯住刘大毛。还没等刘大毛反应过来,警察便来到跟前,喝了一声:"你叫什么名字,什么地方的?"刘大毛很是奇怪,随口答道:"我叫刘大毛,本镇百家村的……怎么了?"

那会儿,公安人员办案可没现在这么讲程序,只见那警察一边问话,一边从腰间掏出一副手铐,"咔嚓"一声,麻利地给刘大毛铐上了。刘大毛傻了,他还没明白怎么回事,就听警察厉声喝道:"跟我们到派出所走一趟!"自己一身清白,为什么要去派出所?那时不比现在,只要戴手铐进了派出所的人,民间统称"流氓犯",刘大毛深知去了派出所会有什么后果,死活不肯挪步。他毕竟是山里的庄稼汉,倔劲儿一上来便力大如牛,那两个警察都拿他没辙。

有个警察气喘吁吁,指着刘大毛的鼻子说:"好啊你,还敢拒捕,等下到派出所看我怎么收拾你!"刘大毛急火攻心,好不容易才憋出一句话来:"我又没干坏事,为什么去派出所?"那警察一声冷笑,说:"没干坏事?没干坏事刚才你为什么吓得腿直抖,做贼心虚!"

刘大毛这才明白过来,警察没冤枉他,他的确有个抖腿的坏习惯,无论是站着还是坐着,都喜欢抖动大腿,日子一长,毛病就改不了,有时抖起腿来情不自禁,浑然不觉。于是,刘大毛赶紧辩解:"警察同志,你们搞错了啊,那人的钱包不是我偷的!刚才他喊钱包不见了,我还在吃面呢,不信你问那面馆儿的伙计!"说罢,他的手往远处一指。

警察将信将疑,去了面馆核实,才知道刘大毛所言不虚。照核实的情况来看,刘大毛不可能有作案机会,警察只好给他打开手铐,不但没道歉,反而责怪说:"好好的站着就站着,你瞎抖个什么,影响我们侦破!"

刘大毛回到家后,没把这糗事告诉任何人,只是那以后,他去赶集的次数明显少了,为啥?城里套路深,还是乖乖在山旮旯里待着舒坦,别说抖腿了,抖全身都没问题。

刘大毛抖腿也就算了,偏偏他的小儿子刘爱民也照葫芦画瓢,学着他的样儿抖腿。父子两人坐一起的时候,那场景叫乡亲们看了直乐:"大毛,你家爱民跟你简直就是印版印出来的,瞧这小腿儿抖的!"刘大毛听了直乐:"那当然,我的儿子不像我还能像谁……"一晃很多年过去了,刘大毛的小儿子刘爱民也成家立业了,不仅在参加工作的镇上定居,还把父亲刘大毛接到镇上享福。他干的是农电工,技术没得说,参加工作没两年,领导就有提拔他坐办公室的意向,他十分高兴,工作起来更加努力。

终于有一天,刘爱民如愿以偿,坐进了镇供电所的办公室。这办公室风不吹日不晒,别提多舒服,喝茶看报的时候,刘爱民的腿子抖得更带劲了。

谁知好景不长,刘爱民出了纰漏,大好前途就此完蛋,坏就坏在他喜欢抖腿这毛病上,咋回事?经过如下:

就在那年,县供电局来镇所搞半年工作检查,检查过后,在食堂用餐,有个满脸通红的县局领导突然问了一句:"你们所办公室离门最近的那个小伙子,叫什么名字,以前怎么没见过他?"镇所领导回了话:"他叫刘爱民,从农电工里提上来的,小伙子年轻能干,还能写写画画,是个人才。"

见县局领导半天没吭声,镇所领导不知他是何用意,小心翼翼地打探:"敢问领导,您提刘爱民做什么?"过了好一会儿,那个县局领导才缓缓说了:"本来我不该插手你们的人事,可你们选人也得动动脑筋,办公室是单位的脸面,这么个人放在里头合适吗?我老远就看到他搁那儿抖腿,跟二流子似的!"

就这样,刘爱民办公室的工作撸了。得知原委后,刘爱民后悔不已,下决心改掉这个坏毛病,但年长月久养成的坏习惯,真不好改!尤其爬电线杆子作业的时候,不抖腿的话,干起活来不利索啊!好在刘爱民的作业区大多在偏僻的地方,少有人看见,他只得暗叹了一声:唉,算了,由它去吧。

这天活儿多,为了抢进度,刘爱民跟同事分开作业。刘爱民边干活边抽烟,吞吐着野外的新鲜空气,好不惬意,一条腿又忍不住开始抖动起来。抖着抖着,幅度越来越大、越来越夸张,就在这时,只听刘爱民突然"啊"的一声惨叫,人从电线杆子的半腰倒了下来,幸好脚上有挂钩,把他的脚给勾住,否则整个人都得摔下来,就算摔不死,至少得断几根骨头!

刘爱民还在惨叫着,突然感觉有人在打他,怎么回事?他忍着痛扭过头一看,他身后有个人,正用一根小孩手臂粗的木棍,在狠狠地敲打他!刘爱民火了:"哎哎,你有病啊,干吗打我?"那人收住了手,盯住他看了一会儿,这才扔下木棍,怒道:"你才有病,刚才你触电了,腿子直抖,幸好被我碰上,要不你小命玩完!"说罢,那人朝地上吐了口唾沫,说了一句:"呸,真是狗咬吕洞宾!"你瞧,刘爱民就是因为抖腿,被当作触电了呢!就刚才打的那几下,刘爱民可没落着好,倒下来的时候把腰给扭伤了,找了个赤脚医生,连敷带喝了一个多月中药才有好转……这次的教训够惨痛,刘爱民一气之下,买了一套练功用的铁绑腿,牢牢困在小腿上,狠狠地说:"我叫你抖,我叫你抖!"就这样,刘爱民把铁绑腿捆在腿上,整整坚持了一年多,还别说,这法子好像有点效果,正当他如释重负的时候,却又猛地打了个激灵:他突然看见,坐在藤椅上看书的儿子,一条小腿儿正抖得欢!

见此情景,刘爱民条件反射般冲了过去,对准儿子抖动的小腿就是一巴掌,只听"啪"的一声响,儿子被打得弹了起来,瞪圆了眼睛问:"爸爸干吗打我?"

刘爱民一脸严肃地说:"谁叫你抖腿的?给我记住了,坐要有坐相,站要有站相,行为举止要得体,以后这个就是我们家的家风啦!"

说罢,刘爱民一脸苦大仇深的样子,他哀怨地看了父亲刘大毛一眼……

关键词：家教

> 按照药王村的习俗，结婚前男方得拿着一万零一块钱的红包去孝敬女方父母，据说这叫"万里挑一"，可王老汉为啥给孙子的红包少包了八十块？难道是孙媳妇儿不够万里挑一？

万里挑一

鲁 汉

药王村的王光泰老汉和孙子小光相依为命。去年小光在厂里谈了个对象，是邻市乔庄村人，虽然属两个市，但两家相距也不到三十里。

今年小光和女友商量结婚，经女方父母点头后，小光高兴地把这事告诉了爷爷王光泰，王光泰当然高兴得合不拢嘴。按照当地的习俗，男方得拿着一万零一块钱的红包去孝敬女方父母，据说这叫"万里挑一"，表示对女方的尊重。王光泰答应孙子的要求后对小光说："光光，你的对象爷爷见过多次，是个好孩子，不知她的父母咋样？"小光打开手机翻出了女方父母的合影给王光泰看。王光泰仔细看了照片，眉头微微皱了皱，心说：是他……

第二天，小光带上王光泰用红纸包好的礼金，开车来到乔庄村女方家，双手恭恭敬敬地把红包递给女方的父亲乔大山。乔大山接过红包转手交给了妻子，就忙着招待毛脚女婿了。

不一会，乔大山妻子悄悄地把乔大山叫进屋里，等乔大山再从里屋出来时，满脸怒气，指着小光说："小子，你家这红包什么意思，嗯?"见小光一脸不解,乔大山妻子忙把红纸包递给他:"小光,你自己数数!"

小光慌忙接过红包一清点,里面是九千九百二十一元,离"万里挑一"缺了整整八十元!至此,小光忙给乔大山两口子赔礼:"爸妈,钱是我爷爷包的,这事怪我没……"乔大山一摆手,止住了小光的解释:"我看这不是你爷爷无意出的错。他一定另有……""爸,我爷爷老了,脑子可能有点糊涂,但他对我们的婚事是绝对没意见的!"说着掏出钱包,要给红包补上。乔大山用手一挡:"小光,我看这样,今天你开车带我去拜访一下你爷爷,让我当面向他请教,到底是怎么回事!"

话说到了这份上,小光只好开车带着乔大山返回药王村。在路上,小光打电话把经过跟爷爷王光泰一说,王光泰说:"好啊,我正叫了几个人在家里等着他来呢!"挂了电话,小光语无伦次地对乔大山说:"爸,爷爷老了,如果他得罪了您,我在这里先给您赔个不是……"

半小时后,乔大山他们就到了王光泰家。只见王光泰换了身新衣服,坐在中间的沙发上,屋内还有三个同村的邻居,其中有个秃头,见乔大山进来了,急忙起身,也不打招呼就闪了出去。

小光指着王光泰给乔大山介绍:"这就是我爷爷。"乔大山一见王光泰,忙朗声大笑:"哎呀,原来是您呀,王大爷!"只见王光泰没有接乔大山伸过来的手,而是冷冰冰地说:"咱俩也别说客套话啦,咱俩怎么认识,当着他们几个的面,你说还是我说?"乔大山笑着伸手做了个请的姿势:"您老先说!"王光泰吸了口烟,对小光说:"你先出去,大人们的事,用不着你掺和!"见小光不情愿地离开了堂屋,王光泰打开了话匣子。

三十多年前的一个夏天,王光泰的老婆因肺气肿住进了市人民医院,第二天,病房里又进来个年轻病号,正是乔大山的新婚妻子。几天接触后,王光泰和乔大山很快就熟了。

晚上,两个大老爷们坐在走廊里聊天。乔大山告诉王光泰,自己是滨城刘家村人,种着三亩多地的菜园子,还说:"现在的化肥尿素太难买了,高价也很难买到。"王光泰一听,一拍大腿:"巧了,咱俩算有缘分,我正好有袋百斤装尿素,卖给你!"王光泰告诉乔大山,他是滨城药王村人,自己在造纸厂干门卫。前几天,有个战友开车拉着货经过他的门卫室,多年不见,喝了顿酒,临走时扔下袋尿素化肥,收了他平价八十元钱,告诉他这是紧缺物资,让他转手卖了,赚几瓶酒喝。乔大山一听,忙递上根烟:"王大爷,我翻倍买您的,要知道地里的蔬菜离了这玩意不行!"王光泰一摆手:"战友收我八十元我就收你八十元,这就叫传递友情。现在尿素还放在造纸厂门卫室,你有空带着八十元钱去,我把尿素让给你。"说这话的第二天,王光泰就和老婆出了院。

几天后,乔大山和妻子也出了院。出院第二天傍晚,乔大山就带上钱,骑着自行车来到了滨城造纸厂门卫室。他把车放好,就推门走了进去。

门卫室里满是烟雾,四个青年正围着张破桌子在玩扑克赌小钱,有人问乔大山找谁,乔大山边分烟边说是王大爷让他来拿尿素的,他们朝墙边的那袋尿素一指就继续打自己的牌了。乔大山把尿素往摩托后座上一捆,骑上车就离开了造纸厂。

说到这里,屋里那几个中年人才恍然大悟,纷纷指责乔大山:"原来你就是那个骗了人家化肥不给钱的人啊,怪不得一进门我觉得有点面熟,怪不得王老头神神秘秘地叫我们来,当年打扑克的就是我们几个!""你别忘了,当时八十元钱可是王老头两个月的工资啊!今天你还有啥话说,我们也是背黑锅的人啊!"

"说话客气点,这是小光女朋友的爸爸!"王光泰斥责了那几个人,又接着对乔大山说,"你的女儿我见过,知情达理,是百里挑一的好孩子,怎么摊上你这样的长辈!"王光泰轻轻拍了乔大山的肩:"我当时生气的不光是八十元钱,第二天,我去了刘家村,问遍了全村,没有你这个乔大山!现在我彻底明白,你不是滨城刘家村人。你为啥冒充滨城人,我不明白!"

有个人说:"这不是秃子头上的虱子明摆着吗?为了骗化肥让你找不到呗!""你给我住嘴!"王光泰斥责那人,"他说他是刘家村人时,我们还没提尿素那档子事呢!"

乔大山告诉王光泰他们,三十多年前住院看病不像现在挂号住院都凭身份证。他们是外市人,怕比起本市人来花钱多,所以谎称也是滨城人。

王光泰点了点头,背着手在客厅里踱了几步:"我终于明白了,合情合理。行了,行了,到此为止。咱去吃饭。"乔大山脸一板:"吃什么饭!"

王光泰伸手一拦:"乔老弟,为了大局,都往前看,八十元钱放在当下也就是盒烟钱。我从'万里挑一'里少放八十元没别的意思,就是想确认一下你是不是当年的乔大山。回头我再补上,谁还没有一时糊涂的时候。这事最好不要再让年轻人知道。"

"当年的化肥钱我给了!"乔大山突然蹦出的这句话惊到了在场的人,大家都望着他。乔大山说,当时他拿到了尿素,光顾了高兴,等出了滨城才想起钱还没留下,就又返回造纸厂门口。这时正好有个人从门卫室出来,他就委托他转交给王大爷八十元尿素钱,那人满口答应一定转交。大家忙问那人叫什么名字。

"不知道。"乔大山顿了顿说,"但我记得那人没头发。""秃三!"大家异口同声地叫起来。有人说:"我想起来了,当时秃三这家伙,打扑克输了个精光,说出去借钱再回来翻本,不多一会就拿着钱回来,问他向谁借的,他始终没说从哪儿借的。"这时,大家才发现原先也在的秃三不见了。

王光泰气得脸红脖子粗:"他奶奶的,我去找这小子,今天丢人丢到外市去了!"说着就要出门。"别找了,我来了,我是回家拿钱去了。"只见秃三脸红得和他精光的头皮一个颜色,手里捏着张百元钞票。王光泰生气地一把将秃三推了出去:"这事咱没完,今天我没空和你算账!"又转身伸手给乔大山说,"大山老弟,给我二十块钱!"

乔大山不解地掏了二十块钱给王光泰,王光泰把那张一百的钞票递给乔大山说:"先补齐那'万里挑一',然后受我一拜!"说完,冲着乔大山把腰弯了下去……

关键词：家教

> 世代立纲常，能知忠义长，清明永传芳。

老爸修族谱

大刀红

奂忠珊担任县长已满一年了。这天，他正在办公室上班，父亲奂知礼打来电话，说自己就在县政府的大门外。

父亲的突然到访，让奂忠珊备感吃惊，因为自从他来到县里上任，父亲还是第一次来。用奂知礼的话来说，不光自己不能来，还要禁止亲戚朋友来，目的只有一个，让儿子当个清官，当个好官。

奂忠珊放下电话，赶紧来到县政府大门外，将父亲迎进办公室。父亲告诉奂忠珊，他这次来，是为了奂氏家族族谱的事。

奂忠珊知道，父亲从教师岗位退休后，就开始整理编撰奂氏家族的族谱。奂氏家族的族谱虽然流传有序，但年代较短，只有二十二代、四百多年的历史，奂知礼一直想为奂家追根溯源，寻宗问祖。于是奂忠珊问："有眉目了吗？"为了查清自己这一支奂姓的根源，父亲这些年跑遍了全国各地的奂氏家族聚集地，也没能查清根源。

奂知礼说："你知道我们这一支奂氏家族的字派吗？"

"当然知道。"奂忠珊自小熟记奂氏家族的字派。

奂知礼说："我跑遍了全国，发现其他奂氏家族的字派中，没有和我们同派的,所以他们都不与我们同根,可不久前,我突然看到一则新闻,一下就有了灵感。"

"什么灵感?"奂忠珊来了兴趣。

奂知礼说,前不久,他看到一则新闻,说孔、孟、曾、颜四个家族的字派都是一样的,即"兴毓传继广,昭宪庆繁祥,令德维垂佑,钦绍念显扬"。奂知礼说:"我就猜测,我们祖上是不是从别姓的派系支上分出来的。于是,我把字辈对了一下,你猜我发现了什么?"

奂忠珊摇摇头,奂知礼说:"我四处查找,终于发现,我们这一支奂姓的字派,竟然和这里万家村的字派一样。"奂忠珊觉得有点不可思议,奂知礼却说:"历史上改姓的多了,比如七下西洋的郑和本名马三宝,皇帝赐郑姓,才改名为郑和。"

奂忠珊点点头,对父亲说:"这样吧,我明天陪你到万家村,把万氏的族谱拿出来查一下,就清清楚楚了。"奂知礼却说:"你身为县长,为一己之私跑去,影响不好。这样吧,找个熟人,帮我带下路就好。"

奂忠珊知道父亲的性格,就让父亲稍等,打了个电话。不一会儿,一个中年人走进了办公室。奂忠珊指着中年人对父亲说:"他是万家村的村主任万常红。"然后就把父亲所说的事委托给了万常红。

第二天,万常红开着车,载着奂知礼去万家村。他虽然名为万家村的村主任,但在县城开了一家建筑公司,很少回到村里,村里的事全交给副主任打理。村主任虽然是个虚名,但毕竟是生意场上的一顶"红帽子",这顶"红帽子"能为他牵线搭桥,结识许多领导,得到许多工程。

一路上,万常红给奂知礼介绍万家村的情况,万家村有千年历史,虽然历经浩劫,但村里的祠堂还在,每年还要举行祭祖仪式。八十岁的万纲国是村里的族长,说起这万纲国,在他们万家村可是个传奇。他早年读过私塾,记忆出众,二十代内的旁亲支系,他都记得清清楚楚,是他们万家村的"活族谱"。现在他年纪大了,视力不好,跟他的孙子"猛子"住在一起。

万常红直接把车开到猛子家里,见到万纲国,万常红尊敬地叫了一声:"国伯好。"然后指着身旁的奂知礼说,"他是奂县长的父亲,正在修奂氏族谱,听说我们万家的字派和他们奂姓的字派是一样的,所以想来看看,是不是他们这一支奂姓四百年前和我们万家有瓜葛。"

万纲国一听,忙问奂知礼:"你们奂家难道就是邻县的奂家?"

奂知礼点点头,问万纲国:"您怎么知道?"

"我猜的。"万纲国变了脸色,说,"你也不要看万氏族谱了,你们奂家和我们万家村万氏没有瓜葛,至于字派一样,也许只是巧合。"

一看万纲国说话时怪怪的表情,万常红和奂知礼就知道其中必有蹊跷。万常红就央求说:"国伯,你就让奂老先生看看族谱吧。"万纲国却说:"族谱是随便让外人看的吗?我说没有关系就没有关系。"说完,再也不理万常红了。

万常红见万纲国这个样子,就知道万纲国的拧劲又犯了,万纲国的拧劲他是清楚的。他们万家的族谱除了记载支系旁亲外,还有黑榜和红榜,黑榜写的是恶行,红榜记的是善举。以前,万纲国的亲侄子因为贪污入狱,被万纲国记入黑榜。后来,亲侄子出狱,发了大财,就出十万块让万纲国把黑榜的事删了,可万纲国根本不予理会。

于是，万常红只好带着奂知礼悻悻地离开万家村。在回县城的路上，万常红心想：县长给的任务没有完成，这可不行，县长要怪罪我没有能力的。于是，万常红对奂知礼说："您老再等几天，我一定想法把万氏族谱拿给您看。"

万常红是个脑袋灵活的人，他想到，万纲国的孙子猛子在自己的建筑公司做事，于是，他把猛子叫了过来……

过了两天，万纲国接到村副主任的通知，说根据相关文件，村里八十岁以上的老人，可以免费到县医院做白内障检查，还可以免费开刀。万纲国本来不想去，他说自己这把老骨头，没几年活头，就是治好了也没什么用处，可在猛子的劝说下，万纲国还是跟着副主任坐上大巴车，去了县医院。

见万纲国离开了家，猛子马上打电话，通知万常红。万常红接到电话，立刻带着奂知礼来到猛子家。猛子用钥匙打开一个黑黑的大柜子，厚厚的族谱就整整齐齐地摆放在柜子里。面对厚厚的族谱，万常红不知道怎么摆弄，还好，奂知礼知道怎么查找，他把自己的族谱和万氏族谱对照，翻了三个小时，终于说了一句："我找到了。"

看过万氏族谱，奂知礼来到县政府，和儿子奂忠珊告辞回家，当然，万常红也在场。奂忠珊发现父亲的神情怏怏不乐，万常红虽然在一旁陪笑，却笑得很不自然。奂忠珊就问万常红："怎么了？"

万常红不答话。奂知礼叹了一口气，说："我这才明白万纲国老人为什么不给我看族谱，是因为他不想让你这个当县长的蒙羞。"

奂忠珊一头雾水，问："让我蒙羞？"奂知礼说："我慢慢说给你听吧。"

奂知礼说，四百年前，万家村出了一个进士，到地方上担任县令，名叫万知友。万知友上任后，为了能升官，就动用修缮长江江堤的专款,向上级行贿。没想到,当年长江发大水,将他主修的劣质堤坝冲毁,死了上千人。万知友也因为渎职贪污,被处以极刑。万知友的家人没有面目待在老家,只好迁到邻县,并将姓氏改为奂姓。这些,都是万氏族谱黑榜上所记载的。

奂忠珊听了,脸一红,问:"真的?"虽然这是四百年前的事,但对于自己的清白出身,他还是很在乎的。奂知礼点了点头,说:"是真的。"奂忠珊想了想就说:"既然这样,那这段往事就不用写进咱们的族谱里了。"

奂知礼意味深长地看了儿子一眼,说:"其实我这次来看你,族谱的事还是其次。前段时间,我听到一些风言风语,说你上任后得了个外号叫'奂拆拆',和开发商称兄道弟,我这次来,就是想好好劝劝你。刚好查到万知友的事,我看啊,这件事不但要写进族谱,还要写在第一页,让家族里有一官半职的人都以此为鉴。"

奂忠珊脸更红了,嗫嚅了半天,却没说出话来。奂知礼又说:"虽然我们奂氏改姓,但字派还是没改,我们每个奂氏家族的后人,都要领略老祖宗的深意,你把字派再背给我听听。"奂知礼说这话时,满脸严肃。

"世代立纲常,能知忠义长,清明永传芳。"奂忠珊仿佛这时才明白字派中的深意。

关键词:家教

> 人走了歪路,就像茶树被茶虫蛀了,得好好检查一番,找出茶虫,才不至于彻底死去。

疯狂的茶虫

徐树建

程华大学毕业,要到大城市工作,老爸一脸神秘地说:"今天为你送行,炒一个好菜给你吃。"程华有点纳闷,老爸一向节俭,能炒什么好菜给他吃?

可等老爸炒好菜时,程华突然闻到一股异香,再看那盘菜,只见碟子里有一只只虫子,比菜虫浑圆硕大一些,炸得金黄泛亮,诱人极了。

程华惊问道:"这是什么?"

老爸自豪地说:"这是咱这里的特色菜——茶虫,只生在油茶树上,不仅口感绝佳,而且营养丰富,把它从茶树里一个个挑出来可费劲了。"

程华知道家乡盛产油茶树,可长这么大还从没吃过茶虫。他当即伸出筷子小心翼翼地夹上一只,放进嘴里轻轻一嚼,只觉得满口生香,鲜美无比。果然是盘好菜!

程华做出一副委屈的样子,说:"老爸,我都这么大了才第一次吃到茶虫,以前为什么不做给我吃啊?"

老爸听了,眼一瞪:"这玩意是咱农村人吃的吗?你知道它有多贵吗?要不是你马上就要远走高飞,我才舍不得弄给你吃哩。"

时光飞快,转眼好几年过去了,程华当上了领导,官帽虽不算大,但相当有实权,这么着应酬一下子多了起来,尤其是最近涉及到一项大工程,一时间鞍前马后围着转的人多了去了,送什么的都有。但程华坚持不为所动,他不敢忘了心中的底线。

这天,办公室来了位重量级人物,是程华的老领导,对程华有知遇之恩,老领导还带了一个人来,叫梁子豪,是个搞工程的。梁子豪要请程华吃饭,程华本不想去,奈何老领导也跟着劝,这下程华不好再拒绝了。不过程华心说,饭照吃、酒照喝,要想找我搞地下交易,门都没有!

谁知人家梁子豪在酒桌上痛快得很,根本不提工程的事,只是一脸诚恳地说久仰程处长的大名,现在终于有幸认识了,来来来,今天一醉方休,不醉不归。

程华经不住劝,一时忍不住多喝了两杯,气氛一下子融洽起来。梁子豪说:"程处长,今天这酒菜还喜欢吧?虽说不贵,但是我的一片诚意……"

程华哈哈笑道:"酒好,菜更好,不过要说喜欢嘛倒还说不上,因为我吃过这世上最好吃的菜,而且我保证你们没吃过,绝对没吃过!"

此言一出,梁子豪好奇地问:"程处长,我虽比不上你位高权重见多识广,但这吃货之名嘛,还是当仁不让的。程处长,可否把那道菜名告知一下?"

程华得意地说:"茶虫!"

大家听了都一愣:"茶虫?那是什么玩意?听都没听说过,程处长,我们愿闻其详!"

程华一下子想起几年前老爸亲手炒的那碟子茶虫来,恍惚之间闻到了茶虫那股异香,现在见大伙个个好奇的样子,忍不住把茶虫的来历及口感一五一十地说了,末了叹息道:"我算是个生在油茶之乡的人,可也只吃过一次,可见它有多珍贵了!"

众人听了赞叹不已,一起举起酒杯嚷嚷道:"来来来,我们都敬程处长,希望程处长早日还能吃到茶虫!"

过了几天,那项工程的招投标工作正在紧锣密鼓的筹划中,程华忽然接到梁子豪的电话,说:"程处长,我可以到贵府拜访一下吗?"

程华一听,断然说道:"对不起,目前是敏感时期,不方便见客……"

梁子豪笑了起来:"我最佩服程处长这点了,不过敬请放心,我只是想和你聊聊朋友之情,绝无他意。如果有别的想法,程处长只管把我打出门去,永不认我这个朋友,好不好?"

话都说到这份上了,程华没法再推辞了。晚上,梁子豪来到了程华家,寒暄过后,他笑嘻嘻地从包里掏出一个盒子,说:"程处长,这回我到乡下游玩,碰巧遇到有卖这个的,而程处长偏偏爱好这个,所以就买了一点,程处长可不要推辞哟。"

程华好奇地接过盒子,手一掂,约有二三两重,再打开一看,一下子惊叫起来:"茶虫?"

梁子豪点点头,说:"程处长好眼力!瞧,还是活的哩,我生怕时间一长茶虫死了,所以一买下来就立即驱车赶过来,程处长这下可以好好过把瘾了。我这就告辞!"

程华也不留他,那梁子豪忽然笑着又说:"程处长,我把茶虫送来,你就不让我见识一下它的美味吗?"

程华当然不好拒绝,便爽快地说:"行,咱今晚就吃茶虫喝酒。"

当茶虫炒好的时候,果然异香扑鼻,程华心情好极了,拿出瓶好酒和梁子豪喝了起来。酒至半酣,两人忍不住称兄道弟,说了好多掏心窝子的话。

就这样,两人一下子熟络起来,接着梁子豪又连送了几次茶虫过来,程华一时间过足了瘾,两人的感情也越发深厚了。

这天,程华突然接到老爸的电话,老爸说身体有点不适,希望程华回老家一趟。

程华吓了一跳,立即驱车回到老家,果然发现老爸的脸色不大好,忙带老爸去了当地医院,检查结果是胃病,好在问题不大。

从医院回家后,老爸说:"儿子,你回来一趟不容易,我得弄个好菜给你吃。"不大工夫就端上一道菜,程华一看,是茶虫。

程华笑了起来,说:"老爸,不瞒你说,现在这个对我来说不稀奇了,最近都吃了好几顿了。"

老爸一听,惊讶地说:"你都吃了好几顿了?要知道就这么点茶虫,我费了老大的劲才一个个挑出来,有人出天价我都没舍得卖,专给你留着的。你工作的城市离这儿有好几百里,那儿根本不产油茶树,你怎么会吃上茶虫的呢?"

程华得意地说:"朋友送的呗,而且还是活的。"

老爸一听不吱声了,一副若有所思的样子,又上下打量程华,看得程华怪不自在的。突然,老爸咳了一声,开腔了:"程华,你变了,白了,也胖了,不单单是外表,内心也变了。"

程华一惊,老爸忽然一拍桌子,一副如梦初醒的样子,惊叫道:"儿子,我想起来了,那个送茶虫给你的人是不是个子高高的,头发有点自来卷?"

程华吓得站了起来,说:"是、是的,老爸你怎么认识的?"

老爸说:"明白了,全明白了,最近一段时间村里来了个陌生人,专收茶虫,价格不问,一时间十里八乡的全被他收尽了,导致价格疯长。这么说,他收了茶虫就是为了送给你?"

程华惊讶得说不出话来,老爸接着说:"程华,茶虫这么贵,可茶农们并没有多养,你知道这是为什么吗?原因只有一个,茶虫是害虫!"

程华吃惊地听着,老爸又说:"油茶树一旦生了茶虫,茶籽就会被吃掉,而且茶虫的扩散速度极快,这样一来就会造成茶树油大面积减产,所以一直以来只要发现有茶虫,我们就会毫不犹豫地挑出来,对它可说是恨之入骨、势不两立!"

老爸最后说:"人家送这么贵的茶虫给你干什么?你自个儿好好想想,再这样下去,你这棵油茶树迟早给蛀了!"

回到城里,程华想了好久好久,然后打了个电话把梁子豪叫了过来,说:"梁先生,我知道这些茶虫是怎么得来的了,是你到我老家弄来的吧?别人都是用金钱美女轰炸我,而你是打感情牌,你用心良苦啊,所以……"

程华顿了顿,正色说道:"过几天工程即将公开招投标,欢迎梁老板前去竞标,我保证一切将在阳光下进行!"

梁子豪的脸色一下子变了,叫道:"为什么?程处长你为什么这么无情?"

程华斩钉截铁地说:"因为我不想被茶虫蛀了!"

关键词:家教

> 铜钿虽小,却能看出一个人的品质……

一枚小铜钿

沈纪龙

秦家村有个老头叫蒋福林,好几年前的一天,他家后门口的河滩边来了只卖甘蔗的小船,蒋福林便上前去买甘蔗,几句交谈后蒋福林得知,眼前这位卖甘蔗的老头竟然是自己的老乡,老家离此地有百里之远。更有趣的是两个老头同名,都叫福林,只不过一个姓蒋一个姓蔡。

到了傍晚,天公不作美,又是刮风又是下雨,蒋福林一想,卖甘蔗的蔡福林在小木船上过夜有危险,便热情邀请他到家里寄宿。蔡福林非常感激,于是二人由同乡成了好朋友。

从此以后,蔡福林每年冬春两季必定摇船来秦家村卖甘蔗,白天在村口卖,晚上寄宿在蒋福林家。

去年春天,蔡福林像往常一样再次来到秦家村,买卖顺利,一船甘蔗不到三天全部卖光,他便来和蒋福林道别说:"蒋师傅啊!我今晚吃过饭后,趁涨潮水前要回去,到时就不跟你打招呼了。"蒋福林听后忙回答说:"好的!老蔡路上小心,下半年再见。"

可不一会儿,蔡福林又回来了,手里还拎着几斤大米和一个热水瓶。蒋福林见了奇怪地问:"老蔡,你拿着这么多米做啥?"蔡福林苦笑着说:"蒋师傅,不瞒你说,刚才回到船上洗锅烧饭,可在洗锅时一不小心手一滑,铁锅沉到河里去了。没办法,只好再借用你的灶头多烧点饭,准备路上吃!"

蒋福林一听便说:"这怎么行呢?你回去有三天路程,你也是上了年纪的人,连吃几天冷饭,会生病的!我看这样吧,我家有只铁锅,空着没用,你拿去路上好烧水煮饭。"蔡福林听了,说:"蒋师傅,可我借了回去,要到下半年才能来还……""嗨——老蔡,一只旧铁锅,说什么'借'呀'还'呀,你尽管宽心拿去路上用。"蔡福林也就不再推辞了,谢过后,拿着铁锅回去了。

时间过得真快,转眼又到了下半年甘蔗上市季节,可蒋福林迟迟不见蔡福林前来卖甘蔗。等到第二年春天,眼看又是甘蔗上市季节,仍不见蔡福林的到来。

这天,蒋福林像往常一样,在堂屋边听收音机边喝茶。突然"滴滴"一声,一辆出租车在他家门前停了下来,从车上下来位中年妇女走到他面前开口问:"大伯,有位蒋福林师傅是住在这里吗?"

蒋福林一听眼前这位陌生妇女是来找自己的,觉得有些奇怪,就反问说:"同志!你找他有什么事啊?"那中年妇女回答说:"我是从浙江临平来的,找他是替我爸爸还东西的。"

蒋福林一听,有点丈二和尚摸不着头脑,便又问:"那你爸爸是谁呀?"中年妇女说:"我爸爸叫蔡福林,我是他的女儿,名叫蔡引仙。"

听她这么一说,蒋福林才恍然大悟,连忙说:"唷,原来你是老蔡的女儿,我就是蒋福林呀!来来来,快屋里坐,屋里坐。"他把蔡引仙迎进屋后,边倒茶边问,"闺女啊,你爸爸今年怎么没来卖甘蔗?近来他身体好吗?"蔡引仙立马眼睛一红,眼泪"刷"地流了下来,她哽咽着说:"大伯,我爸爸他走了!"

接着,蔡引仙就把蔡福林去年在地里收甘蔗时不小心摔了一跤,回家后卧床不起,上个月去世的经过说了一遍。她抹了抹眼泪,对蒋福林说:"大伯,我爸临走前再三叮嘱我,说他去年回家时向您借了一只铁锅,让我务必要来归还!"

蒋福林听罢,叹了口气说:"这老蔡也真是,一只旧锅不值钱,可他怎么老记在心里!闺女,你也真像你爸爸,为了这只旧锅,竟要花掉几百元车钱……"

蔡引仙听了忙说:"大伯,话不能这么讲,借东西要还这是天经地义的事。您老也知道,我们那里的乡俗:老辈欠人家的,小辈一定要替他还。只有这样,活着的人安心,逝去的人也放心!大伯,我还想问一句,我爸爸除了借您一只铁锅以外,还有没有借过其他东西?"

蒋福林听了马上肯定地回答:"没有,没有!"蔡引仙听后放心地站了起来,摸出二十元钱,放到蒋福林面前,说:"大伯,我爸爸借的铁锅今天乘车不方便带来,现在只能折价还铜钿给您了。"

蔡引仙说的"铜钿"是浙江方言"钱"的意思,可蔡福林听到"铜钿"二字猛地想起一件事来,他马上站起来对蔡引仙说:"闺女啊,你要是不讲铜钿我倒忘了,去年你爸爸回家后,我在收拾他睡过的床铺时,发现你爸爸在我家遗忘了一个钥匙。"

蔡引仙一听,笑了笑说:"大伯,这钥匙不要了,我家重新装修过了,这旧钥匙没用了。"

蒋福林忙解释说:"不,那钥匙上用红线还系着一个小铜钿呢。"

蔡引仙听后说:"那小铜钱是我爸爸上山干活时捡到的。他怕单个钥匙放在衣袋容易丢,才系上去的。"

蒋福林郑重地说:"闺女啊,你不知道,你爸爸系在钥匙上的那枚铜钿可是一枚古币。前些日子我家收藏古玩的邻居阿三看到这枚小铜钿,非要出三百元钱跟我买,我不答应,因为这是你爸的。现在你爸爸不在了,那我就把它交给你。"说完起身到房间里去拿。

蒋福林再出来时,手里只拿着光秃秃的钥匙。只见他拉长脸仰头就朝楼上喊道:"阿东,阿东!你给我下来!"随着应声,从楼上下来一位青年,蒋福林将钥匙往桌子上一扔,问:"蔡伯伯钥匙上的铜钿哪里去了?"

阿东一听,脸"刷"的一下红了,支支吾吾地说:"我……我不知道!"

蒋福林眼睛一瞪,怒吼:"不知道?铜钿自己生脚跑了?这钥匙一直放在我床头柜里,只有你知道,不是你拿的还有谁?"在蒋福林厉声逼问下,阿东只得承认是他拿的,并已卖给了阿三。

蒋福林听了,气得脸色发青:"小鬼!别人家的东西你也敢卖!"

阿东吞吞吐吐解释说:"我想,蔡伯伯本来每年都来卖甘蔗的,自从去年回去后到现在这么长时间不来,一定是他上了年纪,家里人不让他再出来卖甘蔗了,估计他是不会来取的!我家又不收藏古玩,阿三又盯着要买,就……"

"放屁!"蒋福林打断阿东的话,上前一把抓住他的手往外拖,并大声说,"走!跟老子去把铜钿赎回来!"

邻居阿三看到蒋福林拉着儿子气势汹汹上门来,心里猜到几分,只好把小铜钿拿出来,不过他对蒋福林说:"蒋伯伯,铜钿您可以赎回去,但我们这一行有规矩,收进来的东西,跟赎出去的东西价钱不一样……"

"加多少?"蒋福林问。阿三说加一百。

"一百就一百。"蒋福林摸出四百元钞票往桌子上一扔,抓起铜钿就走。

回到家里,他郑重地把小铜钿重新系到钥匙上,双手交给蔡引仙说:"闺女啊,这是你爸爸的遗物,现在我交还给你,请收好。"同时向她道歉,"对不起!是我教子不严,让你见笑了。"

蔡引仙忙说:"大伯,您言重了,应该是我感谢您才对,您保住我爸爸的这枚古币,我一定将它保管好!"说完,深深地向蒋福林鞠了躬,然后道别说,"大伯,时间不早了,我要回去了,出租车还等着呢,再见!"

送走了蔡引仙,蒋福林又将阿东臭骂了一顿,然后语重心长地说:"儿子啊,今天爸对你发这么大的火,不是心疼一百元钱,是希望你能记住这个教训,人家的东西就是人家的!任何时候都不能起贪心。你看蔡伯伯,借了一只旧铁锅,到死不忘要还;她女儿为了替父亲还几块钱的东西,宁可花几百元车钱也要来还。这就是做人的诚信!"

关键词：家教

> 现在生活安逸了，学军学农都是象征性地学一学，但是吃苦耐劳的好品质可不能扔……

草鸡宴

高国俊

桂学达是一家单位的科级干部。最近单位要组织"体验井冈山精神"的红色教育活动，桂学达回家后，就把要去井冈山的事告诉了家人。谁知话未说完，爷爷就嚷了起来，非要跟着孙子一起去井冈山不可。这可把桂学达难住了。

爷爷大名叫桂二腊，是本市唯一健在的老红军，当年就是在井冈山一带参加革命的，今年九十有四。前两年，爷爷得了脑梗，经过治疗，双腿行走已没啥大问题，只是双臂还不能举起。于是他劝爷爷说："爷爷，您这么大年纪了，两条手臂功能还没有恢复，去井冈山谁照顾您？再说我们这次去不是旅游，是教育活动，您去这不是添乱嘛！"

爷爷打断桂学达的话说："我手臂不能动，有你二姑照顾，你尽管参加你们单位的活动，你小子也别拿给你们活动'添乱'的大帽子唬我，我只要你去问问你们的领导，车里能不能再加两个人，我们拿钱，绝不揩公家的油。到了那边，食宿我们自理。"

话都说到这份上，桂学达无话可说，于是给组织部门打了个电话，说了爷爷的意思。不料，组织部长一听，老红军要随团同行，这不是活生生的教材吗?到井冈山后,再安排一场老红军讲座,那该多好啊!于是满口答应。

几天后,这次教育活动按计划启动了。经过十几个小时的车程,大家来到了井冈山的一个教育基地。体验教育活动,总共四天,其间只在第三天的下午安排自由游览。宣布完日程安排后,带队人员强调一条:这次是来接受革命教育的,由于前几次有个别同志受不了艰苦的伙食,不吃培训教育的大锅饭,偷偷在外面大吃大喝,造成不好的影响,因此,经研究决定,所有人一分不留地把现金、银行卡一律暂交组织保管,等回去时的车上发还。

于是,大家把身上的银行卡和现金都一一上交。接下来是发红军服装,大家迫不及待地换上红军服,戴上八角帽,扎上皮腰带,互相整了整衣冠,有的还庄重地敬了一个军礼。

桂学达自工作后收入不低,再加上家里的经济条件不错,所以在家时一直吃得很好,哪里受得了天天南瓜汤,餐餐小米饭,不是青菜帮就是萝卜头?一两顿还可以,新鲜劲一过就吃不消了。

好容易熬到第三天中午,桂学达胡乱地扒拉了几口南瓜饭就独自出了基地大门,他猛然发现路北有家银行营业所,突然,一个念头一闪,他瞅瞅四周没人,一下就钻了进去。

进了银行大厅,他掏出身份证,让工作人员给办了张银行卡,又转身到了角落,拨通了老婆的电话,让老婆在他新办的卡上打三百元钱过来。十分钟后,他顺利地在自动取款机上取出了那三百元。

半小时后,桂学达进了一个叫毛家坝的村里,来到一户农家门前,里面迎出一位汉子,热情地问:"同志,您……"只见桂学达凑到那人跟前,盯着那家用网围着的一群鸡,小声问:"老乡,您的鸡卖不卖?多少钱一只?"那人说:"同志,我这鸡是正宗的山草鸡,已在山上放养了十个月,正准备上市呢!价钱很高,要二百五十元。"

桂学达咽了口口水："行,依你的价,给挑只肥的,麻烦给炖一下好吗?"那人爽快地说："行!"

不到一小时,香气扑鼻的山草鸡端了上来。桂学达迫不及待地扯着鸡腿就狼吞虎咽地开吃,啃了几口后,突然感觉少了点什么,于是就掏出钞票对那人说："老乡,我穿这身制服不便出去,请您到附近小卖部给我买瓶酒,一二十块的就行,这几天馋坏了!"

不一会,那人拿回瓶当地产特曲,对桂学达说："正好二十元。"桂学达接过那人找回的钱,满脸放光地倒满一杯酒,咕嘟咕嘟喝了两大口,乐在其中地问那人："老乡,还有没有其他菜?"那人说有煮熟的鹌鹑蛋。桂学达问："多少钱?""三十。"桂学达一算,除去二百五十元的草鸡正好还剩三十元,就对那人说："来一盘!"

半斤酒下肚,桂学达就打开了话匣子："我说老乡,你看我穿着红军服装,但我不是红军。"那人笑笑说："你当然不是红军,现在还在的红军都该九十多岁了。"桂学达自豪地说："可我爷爷是实实在在的老红军,我们市里就我爷爷这个正宗的红军还健在!"那人羡慕地问："真的假的?"桂学达呷了口酒,把一个鹌鹑蛋扔进了嘴里边吃边说："我骗你干吗?我姓桂,我爷爷叫桂二腊。出席个什么会时,我爷爷的前胸脯都是奖章!"桂学达说着正了正八角帽,跷起了二郎腿,并抽出中华烟,吞云吐雾起来。

这时门帘一挑,从里屋走出位白发、白眉、白胡子的老头。只见他双手拄着根竹拐棍,颤颤悠悠地走到桂学达跟前："你是干什么的,穿着这身衣裳?"桂学达边吃鸡边回答："老人家,我是到井冈山来接受红色教育的!""那你们培训基地不管饭?"老头问。桂学达实话实说："管是管,那饭我连吃了三天,清汤寡水的,实在……""年轻人,当年红军可不像你这样子,大口吃肉大口喝酒的!你这样子太不像话!"老头说着狠狠地用拐杖戳了几下地面。

桂学达脸上挂不住了:"当年是当年,现在是现在。我爷爷就是当年的老红军,他当年啃树皮吃野菜,难不成也让我吃这些?我花自己的钱拉动你们当地经济有什么'不像话'?"

老头被激怒了:"你在撒谎,你说你爷爷是老红军我不信,老红军的后代没你这样的!"

桂学达打了个酒嗝说:"我爷爷就是老红军,他当年在这一带打游击,这次也跟我们一块故地重游来了,我撒谎我长八条腿!"

老头还想说什么,被那汉子扶进屋里:"爷爷,人家是咱客人……"出来时他忙给桂学达赔礼:"同志,千万别见怪,人老了不赶形势。"桂学达一听这话也不好意思起来:"他不相信我爷爷是红军,显得我吹牛似的!哎,人老了我也理解。我爷爷也是这样,这旦看不舒服,那里瞧不习惯,没办法呀!"

过了一会,桂学达酒足肉饱,准备结账走人,就拿出身上的二百八十块钱,对那人说:"谢谢老乡款待,这是草鸡和鹌鹑蛋钱,正好。"说着把钱递了上去。那人接过钱一数,依旧很客气地说:"这点钱哪够,我那盘鹌鹑蛋是三十个,一个三十元,光鹌鹑蛋就九百元。"桂学达一听急了,把八角帽"啪"地往桌上一摔:"什么什么,你宰人也不看看对象,真拿我当假红军了,说好的三十元,怎么变卦了?我还以为你是个好人,原来你在等着宰我?"

那人依旧笑着说:"你问的是多少钱,没问多少钱一个或者是多少钱一盘,我们这就是论个卖的,我不相信你穿着红军的衣服会吃霸王餐吧!""你……你……我……我报警!"桂学达气急败坏地说。那人一笑:"报警或给培训基地打电话随你的便。"

桂学达的酒劲早吓没了,他清醒地知道,这警不能报,基地的电话也不能打。好一会儿,他服软了,于是他对那人说:"今天的竹杠我认了,但我身上确实没钱了,你跟我到银行去取,我还得往家里打电话让他们再往卡上打钱。"那人不乐意了,说:"听你的口气,我们是敲你的竹杠!我哪也不去,今天不把钱如数交上,我就豁出去做一次恶人,把你这冒牌的红军同志给扣了!"

桂学达急了,他点上烟在屋里踱了几个来回,忽然他想到了爷爷和二姑,于是就给爷爷打电话:"爷爷,我是达达,我在毛家坝村,被人宰上了!"于是他就把事情的前前后后给爷爷说了一遍,最后带着哭腔说,"爷爷,你和二姑带上一千块钱过来给我解围……""这么巧,我也在这一带转悠,别急,我们马上过去,我倒要看看革命老区还有人宰客。"

不一会,桂二腊赶到了,听完孙子的诉说,正要指责汉子敲诈,这时,门帘一挑,老头走了出来,声如洪钟地说:"小桂子,果然是你!"桂二腊一愣,听着那遥远却又熟悉的称呼,条件反射似的脱口而出:"班长!"

随即,惊人的一幕出现了,桂二腊随着"咔"的一声肩关节声响,右臂利索地举起,给老头行了个标准的军礼。桂学达一看,惊奇地喊道:"爷爷,您的胳膊能动了!"对面的老头哈哈大笑:"我打第一眼就看这小子像你当年的影子,再加上他说这次你也来井冈山了,并报出了桂二腊的名字,我就让我孙子使了个引蛇出洞计,把你这小子钓来!"老头说着,又一惊一乍地喊道,"小桂子!""到!""身为红军战士,把后代惯成这样!这小子在接受红色革命教育期间开小差,私自改善伙食,该当何罪!今天把你叫来,就是让你亲眼看看你孙子干的好事!"

桂二腊听了,满脸通红地走近桂学达,抡起左臂扇了他一个耳光:"回去再给你算账!"桂学达捂着腮帮,哭笑不得地说:"爷爷,您的俩胳膊都能动了!"

"小桂子!"老头一板一眼地说,"因为你没把后代教育好,我现在交给你一个艰巨的任务,让你将功补过!""班长请指示!"桂二腊立正姿势庄重答道。

老头说:"在这里陪我一个星期。草鸡、鹌鹑蛋管够。有没有困难?"桂二腊又一个敬礼:"班长放心,保证完成任务!"

老头的孙子过来拍了拍桂学达的肩:"哎,你看看咱俩的老人家!"桂学达冲那人也"咔"地敬了个礼:"谢谢,我这就回基地向组织检讨!"

关键词:家教

> 十万元的债务累垮了秀英,她还不完的钱就要让儿子来还,这就是责任。

空白有价

杨汉光

秀英有个儿子叫晓君,读小学四年级,特别喜欢画画。这天,秀英将一幅画铺在餐桌上,让儿子看看。这幅画是一个叫黄鑫的老熟人临时放在她家的,据说价格不菲。

这是一幅山水画,画上的美景如同仙境一般。晓君不但看得很仔细,还铺开一张白纸,一笔一画临摹。可惜他用的纸不够好,尽管画得非常认真,效果却不理想。

晓君望着美丽的山水画,忽然计上心头:这幅画上有很多空白的地方,如果把空白处剪下来,不就是现成的画纸吗?晓君立刻动手,将空白处剪了下来。他在这些画纸上重新临摹,效果立刻大不相同,感觉一下子进步了许多。

晓君正在欣赏自己的杰作,妈妈回来了。在妈妈身后,还有一位戴眼镜的先生,正是黄鑫。黄鑫一看见那幅画,就气得跳起来:"你怎么把我的画剪了?"

晓君说:"我只是把多余的白纸剪下来,山水和花草树木一点都没动。"

黄鑫气愤地说:"臭小子,你懂个屁!"

秀英瞪了晓君一眼,赶紧请黄鑫估算儿子造成多大的损失,准备赔偿。秀英想,画上的景物完好无损,顶多赔几百元。不料,黄鑫却说:"这幅画已经被你儿子剪成废纸,你赔我十万元吧。"

秀英如遭晴天霹雳,踉跄了一下,扶住墙壁才没有摔倒。她定了定神问:"我儿子只剪掉空白的地方,连一丁点墨迹都没损坏,这画怎么就变成废纸了呢?"

黄鑫说:"那些空白的地方叫留空,是这幅画的灵魂。人没有灵魂就是废物,画失去灵魂自然变成废纸。"他扯过那幅画,揉作一团,丢在垃圾篓里。

秀英只好将家里所有的现金和值钱的东西拿出来,递给黄鑫说:"这是一千元现金,几样东西也算一千吧,存折里还有两千元,我马上去取给你。"

黄鑫诧异地问:"你们家才这点家底?"

秀英低下头说:"丈夫去世后,我一个人带孩子,乡下还有两个老人,太难了……"

黄鑫叹了口气说:"算了,你还是写张欠条给我吧。不用急,等以后有钱了再还。"

秀英当即写了一张欠条,签上名字。她叫晓君也过来签名,黄鑫打量一下晓君,问:"孩子这么小,干吗要他签名?"

秀英解释说:"我一个月只有两百多元收入,十万元恐怕这辈子也还不完。我还不完,儿子就要接着还,他不签名怎么行?"

秀英的话让晓君顿时感受到了沉甸甸的责任,他拿起笔,在欠条上一笔一画写上自己的名字。

黄鑫走后,秀英将那幅画从垃圾篓里捡出来,重新铺在桌面上。画上的风景依然美如仙境,秀英却越看越难受,眼泪吧嗒吧嗒往下掉。晓君替妈妈擦干眼泪,说:"妈,别哭,我和您一起还债。"

秀英苦笑说:"你一下子长大了,这画还不算白剪。"

从此,母子俩过上了艰难的还债日子。晓君一有空就去捡废品卖,一毛两毛积攒,每到月底,就把攒下的钱全部交给母亲。

秀英更加拼命,她同时打两份工,每天工作十六七个小时。晓君几乎看不见母亲了,早上他醒来时,母亲已经出门,晚上母亲回来时,他早已进入梦乡。

因为长久不能见面,晓君非常想念母亲。有一个晚上,他硬挺着不睡觉,坐在椅子上等母亲回来。可最后还是没有挺住,他歪在椅子上睡着了。

晓君醒来时,已经是第二天黎明。他发现自己躺在床上,知道母亲回来过了,他赶紧爬起来,发现母亲的床上空空如也,母亲早就出门干活。晓君在饭桌上看到母亲留下的一张字条:君君,晚上不用等我,你自己先睡觉。千万不能坐在椅子上睡,容易着凉,我们可没有钱看病啊!

晓君没有病倒,秀英却出事了。有一天下午,晓君正在上课,班主任刘老师冲进教室,一把拉起他就跑,边跑边说:"快跟我去看你妈。"

晓君跟着刘老师来到医院,看见妈妈躺在病床上,头上流了好多血。原来母亲因劳累过度,走着走着突然栽倒在地,脑袋不慎撞到一块坚硬的石头,被人送到医院时已奄奄一息。

晓君扑到母亲身上,失声痛哭。秀英已经说不出话了,她用手指蘸上自己的血,在儿子的衣服上艰难地写下两个字:还债。"债"字的最后一点还没写完,她头一歪,就去世了。

秀英去世后,晓君靠好心人的帮助才能继续上学。上学之余,他依旧去捡废品卖,每个月底都汇几块钱给黄鑫。对那笔巨额债务来说,这几块钱微不足道,但还债是母亲的临终嘱咐,晓君一刻也不敢忘记。

即使在最艰难的时期，晓君也坚持画画。没有钱买纸，他就捡废纸当画纸，他还自己制作画笔和颜料。晓君看见什么就画什么，但画得最多的，还是那幅害得他家破人亡的山水画。晓军最少临摹过几百次，每一次临摹，他都想起黄鑫的话："空白的地方叫留空，是这幅画的灵魂。"晓君用白纸将剪掉的地方补好，无数次揣摩：空无一物的地方，为什么在绘画中如此重要？

功夫不负有心人，晓君的绘画水平不断提高。有一天，一位教绘画的老教授带领几个学生，到晓君居住的小镇写生。晓君将自己的画拿给教授看，请他指教。教授惊讶不已："你小小年纪，怎么画得出这么好的画？"他还将学生们叫过来，指着晓君的画说，"你们看这个孩子的画，不但景物画得传神，而且善于留空，虚实结合，千变万化。"

见教授赞不绝口，晓君斗胆问："老师，您看我的画能卖多少钱？"

教授反问道："你想要多少钱？"

晓君毫不犹豫地回答："八万五千元。"

学生们哄然大笑，那时候，八万五千元是个天大的数目，许多名画家的画，都卖不到这么高的价钱。

教授好奇地问："你为什么要八万五千元？"

晓君将自己的遭遇告诉了教授，为了还那十万元债务，母亲劳累致死才还了一万五千元，还差八万五千元。

教授感动不已，当即带领几个学生，来到晓君的家，观看那幅被剪坏的画。画的背面有秀英留下的账目，某年某月某日，汇了多少钱给黄鑫。她总共汇了几十笔钱，加起来正好一万五千元。

教授安慰晓君："你悟性这么高，日后一定会有出息的，这点债务算不了什么。"

晓君忍不住问道:"老师,您说的日后是多久?一年,还是十年?"

这笔债务像一座大山,压得晓君喘不过气来,真是太难为这个孩子了。教授决定帮助晓君,让他专心学画,便说:"这样吧,我先帮你还债,等你有出息后,再送我两幅画,行不行?"

晓君做梦都没想到会有这种好事,他高兴地说:"送您一百幅画都行。"

老教授太喜欢晓君了,不但替晓君还清了债务,还把他带到北京去,精心培养。晓君如鱼得水,绘画水平突飞猛进。

许多年后,晓君成了远近闻名的画家。他的画技已经炉火纯青,特别善于留空,人称"留空大师"。

在举办个人画展的时候,晓君特意将当年剪坏的那幅画装裱好,悬挂在展厅中间。这是一幅独一无二的画,正面是山水,美如仙境,背面是一个苦难母亲的还债账目,字迹歪斜潦草。

解说员站在画下,动情地向观众讲述晓君一家和这幅画的苦难故事。许多人听得流下了眼泪,眼泪流得最多的,是一位戴眼镜的老先生。

这位老先生正是黄鑫,他找到晓君,说自己愿意用两百万元,将这幅残缺的画赎回去。晓君郑重地说:"对我来说,这幅画是无价之宝,多少钱都不卖。如果黄叔叔喜欢,随时可以到我家欣赏。"

关键词:家教

> 我爹常说,饿死不做贼……

饿死不做贼

杨春萍

二牛是个农村来的小伙子,第一次进城打工,就被人家骗了,白干了大半年的活。到头来老板跑了,二牛身上一毛钱也没有,只能找了个桥洞落脚。

这天晚上,二牛迷迷糊糊睡到半夜,忽然被人推醒了。他睁开眼,发现自己的窝里来了个人,跟他差不多年纪,脑袋上留一头长毛。

长毛见他醒了,笑道:"兄弟,挤挤,借个地方睡睡觉!"二牛心想,多个伴也好,就同意了。两人高兴地聊了起来。

听二牛把他的遭遇一说,长毛一巴掌拍在他肩膀上,感叹道:"兄弟,同是天涯沦落人啊!"原来,他的遭遇也和二牛的一模一样。知道二牛已经饿了两天,长毛说道:"兄弟,你咋这么老实呢?没人要你,咋就不会自己给自己找活干呢?你看我,这几个月都是自己给自己打的工,不用受老板的气!"

二牛两眼一亮:"大哥,你还要人吗?"

长毛哈哈一笑:"要啊,我正想找个帮手呢!"等长毛把话说完,二牛却不禁大失所望,原来长毛说的活,不过就是当小偷,专门偷大街上的自行车去换钱。

二牛不假思索就摇起了头:"我爹常说,饿死不做贼……"

长毛一听笑了:"这都什么年代了!饿死胆小的撑死胆大的!"说着,把二牛从被窝里拉出来,"走,我这还有点钱,先跟大哥吃饭去!"

二牛跟着他走出桥洞,来到一家小面馆里。长毛替他叫了一碗牛肉面,二牛抓起筷子正要吃,猛然又想起了什么,抬眼看着长毛:"我、我不会做贼的!"

长毛一愣,指了指面条说:"吃吧,吃吧,吃了再说!"

二牛把筷子往桌上一放,坚决地摇摇头:"真的,我不会跟你去做贼的!"长毛不些不高兴了:"做贼,做贼,咋说得这么难听?你是好人,好,你就等着饿死吧!"

二牛盯着面前热气腾腾的面条,不住地咽着口水,忽然一咬牙,站起来掉头走出了小面馆,径直回到桥洞下,双手捂着肚子,哆哆嗦嗦地蜷缩成一团。

过了好一阵,长毛才摇摇晃晃回到了桥洞,一边打着饱嗝,一边嘟嘟囔囔地骂:"老子看走眼了,没想到你真是个傻蛋!妈的,害我又吃了一碗面条,你想把我撑死呀?"说着,往二牛旁边一躺,丢过来两个馒头,"老子就剩下这点了,你爱吃不吃!"说罢呼呼大睡。

天一亮,长毛就爬起来了。一扭头,看见那两个馒头还是完好无缺,不禁火了,他捡起馒头说道:"你还真有骨气,好,你不吃,我吃!"一眨眼,就把两个馒头消灭了。

他拍拍肚子,冲二牛说道:"我要去做贼了,你是好人,就在这儿慢慢饿肚子吧!"说完,哈哈大笑着走了。

等他一走,二牛也硬撑着爬起来,想到外面去碰碰运气,说不准能遇上个好心的老板,施舍点活给他干干。哪知道,他运气实在不济,在街上走了一天,结果仍然两手空空。二牛饿得两眼直冒金星,好不容易回到桥洞下,往破被窝一倒,再也没有力气动了。

夜幕降临的时候,长毛回到了桥洞下,他手上提着一串黄澄澄的大香蕉,往二牛旁边一扔,说道:"我今天刚弄了一辆新车,香蕉是放在车篮子里的,被我顺手牵羊了,吃不吃随你!"说完他就走了。

二牛闻到香蕉的香味,不由精神一振,瞪大眼睛盯着近在咫尺的香蕉,不住地咽口水。他望了半响,终于忍不住了,手颤抖着,向香蕉伸了过去……

不一会儿,外面又传来了脚步声,二牛慌忙一抹嘴巴,一阵手忙脚乱。钻进来的人果然还是长毛,他若无其事地四处看了看,故意自言自语:"咦,我的香蕉呢?"说着,眼光落在二牛脸上,笑了笑问,"兄弟,是你吃了吧?"

"不,我没有……"二牛嘴上说没有,可脸上却羞愧难当,"我、我没吃……"

"吃就吃了嘛!"长毛哈哈大笑,"我本来就是拿回来给你吃的!"说着,他走过去拍拍二牛的肩膀,大声道:"这就对了,兄弟,谁像你这么死心眼呀,咱也不想干坏事,可总不能这样饿死啊!兄弟,走,大哥请你吃海鲜!"伸手要拉二牛。

二牛一个劲地争辩:"真的,我没吃你的香蕉,我真的没吃啊!"可话刚说完,打了个饱嗝,嘴里喷出来一股浓浓的香蕉味。

长毛一闻,乐了:"兄弟,别死要面子了,大哥不会笑话你的!"

"我真的没吃香蕉……"二牛还想分辩,忽然感到腹中一阵绞痛,双手捂着肚子,扑通倒在地上,痛得满地打滚。

长毛一看,也慌了,上前把他扶起来,说道:"你一定是饿坏了,一下吃了这么多香蕉,这才闹急病了,别怕,大哥这就送你上医院!"边说边架着他往外走,"兄弟,你看你现在这种情况,要不是大哥我这两天干坏事,兜里有点儿钱,你这条小命恐怕就完了!"

送到医院急救室,经过医生的处理,二牛的肚子才渐渐不痛了。医生问长毛,病人吃了什么东西。长毛说:"他三四天没吃东西了,刚才吃了一大串香蕉!"

二牛轻轻摇头:"大哥,我、我真的没吃香蕉……"

长毛火了:"你没吃,那你肚子里的是什么?"

二牛忍着痛说:"那些香蕉还在袋子里,我、我怕你笑话,藏到、藏到被子下了,我、我吃的是……是香蕉皮……"

长毛一下惊呆了,猛地握住二牛的手:"对不起,我不该……兄弟,你咋这么认死理啊!"

二牛用虚弱的声音说:"我爹……我爹说过,饿死不做贼……"

长毛浑身一震,顿时泪眼模糊,上前抱着二牛哭了:"我爹……他老人家也这么说过!"

关键词:家教

> 家教的重要性不言而喻,可有的人根本没有这个意识,宠着惯着孩子,因为他也是从小被这么带大的……

有口难开

张春风

那天中午,刘娜带着六岁的儿子笑笑,跟一帮朋友在饭店吃饭。别看刘娜穿得很讲究,却很不讲礼貌,不仅大声说话,还总哈哈大笑,引得其他客人纷纷侧目。

刘娜的邻桌有三个客人,正首一个穿白色西服的男子,四十多岁,留着小胡子,左边是一个十五六岁的鬈发男孩,长得眉清目秀,右边是一个戴眼镜的青年,一副毕恭毕敬的模样。

笑笑随便吃了几口,便抱着一个皮球去玩了。皮球在地上滚来滚去,笑笑就跟着皮球,在其他饭桌下钻来钻去,时不时地,笑笑还在大厅里奔跑,刘娜也不管他。

突然,只听"哐当"一声,客人们纷纷回头。原来,笑笑撞翻一个杯子,橙色的饮料全洒在了小胡子的白西装上,简直狼狈不堪。小胡子生气地问:"这是谁家的孩子?"笑笑捡起球,朝他吐了吐舌头,转身就跑。

刘娜赶紧追了上去,疼爱地问:"笑笑,你没事吧?"

小胡子看了看刘娜:"是你儿子?怎么可以在饭店里跑来跑去呢?你瞧瞧,把我的西服弄成什么样了?"刘娜将笑笑搂在怀里,冷冷地说:"不就是一身西服么?多少钱?我赔给你!"男子强忍怒火:"这是一个妈妈应该说出来的话么?我根本不要你赔,不过,你的一言一行孩子都看在眼里!"

刘娜双手叉腰,摆出一副泼妇的样子,吼道:"那又怎样?你算哪根葱敢教训我?多少钱?现金刷卡随便,老娘我有的是钱!"鬈发男孩看了看小胡子,劝道:"爸爸,算了……"小胡子摇了摇头,对戴眼镜的青年说:"理查,把手提电脑拿出来,帮我做一份索赔清单!"

眼镜男点了点头,翻出手提电脑,飞快地敲打键盘:"首先,总裁身上穿的,是最顶级的手工定制西服,全世界独一无二,如果你关注时尚圈,应该对它的设计师有所耳闻,著名的怀特先生。"

话音未落,刘娜就呆住了。她知道,怀特先生是全球数一数二的设计师,只为最顶尖的富豪做私人定制。

眼镜男继续说:"当然,这套西服也就值一万英镑,不足为奇。不过,总裁手腕上的瑞士金表也被弄脏了,也不贵,三万英镑罢了。对了女士,真的很不巧,两小时后,总裁将去签署一份价值一亿美元的合同,很有可能,因为总裁沾上饮料的西服,合作方会觉得我们没有诚意,而取消合同,损失不大,也就一千万美元,我们将追究你的连带责任……"

末了,眼镜男潇洒地说:"总裁,我将一切记录好了,待会,我会向这位女士发出律师函,然后起诉……"

听着听着,刘娜的额头开始冒汗,她终于意识到,眼前的小胡子是十足的狠角色,尽管这样,刘娜嘴上仍旧不依不饶:"哼!吓唬谁呢?别以为,只有你有律师,我也有!"

眼镜男点了点头:"当然!欢迎你提起诉讼,我们总裁随时奉陪。"

刘娜颤颤巍巍地往回走,只觉得两腿发软,尽管她身家丰厚,但跟眼前的顶级富豪相比,简直九牛一毛,怎么可能赔得起,也耗不起这个时间。回到座位,刘娜低头不语,只觉得,每一口菜都索然无味。

可是,大话都已经讲了,就像泼出去的水收不回来,刘娜真希望,自己刚才没那么唐突,这样,还有商量的余地。那边,小胡子似乎忘记了刚才的不快,脱去白西服,优雅地品尝着牛排,时不时地,还和鬈发男孩一阵耳语。眼镜男起身,应该去准备律师函了。

不知不觉,旁边的客人都结账走了。刘娜也吃得差不多了,可是,她迟迟不结账,朋友们连大气也不敢出。原本,只是一件小事,犯不着对簿公堂。奇怪的是,小胡子那桌也迟迟不结账,也迟迟不送来律师函。

眼看,整间饭店只剩他们两桌了。刘娜不知道该怎么办?

这时,眼睛男拿着一张纸,走了过来,优雅地说:"女士,不知道你有没有想好?究竟是接受我们的律师函,还是,选择其他方式?"刘娜眼睛一亮:"其他方式?那又是什么?"眼睛男笑了:"这个,你应该很容易想到,也许,只是一句话。五分钟后,我们就要离开,希望你早点做决定!"

刘娜当然明白,眼睛男说的是什么意思。只要她对小胡子说三个字:对不起!也许,一切都迎刃而解,对于这样的有钱人,尊重比什么都重要,但是,刘娜就是抹不下面子。

眼看五分钟就要过去,服务生已经在收拾碗筷。刘娜心急如焚,突然,她发现儿子笑笑不见了,立刻大惊失色:"笑笑,你在哪里?"话音未落,笑笑和邻桌的鬈发男孩有说有笑地从门外走了进来。鬈发男孩的手里,拿着一个足球,上面有一个醒目的签名。

刘娜正要喊笑笑过来,谁知,笑笑走到小胡子面前,大声地说了一句:"Sorry!"刘娜呆住了。小胡子温和地摸了摸笑笑的头,朝鬈发男孩使了个眼色。于是,鬈发男孩将足球递给了笑笑,笑笑捧着球,高高兴兴地跑向刘娜。

之后,邻桌三个人走了,并没留下什么律师函。望着他们远去的背影,刘娜长舒了一口气,也匆匆结了账。

回家的路上,刘娜好奇地问笑笑:"儿子,你刚才去哪里了?"笑笑说:"鬈发哥哥带我去停车场了,他从车里拿出了一个足球,有梅西亲笔签名的!"刘娜又问:"你为什么要跟小胡子叔叔说'sorry'?你知道'sorry'是什么意思吗?"笑笑摇了摇头:"不知道,鬈发哥哥说,只要我这样做,就会得到这个足球,我最喜欢梅西了!妈妈,'sorry'究竟是什么意思?"

那一刻,刘娜恍然大悟:原来,邻桌早就猜到,自己不会道歉,但是,又不想让她下不了台,所以,父子俩才想出这样一个办法,让她和孩子有尊严地离开。

刘娜并没告诉笑笑,"sorry"的意思是"对不起",但是,从那天起,刘娜变了,变得性情温和知书达理。因为她知道,自己做的每件事,儿子笑笑都看在眼里。

关键词：家教

> 一个人的举手投足间流露出他的家教，家教不好，长得再漂亮，都让人生厌。

千里姻缘

张成磊

从前，青州郊外的沂莲山下有一户农家，当家的是张老汉，妻子早已病故，留下一个女儿。

这天，酷日当空，张老汉正在院子里满头大汗地种菜，忽然进来两个人，前面一个锦衣公子上前便拜："岳丈在上，小婿这厢有礼了。"

张老汉丈二和尚摸不着头脑，问："我与你素不相识，何来你这女婿？"

后面一个看样子是公子家的仆人，他一边打量着院落，一边说："就是此地，就是此地！"然后，他上前对张老汉说："老人家您先莫急，且听我说。"

原来这锦衣公子乃山东海曲县王家公子，今年已二十有二。王老爷找算命先生刘半仙给儿子看姻缘，看看儿子啥时成亲。刘半仙掐指一算，对王老爷说："恭喜，恭喜！今年正是贵公子的婚庆之年。"王老爷大喜，又问："那新娘子在何处？"刘半仙把手朝西一指，说："新娘子在千里之外的一处山脚下。"于是，王老爷就让家人王七陪公子千里迢迢来到此地寻亲。

张老汉有点不明白,问:"那你又怎知我家小女就是你家公子要寻之人呢?"

王七说:"当日,刘半仙特意留言道——'青石墙,麦秸房,两只山鸡竹里藏。'您看,您家院子皆与刘半仙所言相符,定是此地无疑。"

张老汉这下乐开了花,回头冲麦秸房里喊道:"麦花,你娘说你日后会嫁大户人家,今日看来她料事如神啊!快,如意郎君当真寻你来了,不要整日窝于房中,快快出来见客呀!"

话音刚落,草帘一掀,麦秸房里出来一个少女,可她只背对着王公子道:"公子既然千里迢迢寻到此地,定是上天冥冥中早有安排,可你知晓我相貌是俊是丑?"

那王公子好像也正担心这一点,就说:"烦请转过身来。"

少女说:"不!若你看了我的样貌,怕是会说找错了门!"

少女这么一说,那王家公子心里立时忐忑起来:听这小女子的言语,莫非她容貌奇丑?

少女见王公子忽然不作声,心里失望,便赌气道:"那算命先生之言或许不假,可千里之远,难免你寻错了门,公子不妨去别处再看看,没准还能觅到另一处'青石墙,麦秸房,两只山鸡竹里藏'。"说罢,她进了屋,不再露面。

王家公子只好退出张家院落,在附近找了起来。这一找,当真另有发现……

过了半个月,王老爷专门派人抬了一顶花轿,要把儿子找到的意中人接回山东。不过,这"意中人"不是张老汉的女儿,而是南山坡下的黄家阿蓉。

听说王家派大轿接的新娘子是黄家阿蓉,那张老汉急了,就在半道上拦住王公子说:"你明明要寻的是'青石墙,麦秸房,两只山鸡竹里藏'，据我所知，那黄家乃是'篱笆院，土坯房，一只黄狗汪汪汪'，与当日刘半仙所言并不相符啊！"王公子说："来，来，你随我一起去黄家瞧一瞧。"

张老汉跟着王公子到了南山坡下，只见黄家青石墙垒得又厚又高，三间簇新的麦秸房矗立在院子当中，两只山鸡正在一片竹林里"咯咯"地叫着刨食……

张老汉一看傻了眼，喃喃说："不对，不对，黄家从前可不是这般景象的……"

王公子一笑："从前不是这般，但此时确是'青石墙，麦秸房，两只山鸡竹里藏'啊，与我要寻的人家一模一样啊！"张老汉又惊又恼，心有不甘地离去了。

黄家阿蓉被接到王家后，王老爷挑选了良辰吉日，让一对新人完婚了。洞房花烛夜，阿蓉悄悄问相公："那日你来我家院外窥探，我正伺候瘫痪的老母，未曾留意到你在屋外。我自知相貌平平，又不懂得梳妆打扮，且我家'篱笆院，土坯房，一只黄狗汪汪汪'，与你要寻的人家相差甚远，你为何偏偏选我为妻？"

王公子微微一笑，道："只因娘子人好心善啊。丈母大人重病卧床多日，娘子体贴服侍，不离半步，足见孝心。娘子怎说自己相貌不如人？那日娘子替丈母大人轻轻打扇，自己却汗湿衣衫，那般情景让为夫看在眼里，顿生爱怜，此般女子乃天下最美。'人以孝为先'乃是我王家世传家训，娘子乃良家孝女，我岂有不娶之理？"

王公子还告诉阿蓉，王老爷听说阿蓉是个懂得尽孝之人，很是高兴。为使黄家不得人闲话，王老爷专门出资给阿蓉家建出了"青石墙，麦秸房，两只山鸡竹里藏"的新家园。至于张老汉的女儿，虽然后来听说她其实貌美如花，但那又如何？她一天到晚，只知躲在房里享清闲，独留老父在日头底下种地劳作。此般好逸恶劳之人,定是家风不严,家教不济,纵是家财万贯,也难叫人喜欢啊。

　　阿蓉听相公这么一说,娇羞地依偎到他的怀里……

关键词:家教

> 一个社会,读书的人少了,浮躁之风能不蔓延吗?读书,就要从娃娃抓起。

老爷子还会这一手

无字仓颉

李慕书的儿子小米正上初中,最近放暑假了,儿子说要出去旅游,李慕书欣然同意。行程很快就确定下来,第一站是湖南岳阳楼。听儿孙俩要去岳阳楼,李慕书的老父亲也想去,难得老爷子有这兴致,李慕书也很高兴。

三人来到了岳阳楼,这儿果然景色怡人。游客不少,售票窗口排起了长龙。李慕书让爷孙俩等着,自己去排队买票,这时,老李从后面叫住了他:"我的不用买。"

李慕书看着父亲,不解其意。老李晃了晃手中的身份证说:"我刚满七十,有免票资格啦!"

原来父亲已经满七十了!李慕书显然是忘了,不免有几分羞愧。

没过几分钟,李慕书便回来了,他还没买票,不过带来了一个奇特的信息——景区正在搞一项优惠活动:凡能一字不差背诵出《岳阳楼记》全文的,可免票入内。

李慕书判断了一下形势,觉得至少可以省一张票,如果发挥得好,今天爷儿仨都不用买票了。他把目光投向儿子小米:"怎么样,这篇课文应该学过吧?"

小米的脸有些红,说:"刚学过,不过这篇课文老师只要求背诵第三段。"李慕书叹了口气,无奈地摇了摇头,一旁的小米大着胆子问他:"老爸,你会背吗?"

李慕书不吭声了,突然他想到什么,掏出手机一搜,很快就搜到了《岳阳楼记》全文。他扬了扬手机,对小米说:"怎么样,比试一下,看看谁背得快?"

这主意不错,小米拿过手机就背起来,李慕书让老父亲在休息区坐着等一会儿,自己也立马凑近儿子,开始背起书来。过了一会儿,李慕书灰心了,背后句忘前句,四十出头的人了,背古文还真有困难!小米倒利索,把手机往李慕书手里一塞,说:"老爸,我差不多了,你咋样啊?"

李慕书不甘心,可也没办法,说:"横竖就这样了,试试去!"

两人来到"免票通道"排队等背书。轮到小米了,他断断续续,像挤牙膏一样,总算背完了。服务小姐说:"第二段错了一字,第四段错了一字,一共俩字。"小米小脸儿挂不住了,讪讪而退,李慕书上前说:"能不能通融一下?小孩也不容易。"服务小姐看了他一眼:"好吧,算通过了。"说着,她递上来一张免费券。

轮到李慕书了,吭哧了半天,背了不到两段,服务小姐捂着嘴直笑,最后李慕书干脆放弃了。

退出背诵队伍,李慕书到售票窗口排队买票,一看休息区,老父亲不见了。李慕书对着小米远远地喊道:"你爷爷呢?"小米冲一边一努嘴:"在那排队呢!"

李慕书朝儿子示意的方向望去,嘿,只见老父亲正站在背书的队伍里,李慕书疑惑不解,干脆从买票队伍里退出来,拉着小米一块儿找爷爷。

小米来到爷爷身旁,大声问:"爷爷,您不是能免票吗?还站那儿干啥?"老李面带微笑,露出几分神秘的神色,说:"我想试一下。"小米吃惊了:"爷爷,您还会背古文?"老李笑而不答。

不一会儿轮到了,老李从容上前,一字一句地背诵起来,只听他背得抑扬顿挫,不快不慢,字正腔圆,一气呵成,李慕书和小米都惊呆了。

不消几分钟,老李一字不差地背诵完《岳阳楼记》,在场的工作人员和游客纷纷鼓起掌来。老李神气地接过服务小姐递过来的免费券,随手递给了一旁的儿子。

游玩过程中,李慕书和小米都一言不发,像是心事重重,老李却意气风发,每到一处古迹,他指点江山,侃侃而谈,俨然导游一般。

回程中,小米忍不住问爷爷:"爷爷,您啥时候会的这手啊?"

老李认真起来,说道:"孩子,咱们家一直有'耕读传家'的家风啊!"小米仰起头,问:"什么叫'耕读传家'?"

老李若有所思地沉默了一会儿,说:"这是从爷爷的爷爷的爷爷那里传下来的,孩子啊,'耕读传家'是我们祖上传下来的家训,耕田可以事稼穑,丰五谷,养家糊口,以立性命;读书可以知诗书,达礼义,修身养性,以立高德。所以,'耕读传家'既学做人,又学谋生。"

小米有些听傻了:"爷爷,您说得太深奥了,我听不太懂。"

老李"呵呵"笑了,抬眼看了一下李慕书:"你还小,你爸爸懂。"小米说:"我爸懂?他背书还不如我呢!"

老李说:"你可知道,你爸为啥叫'慕书'?"

"为啥?"

老李说:"他一周岁时抓周,什么都不要,单抓了本书在手里,所以给他起名叫'慕书',就是喜爱书的意思。"

李慕书在一旁听得脸都红了,老李又对小米说:"你不知道,你爸爸小时候学习好着呢,没事就捧着书看,有时候连饭都顾不上吃。可现在,动不动就捧起手机,哪还有工夫看书啊!一个社会,读书的人少了,浮躁之风能不蔓延吗?"

李慕书和小米听得只顾点头,小米突然想起什么,问李慕书:"爸,我的小名为啥叫小米啊?"

李慕书苦笑着,半天说了一句:"你抓周时,什么都不要,单挑了个小米手机……"

关键词：家教

> 人无论到什么时候都不能昧良心，不义之财不可贪。
> 这是你的父辈教你的，也是你应该教会孩子的。

不义之财

唐雪嫣

周一元在自家小区附近开了个小饭店，生意刚起步。这天深夜，他送走了最后一拨客人，打烊准备回家。刚拐进小区，他看见路灯下停着辆奔驰车，车灯还亮着，车的附近，有一个男人躺在地上，一动不动。

看见这情况，周一元吓了一跳，赶紧上前几步，见那男人满脸鲜血昏迷不醒。周一元第一反应，就是这人遇到抢劫，被打伤了，可随即他发现男人身边散落着一些水泥块，他立刻明白了男人受伤的原因——被墙上掉落的墙皮子砸伤的。

这个小区的楼建了有三十多年，年久失修，墙体表面水泥层多处开裂，这两天又连降暴雨，肯定是男人经过这里时，恰好楼顶的墙皮子掉了下来，砸在了他的脑袋上。周一元没多想，背起男人就准备送他去医院。可就在这时，他看到墙边有一个手包，估计是男人被砸倒地的时候，脱手飞出去的。他过去捡起手包，包装得鼓鼓的，鬼使神差，他一把拉开拉链，见里面放着三沓百元大钞。

周一元的心剧烈地跳了起来，这三万块钱，对现在正缺钱的他，诱惑力实在太大了。他赶紧把手包拉严，不让自己继续看着那些钞票。定了定神,决定先救人,钱的事一会儿再说。他将手包揣进怀里,背起男人,出小区拦了辆出租车,把人送到了医院。

这一路上他想了很多很多。儿子刚结束高考,为了让儿子不浪费考分,进一个理想的学校,他准备找陈校长咨询,但陈校长这些年因在志愿填报方面声名远播,很多市里的人都慕名而去,他根本应接不暇,于是开出了两万元咨询费的天价。这两万块难死了周一元,去年父亲临终前一场大病,花光了家里积蓄,他的小饭店又刚起步,哪里付得出这笔钱?现在,只要他悄悄昧下这笔钱,眼下的难关就可以轻松渡过。

将男人送进急救室,周一元终于下定决心,留下这笔钱。因为心虚,他不敢等伤者家属来见面,留了个联系电话便回家了。

这辈子都没干过昧良心的事儿,今天却贪了人家三万块钱,周一元心里内疚不安,五味杂陈。回到家,老婆和儿子都已经睡了,他蹑手蹑脚地来到阳台,把手包放进装杂物的箱子里,又蹑手蹑脚回到客厅。正脱衣服,突然听到老婆的声音:"今天怎么这么晚才回来?"

老婆的声音很温柔,却差点把他的魂吓飞了,猛地回头,见不知何时老婆出来了,正关切地看着他。老婆的眼睛一下子瞪大了,问:"你怎么了?身上怎么这么多血?你受伤了?"

救人的时候,男人脸上身上的血不可避免地蹭到了他身上,他赶紧把事情经过说了一遍,但是钱的事情他没敢讲,如果老婆知道了这事儿,一定不会同意他这么做,他打算编个理由后再拿出钱来。

听说他是为了救人才弄一身的血,老婆这才放下心来,说:"有个事跟你说一下,儿子努力了这么多年,好不容易高考完了,就让他好好玩玩,别让他去饭店帮忙了。"

儿子是个懂事的孩子,高考结束了也没像其他孩子那样疯玩,而是自愿每天来饭店帮忙。周一元当然不反对,再说他满脑子都是那三万块钱的事儿,于是心不在焉地答应了。

这一夜,他翻天覆地睡不着,他想,他救的那男人开着大奔,毫无疑问是个有钱人,对有钱人来说,损失了三万块钱,应该不算什么吧?可对他家来说,这些钱就是儿子的前途,他救了那男人的命,就算是为了酬谢他,给他三万块不应该吗?

就这样迷迷糊糊地到了天亮,不知道怎么突然就睡了过去,等醒来时,老婆儿子都已经走了。他赶紧简单洗漱了一下便赶到饭店,儿子已经把该干的活儿都干了。他问儿子:"你妈说不用你再来饭店帮忙,她没跟你说吗?"

儿子点头说:"我妈跟我说了,她早上还把我的乒乓球拍找了出来,让我跟同学去玩呢,但我想帮你分担点嘛,以后又不是没玩的机会。"

见儿子如此懂事,周一元眼睛有些发酸,就在这时,有人打来电话,自称是昨晚被救那男人的弟弟,问清地址后,不一会儿便提着各种礼品来到饭店,一个劲地向他表示感谢。

昨天他救的男人叫张钰,医生说水泥块砸中了头部,幸好抢救及时,才救回一条命。张钰的弟弟张谦离开前,仿佛不经意地问:"对了,昨天我哥是去给朋友送钱,我取车的时候在现场没找到钱,你救他的时候看见手包了吗?"

周一元心怦怦直跳,强作镇定地说:"手包?没见过。当时一见你哥那样子,我光顾着救人了,也没注意其他的。"

张谦说:"没关系,我也就是随口一问,那手包里除了三万块钱,也没其他重要的东西,估计是被别人捡走了。算了,没事。"

张谦走后,周一元的儿子说:"爸,这有钱人是不一样,咱家为两万块都愁坏了,人家三万块钱丢了,根本不在乎。"

周一元叹了口气,说:"儿子,咨询费的事,爸爸无论如何也会把钱凑齐,必须让你上一个最合适的学校,你就放心吧。现在开始,你别来饭店了,去跟同学们好好放松放松。"

周一元不顾儿子反对,将儿子赶了回去。中午时分,老婆打来电话,跟他说咨询费的事情解决了。原来,老婆这些天也为咨询费的事情着急上火,今天单位同事给她出了个主意,让她去找陈校长商量,可不可以说明情况分期付款?她觉得主意不错,于是去找了陈校长,陈校长表示理解之余,居然真的答应了她的条件。

老婆开心地说:"我已经把咱儿子的具体情况都跟他说了,他研究之后就会给咱们意见。难怪公公在世时说过,活人不能让尿憋死,办法都是人想出来的,只要不放弃,总能有办法,这不,咱家最难的一件事,解决了。"

周一元愣了,老婆的话让他想起爸爸从小时就对他的谆谆教导:人到什么时候都不能昧良心,不义之财不可贪,他怎么就忘了呢?

周一元赶紧回家拿了手包,戴了大口罩,找了家快递,把手包寄还给张钰。本以为这事就这样结束了,没想到傍晚时分,张谦又来了,说他哥哥希望见见救命恩人,亲自向他道谢。周一元推脱不得,便跟着张谦去了医院。

张钰手术效果非常好,虽然还很虚弱,但精神不错。再三表示谢意之后,张谦拿出一个信封给他,周一元打开一看,里面居然是三万块钱。张钰说:"兄弟,要不是你救我,恐怕昨天晚上我就没命了,这钱无论如何你得收下,就当是我的一点心意。"

周一元当然不肯收,要还给张谦,但张谦将钱硬塞到他手里,说哥哥需要休息,把他推了出来。张谦开车,将周一元送回了饭店。周一元准备下车时,张谦叫住了他,说:"有件事,我哥不让我说,但我觉得还是告诉你比较好。其实,我们早就知道,手包是你拿走的。"

周一元大吃一惊,本以为是天知地知的事,居然被人一下子戳穿,他有一种脱光了站在众人面前的感觉,涨红了脸不知道说什么好。张谦说:"我哥去的那个小区比较乱,我哥担心有人碰坏了车,所以下车的时候没关行车记录仪,你救人捡钱的过程都拍了下来。我哥说,既然你救了他的命,本来也是要表示一下的,这事就这么算了吧。没想到,你又把钱匿名寄了回来。我哥收到钱后十分感慨,说还是得把这三万块钱给你,就当是救他一命的报酬。我哥不让我说这事儿,是不想给你增加心理负担,但我觉得,这事应该给你敲个警钟,要想人不知除非己莫为,以后可不要再做这种蠢事了。"

周一元羞愧得无地自容,想把钱还给张谦,但张谦哪里肯收?开着车扬长而去。如果没有昧钱之事,这钱收也就收了,可现在周一元捧着钱,怎么看怎么觉得味道不对,觉得收了这钱,跟偷了这钱一样心里难安,于是一咬牙,第二次把钱快递给了张钰。

送还了三万块,周一元感觉无比轻松,于是提前回家。可是家里居然一个人都没有,打电话一问,老婆单位加班,正要打儿子电话,儿子兴冲冲地回来了,原来,他约了同学去打乒乓球了。看着儿子拿着的两年前用过的乒乓球拍,周一元心里一揪,这才想起上午时儿子说的话,赶紧问:"儿子,你妈早上就把球拍找出来了?"

两年前儿子迷上了乒乓球,但周一元夫妻俩认为他应该全力学习,考一个好大学,不应该把时间浪费在这上面,于是把球拍没收,并说只有在高考之后才可以玩。球拍就放在阳台装杂物的箱子里。

儿子说:"对啊,我妈说我不用再去饭店帮忙,让我好好过过乒乓球瘾。对了,那时候我妈好像有点没精打采,直到帮我办完了咨询的事情,感觉她心情才好了些。"

早晨的时候,张钰的手包还在杂物箱里,也就是说,老婆翻找球拍的时候,看到了手包,当然也看到了里面的三万块钱。可是,老婆为什么没跟自己说?周一元呆立半天,问儿子:"今天上午,那人丢手包的事儿,你跟你妈说了?"

儿子点了点头。周一元听了,马上把自己锁进卧室,再次拨通老婆的手机,说:"老婆,那个手包,你早晨看到了?"

老婆沉默半晌,轻轻"嗯"了一声,周一元的鼻子一酸,说:"那为什么你没问我?"

"那个手包上面有血迹,我猜,是昨晚受伤那人的,你趁人家昏迷时拿了回来。这种事情,我怎么开口问你?"老婆有些伤感地说,"后来我从儿子那里证实了我的猜测。我知道你为儿子的咨询费发愁,但我更知道,你不是那种昧了良心还能心安理得的人,我相信你自己能迷途知返,所以在办完咨询费的事后,我才会跟你提爸爸生前说过的那些话。"

诚信而不欺心,是周家自古的家风,老婆相信他内心的这些东西不会泯灭。值得庆幸的是,周一元没让老婆失望,否则,他哪有脸再见老婆儿子啊?

周一元哽咽着说:"老婆,那钱,我已经还回去了,谢谢你。"

关键词:家教

> 好的家风是能够传播开来的,而且多数都不是有意宣传,品德良好的人不会想要得到什么,能把他们的美德传递下去,对他们来说其实就是最好的回报。

谁是"古清风"

张国心

经过多年的打拼,程洋父母积攒下了不菲的家财,可积劳成疾,一年前母亲病逝了,两个月前,父亲也突然昏倒,一检查是癌症的晚期,在弥留之际,他握着儿子的手说:"孩子,古清风……"程洋说:"爸,你就放心吧,我一定能找到恩人,报答救助之恩!"听到儿子的回答后,父亲慢慢地闭上了眼睛。

关于恩人的故事,父亲不知讲过了多少遍,那是在1983年的冬天,父亲刚刚创业就遭到了残酷挫折,他被困在一个叫清水河的陌生小城里,身无分文,三天里没有吃到一点东西,饥寒交迫,穷途末路,他几乎绝望了,甚至想到了一死了之,这天他蜷缩在路边昏睡过去,是一个好心人把他叫醒,给他买了一碗热汤和三个馒头,还给了他五块钱,父亲再三问恩人的名字和地址以求日后报答,可那恩人只说家住凤林名叫古清风,再不肯多透露一个字。父亲清楚地记得那是一年里最冷的一天——腊月二十八,冰天雪地,滴水成冰,如果没有那一碗热汤三个馒头,自己很可能就被冻死在路边,而那五块钱则成了他创业的最原始的"启动资金",从那五块钱开始,他一步步发展起来。几十年里,父亲一直在寻找恩人,可总也没有找到,没想到倒下去了就再也起不来了,报答救命恩人成了他临终唯一的遗愿。

程洋是个孝子,他把父亲的遗愿当成头等大事,料理完了父亲的后事,他把一切事务都委托给了别人,自己专心致志地去做寻找恩人这一件事。他先在网上发布了寻人启事,并详细讲述了当年的情景和父亲的临终遗愿,网友们无不为他知恩报恩的品行点赞,纷纷为他寻找线索,不长时间,就提供了三十多个居住在凤林名叫"古清风"人的信息,对照父亲生前的描述,程洋遴选出了十个人,这天他揣着一张存款数额不菲的银行卡,踏上了寻找恩人的征程。

程洋辗转来到了凤林,这是一座依山而建的小城市,规整清洁,绿树成荫,是一个非常可爱的地方。经过一路打听,他找到了第一个古清风。这是一个精神矍铄热情健谈的老人,当他知道了程洋的来意之后,紧紧地握着程洋的手说:"你知恩图报,是个好孩子,现在像你这样的人越来越多了,我们的社会有希望了,可是,你找错了人,我不是你要找的恩人,我叫古清风不假,可我这个名字是1991年改的,也就是说,你父亲被人救助的那年,我还不是古清风。"为了证明自己不是程洋要报答的恩人,老人还找出来一个老户口本给他看。老人留程洋在家里吃了饭,鼓励他一定要坚持下去,功到自然成,恩人一定会找到的。

程洋又找到了第二个古清风,可这个古清风原籍不在本地,1983年的时候他在部队服役,是转业之后安置在这个城市里的。

第三个、第四个、第五个……第八个、第九个古清风一个一个地找到了,可都不是程洋要找的人,这时他已经马不停蹄地跋涉了二十多天,精疲力竭。这天,他又轻轻地敲响了第十个古清风的房门,门一打开,他的心立刻又凉了,因为父亲说的古清风是个瘦高个,可这个古清风个头偏矮体态发胖,虽然不是要找的人,可是老人却给他提供了一个非常有价值的线索,老人说:"离凤林一百里地有一个叫凤吟的古镇,我听说在凤吟古镇有个叫古清风的大善人,做的好事无数,你父亲当年是不是把凤吟错听成了凤林?"

这个线索对程洋来说真是如获至宝,他告别了老人,刻不迟缓地直奔凤吟而去。

这是一个古老的小镇,老式民居错落有致,石板小路曲径通幽,古木参天,鸟儿鸣吟,在路边有一个茶棚,程洋正感到口渴,就走了进去,老板娘是个年轻的少妇,见程洋进来十分热情地问道:"先生您请坐,喝什么茶?龙井、碧螺春?还是庐山云雾、黄山毛峰?还有我们本地出产的凤吟山花茶,清热祛火……"程洋说:"什么茶都无所谓,只要凉爽就行。"

转眼间,年轻的老板娘就端来了一碗冰镇凉茶来,一口入喉,神清气爽,老板娘问道:"你是外地人吧,来凤吟做什么?"程洋说:"我来凤吟找古清风。"

"是你得了病?"

"古清风是大夫?"

"你不知道古清风是大夫那你来找他干什么?"

程洋就把为什么来找古清风原原本本地说了一遍,老板娘听了后说:"也对头,就连我这个刚嫁来不久的外地人都知道古清风是个大好人,救你父亲的人肯定就是他,准没错!"

程洋立刻信心十足,在老板娘的指引下很快就找到了一座古朴的小院落,门庭上横着一块古色古香的牌匾,上面刻着五个字:古清风医堂。进到屋里,见一位清瘦高挑鹤发童颜的老中医正在给一个病人诊脉,凭第一印象,程洋就断定这个人就是要找的恩人,他十分兴奋,心里说,谢天谢地,总算找到了!他摸了摸口袋里的那张银行卡,悄悄地坐在了等待看病患者的长椅上。

前面的病人一个一个地满意而去,终于轮到了程洋,还没等他开口,老人先说了话:"看你的神色没有病,只是肺胃有火,内热过盛……"程洋情不自禁地握住了老人的手说:"老人家,我真没病,我是找您来的!"老大夫吃惊地问:"怎么回事?"

程洋激动地说:"老人家,您还记得不,三十三年前的腊月二十八,在清水河城,一个人昏睡在路边,你给他买了三个馒头一碗热汤,还给了他五块钱,救了他一命,我是他的儿子!"

老人摇了摇头说:"孩子,你找错人了,我从来就没有去过清水河城,你再到别的地方找找吧,你看我还有病人。"

"这、那……老人家……"

看到身后还有病人在焦急地等待,程洋不得不一步一回头地离开了"古清风医堂"。费尽九牛二虎之力找到了恩人,可恩人却一口否认,有恩不能报,父亲的遗愿不能实现,他的心里既感动又焦急,一时不知如何是好。他一屁股坐在路边瓜摊的小木凳上,双眉紧锁,垂头叹气,突然听到一个人喊他:"程洋,你是程洋!"他猛然抬起头,见是卖瓜的大婶站在他的身后,疑惑地说:"你、你怎么知道我的名字?"

"我还知道你爸叫程铁林,你妈叫宋小丽,好人啊,都是好人啊,他们现在还好吧?"

听说两个人都已离世,卖瓜大婶非常难过,她说:"二十八年前,我们两口子在清河城闯荡,都得了重病,落魄街头,是你爸爸妈妈收留了我们,当时他们开了个废品收购站,你还很小,生活也很艰难,可是他们却用辛苦挣来的钱给我们买营养品,给我们治病……这么多年我一直在找你们,今天总算找到了!你看,你耳朵后的梅花痣还和小时一个样!"

大婶一家人用丰盛的菜肴招待了救命恩人的儿子,还拿出一捆钞票要报答救命之恩,程洋当然分文未受,当大婶知道了他来凤吟遇到的"难心事"时,哈哈大笑说:"我和古大夫是儿女亲家,他的事我最清楚,他的话可能是真的,不是在搪塞你,他三十岁开始坐堂行医,每天找他看病的人都排成长队,他真的很少出门。"接着她就讲述了"古清风医堂"的一些事情:

今天程洋见到的老大夫不叫古清风,古清风是古家祖上的名讳,当年古清风开设医堂时,乐善好施,对贫苦病人不但分文不取,还冬舍棉夏施单,美名远扬。古家高超的医术一代代传承下来,医者仁心的美德作为家风也一代代传承下来。如今的古大夫更是秉持家风坚定不移,又自立了周末义诊的规矩雷打不动,因为"古清风"的名字深深扎根在人们的心中,以至于很多人已经淡忘了古大夫的名字,年轻人和外来人还都以为古大夫就是古清风。受"古清风"救助的人不计其数,心存感激又无以回报,以前曾有人以"凤吟古清风"的名义做善事,以此报恩。卖瓜大婶说:"救过你父亲的人说不准也是受'古清风'救助过的人,也是在用这种方法报恩,孩子,你也用不着再去找了,那个古清风也许离你很远,也许就在你身边,就像你爸爸妈妈一样,一开始他们也没想得到什么,能把他们的美德传递下去其实就是最好的回报。"

程洋心里豁然明朗了。

程洋虽然没有找到父亲的恩人,可却找到了更珍贵的东西,他想,父亲的在天之灵会为之更加欣慰,至于当年父亲是不是把"凤吟"误听成了"凤林"并不重要了。

关键词：家教

> 都说父母是孩子第一任老师,其实,和孩子相处的每时每刻,他们都在教孩子为人处世的道理。

第一堂课

宾能艺

我刚考上了大学,老爸十分高兴,带我去城里买东西。从一家商场出来,我想起有东西落下了,急忙回去取。等我下来时,刚好看见老爸从人行道上的一个摊子前起身,那个摊子前摆着一封求助信。我的心一沉,完了,老爸肯定又奉献爱心了。他是个教了几十年书的乡村教师,心肠特好,最爱乐于助人。

我忙问:"你给钱了?"

"给了。"老爸回头瞅了一眼,感叹道,"太可怜了,但我一个人的力量是有限的,希望更多的人来帮助她吧。"

我着急地追问:"你给了多少?"老爸说,不多,二百。

我一跺脚,急忙走到求助摊前。只见一个女孩双膝跪在地上,深深地低着头,长发挡住了她的脸。面前摊着一张求助信,内容无非是父母病亡穷苦无依之类的,上面还摆着户口本、学生证什么的,旁边还有个小音箱,无休止地播放着"爱的奉献"。

我立刻断定,这个女孩的求助是假的,老爸被骗了。求助信上有不少零钱,其中有两张百元大钞特别显眼,不用说,这就是老爸刚刚奉献的爱心。我叹了口气,知道老爸这两百块算是喂了狗了。

我回去拉着老爸就走,埋怨道:"你让人家骗了,那是个骗子!"

老爸根本就不相信:"骗子?一个年轻小姑娘,要不是真到那个地步,这种事谁会做得出来!"

我告诉他,我在城里念了三年高中,这种事见多了,如今社会上这样那样的求助,十有八九都是骗钱的。但不管我怎么说,老爸就是不肯相信。

回到家,我把今天的事儿一说,家里人个个一口咬定,老爸被人骗了。老爸被大家数落得恼羞成怒起来,嚷道:"骗骗骗,整天说这也骗,那也骗,在你们看来,天下就没有一个人一样事是真的。钱是我的,骗了我也乐意!"

见老爸发了火,大家急忙闭上了嘴巴。我虽然不敢再说,可心里却更加愤愤不平,于是萌生了一个念头:一定要揭发那个女孩的骗子真面目,让老爸知道,他真的被骗了!

第二天,我一个人悄悄进了城。在城里转悠了大半天,终于在一个菜市场路口找到了她。

我在不远处找了家冷饮店坐下,不动声色地盯着她。大约过了三个小时,市场里的人流少了许多,女骗子终于要收工了。她把地上所有的东西一古脑儿全塞进一个大背袋里,背着离开了。

我马上跟了上去。走了两条街,女骗子在一家网吧外的墙角停了下来。她左右瞧了几眼,把背包卸了下来。接着她把头发一扯,竟露出了一个小平头来。我一看,差点就喊出来:好你个骗子,居然还男扮女装!

就在我目瞪口呆的时候,骗子已经把身上的衣服换过了,从一个楚楚可怜的小女孩变成了一个文质彬彬的男孩子。

他背起背包,往网吧门口走去。就在这时,我一个箭步冲了上去,一把逮住了他的手:"小妹妹,今天收成不错啊!"

他顿时大惊失色:"干什么,干什么,什么收成?我不认识你!"

"别跟我装!"我冷笑道,"大家都是明白人,我今天可是跟了你一天了!"

他傻了半响,紧张地问:"你想咋样……"

"昨天我爸让你骗了二百元。"我恨恨地说,"你得跟我去一趟派出所,让警察核实你的情况。如果是真的,我向你赔礼道歉;要是假的,哈,就不仅仅是二百元的问题了,有一条罪名叫诈骗罪你懂吗?"

他一下子跪了下来:"哥,放我一马!"

见我摇头,他又恳求道:"我退回你爸二百,不,五百……哥,您就放过我这回吧!"

我用力把他从地上拽了起来:"不去派出所,你也得去一趟我家!"

就这样,骗子被我押回了家。一进门我就问老爸:"爸,你还认得他吗?"

老爸打量打量骗子,摇摇头说:"谁呀?你同学?"

我一笑,打开骗子的背包,让骗子换上他的"工作服",把假发往头上一戴,把求助信往地上一摊,再让骗子往地上一跪。

老爸惊得一下子站了起来,仿佛看见了什么绝不可能的事情一样,指着骗子,一时间竟说不出话来。反倒是骗子先开腔了:"叔叔,我骗了您,我不是学生……我、我没工作,只好骗钱吃饭……求求您,原谅我这回吧!"

说罢,骗子双手捧着二百元向老爸奉上。听罢骗子的话,老爸又一屁股跌回椅子上,手哆哆嗦嗦指了半天骗子,终于说出话来了:"你……咳,年纪轻轻,就算不读书,做点什么活不好,怎么要干这种不要脸的事!"

骗子耷拉着脑袋抽泣:"叔,我知道错了……"

老爸冲他挥挥手:"算了,钱我也不要回了,你拿去吧,当作路费回家也好,吃饭也好,希望你以后别再干这种事了。"

骗子连连点头:"叔,我以后再也不干了!"

等骗子一溜烟跑了,老爸两手一摊对我们说道:"好了,你们是对的,我被骗了!"说罢,大概觉得很没有面子,背着手出门去了。

我心里十分高兴,心想,老爸经过这一次的教训,以后在做好事时,应当会有所警惕了,不会再滥发善心了吧!

过了两天,老爸送我去省城坐火车。刚到省城,迎面就撞见一队乞丐,一个个手拿破碗,哆哆嗦嗦地伸到行人的面前。我努努嘴:"这是正宗的职业乞丐,这就不叫骗了,一个愿打,一个愿挨,但你可能不知道,这些人未必比你穷,他们要么在北京上海买了房,要么就在老家建了小别墅,你喝汤的时候人家已经吃上肉了!"

老爸叹息了一声,没有说话。

第二天一早,我们吃过早餐,匆匆赶去火车站。在站前广场,忽然看见地上跪着一个女孩,面前站着几个人在看着什么。老爸犹豫了一下,还是犯了老毛病,拐弯走了过去。

到跟前一瞧,也没什么新奇的,活脱脱就是老爸被骗了二百元的翻版,只不过这次是个货真价实的女孩,也少了一个音箱。女孩的表演犹比上一个骗子出色,直挺挺地跪着,眼泪竟不停地往下淌。

我当即呵呵一笑:"爸,别看了,骗子!"

老爸被我拉着走了几步,忽然甩开我的手,走了回去,并且把钱包掏了出来。我一惊,急忙冲上去一把捂住老爸的手:"爸,你傻了?"

老爸却不吭声,只是用力抢钱包。我死死地拽住钱包,情急之下,口不择言地喊了起来:"你是不是傻了?被人骗过一回还不过瘾?明摆着骗钱的,你还想让人再骗一回……"

老爸突然冲我大吼一声:"放手!"

我顿时蒙了,老爸吃错药了?

老爸满脸怒气,继续冲我吼:"我是傻了,就你不傻,你聪明,你从来不会被骗……"

他吼着骂着,把手一甩,打开钱包,摸出一张一百元的,放在女孩的求助信上,转身就走。

在候车室里,我和老爸并排坐着,谁也不说话。眼看就要上车了,老爸突然打破了沉默,轻轻拍了拍我的肩膀,语重心长地说道:"儿子,爸刚才其实不是傻……"

我冷冷地回应道:"不是傻是什么?是想找被骗的感觉吗?"

"爸不是傻。"老爸脸上露出了一丝笑意,"我问你,人家脸上写有骗子这两个字吗?没有!你以前被人家骗过吗?没有!所以,你凭什么就说人家是骗子?"

我怔住了,久久没有说出话来。就在那天,在去大学报到的火车上,我领悟了老爸的良苦用心,他用一百元为成人后的儿子上了人生第一堂课:就算你被欺骗过,也不要怀疑整个世界,更不要轻易放下一颗怜悯的心。

关键词：家教

> 人要做对得起良心的事，人在做，天在看，你的家人们也都在看着……

一笔善款

马凤文

老王有个孙子名叫王寒，最近经常发烧，到医院一查，医生说他病情严重，至少需要三十万元的手术费，这可急坏了老王一家，他们家是怎么也凑不出这一大笔钱的。好在天无绝人之路，有家慈善网站得知消息后，帮助老王家募集到了三十多万元的善款，足够孩子治病了。

老王欣喜若狂，和儿子拿着钱赶到医院，让医生准备给孩子做手术。谁知，医生仔细检查后，抱歉地告诉老王，之前还有一个叫王寒的小孩来看病，是那个孩子得了重病，因为重名，导致他们不小心弄错了诊断书。

老王先是一阵大喜，孩子没病不是比什么都强吗？可高兴过后，老王气不打一处来，对医生说："你们也太坑人了，知道这一个月我们家是怎么过来的吗？生不如死！最重要的是，我们还筹到一笔善款，叫我们怎么花？"

老王的儿子赶紧把父亲拉到门外，低声说："爹，孩子没病比啥都好，你提钱的事干啥？"说完，便把父亲拉上车，回到了家里。

到了家，老王把这天大的好消息向家人宣布，一家人比中大奖还要高兴。可老王叹气说:"唉,孩子没病是好事,可善款怎么办哪?"

儿子说:"在医院里我就不让你说,可你嘴巴快说了出去,还能怎么用?咱家困难,这谁都知道,当然自己留着。"

老王连连摇头说:"那怎么成?钱是捐给孩子治病的,不是用来扶贫的,这钱不能要!"

儿子的脸拉了下来,说:"你不说谁知道?"

父亲拍着胸脯说:"可天知道,咱的良心知道!"

儿子不再言语,转身出去,留下老王一人想办法。

一连过了三天,老王也没想到处理善款的办法。正着急呢,忽然门开了,冲进来一个蒙面人,手里持着尖刀。老王一怔,问:"你是谁,想干啥?"

蒙面人双手发抖,声音也打着哆嗦:"少废话,把钱拿出来,我知道你家有三十万善款。"

老王看儿子没在身边,暗想:难道是那小兔崽子起了异心,派人来打劫的?他便问:"你是谁派来的?钱的事只有我家人知道,你是怎么知道的?"

蒙面人并没回应,他把刀架在老王老伴的脖子上威胁。没有办法,为了老伴的安全,老王只好指着抽屉说:"钱在银行卡里,你拿吧。"

蒙面人打开抽屉,果然看到一张银行卡。蒙面人问:"密码是多少?"

老王把密码说了一遍,可蒙面人并不相信:"谁知道你说的是真是假?"

老王说:"在抽屉里有一个日记本,上面记着密码,你自己看。"

蒙面人拿过日记本一看,密码与老王说的一模一样,这才相信了。蒙面人挥舞几下尖刀,把老王吓退,然后夺门而逃。

等劫匪逃走不久,儿子刚好从外面进来,老王一把抓住儿子的衣领问:"好小子,刚才的人是不是你找来的?"

儿子一脸的茫然,不知父亲在说什么。老王便把家里遭打劫的经过说了一遍,他以为是儿子见利忘义。儿子听完,一跺脚说:"爹,你把我当成啥人了?我是不愿意把钱还回去,可也不至于来打劫自己家人呀!我和朋友玩一会儿麻将,哪知刚出去就出了这事,快报案哪!"

老王得知与儿子无关,这才放心,嘿嘿一笑说:"卡被贼人拿走了,可钱拿不走,那张卡里面只有几十块钱,善款都被我存在另一张卡里了。"

儿子这才松了一口气,说:"爹,得尽快想办法,做出决定,不能让善款成了咱们家的祸根哪!"

老王说:"看来钱放在手里不安全,既然是善款就应该继续做善事。我有主意了,明天咱们就把善款捐给那个患病的王寒,你看怎么样?"

儿子不满地说:"咱和他家又不相识,就这么捐出去有点可惜。"

老王说:"我问你,给咱们捐款的人哪个你认识?不都是好心人吗?既然是善款,就应该让善行传下去,不能中断,不能截流。"

儿子自知理亏,不再说话。

第二天,老王来到医院,找到医生,问清那个得重病的王寒家的地址,和儿子赶了过去。

到了王寒家,老王看到孩子躺在床上,母亲正抹着眼泪。老王问明情况,对王寒母亲说:"由于拿错了诊断书,我以为我的孙子得了病,并筹到了一笔善款,我们今天是特意来捐给你们的。"

王寒母亲一听,激动得跪在地上,连声感谢。

就在这时,门外进来一个人,见到老王顿时愣了,吃惊地问:"你……你怎么找到这里的?"

原来这人就是昨晚老王家的那个劫匪,他没抢到钱,担惊受怕一夜,刚刚回来,却发现老王竟然在他家里。

老王把事情经过说了一遍,他儿子气愤地说:"我就说这钱不应该捐,捐也不捐这样的人家,没人性。"

老王也觉得不可思议,可又一想,说:"孩子是无辜的,谁捐款还问父母有没有人性?别说他一个年轻人,在得知咱家孩子得病的时候,我都想出去抢一笔钱。"

听老王如此一说,那个劫匪"扑通"跪在地上,连扇嘴巴,哭着说:"大叔,我错了,我也是为了孩子想不到其他办法,听大夫说你家得到了善款,这才起了异心,我这就去自首。"

老王把对方扶了起来,然后把善款留下,顿时觉得肩上像卸掉了一座大山,十分轻松。

关键词:家教

> 手机让我们又爱又恨,它究竟是拉近了人与人的距离,还是让人沉迷于虚拟世界呢……

答对有奖

刘力超

周末,我们兄妹三人到爷爷家吃饭。开饭前,我们正在玩手机,突然,老爸清了清嗓子说:"吃饭前我先说个事。"顿了顿,声音陡然高了八度,"都给我放下手机,认真听!"我们几个惊愕地抬起头,望着他。

老爸神秘地说:"老家的房子拆迁了,一共三十万的补偿款到了爷爷手上。今天要和你们说一下分钱的事。"

一听是这好事,我们顿时精神一震,身子一下挺得笔直,全神贯注地注视着老爸。老爸接着说:"不过呢,要拿到这笔钱,必须答对一个问题!"我们听了,都是一怔。

老爸继续大声说道:"上个星期,我们在爷爷家吃饭时,爷爷说了三件事。谁答得上来是哪三件事,三十万全归他。两人答对,就两人平分;全都答对,就分成三份;倘若没人答得上来,那么这笔钱就由我保管。"

我们一听,个个惊讶地张大了嘴,眼光一下子落到爷爷的脸上。爷爷没有说话,只是摇了摇头。我忽然间明白了老爸的用意。每次在爷爷家吃饭,我们都只顾玩手机,根本不去听爷爷说了些什么。老爸显然要借这笔钱来惩治我们。

我拼命想了一下,爷爷上次到底说了些什么啊?可一时间什么也想不起来。我悄悄看了一眼大哥和小妹,他们也都是满脸的愧疚和迷茫。

老爸依旧用严厉的眼光扫视着我们,说:"谁答得上来?答对了,现场兑奖!"现场一片沉默,我们都一声不吭。

"都答不上来吧?"老爸冷笑道,"我就知道!因为你们从来不把爷爷当回事!你们一年就来爷爷家几趟,爷爷多想和你们说说话,可你们呢……"

老爸越说火气越大,最后斩钉截铁地说:"给你们三天的期限,谁第一个想到正确答案,钱就是谁的。三天一过,你们要是都答不上来,这钱你们就别指望了!"完了一挥手,"开饭!"不用说,这顿饭是吃得别有滋味在心头。

回去后,我想了一夜,可那天在爷爷家的记忆仍是一片空白。第二天,大哥打电话问我有没有想到答案,我说没有。大哥提议,不如兄妹三人碰个头,把各自想到的说出来,拼凑一下。我想也只能这样了。

等我们三兄妹聚集后,大哥率先开口了:"那天我似乎听到爷爷提到"专家"这个词,你们说,爷爷为什么在吃饭时提什么专家?"

我想了想,一拍大腿,说:"爷爷平时爱看新闻,说不定是在抨击时下的专家泛滥。"大哥和小妹一听,觉得倒也合情合理。

第一件事算是有答案了。小妹紧接着说,她依稀听到了"银行"这个词。我和大哥一听,不约而同地说:"莫非爷爷要把这笔钱存到银行里?"

这么着,第二件事也有了个比较靠谱的答案。接下来,大哥和小妹都把眼光投向了我,我一个激灵,脱口而出:"耳朵!是爷爷说的!"

大哥和小妹用匪夷所思的眼光盯着我,一下子从银行变成了耳朵,这也差得太远了。我们三个皱着眉头,猜了一大堆答案,最后勉强选了一个:"莫非爷爷是说自己耳朵不太好?"

小妹一下子泄了气:"完了,三件事都是蒙的!"我们都深有同感。

大哥一拍大腿:"干脆,打电话问爷爷得了!"可谁还有脸问呀?面面相觑了一阵,我拉下脸说:"小妹,还是你问吧,爷爷最疼你了!"

小妹经不住劝说,硬着头皮拨通了爷爷的电话。她先甜甜地喊了声"爷爷",接着便支支吾吾起来:"呃……没事……我就是想问问你吃饭了吗……"

我们在旁边不停地打手势,提醒她问正事。哪知电话打了五分钟,小妹却只字未提到答案的事,最后放下手机,把脸一捂说:"饶了我吧,我实在问不出口。"

回去后,我想想仍心有不甘。我知道,如果问爷爷的话,他肯定会告诉我的。犹豫了好久,我还是鼓起勇气打了爷爷的电话。可当我一听到爷爷的声音时,羞愧之心又立刻占了上风,那句话就是说不出来。结果也和小妹一样,东拉西扯聊了一会儿就挂了。

很快,三天的期限到了,老爸把我们召回家。听了我们的答案,他嘿嘿一笑:"你们的答案很一致嘛,看来商量过了吧?"小妹迫不及待地问:"是不是对了?"

老爸也不回答,而是神秘地笑着说:"爷爷告诉我了,你们三个都给他打了电话。"听到这里,我和大哥不禁对视了一眼,原来大哥后来也偷偷打了。

只听老爸哈哈大笑道:"可你们都没有问爷爷要答案。其实我并没有说不准向爷爷要答案,你们干吗打了电话又不问呢?"听到这里,我们都低下头,脸红红的不说话。

老爸接着说:"你们是心里有愧不敢问吧?这很好啊,说明你们还是知错了。"

我忍不住问道:"爸,那我们的答案对吗?"老爸说:"让你爷爷说吧。"

我们三兄妹忙围在爷爷面前坐好。记忆中,我们还没有这样认真听爷爷说过话。

爷爷呵呵一笑,说:"上回吃饭,我和你们说,最近我去参加了很多讲座,听说那些专家讲一堂课就收入好几万,我就在下面想啊,如果我的孙子能认真听我讲话,我一分钟倒贴他一万块!"我们顿时"啊"的一声,羞愧地低下了头。

"最近一次呢,我去听了个理财讲座。"爷爷接着说,"听完课就有一个银行找上我了,动员我把钱拿去投资,听得我真有点心动了。我就跟对方说,过两天我孙子孙女回来吃饭,我得听听他们的意见……"我们又是"啊"的一声,心一下提到了嗓子眼上。

爷爷微笑着看了我们一遍,又说:"可我说了这两件事,见你们没有一个在听。刚好,人家银行又打电话来了,问我孙子孙女回来了没。我就说人倒是回来了,可就是没带耳朵回来……"听到这里,我们几个既惭愧又失望,三个答案,竟没有一个沾边的。

老爸看着我们的神态,忽然哈哈大笑,从口袋里摸出三本存折往桌上一放,说:"都拿去吧,一人十万。"我们顿时又惊又喜,却又迟疑着没有伸手去拿。

"拿着吧!"老爸意味深长地冲我们说,"就冲你们给爷爷打了电话却没有问答案,今天又认认真真听爷爷说了一回话,这是你们应得的!"

打这以后,我们兄妹三人定下了一条规矩:每回去爷爷家吃饭时,进门前关手机。

关键词：家教

> 门神睁一只眼闭一只眼，就容易让小鬼混进去。睁一只眼闭一只眼的假门神，是干不过瞪着两只大眼的真门神的！

门神

何 童

刚过春节，一个爆炸性的消息就在县里传开了：县纪委副书记方振国受贿了，而且被人拍下了视频，传到了网上！视频上显示的时间是腊月二十八，镜头正对着方振国家的防盗门，一个女孩拎着一个白色的箱子进了门，过了一会儿，女孩空着手出来了，最后消失在楼道里。

说起来，这方振国虽年纪轻轻，却已接连处理了好几件贪污腐败的大案子。他为人耿直，从来不给别人通融的机会。可如今，网上怎么会出现这样的视频呢？

纪委梁书记把方振国叫进了办公室，方振国告诉梁书记：这个女孩叫苏钦，是爱家房地产公司的销售。当天，苏钦的确拎着一个白色的箱子去过他家，因为自己正在查办对方公司的一桩案子，所以他连门都没让对方进，谁知道网上竟然出现了这样的视频。

梁书记点点头说："发现视频以后，我就派人到你家门口查看，发现你家楼道里声控灯的位置被人动过手脚，有安装过高清摄像头的痕迹。还有，你家的门牌也不见了……"

方振国有些蒙了:"这……梁书记,这些事儿我之前都没在意,不过这事儿要弄清楚也很容易,找到苏钦一问不就行了吗?"

梁书记叹了口气,说:"眼下苏钦联系不上了,她所在的公司也不承认派她去给你送礼。虽然没有确凿的证据证明你受贿,但眼下社会舆论压力很大,我们经过研究,决定暂停你的工作,你先回家休息休息。"

从梁书记那里出来,方振国的情绪十分低落。他回到家,仔细查看了房顶的声控灯,果然,在声控灯旁有胶带粘过的痕迹,再看自己家的门牌,不知什么时候被人撬走了。他心里一沉,看来,自己真的掉进别人精心设计的圈套里了。

方振国心情十分郁闷,打算回乡下的老家住几天。可没想到,自己被停职调查的事情,已经传到了老家。一进家门,父亲就把他拉进了里屋,急切地问:"振国?大家说的是真的?"

方振国苦笑了一声,说:"爸,外面的传言不是真的,我没受贿,那是有人陷害我!"

父亲长叹一声,说:"振国,我早就说过你,这做事不能太较真,你把人都得罪遍了,人家能不恨你吗?算了,大不了咱不干了,从明天开始,咱再把年画雕版的手艺拾起来吧,就凭咱这祖传的手艺,吃饱肚子还是没问题的!"

的确,他们方家的雕版年画在当地还是小有名气的,方振国小时候跟着父亲也学过一些技艺,见眼下也无事可做,他便答应了。

第二天,方振国跟着父亲走到厢房,刚拿起雕版工具,就听见门外传来了汽车喇叭声,随后,一个两手拎满礼物的中年胖子走了进来。

方振国一眼就认出来人正是爱家公司的老总汪桧,他皱了一下眉,对父亲说:"找我的,您甭管,我出去看看。"说完就走出了厢房。

一看到方振国,汪桧一个劲儿地作揖:"方书记,对不起,前几天我出差了,回来后才知道您因为我们公司的事受了委屈,这不,我登门来赔罪了。"说完,就要往屋里走。

方振国拦住了他,朝他手里的东西努了努嘴,汪桧愣了一下,朝外面喊了一嗓子,让司机把东西拿回去,这才又朝方振国拱了拱手,说:"瞧我这个没记性,不该带着东西来拜访,不过,我这次可是真心实意来给你道歉的!"

方振国把汪桧让进屋里,落座之后,汪桧直截了当地告诉方振国:他今天来,除了给方振国道歉,还有一件重要的事,就是想请方振国立刻辞职,到他的公司当个副总,年薪不会低于一百万!

方振国冷笑一声:"汪总,您胆子可够大的,找一个受贿的人当你的副总,你不怕你的公司瘫了?"

汪桧面不改色地说:"老弟,实话实说,你受贿的事,除了网上那个录像,还有什么确凿的证据?查无实据,谁能把你怎么着?要是你能跟我合作,凭你的人脉关系和我的经济实力,咱不想发财都难!"

方振国轻蔑地看了汪桧一眼:"如果我不想发这个财呢?"

汪桧愣住了,过了好一会儿,他才咬牙切齿地说:"那、那就顶着这个屎盆子过一辈子吧!"说完,他气冲冲地走了。

方振国转身来到厢房,拿起雕版工具,说:"爸,咱继续干活吧!"

父亲指了指大门外,问:"刚才这个人来找你,究竟是为什么?"

方振国告诉父亲:年前,他调查一个官员受贿的案子,涉及到了爱家公司,但这家公司就是死活不认账,一点也不配合调查,而且这个汪桧还私下放出话来:谁敢查他行贿,他就让谁成为受贿者!当时方振国没太把他这句话当成事,没想到自己还就真吃了亏。汪桧这次找到家里,恩威并施,其实就是想让方振国放弃继续调查的念头。

父亲听完方振国的讲述,愣了好一会儿,突然一把抓住儿子的手,哆嗦着问:"你那段录像在哪里?让我看看!"

方振国掏出手机,调出那段视频,递给父亲看。不料,父亲只看了一个开头,就大声喊了起来:"儿子,这录像是假的!"

方振国吓了一跳:这视频自己看了不下百遍,梁书记他们也看了好多遍,都没看出是假的,怎么父亲还没看完,就看出是假的呢?

只见父亲指着视频上的防盗门说:"你看,门神!贴在防盗门上的门神不对!"

方振国拿过手机,把图像放大,仔细看了看,还是一头雾水:"爸,这就是咱们家春节前印的门神啊!"

父亲指着门神上的画像说:"你仔细看看,你家防盗门上贴的两个门神,两只眼睛都是瞪着的,可这录像上的门神,各有一只眼睛是闭着的!"

方振国瞪大眼睛一看,果然,录像里的门神,秦琼的左眼和尉迟恭的右眼真的是闭着的。他还是第一次看到睁一只眼闭一只眼的门神呢!可这个奥妙,父亲怎么一眼就看出来了呢?

父亲叹了口气说:"孩子,这睁一只眼闭一只眼的门神,就是我印的啊!"

原来,过年前的一天,父亲正在集市上摆摊卖年画,一个小伙子过来找他定一千张门神画,给的价格还很高,但有个特殊要求,就是所有的门神都得睁一只眼闭一只眼。父亲问其原因，小伙子告诉他：他老板听说这里的年画很灵光，就让他来定这批门神，老板做生意需要很多方面的关照，把这样的门神送给人家，就是为了让人家能够对老板睁一只眼闭一只眼。老父亲觉得这笔买卖很划算，就印了出来，没想到，却间接害了儿子。刚才汪桧让司机把东西拎出去，父亲一眼就认出来，那个司机就是找自己印年画的小伙子。

说着，父亲不禁老泪纵横："咱家祖上就有家训，做生意要对得起良心，我一时贪财，这也算遭了报应啊！"

几天后，方振国的冤情终于洗清了，不出所料，诬陷他的正是汪桧，为了让方振国彻底放弃调查，汪桧让手下按照方振国家楼道里的情形，在另外一栋楼里进行了布置，并且挂上了从方振国家偷来的门牌，然后拍下了苏钦进门送礼的视频。可让他没想到的是，手下看到了他买的年画，就随手拿了一张去布置场景，结果让方振国的父亲一眼看穿了。

很快，方振国恢复了工作，父子俩决定庆贺一下。方振国端起酒杯，问："爸，你一直劝我不要太较真，年前我回来拿门神的时候，你为什么不给我一张睁一只眼闭一只眼的？"

父亲一饮而尽，说："我倒是想过，可后来一琢磨，门神睁一只眼闭一只眼，就容易让小鬼混进去。没想到还真让我猜对了，这睁一只眼闭一只眼的假门神，就是干不过瞪着两只大眼的真门神啊！"

关键词:家教

> 一个人没有家教,就只能靠社会上遇到的人来教育他。当他吃了苦头,才会明白做人的道理。

跟你学做人

尹洪林

司机纪良一早去送货,经过一个小村,看见一位拄着拐杖的白胡子老人正要横穿公路,他鸣了声喇叭,让那老人停步,老人大概没有听到,低着头还是往前走。纪良赶紧刹车,车紧贴着老人停了下来,但不知是老人受了惊吓,还是车碰了老人的拐杖,只见老人身子摇晃了一下,一歪便倒在了地上。

纪良吓坏了,急忙下车扶老人,又拾起拐杖交到他手中。他见老人手摔伤了,关切地说:"大爷,这里附近有个卫生所,我扶你去擦点药吧?"

老人看了纪良一眼,勉强笑了笑,说:"擦破点皮,没事的……你快走吧,别耽误了事。"一边说,一边就捂着胸口弯下了腰。

纪良见老人脸上的表情十分痛苦,忙扶住他,坚持要送他去卫生所。

老人连连摇头:"我老毛病了,一会儿就会好的。"停了停,他又说,"那个卫生所我知道,熟门熟路的,我自己能去,你快走吧。"

纪良抬起手看了看手表,说:"那也好。大爷,我车上这货,按合同今天中午必须送到,那我就先去送货了,回头我一定再来看你,好吗?"

老人连连点头:"刚才的事不怨你,你快走吧,别误了公事。"

纪良把老人扶到路边坐下,说:"大爷,你先坐这儿再歇歇,待会儿去卫生所慢点儿走,我送了货就来卫生所看你。"说完,他跳上车,急急地开车走了。

到达目的地,纪良卸下货,赶紧去街上商店里买了点老人吃的东西,随后就匆匆往回赶。等赶到小村时,天已将近黄昏了,他把车停在路边,就直奔卫生所去打听老人的病情。

真是天下巧事多!想不到卫生所的大夫竟是纪良高中时的农村同学,叫李峰。两人一见面都挺高兴,聊了几句,纪良就迫不及待地问起早上发生的事情,向李峰打听老人的情况。没想李峰又是摇头又是摆手,对他说:"你别自寻烦恼了,这户人家你不能去。"

这事儿又是巧了!原来那位老人正是李峰的同族叔叔,患心脏病多年了,经常来卫生所拿药。今天上午来,他让李峰在手上擦了点红药水,说是在公路上摔倒了,险些被车压死。当时李峰也没在意,不料老人回去后,听说下午就突然发病去世了。老人的儿子是村里有名的"惹不起",孙子更是蛮横得出名,村里人都怕他们,纪良去这样的人家,肯定是凶多吉少。

李峰叫纪良快走,纪良却觉得老人虽然是自己摔的,但总和他的车有点关系,如今老人去世了,不去看看,良心上实在过不去。他把这意思和李峰一说,李峰着急地劝他说:"你现在去他家,他儿子、孙子肯定会赖上你,说老人就是你撞的,不仅要揍你,还会讹你的钱。"

纪良听罢,苦笑着摇摇头,说:"我反正壮实,他们要揍就揍呗。说实话,就是真要赖我、讹我也不怕,国家有法律,再说,还有你这位大夫当证明人嘛!"

李峰还要劝,纪良说:"伙计,我知道你好心,可你别劝我了,今天要是不去吊这个孝,我这辈子是不会心安的。"

李峰看着眼前这位老同学,不由长长地叹了口气,说:"你怎么一点都没变?还像读书时一样,死心眼儿!算了,难得你有这份心,我陪你去吧!"

李峰于是就领着纪良来到老人家里,只见老人的遗体停放在堂屋中间,一家人正围在一起说着什么。纪良进屋就跪倒在老人面前,李峰刚开口说了几句,老人的孙子立刻怒气冲冲地冲上来,一把揪起纪良,当胸揍了两拳。

李峰见纪良挨了打,忙一把拉住老人孙子的胳膊,刚要说话,不料脸上也被重重打了一巴掌。老人的孙子骂道:"这小子撞死我爷爷,你还敢领他来我家?老子饶不了你!"他一边骂着,一边举起拳头还要打。

这时,一位老太太从屋里颠出来,朝孙子哭喊道:"你这混账东西,爷爷的话你不听了?"老太太说着,又朝里屋喊道:"你们两口子快出来,不听你爹的话,我也不活了!"她说着,就将自己的头往墙上撞。

纪良见老太太这个样子,猛地从孙子手里挣脱出来,冲上去一把拉住她。

这时候,老人的儿子和媳妇哭着从里屋出来,双双跪在老太太面前。媳妇说:"娘,你别生气,俺听你的话,听你的话啊!"

老太太慢慢转过身,拉着纪良的手说:"孩子,让你受委屈了……"她抹着泪说,"老头子去世前说了在路上摔倒的事,他说如今司机开车出了事,恨不得找理由把责任全推干净,可他的事不怨你……他交代过,你要是真来了,一定就是个难得的好人,他求你答应一件事……"

纪良听得泪流满面,忙问老太太:"什么事,您尽管说!"

老太太抽噎着说:"老头子说了,让俺把这个管不好的孙子交给你,请你收他做徒弟。"

纪良一听愣住了。

老太太见纪良不说话,急了,都差点儿要在纪良面前跪下来,"老头子闭眼睛前就是放心不下这个小子,他千叮咛万嘱咐,让孙子跟着你学开车,学做人。孩子,你……你不会不答应吧?"

老太太话刚说完,她儿子走过来,对纪良说:"兄弟,我替俺爹求你了!唉,都怪我自己,儿子从小跟我学坏了,你就帮帮我吧,别让这小子再混了。"说罢,他回身把自己儿子拉过来,硬按着他的肩,父子俩双双跪倒在纪良面前。

纪良再也忍不住了,他跪倒在老人面前,放声大哭起来……

> 老爸是耳根子软了些、热心了些,但是他可不傻,别把别人对你的善意当成理所应当的事。

老爸不傻

韩 冬

来了个女房客

这天,个体户梁子接到一个电话,是以前的邻居老周打来的,他和梁子爸住一个单元楼。老周说,梁子爸这几天招了个女房客,蛮俏的,叫梁子有时间回来看看,别出什么意外。梁子一听,赶紧骑上摩托车,急三火四地去老爸家。

梁子的老爸有七十多岁了,自打老伴过世后,一直一个人独居,住的房子不大也不小,是两居室。梁子弄不明白,老爸一直独居惯了,现在怎么弄个房客来,而且还是个女人!

到了老爸家,梁子见到了那个女的,四十多岁,长相一般,打扮得却很妖艳,烫着大波浪的卷发,脸上涂粉描眉画红唇,还叼着一支细细的卷烟,一看就不像个善茬。

梁子偷偷对梁老汉说:"爸,你怎么没跟我打声招呼就招了个女人来?你知道这女人究竟是干啥的吗?"

梁老汉不以为然,说:"一个妇女,还能干啥的?人家身份证都给我看了,她姓付,家是外地的,好像做美发的,听说我这里闲着一居室,就租了。这不,钱都交了,每月一百元,交了一年的。"梁老汉从兜里掏出一把百元票,甩得"哗哗"响。

梁子一听更来气了,一个月才一百元,这岂不是跟白捡的一样?他提高了声音说:"爸呀,你被骗的次数还少吗?你怎么不长记性呢?"梁子这么一说,老爸顿时没了话。可也是,这几年,梁子的老爸没少叫人给骗了,什么买保健品啦,遇上丢了钱包的姑娘啦,一次次地上当受骗,一提起这些事,梁老汉就挺窝火,双手握拳,脑门上的青筋都凸起来了。

梁子知道老爸身体不好,他怕因这些事刺激到老爸,赶紧说:"算了,咱跟那个姓付的女人谈谈,把租金退还给她,让她搬走……"梁老汉一听儿子这么说,面露难色,喃喃自语地说:"那——行吗?我们可是签有合约的……"

遇到难缠的主儿

梁子没想到,老爸不光收了人家钱,还和那个叫小付的女人签了合约。看来,要让小付搬走可要费些周折了。果不其然,梁子见到小付,刚婉转地说了退给她租金要她搬走,这女人就立马变了脸色,眉梢一挑说:"那可不行,我和老伯签过合约,谁反悔就要赔付对方十倍的违约金。我交了一千二,那得赔我一万二,还有我搬家雇人雇车的损失费,还有我再找房得需要时间,这些损失也得违约方赔付……"

小付一通机关枪似的话,让梁子都听呆了,好一会儿梁子才缓过神来,他心里暗想:我的天,这女人简直是个炸药包!他张了张嘴,竟没说出话来。

梁子憋了一肚子气,回到家忍不住跟老婆金凤说了这事,说完后直埋怨老爸傻,惹下这么个麻烦。金凤是个快嘴,一听老公公把一间屋租给了别人,而且还是个女的,马上气哼哼地说:"这老头,我看不是脑子里有了毛病,就是肚子里有了花花肠子!"

夫妻俩长吁短叹,一时也没啥好办法。看来,只能勤去老爸那里看看,以前半年不去一次,现在媳妇金凤一个星期连去了三次,而且每次回来,都带回来一些让梁子闹心的事,就说头一次吧,金凤看到那个女房客竟把一条女式花秋裤搭在梁子爸那屋的暖气片上;第二次去,金凤竟然看见那个小付在剥橘子给梁老汉吃,不仅剥,还要"喂",梁老汉一个劲地躲,那女人一个劲地"黏",可着劲地往梁老汉身上"贴",举止十分放荡。

金凤添油加醋地对梁子说,现如今独居的老汉被保姆骗去钱财的事都不稀奇了,有的老汉一糊涂,连房产都赠与了小保姆呢。梁子一听害怕了,两口子一商量,不行,这事得提前预防。说干就干,两口子风风火火地赶到老爸那里,梁子说借老爸的房产证用一下,过两天就还回来。儿子要用,当然没得说,梁老汉痛快地拿出房产证给了儿子。

又过了几天,梁子又去了老爸那里,这回他借口说,现在小偷溜门撬锁的挺猖狂,存折和工资卡放在家里不安全,要老爸找出来交给他,他那里有个保险柜,放保险柜里最安全。平时老爸要用钱,可以给梁子打电话。要吃什么,媳妇金凤会做好送来的,实在不会做,就去饭店买了送过来。梁老汉听儿子这么说,想了想同意了。这老头老实又善良,外人的话都能打动他,何况儿子的话呢。

老爸是个死脑筋

可变化总比计划快,一个月后的一天,梁子去给梁老汉送零花钱,一进屋发现女房客小付那间房门上了锁,就问:"爸,那个租房的呢?为啥上锁?"梁老汉告诉他,小付走了,说是回老家去办啥事情,走了十多天了。那锁是梁老汉锁的,一来小付临走时留下一些家当,拜托梁老汉照看一下;二来梁老汉认为人家小付的租房期限还未到,他有责任为租户看管留下的东西。梁子一听,心里想,这老头可真迂腐,嘴上却说:"爸,你把钥匙给我,我看看那个小付都留下些啥贵重东西,需要你老人家这样精心看护!"

"不行,"梁老汉一口回绝,"主人不在,偷偷摸摸进人家屋可不好。"梁子弄了个大红脸儿,没想到老爸这么认真,连亲儿子也信不过,气得他甩袖而走。

又过了一个月,梁子再去,仍没见房客小付回来住,却见梁老汉把那串钥匙系在裤带上。梁子觉得好笑,心里叹息道:老爸可真傻,不过,那个以前撵不走的小付没回来,可让自己放心多了。

这以后,梁子又回去了几次,都没见房客小付回来,一直到满一年了,也不见小付的影儿。梁子见老爸仍带着那串钥匙,就说:"爸,租房期限到了,那个小付也没回来,我看咱该把那屋门打开了,都闷了大半年,那屋也该透透气了,里面说不定都发霉啦!"

老爸听了,先是点点头,接着又摇摇头,说:"这合适吗?我看还是先给小付打个电话,告诉她一声才对!"说着,他拿出手机,又翻出一个小电话本,找到了小付临走时留下的电话号码。梁老汉用手机拨过去,半晌那头才有人接听,对方是个男人,听口音是外地人,梁老汉刚说找小付,对方就说:"我们是公安局的,你是她什么人?找她有什么事?"

梁老汉听了微微一惊,马上很平静地说:"是这样的,她租过我的房子,有些东西存放在我这里,现在房租到期了,不见小付回来……"对方听了,半晌才说:"先不要动那些东西,我们会很快派人去你那里调查一下……"

梁老汉撂下手机,见儿子一脸惶惑不安的神情,他伸手拍了拍儿子的肩,说:"放心,你老爸这回可真没上当受骗!"梁子不知老爸这葫芦里装的什么药,出了这么大的事,他倒跟没事似的,好像一切都在他意料之中……

做人还是善良些

过了三天,这天梁子正在上班,梁老汉打来电话,让儿子回来一趟,说来了两位外地警察。梁子赶紧请了假,赶到老爸那里。一进门,就见两个穿警服的人正陪梁老汉聊天,见梁子来了,一位警察拿出证件给他看了。在警察在场的情况下,梁老汉打开了那间锁了大半年的房门,只见里面除了一套半旧的被褥外,就是一些女人的换洗衣服和化妆品,没什么值钱的东西。警察翻看了一会儿,带走了小付留下的两个日记本,临走时一位警察握着梁老汉的手,说:"老先生,你保留的东西可帮了我们的大忙,实话跟你说吧,这个小付,平时专门利用色相勾引单身老年男性,诈骗财物,被我们公安局逮捕了……"

等警察走了,梁老汉两眼望着窗外,自言自语地说:"真是多行不义必自毙呀!"

梁子忍不住问:"爸,那个小付也勾搭过你吧?"

梁老汉告诉儿子,那个小付自打住进来就没少勾搭他,但他油盐不进,不为所动,一个多月后,她见在梁老汉这里榨不到油水,就走了。

说到这里,梁老汉叹了一口气,说:"现在她被抓了,看来我那钱也要不回来了!"梁子一愣,问:"小付跟你借钱啦?"

"唉……"梁老汉一声叹息,"我那心软的毛病就是改不了,她临走那天可怜兮兮地跟我说,她侄女跳楼自杀了,要回老家去看看,现在手头有点紧,想从我这里借点钱,我兜里就三百元,全掏给她了……骗人有什么好下场,看来这人呀,还是善良点好!你媳妇那点小心眼我知道,怕我被那女的骗了,你们俩先是从我这里弄去房产证,又弄走工资卡,现在该还我了吧?真把我当老年痴呆呀!"

一番话说得梁子的脸红红的,他心里叨咕道:看来老爸不傻呀,老人家只是不说而已。

过了一天,梁老汉和邻居老周下象棋,他把小付被抓的事当成新闻讲给老周听,他说:"其实我早就看出那个小付不像个正派人,我呀,就是要让梁子和他媳妇着急上火。你不知道,以前那两口子一个月也不来一次,现在一个星期来几次,见了面爸长爸短的,可近乎啦!"

老周"哈哈"笑着说:"好你个老梁,为了让你儿子儿媳关心你,你连骗子都利用上啦!"

关键词：家教

> 做人要有尊严，特别是在孩子面前，不争馒头还要争口气呢！

做人的尊严

唐雪嫣

这天，我穿过熙熙攘攘的人群，来到车站旁边的小卖部，买了瓶矿泉水站在那儿喝。没一会儿，一个中年男人领着一个十来岁的小男孩走进来，说："老板，买包五块钱的烟！""好！"老板应声扔出了一包烟，可那男人翻遍了口袋也没找到钱，只听他自言自语地说："糟了，我的钱包让人偷了，这该死的小偷！"

老板是个五大三粗的年轻人，见状不屑地把扔到柜台上的烟往回拿。"慢！"男人犹豫了一下，然后解开裤带，原来他的短裤里面有个口袋藏着钱，他拿出一张五十元钞票递给老板，老板背转身，从抽屉里找好零钱，然后用食指和中指掐着几张纸币的中间部分，递给男人。男人自然地也用食指和中指接过钱，数了数，是四十五元。就在他要把钱放进口袋的时候，突然他改变了主意，把钱一张一张地摆上柜台，不料，刚刚还是四十五元，现在就成了三十五元。男人疑惑地对老板说："这钱不对啊，少了十元钱。"

老板的脸色变了。其实，这是他惯用的把戏，他把其中一张十元钱对折起来，递钱时暗示对方拿钱的中部，这样对方就很容易把一张十元钱数成两张，他就偷梁换柱"偷"了人家的钱。没想到这个男人居然如此细心,当场发现了他的伎俩。

老板是这儿的地头蛇,骗不成就来硬的,反正到这儿来买东西的大多是外地人。他摆出一副凶神恶煞的样子说:"刚才你还正好呢,现在就少了?蒙谁啊?是不是欠揍?你要是知道好歹的话,赶紧滚蛋!"

老板凶相毕露,看样子随时会扑上来打人。小男孩吓得直哆嗦,拉着男人的衣襟小声说:"爸爸,咱们快走吧。"

男人轻轻地推开小男孩的手,对老板说:"把钱还给我,然后道歉,不然,我就报警。"老板狂笑起来:"还没见过这样不知死活的人呢,让我道歉?疯了吧你?大爷我什么时候给人道过歉?"男人不理他,转过头对我说:"兄弟,能不能借手机用一下?我要打电话报警!"

我犹豫了一下,说:"不就是十元钱嘛,算了吧,这点小事不值得,赶紧走吧。"

男人摇摇头。这时又有几个人过来要买东西,男人拦住他们说:"别在这儿买东西,这是家黑店,刚刚骗了我十元钱不认账。"那几个人听了他的话,互相看了看,转身就走。老板见他坏了自己的生意,破口大骂起来,冲出柜台扑向男人,小男孩吓得哭起来。我有点看不下去了,就掏出十元钱递给男人,悄悄地说:"这钱我给你,你惹不起人家,快走吧。"

男人毫不犹豫地拒绝了。他大声对小男孩说:"儿子,咱不怕坏人,今天他要是不还钱,咱跟他没完。"

"你他妈还真有种啊?"老板刚要发火,一转眼又有几个人走过来,老板想纠缠下去会耽误生意的,口气立刻软了下来,塞过来十元钱说:"我服你了,给你钱,快滚吧!"

男人接过十元钱,却不动弹,绷着脸说:"你还没道歉呢!"

老板差点气死,可是瞧这男人的犟劲,自己要是不道歉,他是不会罢休的,事情闹大了对自己也没好处,于是他勉强笑了笑,说:"好好好,老哥,我给你道歉,对不起你了,快走吧。"

男人脸上露出胜利的微笑,领着小男孩儿出门去了。我想了想,拔腿追上去,问男人:"十元钱又不是什么大数字,你为什么不依不饶,还一定要老板道歉呢?"

男人轻轻说:"钱是小事,可如果我让步了,我在儿子心里的地位就垮了。我必须保住爸爸的尊严。"

我看着小男孩儿,他正冲着爸爸竖大拇指哩!男人说得没错,如果他向老板屈服了,他儿子的小小心灵里就会种下失败的种子。

这样的人值得敬佩!我友好地拍拍男人的肩膀跟他告别,同时神不知、鬼不觉地将从他那儿偷来的钱包放回到他的口袋里。说句实话,我就是那个"该死的小偷",不过,这一瞬间我决定金盆洗手,因为我也有儿子,在儿子心里,我是天下最棒的爸爸,我不能让儿子把一个贼当成榜样。

- ◇ 由俭入奢易,由奢入俭难。 ——(宋)司马光
- ◇ 齐家之难,难于治国平天下。 ——(清)孙奇逢
- ◇ 一粥一饭,当思来之不易;半丝半缕,恒念物力维艰。 ——(清)朱柏庐
- ◇ 子弟不可不令其目击家之苦。 ——(清)张英
- ◇ 内睦者家道昌,外睦者人事济。 ——(宋)林逋
- ◇ 治家严,家乃和;居乡恕,乡乃睦。 ——(清)王豫
- ◇ 居家能使一家之人浑是一团太和之气,内外上下都又秩然有条理,此人生大大一乐事。 ——(清)李惺
- ◇ 治家以"和平"两字为至。 ——(清)钱泳
- ◇ 欲望子弟大成,当先令其习劳。 ——(清)汪辉祖

第二章 持家有方

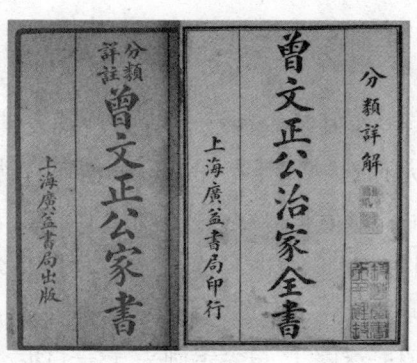

◇ 静以修身,俭以养德。非淡泊无以明志,非宁静无以致远。
——(三国)诸葛亮
◇ 欲治其国者,先齐其家。 ——《大学》
◇ 欲为先人留遗泽,为后人惜余福,除却勤俭二字,别无他法。
——(清)曾国藩
◇ 以义方训其子,以礼法齐其家。 ——(宋)司马光
◇ 天下之事,常成于困约,而败于奢靡。 ——(宋)陆游
◇ 一家和而一国和,一国和而天下和矣。 ——(明)徐皇后

关键词:持家

> 邹老板有四个徒弟,一日为师终生为父,到了分家产的时候,这一碗水要怎么端平,邹老板心里可是有着一杆秤。

治家有方

郑小亮

民国时,汉口有个姓邹的老板,原先是开理发铺的,后来生意渐渐做大,不知从何处学来制洋火的秘方,这洋火,就是火柴,搁以往都是舶来品,自打邹老板开起洋火厂,眨巴眼的工夫,就发了家。可没过几年,制洋火的秘方泄露,后来别家做的洋火比邹老板的还好,一帮人正琢磨着怎么应变,邹老板却不听劝,将洋火厂关门大吉了,他解释道:"这路子,总会走到头,这一百步,人家已经走到了八十步,再动身去撵,等于跛子撵强盗!"

洋火厂没了之后,有四个人不好打发,他们都是邹老板的徒弟。一日为师终生为父,情分摆在那儿,邹老板也真的把他们当一家人看待,按先来后到,分别喊他们老大、老二、老三和老幺。

眼下,让这四个徒弟另起炉灶走江湖还嫩点,可老呆在邹家吃闲饭,心里也不爽快,于是他们就开口请求邹老板派点活干,邹老板却摇头一笑:"不急,来日方长。"

说不急,一晃大半月过去了,害得几个徒弟吃饭的时候,筷子都不敢往荤菜盘子里伸。

饭后,收拾碗筷的活儿自然由几个徒弟轮流来干。这天晚饭后,轮到老大打扫,他手不忙脚不乱,先往桌上扫了一眼,转身便从橱柜里拿出一个小碟子摆在桌子上。邹老板奇怪了,问:"你拿个碟子干什么?"老大说:"有些不溜汤滴水的菜盘子里,还剩着一底子干净油呢,冲掉了可惜。"说罢,他开始清理菜盘子,然后再收拾碗筷。

邹老板还注意到,老大洗刷的时候,特意先把菜盘子和碗筷分开,先洗碗筷,后洗菜盘子,邹老板不由得眉头一皱,问:"一起洗不得了?磨磨蹭蹭地耽搁工夫。"老大摇摇头,说:"碗是盛饭的,里头没什么油,菜盘子里有油,若不分开的话,一个油污重的菜盘子就能搅坏一盆水,还是先洗碗筷好点,能省水。"

这话说得邹老板哈哈大笑,待老大干完活儿,邹老板突然说了一句:"老大啊,我分身乏术,你替我去把持杂货铺吧。"

老大瞪大了眼:"杂货铺是邹家的大部头,就我这点能耐能当掌柜?还请邹老板三思,另觅能人……"邹老板喝了口茶,说:"已经三思了,杂货铺品种多,事儿杂,没个条理还行?我留心很久了,从你收拾饭桌上就看得出来,做事有条不紊,事杂心不杂,还有,你勤俭持家,做买卖挣钱也是一个道理,你是杂货铺掌柜的不二人选,就这么定了!"

还别说,邹老板眼光毒辣,那杂货铺经老大一打理,弄得像模像样,整天宾客盈门。

其他三个徒弟怎么也想不到,邹老板居然是从收拾饭桌这点小事上相中老大的,于是便开始小心翼翼起来,生怕言行上有点什么闪失。

这天,邹家来客人了,客人是邹老板多年未见的挚友。留客吃饭的时候,旁人早就吃好了,邹老板和朋友却还在一边吃一边聊。

当天该轮到老幺收拾,他等得没耐心,便扯上老三,跟邹夫人打了个招呼,说出去转转再回,免得打搅老板的兴致。老二却还在酒桌上伺候着,只要客人酒杯一空,他马上抱着个酒坛子给人家满上,并不时将桌上的菜盘子挨个儿摆到客人面前,调来换去。

那日邹老板喝得大醉,等醒来的时候,已是第二天上午了。洗漱过后,邹老板喊来老二:"老二,你去操持理发修面铺吧,不过可不能光顾着应付场面,手艺也得练练!"

操持理发铺,就跟现在说的店长一码事,老二喜出望外,一个劲儿地弯腰道谢。

待老二欢天喜地地离开,邹夫人一肚子憋闷,埋怨说:"当家的,干吗挑老二操持铺子?瞧他那点头哈腰、溜须拍马的德行,跟奴才似的,腰杆儿都挺不直,还能指望他有大气候?"

邹老板"嘿嘿"一笑,说:"这理发铺子,还非得老二操持不可!"

这是为什么?夫人正愣着,邹老板给出了理由:昨日喝酒的时候,邹老板跟朋友喝到几时,那老二陪到几时;给客人斟酒,都是满杯满杯的来,正应了传统的待客之道——"酒斟满,茶七分";不仅如此,老二还懂得见风使舵,把桌上的好菜,轮个儿往客人面前摆,并及时撤掉见底的盘子,这样的接待,客人心里要多惬意有多惬意,这待的是客,长面子的却是主家人!

"还有……"邹老板又喝了口茶,"瞧那大上海的理发铺子多地道,从大门口就开始迎宾,手里拿着毛巾往客人身上'刷刷'两下,以示拂去来客身上沾染的灰尘,之后手一挥,'您里头请',这伺候何等享受,让人觉得舒坦,这些招儿,除了老二还有谁能做到?"

邹老板到底看得准不准,看理发铺子就知道了,自打老二接手后,回头客那个多啊,许多人宁可绕个大圈子,也要转到这铺子里来理发修面,为啥?头发修剪得再好,要不了多久便会长出来,可老二那舒坦的伺候,能叫人愉快好一阵子。

安排好了老大、老二,这一天,邹老板对老幺吩咐道:"老幺,你精明能干,脑子活络,就当邹家的管家吧,你可得为咱邹家当好家、守好财……"

话音未落,老幺激动得直哆嗦,胸脯拍得山响:"师父放心,我一定为邹家鞠躬尽瘁、肝脑涂地!"

此时,老三还在一旁候着呢,只见他嘴里不停地蠕动着,一副欲言又止的样子。邹老板皱着眉头,奇怪地问:"怎么了老三,好像有心事的样子?"

老三憋了半天,终于憋出一句石破天惊的话来:"师父,老幺不能当邹家的管家,他……他心术不正!"

邹老板冷笑了一声,突然厉声说:"哦?我可没瞅见老幺心术不正,你埋汰人得有个谱吧,何况老幺还是你的师弟,难不成是嫉妒?"

见邹老板帮着自己说话,老幺也懒得再跟老三计较,在一旁洋洋得意。老三涨红了脸,猛地一跺脚,大喊了一声:"嗨,我豁出去了!"他指着老幺说:"他干什么都行,就是不能当管家,那制作洋火的秘方,是他收了人家的钱后泄露的,他是内贼,我手头还有证据……"老幺双脚一软跪在地上,邹老板脸色发青,过了很久,才将手朝门外一挥,对着老幺轻轻吐出一个字:"滚!"

老幺连滚带爬离开邹府后,老三见师父余怒未消,长叹一口气,也默默地离开了。

老三刚走到门口,只听邹老板喝了一声:"哪儿去,给我回来!"老三一回头,见邹老板淡淡地一笑,说:"你以为我真不知道洋火的秘方是谁偷出去的?可知道了又怎样?事已至此,覆水难收……"

这是唱的哪一出？老三正愣着，邹老板发话了："我一直在留意管家的人选，老大和老二都不是这块料，为师就想试试你能否在大是大非面前不糊涂……你说，邹家的管家不用你，我还能用谁？"

邹老板把邹家账房的钥匙交到了老三的手里，老三走后，邹老板终于长长地吁出了一口气，他对邹夫人说："我们邹家有家风，物尽其用，人尽其才，现在我这四个徒弟都各自有了去处，该留的留，该去的去，我也就心安了。"

关键词:持家

> 好的家风会成为一个人人生中的宝贵财富,把家风传递下去,传递给下一代、别的家庭,这样家风就成了国风。

一只铜铃铛

顾章玲

小学生成亮本该无忧无虑,却因为一件事心事重重。奶奶病了,病得很重,城里医生说要好多钱才能治好,爸妈把亲戚朋友家都借遍了,可还差好多。奶奶说:"我也活一把子年纪了,不治了。"成亮爸红着眼睛说:"不,我就是砸锅卖铁拆房子也要治!"

奶奶听了叹口气,说:"你这傻孩子,跟你爸一样犟!嗨,该是请出铃铛的时候了。老头子,我总不能看着孩子们着急吧?"说着,她伸手到枕头底下摸啊摸的,最后摸出一把钥匙来,对成亮爸说:"打开柜子,把铃铛请出来。"

成亮不禁瞪圆了眼,因为奶奶房里的那个柜子一直牢牢锁着,从没有打开过,在成亮心中,那里面一定藏着世上最好吃最神奇的东西。

可是,爸爸捧出来的只是一个陈旧的铜铃铛而已。奶奶说:"亮他爸,你带着亮子,拿着铃铛到村里走一遭,到人家门口一摇,人家心里就有数了,记住,不要到比咱家还穷的人家门口摇。"

成亮爷儿俩在邻居们门口摇响了铃铛。令人惊奇的是,邻居们二话不说就掏出钱来,尤其是上了年纪的阿公阿婆,一个劲地催小辈多掏钱,说:"成亮奶奶不到万不得已,是绝不会摇铃铛的,咱不掏钱还有良心吗?"

当成亮爷儿俩回转家门的时候,兜里的钱已差不多够奶奶看病了。爷儿俩仍然云里雾里,恰好这时奶奶醒了过来,有些精神头了,便一五一十地讲起铃铛的来历。

那时候,成亮爷爷还是个小青年,走村串户卖些针头线脑麦芽糖。只要他一摇铜铃铛,大伙就知道讨喜的小货郎来了,小货郎身材高大浓眉大眼,加之做生意本分,大伙都特别喜欢他。

这年夏天雨水特别多。有天清早,大伙还在熟睡,熟悉的铃铛声突然响了起来,但不是以往缓慢动听的节奏,而是急如暴雨一声紧似一声,同时伴随着小货郎扯破喉咙的狂叫:"山要塌了,山要塌了!"

大伙儿个个披起衣裳跑出来一看,不得了,西山上发生泥石流了!

村子就在西山脚下,泥石流要是冲下来,无疑是灭顶之灾!大家背起老的抱起小的,没命地往东边跑,后边泥石流似万马奔腾轰隆隆紧追过来。突然,有人哭叫起来,原来有个老人跌倒了,估计腿跌断了,一动不能动!

危急时刻,有个年轻人掉转头冲过去一把背起老人,而这时泥石流已近在眼前。好个年轻人,脚步像风一样,硬生生在泥石流到来之前上了一个高土墩子,就在这时,泥石流从脚下声势惊人地奔涌而过。

这救人的年轻人就是小货郎,因为一直下大雨,他有好长时间没来了,这天起了个大早赶来,不想意外发现雨水泡酥了小山。

后来,得救的老人把闺女嫁给了小货郎。他从此不做小生意了,在此安居下来,有了一个安定幸福的家。

奶奶讲到这里,对听得张大嘴巴的成亮说:"这货郎就是你爷爷,懂不懂?"

奶奶又讲,村里人感谢小货郎的救命之恩,便共同约定,今后只要小货郎一家子遇到困难,就摇响铃铛,大伙必须有钱出钱有力出力。"不过这么多年过去了,我们家再苦再穷也没有摇过铃铛,可今天还是摇了,不知道你爷爷在天之灵会不会怪我哩。之所以不在穷人家门口摇,是怕人家为难。"

听到这里,成亮爸忙说:"妈,我把大伙借的钱全记下了,你放心,我马上就跟人家挖煤去,一定早早地还上这笔债。"

成亮听了也大声说:"奶奶,爷爷不会怪你的,我马上上山拾菌子卖钱,我还敢抓蜈蚣,那玩意卖给医院能值好多钱哩。"

奶奶一听,搂着成亮毛茸茸的头笑了起来,笑得眼泪都出来了。

成亮真的每天上山拾菌子捉蜈蚣,好几次手被蜈蚣咬得肿起来也不吭一声。卖菌子蜈蚣的钱也一分不少地交给奶奶。奶奶要他留下一点买冷饮吃,他咽咽口水,不要。爸爸和妈妈更是拼命挣钱,终于有一天把欠的钱全还了。还清债务的那一刻奶奶可开心了,抱着成亮直喊乖孙子,说他将来一定有出息。奶奶又健健康康地活了好多年,直到成亮考上大学才安然地离去,奶奶在临走前拉着成亮的手说:"亮子,你可不能忘了大伙的恩啊,有能力了要多报答人家晓不晓得?"

时光飞快,成亮成了远近闻名的大老板。这天接到爸爸从老家打来的电话,说村里有个孩子考上大学了,可家里穷得叮当响,想让成亮赞助这孩子上大学。

成亮听了沉吟片刻,说:"爸,这样好了,我抽空回去一趟。"

回了老家,爸问成亮:"亮子,你准备借多少钱给人家?不,干脆给人家好了,乡里乡亲的,总不能还要人家还吧?"

出人意料的是,成亮摇了摇头,说:"爸,我不会给那孩子一分钱的。"

爸一惊,说:"亮子,这可不是你的为人啊,平时你善事做了那么多,不相干的还给好多钱哩,这回自家人怎么这样小气?"

成亮说:"这要看什么事。爸你放心,我会处理好的。"接着,他把那上不起学的大男孩叫过来,又对爸说:"爸,把咱家那铃铛请出来!"

爸纳闷得不得了,可当着人家的面又不好多说什么,只好请出铃铛。成亮双手接过铃铛,对那大男孩说:"你跟我到村里走一遭。"

在邻居门口,成亮摇响了铃铛。久违的铃铛响起来,而且是成亮亲手在摇,大伙个个惊讶极了,嘀咕道:"亮子这是发什么神经?他这么有钱了还借钱?"

但大伙还是掏出钱来。成亮的爷爷对村里老一辈人有救命之恩,大伙永远不会忘记的。成亮叫那个大男孩鞠躬谢谢大伙,又一一记账,然后一脸郑重地说:"记住,这钱是借给你的,你必须加紧还上。"

大伙这才明白原来成亮是帮人家借钱,个个不禁撇嘴,小声说:"成亮都是大老板了,拔根毫毛就够人家孩子上大学,可还要跟我们借,真是越有钱越小气。"

爸把这些议论全听在耳朵里,终于发火了:"亮子,奶奶临走前是怎么嘱咐你的?你把老子的脸丢尽了晓不晓得?你以后让老子在村里还混不混了?"

成亮却认真说道:"奶奶的话我一直记着哩,我这么做就是在回报乡亲们啊。爸,我还记得当年你领着我挨家挨户借钱,我当场就暗暗发誓,一定要早日还钱,等日后有能力了一定要回报大伙的恩情。等我长大成人后才慢慢体会到,摇铃铛时奶奶为什么要我也去,是因为奶奶想借此磨炼我。这些都是我人生中的宝贵财富,所以我才一步步有了今天。"

成亮接着对那大男孩说:"我的公司正好跟你上的大学在同一座城市,我希望你有空就到我的公司来做志愿者,一是争取早日还钱,二是锻炼自己。只有让你跟着我一家家借钱了,你才能懂得感恩和回报,你能理解我吗?"

那大男孩听了用力点点头,说:"叔,刚才我跟着你借钱的时候就已下了决心,一定要报答大家的恩情,大家那么慷慨,我感动得都差点哭了……"

成亮欣慰地笑了起来,说:"好样的,从你身上看到了我当年的影子,你将来一定比我强!"

关键词：持家

> 传家宝，不一定是价值连城的金银玉器，那种承载着世代家风的东西，哪怕只是一截断锯，都是无价之宝。

断锯

黄华明

李杰在城里先是打工，后是开店当老板买了商品房子，决定一家人搬家到城里去生活发展。他得处理家中的老木房呀，可是李杰怎么都卖不出去。因为现在的村民住的都是砖瓦房子，谁还想买他家的老木房子居住啊！李杰就去找到木匠丁荣，他对丁荣说我家的老木房子没有人买去住了。你是木匠，我就把老房子当木头卖给你。你用老木房子的木头打家具卖，肯定不吃亏还有赚钱。丁荣想了想就同意了，经过友好的讲价，以双方都认为是合理的价成交了那老木房。

丁荣开始拆除李家那老房子这天，李杰的哥哥、在外地安家几十年的李胜突然回老家来了。他见有人在拆除老房子，问明情况之后就对李杰大发雷霆，说你不同我商量就把老祖业给卖了？幸好你还没有与丁荣写买卖房子的字据，你去叫丁荣补交五千块钱，不然，老房子的一根木头他也拿不走！这事，李杰不能去找丁荣多要钱呀，就同哥哥到了村委会杨主任的家中来了。

杨主任听李杰、李胜说了情况之后，对李胜说："乡人买卖东西，多是没有出字据，双方注重口头诚信交易。你要丁荣多给五千块钱，我还得先去丁荣那里沟通一下。就定在明天上午，你们双方到村委会那儿去调解吧。"

第二天吃了早饭之后，李胜和李杰就往村委会那儿走去。李杰说："哥，如果说今天丁荣不愿意多补五千元，我看呢他愿意出多少钱，我们就收多少钱算了。丁荣要是坚持说买卖的口词在先，房子都拆除了，一分钱也不给，我们也没有办法。"李胜听了没有说话。

到了村委会那里，村主任和村支书等调解人都早一步到了。李胜这才对杨主任说出新的要求："杨主任，我昨夜想了很久，如果说今天丁荣不补交一万元，我就要他给我们把房子还原回去！"

杨主任不得不说昨天他到丁荣那里去沟通，要他补交五千元钱，他丁荣都没有表态呢！你李胜还没有得胜，就想得寸进尺啊？

这时，一个村民气喘吁吁地跑来对杨主任说："主任，不好了。丁荣扛着一根房梁木头向这儿走来了。我想今天调解可能没有用！"

大家立刻都出了屋子，来到门外看丁荣。这村委会的房子是建在村公路边，这样好方便村民来办事。大家的视线沿着村公路看去，果然见着了一个人扛着一根大木头，往村委会这儿来了。按杨主任昨日对丁荣的约定，丁荣今天是来与李家兄弟协商老房子补差价的事，他扛房梁木头来干什么呀？丁荣走近些了。还见到他手提一个木盒子呢，那又是为什么呢？丁荣这样节外生枝，就增加了今天协商的难度。李杰的表情都极不好看了，心里很不安定。

丁荣扛来那多年被烟熏黑了的房梁木头，轻轻放在地上。大家没有说一句话，他说话了："你们想看我这木盒子里装有啥东西吗？我打开让你们开个眼。"说着，他就打开了木盒子。

大家看到的是一块红布包着东西。丁荣把一层一层的红布展开,原来红布包着的是:一块长约一尺的陈旧断锯齿片!

"你拿这个来给我们看,是为了什么?"杨主任问丁荣。

丁荣不忙回答杨主任的问话,而是对大家讲他家的一个老故事。丁荣的曾祖父是个手艺很好的木匠。丁荣的祖父丁二长大后,就跟着父亲学习木匠手艺。有一天,父子俩在主家干完木工活儿回家后,丁荣的曾祖父发现工具背篓里有根两尺长的小木头。他就问丁二这根小木头是从哪里弄来的,弄来又做什么?丁二只好老实讲,这根小木头是主家用来煮饭的柴火木头。丁二想到家中的鸡窝坏了一根柱子,就背着主人用锯子把它锯了这一小段,放在背篓里背回家了。曾祖父"啪"地赏了儿子一个耳光!然后,叫儿子把那锯子和那一根小木头都拿着,随他一起到主家去赔礼道歉!丁荣的曾祖父当着主家的面,还了那一根小木头之后,又一脚踩坏了锯子。留下一片断锯,还刻下"丁二"两个字。让丁二记住耻辱,传教后人,无论如何不要偷拿别人的任何东西!就这样,断锯成为丁家的传家宝被保存下来了。

丁荣让大家看断锯,真有"丁二"那两个字呢!不过,大家在自己的心里说:今天我们是来调解你丁荣与李家兄弟买卖房子的事,与你家的传家宝有什么关系?丁荣笑着对李杰说:"你家的老木房子,就是我的祖父丁二建造的呢!"

"何以为证?以前你没有对我说过这事呀!"李杰说。

丁荣走到房梁木头的正中,指着木头对大家说:"我父亲生前对我说过,我祖父丁二只要给人建造了房屋,都要在房屋梁上的正中处,照着断锯的长短大小刻下标记。你们看,我把断锯放在标记处,如果说是一模一样,就是我祖父丁二建造的房子!"丁荣说着,就把断锯放在标记处。

大家去一看,真是一丝不变,就像是把断锯镶嵌在了那房梁木头上一样!李杰当作木头卖给丁荣的老房子,是丁二建造的不假!

李胜说话了。"丁荣,我家的老房子是你祖父丁二建造的又怎样?你不能因此就便宜买我家的老房子!我对杨主任说过了,你丁荣今天不补交一万元,我们只能在法庭上见面了!"

在场的人就把目光投在丁荣的脸上,看他如何应对李胜。

丁荣一笑和气道:"李大哥,你不要把话说得这么难听嘛。我有证据说明,我的祖父丁二与你的祖辈关系非凡呢。他们之间的诚信,我们后辈是望尘莫及哟!"

"什么证据,与我们今天的事有多大关系?"李胜问。

丁荣手指房梁说:"证据就在这标记里面藏着呢!你要想好啊,看了证据,你还坚持刚才你说过的话儿,法庭上见面吗?"

李胜说不出话儿来了。他在心里想:要是我的老祖宗与丁二有什么契约,要后代看了偿还给丁家,我应该怎么办?好嘛,我就说你丁荣造假,以此强行买我家的老房子。别的人呢,也是瞪眼不说话儿,希望马上看到丁荣说的那个证据。李杰见大哥软了劲儿,他在心里松了一口气对丁荣说:"不管什么证据,我俩讲好的买卖房子口词,都要算数!我们都要讲传统美德诚信嘛!"

杨主任催促丁荣:"你就把证据拿出来让大家看,让我们大家学习老祖宗们如何对人讲诚信!"

丁荣就在众目睽睽下,把房梁上的断锯取下来,又将断锯装入了那木盒子里。然后,他才开始拔那房梁标记处的两颗木钉子。木钉子比铁钉子好,因为木钉子钉在木头里不会生锈,钉上或拔出都容易,并且不容易被人发现。丁荣把两颗木钉拔下来,大家才见到标记原来是一木块。丁荣拿开标记木块,大家就见到了房梁上有一个木洞。丁荣伸手从木洞里,取出一样用纸包好的东西。他把一层一层纸剥开,举起来让大家看:哎呀原来是金条!

丁荣对李胜说:"你家的老祖宗,相信我的祖父丁二,给你祖宗存放金条,又不对任何人讲这事,关系是一般吗?我祖父没有对父亲讲过金条的事,父亲无从对我讲金条的事,直到我拆了房子才知道。这就是我丁家不贪财占有别人东西的好家风!"

杨主任耐不住对李胜说:"李胜,你看到了听到了吗,丁家的好家风,你得好好学啊!"

丁荣趁机对大家讲,昨天杨主任来找他沟通说事,他对要不要把金条说给李胜听犹豫不决,因为李胜太贪财了。他本打算以后悄悄把金条交给讲信誉的李杰,但觉得还是不妥。想了一夜,丁荣为了捍卫丁家一代代人都不要别人的任何东西的好家风,决定今天把李家老房子的房梁扛来当众揭秘,把金条还给李家兄弟俩。

大家听了,报以热烈的掌声!

最后,丁荣拿着金条对李胜和李杰说:"还是按照我们乡人的老规矩办事,我不要你们给我写金条的文字收条,我就当众直接把金条还给你们李家人。你俩谁来接收这金条啊?"

大家只听得"咚"的一声,李胜两膝盖一打弯,给丁荣跪下了!

关键词：持家

> 做人，心中要有条底线，是一定要守住的。

谁动了我的微信

张晶晶

徐建峰最近走起了官运，年纪轻轻就当上了工商局的副局长。不过，他心里明白，要不是前任落马了，这样的好事哪儿会这么快轮着他呀？所以，他处处小心，生怕重蹈覆辙。可是没想到，上任还不到三个月，麻烦事儿来了。

这天晚上，老婆小云噘着嘴说道："今天是七夕，要好的姐妹早都领到老公的红包了，你怎么还没点表示啊？"徐建峰急着去冲澡，他一边换衣服，一边笑呵呵地将手机往老婆怀里一扔，说："自己上微信包一个吧！"

等他洗了澡出来，小云喜滋滋地扑上来，重重亲了他一口："这次我领的红包是朋友中最多的。哈哈，我手一抖，直接转账五千！"

徐建峰愣了一下，出于安全考虑，他微信绑定的银行卡上最多只有三千块，哪来的五千？打开微信一看，他不禁倒抽一口冷气，微信钱包里竟然还有四万五！

徐建峰立马翻看微信转账记录，发现一个叫"13111"的陌生人在上个月给他转了五万块。可奇怪的是，徐建峰根本不记得自己点击过"领取"啊。难不成是这人偷拿了他的手机,加上微信好友,转账之后,又帮他点击了"领取"?联想起最近有不少人求他办事都被拒绝了,徐建峰不由打了个冷颤:这些人还真是无孔不入啊!

"你是谁??"徐建峰试着给"13111"发了信息询问,可对方很沉得住气,半天都没有回应。

"你担心个啥?"小云不以为然地说,"钱又不是白给的,等他找你的时候还他就是。"徐建峰皱了皱眉,心里七上八下的。

第二天,徐建峰早早地来到办公室,第一件事就是查看记事簿。这一查,他终于想起来了:那个"13111"打款的时候,自己正好在汇龙酒店吃饭,那次是老朋友于博请的客,席间还有几个生面孔。对,一定是那个叫周钧的!前段时间,周钧为执照的事求过徐建峰好几次。徐建峰猜想,他一定是在饭局上趁自己喝醉时,拿走了手机,偷偷转了账,并点了"领取"。徐建峰正考虑着要不要找周钧核实一下,没想他竟然主动找上门了。

"徐局长,真是太感谢您了,执照总算拿回来啦!"周钧笑嘻嘻地冲徐建峰扬了扬手里的文件袋,乐得合不拢嘴。

"你的事我可没帮什么忙。"徐建峰冷冷地说,"只要你按照规矩来,问题自然会解决的。"

"那是、那是。"周钧连连点头,觍着脸放低了音量,"不过,有您的关照,我就放心多了。"

看周钧的态度,那笔钱八成就是他送的了。徐建峰当即沉下了脸:"我告诫过你多次,少跟我来那一套。你说,上回在汇龙酒店,你都干了些什么?"

"我冤枉啊!"周钧委屈地叫了起来,"给您送礼,您把我臭骂一顿;请您吃饭,您又不来。于博真不是我找来的,他是我哥们儿廖胖子的亲表哥。实话跟您说吧,那顿饭真正做东的,就是廖胖子。"

徐建峰吃了一惊,没想到阴差阳错竟问出了新情况。他回想那天,廖胖子一个劲儿地劝酒,原来醉翁之意不在酒啊!

周钧走后,徐建峰越想越气,忍不住打电话,朝于博发了一通脾气。于博解释道:"老同学,我表弟不过是想认识你一下,没别的意思。要是那小子真有事找你,你该咋办咋办,我一概不管!"

果不其然,第二天,廖胖子还真来找徐建峰了。

两个人的包间里,廖胖子又是夹菜又是敬酒,不停地套近乎。酒过半巡,徐建峰放下了筷子:"你有什么事就直说吧!"廖胖子"嘿嘿"笑着说:"小弟我还真有事求您!"可话听一半,徐建峰朝他摆了摆手:"别说了!你这事儿,就算于博他亲自来求我也没办法。"

"徐、徐哥……"廖胖子顿时急了,手伸在皮包里掏着什么。

"那个'13111'是你吧?"徐建峰头也不抬地问。廖胖子一愣:"什么?"

"我是说微信!"徐建峰没好气地说道,"还装!五万块就把我收买了?"廖胖子瞪大了眼睛,突然伸手往脑门上一拍:"明,明白了,徐、徐哥您等我,我马上回来!"说完,一溜烟地跑了出去。

过了一会儿,徐建峰的手机振动起来,原来是廖胖子要加微信。

"徐哥,我不知道规矩,别怪我哈!"廖胖子先发来一句话,紧跟着的一条信息让徐建峰傻眼了,那家伙像是受了启发,居然给他转账了五万元!这钱怎么敢"领"啊?搞不好还算勒索贿赂。徐建峰拿着手机,哭笑不得。

回去后,徐建峰还是整天忧心忡忡。小云不觉好笑:"既然没人找你,管他干啥?"

"你懂什么？"徐建峰瞪了她一眼，"这钱属于'职务不当得利'，要是被人举报，我吃不了兜着走。"小云吓了一跳："谁会举报你啊？除非是'13111'……"

徐建峰皱眉想了想，索性动手给"13111"转账了五万块，然而对方就是迟迟不"领取"，很快钱又自动退回到徐建峰的账户里。徐建峰愁得焦头烂额，难道真要往纪委跑一趟？

"要不你问问建国，那天你喝醉了，是他送你回来的。"小云提议说。徐建峰猛地一拍大腿：对啊！怎么把他忘了？这小子正谈恋爱缺钱用，保不齐背着我收人贿赂。

赶到弟弟的住处，徐建峰开门见山地问起了微信的事。徐建国点点头，毫不避讳地承认了："对，是我转的。"徐建峰气不打一处来，劈头就给了他一巴掌："你胆子真是越来越大了，竟敢瞒着我干这事，我混到今天容易吗？"

"什么呀？"徐建国捂着脸，龇牙咧嘴地说道，"那天我跟你说过了，是你自己喝醉了没记住！"

那笔钱的确是徐建国打来的，不过并不是什么赃款，而是父亲徐老汉硬要还给儿子的钱。几个月前，徐建峰曾给老人陆续寄了几笔钱，让他把老家的房子翻修一下。等到凑足了五万，正要动工，徐老汉突然得知儿子当上了副局长。这刚升官，家里就忙着大兴土木，乡亲们会咋想呢！徐老汉决定先带着钱过来问问，要是来路不正，他坚决不要。当时，徐建峰正急着去汇龙酒店，敷衍父亲把钱拿回去再说。徐老汉对儿子的回答极不满意，当下找到徐建国，让他想办法把钱还回去，也好给徐建峰敲个警钟。可是徐建国不知道哥哥的账号，明着给他又不要，思来想去，便想到了微信。

因为自己的手机正在送修，徐建国就带父亲去了趟银行办了个手续，又在他的手机里下载了微信。听说哥哥晚上在汇龙酒店吃饭,徐建国趁机赶去当了回"代驾",拿走了哥哥的手机。虽然转完账,他跟哥哥说过一嘴,可那时的徐建峰正烂醉如泥,哪里还记得清啊?

"那你干吗用'13111'这个称呼?我哪儿知道他是谁啊?"徐建峰余怒未消。

"这你也看不出来?这是咱爸手机号的前五位啊,注册的时候我随手填的,咱爸手机号那么特别,我想你肯定一看就知道是谁了。"

徐建峰一愣,不禁有点惭愧,他平时几乎把心思都用在了工作上,很少打父亲的电话,即便要打也是直接在通信录里找名字……难怪"13111"从来不回话,因为父亲不会玩微信呀!

好在是虚惊一场,徐建峰终于松了一口气。他决定要把这五万块再给父亲打回去,不,他得抽空给父亲送回去,再当面和父亲聊一聊,让父亲放心。升职后,他一直紧绷的神经是一刻都不敢松懈,他要告诉父亲,心中有条底线,他是一定要守住的。

关键词：持家

> 化干戈为玉帛，打架也能变成广场舞！

广场舞的前世今生

凤 凰

从前，有个国家叫幸福国，幸福国有个村子叫欢乐村，欢乐村里有两个大家族，一家姓张，一家姓李。两家人在村里和睦相处，好得差不多就跟一家人似的。

然而，天有不测风云。有一天，张家的一个小孩和李家的一个小孩在一起玩闹，没想到玩着玩着，竟打起架来，两个孩子都被打得鼻青脸肿。孩子们哭哭啼啼回到家，分别向自己的大人告状。两个大人见自己的孩子伤得这么重，都很生气，心想：我们两家人不是像一家人吗？可看看我的孩子伤得这么重，你的孩子这是往死里打啊！这哪还有一家人的样子？这事不能就这么了了，这仇得报！

于是两个大人都去找自己的族长告状，说要找对方报仇，希望族长能出面，最好把族人都叫上，壮大声势。两个族长听了都挺生气，分别对大人说："报仇可不是闹着玩的，孩子不懂事，难道我们大人也不懂事？不过，这事确实不能就这么算了，你们放心，这事我一定替你们做主！"

于是，两个族长相约见了面，商量解决问题的办法。商量来商量去，最终还是决定用打架来摆平。但他们不希望真的伤了和气。

那这架还怎么打？

突然，李族长说："晚饭后，我们两个家族的人都到晒场上集合，不过不能带刀带棍带武器，当然，也不能真的动手打人，只能相互打对方的影子。"

张族长听了连连点头："好！就打对方的影子！这样，既打不着人，又泄了愤，我们还是一家人，还是一家人啊！"

两个族长回去后，就各自向族人说了相约打架的事。

到了晚上，人们早早吃过了饭，都来到了广阔的晒场上集合。两个家族，男男女女，老老少少，近千人，队伍十分壮观。

两个族长站在大家面前，朗声说道："今天晚上打架的事，大家想必都清楚了，你们现在就开始动手吧！"说完，两个族长就先动起了手，你对着我的影子打一拳，我对着你的影子推一掌。底下的男女老少见族长动起了手，于是就各自找了对手，开始拳打脚踢起来。你对着我的影子打一拳，我对着你的影子踢一脚。只是被打的人一点也不觉得痛，还觉得这样很有趣。

打着打着，大家就更兴奋了，有的嘴里还配合着手上的动作大呼小叫，有的又配合着对方的动作，"哎哟哎哟"叫唤，好像真被对方打着了似的。

这是一场真正的打架，但这又不是一场真正的打架。大家打啊打，不知不觉，一个时辰就过去了，大家都打累了。两个族长是老人，他们更是累了，于是叫大家住了手。回家的时候，两家人都说："明晚再来打一架！"

第二天晚上，晚饭过后，两个家族的人又集合到了晒场上。这天晚上，两家人都安排了人吹喇叭和敲锣打鼓，以此为自己的家人加油助威。两个族长一声令下，两家人又开始了打斗，喇叭吹起来了，锣鼓敲起来了，一时间，锣鼓喧天，群情激动，大家拳打脚踢，更是打得欢快。昨晚打架的时候，大家心里还有点气愤，打架是为报仇的；今天晚上打架，完全没有了一点气愤，都是笑容满面的。大家都觉得这样打架真好，增进了彼此的感情。打着打着，有的还伸出了手，拉着对方的手，开心地跳着；有的挽起对方的腰，欢快地转着……不知不觉，一个时辰又过去了，大家又都打累了，纷纷往家走，边走边说："明晚再来打架！"

第三天，第四天……每天晚上，欢乐村都在打架，都锣鼓喧天，这就引起了别人的注意。有一个好事者，把这件事报告给了国王，说欢乐村的张家和李家晚上集众操练，企图谋反。国王听了后大吃一惊，说："我们幸福国，绝不允许有人谋反造乱，我一定要灭了这帮人！"于是国王点了一千精兵，御驾亲征。

国王带着精兵悄悄来到了欢乐村。国王没有立即发起进攻，他想等晚上，两家人都集齐了，再杀他们个措手不及。

晚上，欢乐村的村民吃了饭，都到了晒场上，又像往日一样，喇叭吹起来，锣鼓敲起来，大家找了对手打起来。国王看啊看，越看越不对劲，这些人根本没有一点操练的样子，一点也不严肃，个个都喜笑颜开，大家像是在打架，可认真一看，又不是打架。国王乐了，惊呼道："这是在跳舞啊！"国王忍不住走上前，加入了"打架"的队伍。国王身边的将军一看，也跟着上前加入了他们。将军身后的士兵一看，紧跟着也加入了他们……大家学着欢乐村村民的样子，甩着手、转着腿。吹喇叭和敲锣打鼓的村民一看，突然来了这么多士兵，都停了下来。锣鼓一停，所有打架的人都停了下来。村民们这才发现不但士兵来了，连国王都来了！他们一时都傻了眼，不知发生了什么事，纷纷跪下，高呼："国王万岁！国王万岁！"国王说：

"大家快快请起!"

张族长和李族长上前说:"国王,我们打架,惊动了您,我们有罪,我们有罪啊!"

两个族长把事情的来龙去脉告诉了国王,国王听了笑着说:"你们这架打得好啊,你们把打架这么凶险的事,表演得这么美好,这么温馨,真让人感动。不过,依我看啊,你们这真不叫打架,你们分明是在跳舞。在这么广阔的场地上,你们这么多人一起跳舞,跳的这是什么舞呢?对,这应该叫广场舞吧!"

村民们都点头说:"对对对!就叫广场舞!就叫广场舞!这名字取得好啊!"村民们一个个笑逐颜开,拍手叫好。

关键词：持家

> 这选女婿，也是要计分的。有时候，对一个人的判断，就差一张票。

差一票

老 时

穆大林是个老实巴交的农民，宝贝女儿梦梦在城里工作，是穆大林平时最牵挂的人。这天，穆大林正在田里忙活，梦梦突然打来电话："爸，告诉您一个好消息，我给你带人回来啦！我们已经到镇上了，一会儿就能到家。"

八成是女儿要带男朋友回家了，挂断电话，锄头一扔，穆大林就往家跑，前脚刚进家门，梦梦他们也到了。只见梦梦和一个小伙子并肩走来，见小伙子高大帅气，眉清目秀，穆大林满心欢喜。

梦梦笑着地介绍："爸，隆重介绍，这是文宇，您的准女婿！"文宇热情地向穆大林伸出手。

穆大林一边握住文宇的手，一边想着什么，他关切地问："你们是坐啥车回来的？"梦梦插话道："我们这趟回来一分钱没花，搭的是文宇公司的顺风车，他们公司在我们县城有办事处。爸，省下的钱给您买酒喝了。"

听了女儿的话，穆大林收起了笑容，握住文宇的手也随之松开了。文宇尴尬地立在那里，一时有些不知所措。

还好梦梦反应快，忙打圆场说自己饿了，催着老爸烙她爱吃的葱油饼。穆大林似乎意识到刚才自己的失态,转身进了厨房就张罗起来。简单炒了几个小菜,穆大林说要去买两瓶啤酒,梦梦拦着他说:"爸,买什么啤酒呀,咱家不是有您自酿的葡萄酒嘛,拿出来给你准女婿尝尝啊!"

穆大林有一手绝活,自酿葡萄酒,酒味醇香厚重,他早就跟梦梦说过,以后她要是带着男朋友回家,爸爸一准用好酒招待。可现在梦梦这么一问,穆大林怔了怔,说:"这,还,还没到时候。"

梦梦还想追问,又怕场面尴尬,只好作罢。吃饭时,穆大林有一句没一句地问起文宇:"平时工作忙吗?要经常出差吗?"

文宇知道,穆大林是在试探自己有没有时间陪他女儿呢。他忙说:"工作还行,不算忙,基本不用出差。叔叔您放心,我不会当'空中飞人'各处跑,让梦梦一个人的。"穆大林听了,若有所思,轻轻叹了口气。文宇心里直打鼓,难道自己说错话了?

那一餐饭,穆大林吃得心不在焉,梦梦吃得不声不响。文宇大概也看出了什么,吃完饭没多久,就识趣地告辞了。梦梦心里有气,跟着也走了。

转眼一个多月过去了,这天,穆大林在家,院外突然传来"滴滴滴"的汽车喇叭声。穆大林走出院子想看个究竟,只见村口停了一辆白色宝马车,天窗里站着一位姑娘,正在向他招手。穆大林再一细看,哎哟喂!姑娘不是别人,是梦梦,驾驶座上坐着的是文宇。

穆大林三步并作两步跑向前,问:"你们这是干什么?回来了,还不进家门,在这里显摆吗?"说完话,穆大林气呼呼地扭头就走。

梦梦追上来挽住穆大林的胳膊,说:"爸,您别生气,这都是我的主意,上次蹭车回来见您不高兴,我们俩就寻思着,借辆宝马车,开到家门口给您撑撑脸⋯⋯"

"胡闹！爸不是嫌贫爱富的人！"穆大林甩手进了屋，梦梦和文宇面面相觑，尴尬地跟了进去。

屋里的气氛有些尴尬，沉默了一会儿，文宇先开了口："叔叔，我们这次回来是有事跟您商量，我和梦梦谈恋爱快两年了，如果您同意，我们想登记结婚。"说完，文宇和梦梦都紧张地盯着穆大林。见穆大林眉头紧锁，半天不言语，文宇接着又说："叔叔，今天开的宝马车确实不是我自己的，不过我平时开销不大，工资都存着呢，和梦梦结婚后，我有能力给她好的生活，一定让您放心！"

文宇说得诚恳，穆大林还是不言语。梦梦急了："爸，您好歹有句话呀！我和文宇是真心相爱，非他不嫁！"

这时候，穆大林才算开了口："差一票，就差一票！"梦梦听糊涂了："爸，您说什么'差一票'呀？又不是选举投票！"

"还真说对了，我一直在给文宇投票呢，就差一票就能当选我的女婿了。"穆大林接着话说。

文宇寻问："叔叔，哪方面我差一票，您说出来，我改。"

"就是那……"穆大林欲言又止，"算了，说出来我还考验个啥？再看看吧，不着急结婚。"

穆大林没同意婚事，让两个孩子心里都不痛快，匆匆吃过饭就回城了。一走就是两个多月，梦梦赌气似的，不再给穆大林打电话。

这天上午，穆大林正在田间劳作，突然间村街的公路上传来刺耳的刹车声，紧跟着就传来人们大呼小叫的声音。一准是出事了！穆大林甩手就往村里跑。

刚到村口，就看见一个小伙子怀里抱着一个浑身是血的孩子迎面跑来。近了，穆大林认出来了，抱孩子的人竟然是文宇。文宇也看到了穆大林，到了跟前，他急着问："叔，家里有摩托吗？我得送这孩子去医院,他被车轧了。"

穆大林二话不说,赶紧回家开来摩托,载着文宇和孩子就往镇上的卫生院里赶。一路上,他们谁也没说话。到了卫生院,孩子立马被推进手术室。

医院要求他们交两千块钱的押金。文宇毫不犹豫地掏出皮夹,抽出一张银行卡让刷卡。就在那一刻,穆大林发现一张纸片儿被皮夹带出来,无声地飘落在地,他弯腰捡起,看了一眼,脸上露出一丝不易察觉的笑容,之后他把纸片儿装进了自己的衣兜。

入院手续办完了,文宇才告诉穆大林事情的来龙去脉。文宇要到县里的办事处开会,想顺道来看看穆大林,没想到还没进村,就看到有辆车在公路上撞伤了一个孩子,司机开车跑了,文宇见孩子伤势严重,耽误不得,抱起孩子就跑……

两人正说着话,孩子的父母赶到了,对着他们千恩万谢。见孩子有人照料了,穆大林领着文宇回了家,他特地宰了一只鸡,还喜滋滋地端出了自酿的葡萄酒。

文宇显然明白喝葡萄酒意味着什么,他有种受宠若惊的感觉。饭后,穆大林进屋拿出一个纸袋,对文宇说:"带回去吧!"

文宇疑惑不解地打开纸袋一看,顿时就惊住了,纸袋里装的竟然是一本户口簿。

"这……"文宇不知该说什么。穆大林哈哈大笑:"你们不是想登记结婚吗?少不了这个。"

"可是……"文宇支吾了半天,终于说出心里的疑问,"叔,我不是还差一票吗?"

穆大林又是一阵开怀大笑:"够了,够了,你今天一下子就得到两票,超了一票呢!"

"哪两票?"文宇不解地问。

"勇于救人一票,还有一票在这儿呢!"说着话,穆大林从衣兜里掏出那张他在医院里捡起的纸片儿,放到桌面上。

文宇一看,哑然失笑,这不是自己来时乘坐的高铁票嘛!

"这,这也算一票?"

"我一直求的就是这一票啊!我见识不多,不怕你笑话,前不久,村里有个小伙子欠了银行的钱不还,还抛下老婆跑了,后来法院把这人拉入诚信黑名单,我听村里人说,有了这样的诚信污点,连高铁票都买不了……"

穆大林说,自己一根筋,想着明明从城里回家,坐高铁是最方便的,可偏偏文宇两次来家里都没坐上高铁。他一想起村里那小伙的事,心里就一百个不踏实,总担心文宇是不是哪里有问题也坐不了高铁了。不过这回见到文宇救那孩子的利落劲儿,他打心底里放心了。

看着穆大林眉飞色舞地述说,文宇恍然大悟:这未来老丈人考验女婿,又添新招啦!

关键词：持家

> 当你用善良的心去对待别人，别人都看在眼里，总有一天他们也会用善心回报你。

走眼的行家

裴文兵

明朝嘉靖年间，青阳县县城里有一家"周记"古玩铺，铺子的主人名叫周一青。这年三月的一天，"周记"古玩铺忽然失了一场大火，房倒屋塌，家当被烧得一干二净。周一青欲哭无泪，只得在铺子的废墟旁，搭建了几间窝棚，供一家人容身。

这天，周一青望着那片废墟发了一阵呆后，忽然想到：铺子里的古玩都被埋在了废墟下，也许有一两件仍完好无损，我何不将它们挖出来，用以渡过眼下的难关？

想到这，周一青连忙借了一把铁锹，小心翼翼地在废墟上挖了起来。挖了三天，他把废墟都挖遍了，却没能发现一件完好无缺的古玩，就在他大失所望之时，忽然，他看见了一只铁皮箱。

望着那只铁皮箱，周一青想了起来，它是三年前离世的父亲周掌柜留下来的，父亲在世时，一直精心保管着它，并不止一次地叮嘱过，一般情况下，千万不要打开它！由此看来，里面说不定收藏着可以救急的奇珍异宝！如果确实如此，我周家便能凭借这只铁皮箱东山再起！

这么一想，周一青便急忙弄开了那只铁皮箱上的一把大锁，只见箱子里果真放着许多东西,有瓷碗、瓷碟,还有一只瓷香炉。这下,周一青的心情不禁更加激动了,可他捧起那些物件,逐一仔细看过之后,却是大失所望。

原来那些物件,竟然都是寻常之物,没有一件是古玩!周一青疑惑地想:这些物件都不值钱,父亲为何把它们都当成宝贝似的锁在了铁皮箱里?

周一青正发着愣,一位四十多岁的男子走了过来。那人名叫程发,是一位贩子,一向爱占别人的便宜,他伸头往那只铁皮箱内看了看,忽然道:"周老板,这只瓷香炉原本是我家的,十年前,被你的父亲买了去。"周一青回过神来,随口问那是咋回事?

程发说,十年前的一天,周掌柜忽然来到他的家中,要花五十两银子买走他家的一只瓷香炉,当时他担心卖便宜了,于是把价钱往上抬了五两。周掌柜没有还价,掏出五十五两银子,当场买走了。从那天以后,他就没有再见过它,没想到今天竟又见到了它。

听完程发的一番话,周一青大吃了一惊,心想:这只香炉非常普通,值不了几文钱,但我父亲却花费五十五两银子买下了它,可见,父亲肯定受了程发的骗!

见周一青又发起了愣,程发摇了摇头,刚想离开,周一青却一把拉住了他的胳膊:"程发,这只瓷香炉根本不是什么古玩,你得把从我父亲手里骗走的那五十五两银子,退还给我!"

程发把眼一瞪:"我哪里骗了你父亲?你父亲做了一辈子古玩生意,是远近闻名的大行家,他岂能不识货?"

程发说完话,抬腿又要走,周一青却硬拽着他不放,非要他退银子不可。程发恼了:"周一青,你别想糊弄我!'李记'古玩铺的李掌柜,是我的朋友,咱俩去一趟,让李掌柜鉴别一下,这只瓷香炉到底是不是古玩。"

转过两条街,就到了"李记"古玩铺。李掌柜仔细看过那只瓷香炉后,对周、程二人道:"这只是一只非常普通的香炉,根本不是什么古玩。"周一青等的就是这句话,他又一把拽住了程发的胳膊,催促程发快退银子。

　　程发傻了眼,他万万没想到竟鉴别出这么个结果,但他哪里愿意退银子?于是,他眼珠一转,道:"周一青,这只香炉,是你父亲主动从我手里买走的,哪有退银子的道理?你父亲这位大行家,当时一定看走了眼——他看走了眼,凭啥让我退银子?"

　　周一青哪里肯相信他的父亲会看走眼,买下这件不是古玩的"古玩"?于是,他把程发的胳膊拽得更紧了,程发急了,使劲地推搡起来。眼看两人就要扭打到一处,李掌柜连忙道:"周老板,我相信你父亲周掌柜不会看走眼,但我知道,他确实买下过不是古玩的'古玩',除了这只香炉,周掌柜还曾经花了五百两银子,买下过马老板的一只瓷盘,而那只瓷盘也很普通,根本不是什么古玩!"

　　听了这话,程发一脸讥笑:"周一青,你要银子,就去找马老板要吧!五百两银子,那可是一大笔呢!"周一青怔了怔,慢慢松开了拽住程发的手,向李掌柜询问起详情来。李掌柜比画着,说出了那只瓷盘的模样,然后又说,他曾在马老板家,无意中看见周掌柜从马老板的手中买走了那只瓷盘,当时,他犹豫再三,没有告诉马老板,那只瓷盘不是古玩的真相,也没有提醒周掌柜。一年后的一天,他在街上偶遇了马老板,终于忍不住,将那只瓷盘不是古玩一事说了出来……

　　听完李掌柜的一番话,周一青不禁一阵惆怅,此时的他不得不相信,他的父亲尽管是位大行家,但确实走过眼!

　　回到窝棚,周一青在那只铁皮箱里翻找了几遍,都没能找到李掌柜所比画的那只瓷盘。那只瓷盘到底哪去了?他猜测了好大一会儿,也没能猜测出个结果,但他还是决定去一趟马家。他是这样打算的:马老板早就知道了那只瓷盘不是古玩,如果我找上门去,他也许会退还那五百两银子——只要他不似程发那般无赖!

周一青知道,马家搬到了四百里外的庐江县县城。第二天,他便早早上了路。

赶到庐江县县城,周一青打听一番后,走进了马家的大门。一进入马家的花厅,他一眼便看见了一个古董架,在古董架正中的位置上,放着一只瓷盘,与李掌柜所比画的一模一样!

与马老板寒暄了几句后,周一青说出了他的铺子被烧一事,以及他的来意。马老板大吃了一惊,连忙询问失火的详情,然后,他拿出一张五百两的银票,塞到周一青的手里,红着脸道:"其实,我早就应该退还银子。而且,我早就知道了,你父亲花费五百两银子买走我的瓷盘,并不是因为他看走了眼,而是因为他想帮助我。我还知道,他还因为同样的原因,以相同的方式,帮过其他邻居、街坊……"

原来,周掌柜年幼时,曾经落过水,被淹得只剩下了一口气,幸好被一位街坊冒险搭救。长大后,他因此格外古道热肠,见不得别人遇上为难之事。十年前,程发的老婆病重,医光了家中的银子,程发急得团团转,在这节骨眼上,周掌柜找上门去,以五十五两银子的价钱,买下了程发的那只瓷香炉。这样一来,程发便有银子,治好了老婆的病。

十一年前,马老板因为做生意,被人骗得倾家荡产,想死的心都有,好在周掌柜及时上门,买走了那只瓷盘。于是,马老板重新看到了希望,用那五百两银子做本钱,继续做起了生意。

本来,周掌柜可以借银子帮助街坊、邻居,但他因为不愿意看到他们为还债而着急,所以,每当他们遇到为难之事时,他总是

"买"走他们家中的一件不是古玩的"古玩"……

马老板的一番话,让周一青恍然大悟:怪不得那只铁皮箱里,父亲藏着那么多不值钱的东西呢,原来它们都是这个来路!

揣起那张银票,周一青指着古董架上的那只瓷盘,问道:"这只瓷盘,为何与李掌柜所说的,被我父亲买走的那只一模一样?"

马老板回答道:"那是因为,我有两只一模一样的瓷盘——另一只被你父亲买走了,现在,我把剩下的这只当成了真正的宝贝!"

在马家歇息了一晚,第二天,周一青向马老板辞行,马老板道:"我随你一道去青阳县——我想去看望一下以前的那些街坊、邻居。"于是,两人一道上了路。一路上,周一青都在感慨地想:幸亏马老板不像程发那样耍无赖,有了这五百两银子,我就可以将房子重新建起来,不用住那又小又矮的窝棚……

回到青阳县城,马老板急着去看望街坊、邻居,周一青则在窝棚里,与全家人商量起了建造房屋之事。正商量着,许多街坊、邻居走了过来,让周一青打开那只铁皮箱。周一青纳闷地打开了那只铁皮箱,街坊、邻居们一个接一个地掏出银子,塞到了周一青的手里,拿走了铁皮箱里的物件,并说那些不是古玩的物件,都是前些年,周掌柜从他们手里买走的,现在,他们要将银子退还给周家。不一会儿,铁皮箱里只剩下了那只瓷香炉。

周一青拉住一位街坊,问他们为何知道了那些物件不是古玩?那街坊告诉周一青说,刚才,马老板挨家挨户地说出了周掌柜前些年,曾经帮助过他一事,并让大伙儿去看看周家的那只铁皮箱里,有没有被周掌柜当成古玩买去的各家物件……

周一青这才明白了马老板,要与他一道回青阳县的用意。这时,程发一路小跑,来到了周一青的面前,把几锭银子往周一青手里一塞:"周老板,这是五十五两银子,我退还给你。刚才,听了马老板的一番话,我才意识到当年,周掌柜确实是为了帮助我家,才买下了那只香炉。如果不退还银子,我还算个人吗?"说着,程发捧起那只瓷香炉,回家去了。

周一青清点了一下被退还的银子,竟有五百多两。他想:加上马老板退还的银票,除了建起房子,剩下的银子可以当本钱,做些生意,一家人的生计便算是有了依靠,真是太好了!如果当年父亲没有用这些银子帮衬别人,它们一定会在那场大火中,毁于一旦……

正想着,马老板走了过来,掏出一张银票,塞到周一青的手里,道:"我借给你五千两银子,你将古玩铺重新开起来吧。周老板,你要记住,你之所以有东山再起的机会,全是因为你父亲当年帮助过别人,我希望你以后也能成为一个愿意帮助别人的人……"周一青听后,连连点头。

马老板回庐江县去了。周一青忙着建起了房子,三个月之后,他的古玩铺重新开了张。他不知道,马老板对他瞒下了一桩事情:十年前,当李掌柜将那只瓷盘不是古玩一事,告诉了马老板之后,马老板当天就将五百两银子,退还给了周掌柜,取回了那只瓷盘——如今摆放在马家的古董架上的,正是那只瓷盘。

关键词：持家

> 老规矩总有它存在的道理，要破除之前可要好好掂量掂量，了解了规矩定下的缘由，才知道有些老规矩真的破不得……

老规矩破不得

曹景建

清朝道光年间，山东寿张县城有个"老孙羊肉铺"，老板名叫孙大年，六十多了，大家都叫他孙老伯。孙老伯为人友善、买卖公道，很受街坊的尊敬。眼看着自己年纪大了，快干不动屠宰的活儿了，便把在乡下同样开羊肉铺的儿子叫到城里来。

孙老伯老来得子，这个儿子如今二十多岁，长得像头壮牛，脾气火暴，性子耿直，外号孙二愣。这天，乡下来信说族里有个老人病故了，孙老伯要回去奔丧，于是便把孙二愣叫到身边，交代了一些生意上的事儿，又嘱托他："你脾气不好，我走后，遇事千万不要犯浑！"说到这里，他突然郑重起来，"孩子，这个羊肉铺我干了十几年了，因为秉德讲理，才慢慢站稳脚跟。以后啊，我这间铺子早晚会交给你，可城里和乡下不一样，有些老规矩我们可得守着，千万不可破。过两天就是县里一年一度的祭孔大典，这些年一直指定由咱们供应祭祀的整羊，你可得记住这个老规矩。"

说着，孙老伯便把那个老规矩给孙二愣讲了，孙二愣听后不以为意，孙老伯皱起眉头喝道："别吊儿郎当的，一定要记住这个老规矩啊!"孙二愣赶紧毕恭毕敬地回道:"知道了,爹,你就放心回乡下老家去吧!"

到了大典这天,孙二愣一早就拉了一只剥好皮的羊来到文庙。刘教谕从文庙后面的学馆出来后,围着木板车转了一圈,捋着白胡子,意味深长地看着孙二愣说:"今年孙老伯怎么没来?"

孙二愣擦了把汗说:"父亲有事回乡下了,走时吩咐让我把羊送来。"刘教谕微笑着点了点头:"那就好,那就好!"说完,撇了一眼孙二愣,轻轻摇了摇头,"这羊太小了,不行!"孙二愣听了,冷冷地回了句:"行吧,你说小,我回去把它分割了照样卖肉,我给你换个大个的整羊就是啦!"说完,拉起木板车就向外走。

刘教谕愕然地看着孙二愣的背影,赶紧追了上去:"唉,我不是那个意思!"可是他一个七十多岁的瘦老头那能追得上孙二愣这个年轻小伙。眼瞅着孙二愣拉着木板车健步如飞,刘教谕只好停住脚步,喘着粗气,自言自语地说:"这孩子,怎么这样,难道不知道那条老规矩?"

到了下午,孙二愣果真又拉着一个大点的整羊出现在文庙的院子里。见刘教谕正和几个老秀才在讲经论道,便大声说:"你上午让我给你送个大点儿的,我晌午饭都没吃,赶着给你宰杀了一头大肥羊。怎么样,这下总可以收下了吧?"

刘教谕看了一眼旁边的人,又小声地嘟囔起来:"这,这还是有点小啊!"孙二愣气呼呼反问道:"怎么还嫌小啊,你说多大的才行?"

刘教谕被吓得连退几步。其中一个老秀才走上前来,拉着孙二愣的衣角,悄声说:"你果真不知道老规矩?"

孙二愣一把甩开那个老秀才的手说:"哼,我怎么不知道。我父亲走时告诉我了,如果教谕说羊小,就赶紧奉上五两银子。"

"没错,一直是这样!"孙二愣身边的另外一个老秀才点了点头。

孙二愣笑着从口袋里掏出来一锭白银,给刘教谕递了过去。刘教谕惊魂未定,刚要伸手去取,孙二愣却迅速把手收了回来。

"哈哈,想要银子是吧,逗你玩呢!"孙二愣放声大笑,接着瞪起眼睛气愤地说,"你们这些敲诈勒索的事我见多了,我平生最恨有点权就伸手跟老百姓要钱的官家了!你可以去我们村打听打听,我孙二愣是谁,天不怕地不怕,别说你一个教谕,就是县太爷要是欺负老百姓,我照样打他个稀巴烂!"

刘教谕听后,又羞又气,一下昏倒在地。那几个老秀才赶紧去扶刘教谕,口中不住地说:"唉呀,真是有辱斯文,有辱斯文哪!"

"就这头羊了,爱要不要!"孙二愣把那只整羊扔到地上,架起木板车,像一个得胜的将军,吹着口哨走了。

可令孙二愣没有想到的是,第二天直到晌午了,自己的羊肉铺也没有卖出去一块肉。嘿,这可怪了,难道全城的人都不吃羊肉了不成?

这时,一个经常来买羊肉的老主顾在街上走过,孙二愣赶快跑上去喊住那人,笑着说:"马二嫂,割块羊肉吧,新鲜的,包饺子可好喽!"

谁知平时和气的马二嫂竟然冷若冰霜,没好气地说:"哼,你昨天把刘教谕刘老师傅气倒了,我才不买你的羊呢!"说着就甩手离开了。

远处几个行人也停住脚,对孙二愣指指点点。孙二愣隐约听一个路人说道:"他就是把刘教谕气病的家伙!"另外一个路人说:"就是,刘教谕被气病了,听说今儿个的祭孔仪式还是别人代替他的呢。"

孙二愣刚想过去问个明白,那些人居然像躲瘟神一般,拔腿就逃。

回到羊肉铺里,孙二愣正抓耳挠腮,百思不得其解,只见父亲气呼呼地背着一个小包袱进了店门,开口便骂道:"你气病刘教谕的事儿,刚才在街上好几个人都截住我,给我讲了。你呀,闯了大祸了!"

孙二愣不服气地说:"我闯什么大祸了?像他那种勒索老百姓的老家伙,就该羞辱他一番!"

孙老伯气得直跺脚:"你懂个屁,那刘教谕可是寿张县城里的大好人、大善人哪!你可以去问问,咱们这条街上,哪家老商铺没有专门给刘教谕设着条老规矩?像牛记菜铺、王记面店,只要是刘教谕家人来买,一律成本价。他们家穷,从来没有买过羊肉吃,十几年的老规矩了,祭孔前一天送整羊时,只要他说羊小,我就心有默契地给他五两银子。要知道,在我来寿张县之前,另外一家羊肉铺也是按这个规矩办事哩!"

"这是什么规矩,真是太可笑了!"孙二愣嗤之以鼻。

孙老伯拉起儿子的手说:"走,我现在就带你到刘教谕的家里看看,你就知道这是什么规矩了!"

孙二愣在父亲的扯拽下,来到东关大街一处破旧的院落外面,还没进院子,就听到里面传来一阵孩子们的读书声。

孙老伯说:"这都是请不起私塾先生的穷人家孩子,刘教谕不要一分钱教他们识字,有些孩子填不饱肚子,他还管饭哩!唉,刘教谕虽然是个小官儿,可是个清贫的官,县衙里给他发的那点俸银,哪里够平时用度的哟!"

孙二愣恍然大悟:"原来如此,是我误会刘教谕了呀。"

孙老伯又接着说:"刘教谕是个读书人,是个要脸面的人,他哪会直接收受乡邻的接济。送羊时的那个规矩,本是全省教谕们在祭孔时的惯例,毕竟说出去不好听,刘老先生也是鼓足勇气才说出来的呀。"

孙二愣后悔得直敲自己的脑袋壳:"我这就去向刘教谕赔罪!"

他刚进堂屋门,就看见刘教谕躺在一张简陋的床上,一个老太太正指着他埋怨:"你说咱们整个山东省,祭孔后的那只整羊哪里不是归教谕享用!羊倒是真归你了,可你却总不舍得吃,让人整个拉到街市上去卖掉,说什么换些银子给孩子们扯布做衣服。你是个大好人,可咱孙儿孙女想吃块羊肉咋就那么难!"

孙老伯刚要拉孙二愣,却见孙二愣转身欲走,孙老伯厉声问:"你个浑小子,干啥去?"

孙二愣大步流星,一边走一边高声回道:"我先去咱店里割块羊肉,再脱了衣服背着荆条来给刘老先生请罪……"

关键词:持家

> 在关键时刻,男人就是要有男人的样子,作为一个家庭的顶梁柱,男人得站在最前面。这不叫大男子主义,这叫责任。

洪水袭来

童树梅

林海和肖虹是一对恋人,夏日里两人一起休了年假,兴致勃勃地直奔林海家乡而来,这是肖虹第一次到林海家,心里不免有点紧张。雨一直在下,黄昏时分,到家了。

当林海一把推开院门时,只见屋内有好多人,有男有女有老有少,肖虹忍不住小声问道:"你家怎么有这么多人?"

林海嘻嘻一笑,说:"因为整个家族全来了,大伙都要看新媳妇哩。"

肖虹一皱鼻子,佯装生气地说:"谁是你新媳妇?臭美!我还得认真考虑一下哩。"

在林海的带领下,肖虹依次见过了爷爷、奶奶、大伯他们,然后肖虹惊讶地看到女人们在厨房里忙得浑身是汗,男人们却在堂屋内有说有笑地打牌、喝茶、抽烟。当开饭时肖虹就更惊讶了,男人们理所当然地在一张大桌子旁团团坐下,而女人们则被挤到堂屋一角的小桌子旁,男人们桌上的菜好像也更多些。

肖虹忍不住对林海小声叽咕道:"想不到你们这竟如此大男

子主义！这都什么年代了还男尊女卑，合适吗？我说，你日后不会也这样吧？"

林海有点尴尬，说："这个嘛，我应该不会的，不过也不是像你想的那样。"

夜里雨更大了，也不知过了多久，肖虹正熟睡，"咣咣咣"的锣声忽然由远而近，一声接一声万分急促地响起来，随着锣声还有个破锣嗓子扯开了大喊："大坝塌了，撤，快撤，快往土山上撤！"

锣声、叫声一下子惊醒了肖虹，睁眼一看窗户已蒙蒙亮，原来已是清晨，雨还是一如既往的大，屋顶上像有千军万马，一颗心顿时怦怦乱跳起来，跑出来一看，所有人全起身了，精壮男人们不在，他们到堤坝上抢险去了。不过大家并不慌张，因为有爷爷在，爷爷声若铜钟地叫道："海子背你奶奶，媳妇们背起娃娃，到土山上，快，不要落下一个！"

奶奶不要背，说："我走得动……"早被林海一弯腰背了起来，肖虹紧紧拽着林海的衣角，爷爷抱起一个最小的女娃，伯母她们抱起其他的娃，大家一个拉着一个，迈开大步奔跑起来。

一出院门才发现路上全是人，大伙背着老的抱着小的一起奔逃，而这时身后不远处已听到那声音大极了，像老牛在低吼，又像天边滚来的闷雷，惊心动魄令人胆寒，是洪水在步步逼近！

大伙也不出声，更加发力狂奔，一路上不住有人跌倒，随即被人拉起来，而身后的吼声越来越近，就在这时一座四四方方面积极大的土山出现在眼前！

不大工夫，所有人全上了土山，老人、女人和小孩随即被围在中间，四周则全是男人，男人们手拉手臂套臂，组成一道血肉大坝，连苍老的爷爷也站在外口，脸色紧张如临大敌。肖虹一眼看到林海，忙靠近他，林海也发现了肖虹，一脸的抱歉，想说什么，肖虹早用眼神制止了他。

这时"呼"的一声一个大浪打来了,人群骚动起来,男人们动也不动,肖虹一眼看到那浪头正扑向奶奶,她原本害怕的,忽然不害怕了,猛俯身过去,用自个的身体一下子环抱住了瘦小的奶奶,"哗"的一声,浪头打在身上溅得粉碎,冲力十足令人窒息。

又有一道黄龙咆哮着直扑过来,是更大的浑浊无比的浪头扑来了,风声雨声水声中爷爷像尊天神一样吼道:"爷们脚下都给我站稳,手拉紧了!"

大伙齐刷刷应一声,个个拼命套着膀子,肖虹一边护着奶奶,一边担心地看着林海,林海能承受得住巨浪的冲击吗?

"哗"的一声浪头猛拍过来,女人小孩们惊叫起来,有人跌倒了,有人呛了水拼命咳嗽,但没有一个人被冲下土山,因为男人们虽被冲得摇摇晃晃,但怒目圆睁动也不动,死命围成这道生命的堤坝!

连接着几个大浪头拍过来,又从土山下打着急旋流走了,肖虹她们浑身湿透,好在奶奶安然无恙,偷眼看到林海目光坚定,浑身肌肉紧绷,不仅毫无疲态,反而更添威猛之气。这样的气势以前从没见过,肖虹一时间看痴了。

这时土山已变成汪洋中的一条巨舰,好在不久雨停了,水位不再上涨,大伙也并不慌张,只是静静地等待着,孩子们甚至因为这么多人聚在一块,竟快活地打闹起来。奶奶抽空伸出手理理肖虹潮湿的头发,说:"好孩子,辛苦你了!"

肖虹快乐地一笑,说:"奶奶,辛苦什么啊,我真的好高兴……"

就在这时有人大声吼道:"海子爷爷在吗?海子爷爷?"

原来有一条小船艰难地撑了过来,因为水流太猛,小船左右打着转,让人看了暗暗担心船会翻掉。奶奶吃惊地说:"是村主任,这孩子,胆也太大了,多危险啊!"

爷爷早叫了起来:"我在哩,他大哥,什么事?"

村主任一边用长篙子拼命稳住船不让船流走,一边快速说道:"海子爷爷,现在大坝缺口堵起来有点难度,我们都沉下去好几条船了,还是不行,所以想跟您商量一下,能不能借海子爸的铁船用一下?这个,就是装上土包沉下去,你家船很大,估计沉下去就能堵住了……"

爷爷忽然大吼一声:"小心!"

村主任头一侧,只见一根大圆木顺流而下,以雷霆万钧之势直撞过来,他哪里让得开,危急之下纵身一跳,随即两声响,"扑通"一声是村主任跳下了河,几乎就在同时"嗵"的一声巨响,是圆木狠狠撞上了小木船,小木船一下子翻了,要不是村主任反应快跳下河,后果不堪设想!

众人失声惊呼,几个男子汉早跳下去救人,正着急,"哗"的一声水响,村主任冒出头来,他一边用力攀住被撞坏的小船,一边着急地问道:"海子爷爷,你看……"

爷爷眼睛湿润神情刚毅,大声说道:"好孩子,就冲你这副不要命的样子,铁船——你拿去!"

在大家的合力之下,小船被翻正了,村主任得了爷爷的话,高高兴兴地撑船走了,他一走林海妈妈泪水可就出来了,小声叽咕道:"那可是新船,花了好多钱哩……"

奶奶忙劝道:"海子妈,村里征用船,总会给你一个说法的……"

爷爷打雷一样吼起来:"说什么呢?都什么时候了还讲钱?告诉你即使没有说法也得借,人家村主任都差点送了性命没看到吗?

再说这是什么事?这是功德无量的事,能计较钱吗?"

妈妈不再吱声,可眼里还是有眼泪,肖虹心疼地为她擦眼泪,这一下妈妈眼泪更多了。

没多久,忽然有机器声轰鸣起来,随即有人过来报告说大坝堵住了,现在好多台大功率抽水机正全力抽水哩。

真的,不长时间肖虹她们就惊喜地看到脚下的水正一点点消退,天快中午的时候竟然差不多抽干了,天啦,简直像做梦一样!

大伙欢呼雀跃地搀扶着下了土山,然后蹚着浅浅的水各人奔各人的家,林家的男人们也全都回来了,个个满眼血丝走路打晃,神态疲倦极了,显然连续值班,再加之刚才的生死搏斗耗尽了他们的心神。

一回转家,男人们马上开始清理积水、搬除杂物等重体力活,女人们则忙着清洗房间、烧中饭,天中午了,大伙都饿了,不吃饭是不行的。

肖虹不想自个闲着,便鼓足勇气说道:"奶奶,我来帮你们烧饭行吗?"

海子妈妈她们几个听了不吱声,个个拿眼看着奶奶,眼里全是话,奶奶愣了一下,随即扔过来一件围裙,说:"行,你来烧!"

奶奶一说完这话,肖虹惊讶地看到海子妈妈眼里全是兴奋的光,其他人眼里也全是这种光芒,林海更是兴奋得手舞足蹈。

然后重复的一幕又发生了:女人们在厨房里忙得热火朝天,男人们则在收拾一新的堂屋内打牌、抽烟、喝茶。

当吃饭的时候,那烟味太浓了,肖虹忍不住大咳起来,这下子惹得奶奶对爷爷大叫起来:"老头子,快把烟灭了,你瞧把娃娃都呛咳了,都是你,非要抽烟,招惹得一窝子的子子孙孙都学会了抽烟!"

爷爷瞪起了眼,肖虹看得出那是装的,大伙早就大笑起来。

吃过饭,林海喊肖虹散会步,肖虹有一肚子话要说:"林海,你家里人同意我俩的事吗?"

林海一乐:"你先前还说要认真考虑咱俩的事哩,怎么现在改口了?"

肖虹一瞪眼:"我改变主意了,不行吗?"

林海忙说:"行行行,实际上奶奶早就认可你了,还记得刚才奶奶扔给你一条围裙吗?那就是基本同意我俩的事了,告诉你刚才奶奶她们一直在背后夸你哩,你会烧菜,这说明你不是个懒婆娘,更重要的是,在土山上你一直护着奶奶,奶奶她老人家啊当时就被你感化了——你天生就是我们家的一员!"

肖虹一乐,又深有感触地说:"林海,想不到我第一次到你家来就经历了这么大的危险,怎么说呢?浪漫嘛自然说不上了,不过倒怪有意义的。"

林海同样一脸感触地点点头,说:"是啊,把你吓坏了吧?虹,经历了这么一件事,我发觉更离不开你了,你呢?是不是有点吓着了?例如我们这的大男子主义,还有我们这的贫穷?"

肖虹紧紧拉着林海的手,说:"贫穷算什么,我们自个打拼好了,那样的生活才更有意义,至于大男子主义嘛,我也说不上是什么滋味,不过好像也没那么讨厌了,何况刚才爷爷借出铁船的壮举,真的让我太感动了。"

林海郑重其事地点点头,说:"你说得对,实际上我们这的民风、家风一直如此,在大义面前一点也不含糊,当危险来临时更是抱成一团,男人们总是冲在最前面,至于大男子主义那只是表面现象,实际上重活累活险活全是男人们干,大家只不过各司其职罢了。"

肖虹一脸认真地说:"林海,我爱你们家的家风!"

关键词：持家

> 民间婚丧嫁娶之类的酒宴上，很看重席位座次，依次排开的酒桌有主次之分，东家在开宴前安排席位，这叫"扯席"，既是习俗，也是一种家风。这"扯席"，可不是那么容易的事……

扯席

郑小亮

过去，民间婚丧嫁娶之类的酒宴上，很看重席位座次，依次排开的酒桌有主次之分，一桌之上，又有一席二席等席位之别，名堂很多。东家在开宴前安排席位，这叫"扯席"，这既是习俗，也是一种家风。

有个学校老师，姓刘，教学水平一流，在当地很有名望。这天，他家有喜事，儿子过十岁生日，当地称十岁生日这场喜宴为"做十岁"，一大早，刘老师便开始忙活，准备接待宾客。

刘老师家宽屋大舍，为图热闹，酒宴定在家里举办。中午十一点刚过，接到请柬的客人陆续光临，刘老师的家人赶紧招呼他们落座，然后上茶、上糖果，还安排了麻将、扑克等娱乐项目，等候酒宴开席。

请的客人共有七桌，大厅里呈品字形摆了三桌，屋外院内呈口字形摆了四桌。准备上菜的声音一吆喝，客人们都纷纷围席而坐。平日里他们没少参加酒宴，懂规矩，守纪律，"呼啦"一下，院内的四桌便坐满了。这四桌为何坐得这么快?这里头有说法,院子里的几桌,属于次客,也就是那些平日里互有礼尚往来的同事、朋友,坐这四桌的客人,都知道自己在主人心中的地位,所以不用招呼,主动落座了。

大厅之内的三桌就奇怪了,全都空着,刘老师求这个,劝那个,好不容易才安排两桌人坐下,留着最上位的那桌,任凭他磨破了嘴皮子,人家却纹丝不动。

这一桌可不比其他的酒桌,它属于主桌,最尊贵的客人才有资格落座,但怎么坐,大有讲究。依照老规矩,主桌上的席位必须由刘老师来"扯",幸亏在宴请客人之前,刘老师早有计划,还列了席位名单。于是,他按照计划,开始"扯席"了。

只见刘老师走上前去,一把搭住其中一人的肩膀,连扯带拽,把他往主桌上的"一席"推搡,这人却死活不肯坐,就这样拉拉扯扯闹了好半天,那人才勉为其难,在"一席"上坐了下来,坐定后还一个劲地拱手说:"恭敬不如从命,我就闭着眼睛坐下了。"

这人大有来头,他是当地首富,一位赫赫有名的私企老总,只因他的儿子受教于刘老师,为表示尊师重道,破例前来捧了个场,这"一席"他不坐,谁有资格坐?他说"闭着眼睛坐下",其实是客套话,言下之意就是坐"一席"于心不忍,其他人有怪莫怪,就当他是个瞎子。

接着,刘老师又开始扯二席、三席和副陪座,好不容易才把一桌人给拉扯圆满,到了这时,端上来的几个菜基本都凉透了。

热闹过后,留下一片狼藉,客人们都酒足饭饱,或打道回府,或在刘老师家院外喝醒酒茶。就在这个时候,请来的一个帮手急急地跑来,捂住刘老师的耳朵,小声说:"大舅爷在发脾气,把茶水给泼了……"

刘老师心里"咯噔"一下,匆匆来到大厅,只见大舅爷稳稳地坐着,呼呼地喘着粗气。刘老师满脸堆笑地跑到大舅爷跟前,硬着头皮问:"大舅爷吃好喝好没?要不上床躺着休息一下?"大舅爷却指着自己的心窝窝,气恼地说了一句:"酒宴太丰盛,我吃多了喝高了,这里也堵得慌!"这明显是反话,刘老师干笑了几声,拱手说:"怠慢了,有招呼不周之处,还望大舅爷海涵。"

这话不说还好,一说大舅爷更来气了:"别文绉绉的,你知道怠慢了啊,知道招呼不周啊,之前干什么去了?还海涵?我没那肚量!"刘老师愣住了,他想了好一会儿也没弄明白,到底哪点对不起大舅爷。

刘老师只好赔着笑问:"大舅爷,有话您不妨直说,我也好向您讨教一下不周之处。"

只见大舅爷猛地站了起来,问:"这次喜宴是为谁办的,你知不知道?"刘老师糊涂了,说:"是您外甥啊,怎么了?"大舅爷一声冷笑,说:"还问我怎么了,常言道,爹亲有叔,娘亲有舅,外甥做十岁,你把我这堂堂大舅爷往二席上撂着,道理何在?"

听了这话,刘老师暗道不好,怎么把这茬给忽视了!酒宴的项目不同,主宾的对象各异,按当地传统,小孩子"做十岁",酒席上舅爷为大。

到了这般地步,刘老师只好打圆场:"大舅爷,您看这事儿闹的,要说都怨我,事儿来得突然,没工夫跟您商量,您本来是该坐一席,哪想到那位贵客老总会大驾光临,人家特意前来捧场,叫人家坐一席之下,好说不好听,对吧?只能委屈大舅爷了,您不是外人,莫怪莫怪。"这话在理,一般人应该可以原谅,可这位大舅爷不知是酒劲上头还是怎么着,不依不饶地赖在大厅上不肯离开,非要讨个说法。这会儿还有客人没走,他这么一闹腾,很快就有人围过来看热闹,把刘老师的脸面都丢尽了。

本来事儿就这么过去了,一人退一步,万事大吉,但刘老师越想越不是滋味,大舅爷在酒宴上唱的这出戏,跟砸场子没多大区别!刘老师越想越气恼,这口闷气,一直憋到三个月后,那天接到请柬,大舅爷家要摆酒宴,刘老师暗自一笑,心想:撒气的机会来了。

这是个什么机会?原来,大舅爷家新屋落成宴请宾客,这里头也有规矩,酒宴上坐一席的,该是搬砖递瓦出力最多的亲戚。要说出力最多,刘老师算一个,还有刘老师的二舅爷、三舅爷,甚至大舅爷的大舅爷、二舅爷、三舅爷……刘老师就想瞧瞧,大舅爷有多大能耐,该怎么扯这个席!扯席扯不好,肯定会有人见怪,到时候自己等着看笑话,顺便说几句风凉话得了!

大舅爷家的酒宴,正是在刚落成的新屋里举办,接近中午,大厨师傅一声吆喝:"准备上菜了!"位于院内的几桌"次客"很快落座,大厅内的几桌迟迟未动,刘老师也在其中,冷眼旁观大舅爷。

酒宴前的高潮项目——扯席就要开始了,就在这会儿,有跑堂的几个帮手抬来几张圆桌面,分别放在大厅内的几张方桌上,变成了一张张大的"圆桌",这是干什么?众人正愣着,一旁的大舅爷却无比镇定,脸上笑吟吟的,朝大厅内的客人们拱拱手,说:"我们把桌子拼在一起,大伙儿挤在一块儿,喝酒热闹些。请各位贵客落座,今儿这席,我就不扯了,呵呵。"说罢,他领头一屁股坐在一个座位上。

若是方桌,棱角分明,位置明白,主桌还是次桌,一席还是二席,一眼便知,但眼下这一张"大圆桌",无棱无角,难分主次,别说分不出一席、二席,这连主客桌也定不了,哪里还用得着扯席?大家都坦然地依次落座,酒宴正式开始。

刘老师瞪大了眼,大舅爷这人可真够狡猾,不过,他转念一想,这事儿也不能说大舅爷什么,要怨还得怨"扯席",其实搁哪儿坐着不都一样,为什么要大伤脑筋"扯席"呢?

　　想到此,刘老师做出了一个决定:以后家里摆酒宴不扯席,这要成为风气,好好传下去……

关键词：持家

> 刘大妈心疼媳妇儿，为了让儿媳妇吃到最爱的鱼，刘大妈也是拼了，结果还是没抢到。这下该怎么办呀？

一条鱼

叶敬之

刘大妈有一个儿子，儿子前不久娶了媳妇，媳妇名字叫晓娜。晓娜相貌美丽，性格温柔，孝敬婆婆，令刘大妈好生喜欢。

一喜欢，就要对她好，除了给儿媳妇买吃的、穿的、用的，刘大妈还时常留意一样东西——鳡鱼。鳡鱼，苏北人称之为"马狼鳡"，虽然出水即死，但肉质细腻，肉味鲜美，被列为上等食用鱼类。儿媳妇由于在洪泽湖边长大，非常喜欢吃鳡鱼，可不知什么原因，这种鱼非常稀少，三年五载，县城菜市场也见不到一次。

有一天，刘大妈开着电瓶车，到医院看望住院的朋友，回来的时候，看到一个鱼贩子的篮子里放着一条鳡鱼，非常高兴。她马上停住车子，急忙下来，也不问价，劈头就说："这鱼我买了。"鱼贩子说："五十八元一斤，总共两百四十九块钱。"刘大妈也不还价，马上掏钱。可是打开钱包一看，刘大妈拉长了脸，原来，刚才顺路给老朋友买了礼物，用去两百多块钱，钱包里只剩下不到一百元了！

刘大妈用商量的口吻说："能不能先交定金，把鱼拿走，回来再给你钱？"中年人没有说话，只是微笑地看着她，脸上分明在说：

"开玩笑吧?我又不认识你,怎么能让你拿走呢?"刘大妈知道自己的想法行不通,就说:"这样吧,先给你五十元定金,我回去拿钱。"中年人说:"这行,我替你留着。我常来卖鱼,跑不到哪里去。"

中年人收下定金,刘大妈急忙开着电瓶车回家取钱。半个小时后,刘大妈回到菜市场,来到那个鱼贩子的摊子前,第一眼就去找篮子里的马狼鳡,却惊讶地发现:鱼不见了!刘大妈心脏一阵急跳,忙问:"鱼呢?"中年人无奈地叹口气:"唉,别提啦,给人买走啦!"刘大妈着急地说道:"我不是给了你定金吗?你怎么能再卖给别人呢?"中年人说:"是我不对,可是我没有办法呀!这个人看来有点来头,我不卖给他,他就把市场管理所的人叫来了,说不卖给他,就不让我摆摊,我只好卖给他了。"

刘大妈气愤地还要跟中年人理论,中年人忙从口袋里掏出钱来:"好在这个人还比较讲理,他多给了我五十块钱,作为对你的赔偿。加上定金共一百元钱,你拿着吧。"

事已至此,刘大妈只好接下定金,但她坚持只拿五十元,不要赔偿。拿了钱,刘大妈还不死心,问中年人:"那个人长什么样?他往哪里走了?"中年人说:"五十多岁年纪,头发白了,胖胖的,脸面白里透红,往市场管理办公室那边走的……哎,说不定还在市场管理办公室呢!"刘大妈一听,急忙谢了中年人,推着电瓶车,就往市场管理办公室赶去。

到了办公室门口,刘大妈急不可耐地伸长脖子,向里面打量着。果然,那个胖胖的白发男人,还在里面坐着呢!刘大妈急忙停下车子,拔了钥匙就要往里闯。刚迈出两三步,刘大妈脑子里忽然一亮,觉得不能这么莽撞,人家既然费尽心思买了,还能再让给你?得想个主意……

几分钟后,刘大妈装作非常着急的样子,三步并作两步地闯进市场管理办公室,两手朝大腿上一拍,喘着粗气道:"哎哟,我可找到你了,你是不是刚买了一条马狼鳡鱼?"白发男人打量一下刘大妈:"是啊,干什么?"刘大妈说:"我是养鱼的,那条鱼是我家鱼塘里的,那条鱼有毒!"白发男人一下子站起来:"什么,有毒?"

刘大妈说:"对,那条鱼中毒了。"白发男人怀疑地问:"中毒?好好的怎么能中毒?"刘大妈说:"鱼塘周边老鼠不是多嘛,我弄了些毒鼠强毒老鼠。今天毒到了一只好大的老鼠,我那小孙子顽皮,拿起那老鼠就扔鱼塘里去了,不一会儿,这条鱼就漂了上来,你看不是有毒吗?"

白发男人呵斥道:"有毒你还拿来卖!"刘大妈分辩道:"不是我,是我家老头子不知道情况卖给鱼贩子的。这不,我回家一听说,马上就追来了。"白发男人听了,无奈地摇了摇头,最后,刘大妈拿三百元钱"收回"了这条鱼,高高兴兴地放到电瓶车后面的车斗里,回家去了。一路上,刘大妈得意地盘算着,怎么样给儿媳妇做这条鱼,给她一个惊喜……

做马狼鳡鱼要用花椒叶,到了超市门口,刘大妈停下车子,交了1元钱让人看着车子,就进了超市买花椒叶,又顺便买了一些日常用品。让刘大妈料想不到的是,她出了超市,朝车斗里面一看,却发现那条马狼鳡鱼不翼而飞了,刘大妈急了,冲着看车人发起火来:"我的鱼呢?"看车人笑着说:"你碰上好人啦,刚才来了一个白发男人,说这鱼有毒,他不忍心让你赔钱,又把你的鱼收回去了。瞧,这是他给你的三百元钱。"看车人从口袋里取出三百元钱,递给刘大妈。

看到事情成了这样,刘大妈哭笑不得,叹了口气说:"唉,你这位师傅知道什么啊,你是好心办了坏事啊!"她无奈地接过钱,开着电瓶车往回走。因家中无事,刘大妈回家路上就不紧不慢,碰到老邻居说几句闲话,遇着老朋友唠一会儿家常,等她到家时已经快到十二点,儿子、媳妇下班了。

看见刘大妈回来,儿子笑盈盈地说:"妈,快来看,你儿媳妇给你买来了什么,马浪鳡鱼!"刘大妈大吃一惊,急忙凑近洗碗池一看,果真是一条马浪鳡鱼,而且,可以肯定地说,就是从刘大妈手里"溜"走的那条鱼!刘大妈因为吃惊,讲话都有点结巴了:"你、你是怎么买到这条鱼的?"儿子和儿媳妇一起哈哈大笑起来,儿媳妇说:"要说买这条鱼,还有一段故事呢,听起来好像天方夜谭,其实这条鱼是'抢'来的……"

正说着,卫生间的门响了一下,刘大妈抬眼一望,天哪,正是那个"抢"了她鱼的白发男人!刘大妈瞪圆了眼睛:"你、你……"白发男人也瞪圆了眼睛:"你、你怎么……"儿子、儿媳妇看看这个,看看那个,问明白了事情的原委,不由得大笑起来,儿子说:"这真是大水冲了龙王庙,一家人不认识一家人了。妈,这位是晓娜的表舅张元东。"

两个人愉快地相认了,张元东说:"嫂子,你知道我为什么一定要抢这条鱼吗?因为晓娜说,你这个做婆婆的非常疼爱她,她要孝敬你。她说,记得你说过,你曾经在你大姑奶家住过,你大姑奶家是渔民,经常做鱼给你吃,而你最爱吃的就是马浪鳡鱼,晓娜就把这话给记在心里了。今天看见马浪鳡鱼,她就要买了给你吃,谁知道已经被你买下了呢。因为我管着农贸市场这一块,她就打电话请我去,让我务必把这条鱼给'抢'下来……就这样,我'抢'下了鱼,把鱼给晓娜送来,晓娜说我'抢'鱼有功,就让我过来一起吃。"

说完了,一家人又"哈哈"大笑起来,刘大妈开玩笑说:"你就不怕中毒啊?"张元东说:"当然不怕!你走了以后,我忽然明白上当了,老鼠不吃鱼,它们跑鱼塘边干什么?肯定是假的,于是我就偷偷跟着你,重新把鱼抢了回来……"

大家听着又笑开了,吃鱼的时候,张元东情不自禁地说:"看你们家呀,真的是敬老爱小,我好羡慕啊!"

关键词:持家

> 家有家风,国有国风,那公司呢?诚信不仅应该是一个小家的家风,也应该成为公司这个大家的家风,这样,社会乃至国家才会有好风气。

难买的轿子

赵功强

九路寨在解放前曾是土匪盘踞的山寨,而今旧貌换新颜,已是县里重点开发的景区。经过近两年的紧张施工,终于要在五一开张迎客了。

景区总经理汪凯脑子活,会来事,开发景区时,他的基本思路,就是因地制宜,打传统牌。这里山高林密,崖陡谷深,他安排设计人员依照地形,设有栈道、石阶,还修建了旧时山民住的土房、茅屋。硬件倒是像那么回事了,汪凯总觉得还差些什么。

这天周末,汪凯没事,待在家里看电视。电视里正在播一个老电视剧《乌龙山剿匪记》,看到剧中土匪头坐在轿子里,喽啰抬着,晃晃悠悠地穿行在林间栈道,汪凯一拍大腿,有了!咱就依葫芦画瓢,在景区也弄些竹轿子,雇些当地人充当轿夫,既可以增加特色和趣味性,也可以增加收入啊!主意已定,汪凯立马安排总经理助理刘大伟操办此事。

说起来,这坐轿子,在旧时候,算是一种奢侈的小众化消费方式,达官贵人、地主老财是主要的消费群体,普通百姓又有几人舍得花那冤枉钱？这么一来，制作轿子的行当，很早就是独门生意，没几个人去做，再加上"破四旧"消灭封建残余，这百十里地，懂轿子制作工艺的手艺人，竟是如大熊猫一般珍稀！刘大伟脚不沾地奔波了整整一个星期，才找到了一个姓吴的老师傅。

吴师傅年逾古稀，须发皆白，祖上数代都以制作轿子为生，吴师傅年轻时还亲手制作过很多，出售赚钱养家糊口。可是，当他听了刘大伟的来意以后，连连摆手："实在是对不住，这活儿我不能接！"刘大伟好说歹说，又许诺把价钱提高一倍，吴师傅就是不答应。

刘大伟只好垂头丧气地回去向汪凯复命。汪凯一听，也犯起了嘀咕，放着钱不挣，还有这样的人？可是，计划又不能变，所以他决定自己跑一趟。

这一回，吴师傅听说汪凯是管事的，叹了口气，说："不是我不肯帮你，实在是帮不了你啊！"汪凯心急火燎，连忙问："老人家，您能告诉我，究竟为啥吗？"

吴师傅就给汪凯讲了个故事。

清朝光绪年间的一个春日，湖广总督张之洞的母亲七十大寿，一个道台老爷让自己的太太前去祝寿。这位道台太太也是张之洞母亲的干女儿。不想在去总督府的路上，道台太太乘坐的轿子坠地，有孕在身的道台太太摔落在地上，导致大出血，结果母子二人都没保住。道台丧妻失子，张母失去干女儿，官府不敢怠慢，彻查此事，最终查明，轿子上的两根竹竿为虫蛀蚀朽烂是惨祸的直接原因。一路追查下来，这顶轿子正是吴师傅的祖父制作的。

吴师傅的祖父供述，这顶轿子是他三年前制作的，按照制作流程，竹竿必须要放进投入了百部、雄黄等杀虫类中草药的药池浸泡三天，以便杀灭虫卵。可是，因为当时买家一再催促，他刚好那几日感冒头疼,就只把竹竿泡了半天。

最终吴师傅的祖父被判凌迟之刑。行刑的前一晚,吴师傅的祖父将自己的囚衣撕下一小块,又咬破手指,用血在衣片上写下"诚信经营,家和业兴"八个字,把它交给探监的祖母,并告诫他,要把这两句话当做遗训带回家,让诚信做人做事的家风一代代传下去。

汪凯还是有点儿不明白,这个故事跟吴师傅不卖自己轿子有啥关系?吴师傅见他有些疑惑,也不卖关子,说道:"今天是4月3号,离五一只有不到一个月时间。你要的十顶轿子,我不是不能赶出来,只是,我不想粗制滥造,违背家风啊!"

汪凯听罢,唏嘘不已。他想好了,把开张迎客的日期往后延期,定到十一。他把想法给吴师傅一说,吴师傅连连点头:"好,我们就这么说定了!时间充裕,我保证做出既美观又结实的轿子!"

五月中旬的一天,汪凯接到下属打来的电话,说景区的一座吊桥钢索松了,桥面出现了严重倾斜。想来是前段时间赶工期,没有注意细节所致,汪凯一阵后怕,马上召集全体员工召开了紧急会议,安排人员进行一次全方位的安全隐患排查。会上,他给大家讲了吴师傅祖父的故事,讲完后他语重心长地说:"看来,'诚信经营'不仅是一个小家的家风,也应该成为公司这个大家的家风啊!"

关键词:持家

> 生意红火的秘诀在哪里?不是暗中克扣分量这种蝇头小利,而是用诚心换取顾客的信任。

王家生意经

童程东

清朝末年,盐官城南有一家规模颇大的米行。掌柜王运成经营有道,生意兴隆。近年来,他深感年老体衰,有些力不从心。因此,他把偌大的王氏米行一分为二,让大儿子王米车在城北开了一家分店。王运成和小儿子王米舟守着原来的基业。开头几年,两家米行相互接济,生意顺风顺水,"米行父子店"一时在当地传为美谈。

谁知有一年当地干旱,一连三个月滴水不降。田地里的水稻奄奄一息,干瘪枯黄,好像流产的女子。往年此时来交租的佃户早已经停满河道街道,今年则稀稀拉拉的,没有交得起租粮的农户了。再说这些常年的佃户跟王家世代相依,已然结下深厚的情感,王运成毅然停止了今年租粮的收取。他仗着往年积存下来的大米,勉力维持,惨淡经营。

与城南米行截然相反的是城北米行,在这灾荒之年,米仓充盈。每天买米的人在门前排起了长长的队伍,一直排到了大街上。王运成正纳闷着呢,一个老伙计陪同几个佃户相互扶持着上门来告状了。那伙计叫老徐,常年在城南米行干事,今年他被打发到了城北米行协助王米车。此时,只见他头上缠着绷带,瘸着腿哭诉着:"老爷,今年干旱,田地歉收,平均一亩水田只收了五斗米。那些佃户本来只想勉强糊口,撑到来年,到时候风调雨顺了再来交租。大公子竟然不顾他们的死活,带着一帮人,到农民家里强行收租。我多说了几句,被他一顿暴打,赶出家门。"

王运成听了,气得浑身发抖,他吩咐小儿子王米舟拿了几袋米送给那些佃户。然后,他径直来到城北米行。那些排队买米的顾客见他来了,纷纷让开一条路:"老掌柜来了,老掌柜来了。"

大公子王米车正站在柜台内抽着水烟,怡然自得地看着来来往往的人们。王运成冷不丁出现在他的跟前,王米车微微皱了皱眉,慢悠悠地离开柜台问:"爹,您怎么来了?"

王运成怒吼一声:"混账,你给我跪下!"他声如洪钟,震得整个米行都安静了下来。王米车似乎料到自己的老爹会来,他不慌不忙地从柜台里取出房契印信,当众扬了扬道:"爹,这是我的店,您可不能乱来呀!"

王运成道:"在这大荒之年,抬高粮价,强收田租,你把我们王家的生意经都给毁了。"

王米车嘿嘿冷笑道:"什么生意经?如今这世道赚钱就是王道。"

王运成黑着脸来到柜台上随手拎起一个红漆光亮的量斗,伸手在里面掏了一会。此时,王米车脸色大变,上前道:"爹,有话好好说,请到里面喝杯茶!"

"你……"王运成指着大儿子,抡起量斗朝他头上砸下去。王米车侧身闪开,咣当,量斗在地上四分五裂,王运成一口鲜血喷涌而出。他本来身体不好,灾荒之年忧心忡忡,如今再加上急火攻心,竟然晕了过去。

回到城南米行,他将小儿子王米舟叫到床前反复交代道:"你千万不能忘了我们王家的生意经啊!"半个月后,他就含恨去世。从此城南和城北两家米行再也没有任何瓜葛,各做各的生意。

灾情继续,城南米行的大米渐渐见底了。这样下去,米行就要关门了。为此王米舟和老徐商量了一下。他打开钱柜,核算了一下总共还有五百两银子。按当时的市值计算,可以到杭州黑市买米五万斗。可是由于连续的旱灾,河道干涸,米船无法前行。正当王米舟愁得焦头烂额之际,老徐叫来了先前的一帮佃户。为首的农民道:"少掌柜,我们没其他本事,脚力还是有的,可以帮你到杭州挑米去。"

王米舟眼前一亮,他拉住了老徐的手,郑重其事地把一张五百两银票交到他的手上。谁知,老徐缓缓地把银票推了回去。王米舟疑惑地问:"老伯,你这是干吗?"

老徐语重心长地道:"少掌柜,老掌柜在世的时候他经常告诫我们,但凡进米都要亲自前往,因此来往粮食都没有出现过短斤缺量的。"

王米舟听了如梦初醒,他拉着老徐的手道:"对,父亲的生意经我们永远都不能忘记呀!"

三天后五更时分,王米舟一身青衣短打,斜肩背着一个褡裢。他率领着一支长长的挑粮队伍,踏着黎明的露水出发了。

一路上他们晓行夜宿,两天两夜马不停蹄地赶路,终于来到了杭州湖墅米市。那里的大米从富春江上游水运过来,还算充裕。由于嘉湖两地旱情严重,米价普遍上涨。原来一两银子可以购买两百斗大米,现在只能购买一百斗大米了。老徐道:"少掌柜,我们可以购买次等大米,数量上一点都不减少,回去当成上好大米卖掉,这样可以稳稳地赚上一笔。"

王米舟立即阻止道:"徐老伯,父亲在世时曾反复教导我们做生意必须要讲诚信。我看宁肯花高价购上等白米,也不能用低价购买次等劣米。"

五天后的清晨,一列长长的挑米队伍出现在盐官的大街上。他们风尘仆仆,一脸黝黑疲惫,肩上挑着两袋大米,沉甸甸的压弯了扁担,发出吱嘎吱嘎的声响。走在队伍前面的是一个青年后生,他一身青衣汗褂,脚蹬草鞋,身上压着重担,眼中充满了坚定的神色。他们来到城南米行,鱼贯而入。大街上的行人见了,纷纷奔走相告。很快,城南米行大门口聚集了大批前来买米的人。

王米舟顾不得旅途疲惫,准备立即开仓卖米。老徐悄悄地把他拉到一边的厢房道:"少掌柜,如果我们按大米的原价出售,只能扯个手皮。你可知道城北米行为何能赚很多银两?我暗中观察多日,得知大少爷在卖米的量斗里做了手脚。他们量斗的底板会自由抬升,舀米的时候,只要用手开启阀门,抬高底板。上面看是一斗米,其实只有八成了,神不知鬼不觉地卡下两成米。日深月久,你想要卡下多少米啊?这可真是日进斗金哪!"

王米舟点了点头道:"那么今天暂缓开仓,你给我把那个木匠请来,等一切准备好了再卖米。"

老徐听了高兴地答应一声就出去了,大约过了两炷香的工夫,他带来了一位精神矍铄的老木匠。

王米舟把老木匠带到密室问道:"你给我大哥做过这样的活吗?"

老木匠点点头,不说话。

王米舟又问:"他给你多少钱?"

老木匠出两根手指:"二十两!"

王米舟道："好,我出双倍的价钱,你要按我的标准来做。"

老木匠听了他的要求,惊讶地问道："少掌柜,你这是为什么?"

王米舟奉上双份的银子道："今天你给我把活干好,记得要守口如瓶。"

第二天一大早,城南米行正式开仓卖米。凭着米行良好的声誉,许多老主顾早早地来这里排队。开仓后,白花花的大米如瀑布一样倾泻进米囤。他亲自指挥伙计们捧起量斗开始卖米。三天过后,城南米行生意越来越火。平时在城北米行买米的顾客也纷纷到城南米行来了。半个月后,城南米行的粮仓渐渐浅了下去。王米舟核算了一下回笼的资金,又率领挑粮队南下杭州买米。这样来来回回足有半年有余,原先的五百两白银只剩下了二百两。

"千做万做,亏本的买卖不做。"老徐急得如热锅上的蚂蚁。

王米舟却是一副不慌不忙、胸有成竹的样子。面对老徐的疑问,他老是笑嘻嘻地道："莫急,莫急,到时自有人会给我们送上白米。"

秋后旱情缓解,河道也慢慢恢复了畅通,米价有所回落。这天,刚准备打烊,大街上走来一个人。他东张西望一番,快速溜进城南米行。他来到柜台上,压低了声音道："兄弟,你可真是把我往死里整啊。"

王米舟哈哈一笑道："原来是大哥啊,大路朝天,各走半边,你这话怎么说啊?"

王米车黑着脸道："我们自家人不说两家话,我的米卖不出去,想借你的码头用用。"

王米舟道："大哥,生意归生意,人情归人情,要想在我的米行卖米,必须按我的规矩办。米要上等,价格中等。"

这天晚上，王米车压着积存滞销的大米，源源不断地运往城南米行。老徐见了，惊讶得说不出话来，他对着王米舟连连跷起了大拇指。从此城北米行的生意一落千丈，被城南米行渐渐吞并，两家米行又重新成为一家。那天，王米舟把王米车叫到父亲的墓前，他取出两个外形看似一样的量斗道："大哥，我知道你心有疑虑，咱们兄弟今天就打开天窗说亮话。你让米斗的底板暗中上升了一寸，我让米斗的底板暗中下降了一寸。你的贪心让米行关门，我用诚心换取了顾客的信任，这就是我们王家的生意经啊！"

王米车听了呆立半晌，一头扎倒在父亲的墓前，号啕大哭。

关键词：持家

> 做事就要粗中有细，细中有心，心中有灵。

藏钥匙

翟怀舒

有个乡下农妇，名叫田一心，她这人呀，手大、脚大、脸大，被人起了个绰号叫"田大大"。

别看田大大粗手笨脚、大大咧咧的，可做事粗中有细，细中有心，心中有灵。有桩事，最能反映她的个性：她出门从不带钥匙，总是把钥匙藏在门口。她家门两边是窗台，窗台下是一米高、两米宽的土墙，土墙上摆着一排砖。地方不大，可奇怪的是，别人却很难找到她藏的钥匙。

这天，田大大下地了，村里有一高一矮俩老头，在她家门前闲聊。这俩老头，自从田大大的儿子服役后，经常到她家串门子。田大大是个热心肠，只要他们来，都拿香烟相敬。此刻，这俩老头烟瘾上来了，身上又没烟，这里离杂货店又远，于是矮老头打起了歪主意，想找田大大藏在家门口的钥匙，开门进屋找支烟抽。

高老头觉得不妥，认为闭门上锁，锁的是小人，不锁君子。现在门锁着，怎能随便找人家的钥匙、进人家的门？这不成"贼"了吗？矮老头觉得这不为过，"君子酒，小人烟"，有几个烟鬼没为吸烟丢人现眼过？

高老头没犟过矮老头,只好睁只眼,闭只眼,有意无意地"掩护"矮老头寻找钥匙、入室拿烟。

就这样,矮老头开始行动了。他蹑手蹑脚地走到窗台前,窗台上挂着一串红辣椒,矮老头踮起脚尖,他想看看田大大有没有把钥匙塞在破了口的辣椒里。一看没有,矮老头的目光又落到窗台上晒的一双鞋上,想看看鞋垫底下有没有钥匙,挪开一看,啥都没有。矮老头寻思着,估计钥匙十有八九被压在哪一块砖下,于是,他一块一块地把砖挪开,没想到钥匙的影子都没见。矮老头纳闷了,正在这时,田大大回来了。

高老头大声咳嗽了一下,给矮老头报了个信。矮老头连忙缩手,拍拍心口,心里嘀咕着:"好险!"尔后,他装着若无其事的样子,和田大大打了招呼。因为神情不怎么自然,被田大大识破了,大概是做贼心虚吧,没几句,矮老头就不打自招了。

田大大憨厚地一笑,说:"看你俩鬼鬼祟祟的样子,知道没干好事。不过,烟酒不分家,找支烟抽不算啥。可是,打开天窗说亮话,一人藏东西,十人也难找,更何况我不按套路藏。"说完,她转身来到门口,从门上挂着的大铁锁背面,取出了钥匙。

原来,田大大在这把铁质钥匙上,拴了一片一毛硬币那么大的磁铁,锁门后,将钥匙"吸"在大铁锁的背面,藏得这么绝,谁找得到?

高老头叹服得五体投地,自己活到六十多,从没听人说过把钥匙藏在锁背后!

矮老头则不以为然,他不紧不慢地开了口:"田大大,凡事要听人劝,你成年累月将钥匙藏在门口,就算我今天没找到,难保明天别人也找不到。再说啦,人上了年纪,记性差,弄得不好,连自己都想不起钥匙藏哪了,你说对不对?我劝你改掉这个不带钥匙的毛病吧!"

田大大摇头,说:"钥匙带在身上,叮叮当当的,多累赘,弄得不好还会丢,我觉得还是藏在门口好;再说,我只要把钥匙藏好了,神仙也找不到!"

矮老头一听,认为田大大吹牛,于是信誓旦旦地要和田大大打赌。田大大说打赌就打赌,于是约好第三天晚饭后再来一见高低。为什么约在这个时间?农村里的人晚饭后大都没啥娱乐,有空闲,图个热闹,也好让田大大在众人面前出个丑,矮老头就是这么个心思!

果然,到了那一天,田大大家门前人山人海,大伙全想看看这一回到底谁赢谁输。

田大大早就藏好了钥匙,端了个小凳子,像姜太公钓鱼一般,笃悠悠地坐着。高老头当裁判,说好半个小时内,找不到就算输,矮老头点头答应。紧接着,矮老头就开始找了,一会儿找这儿,一会儿找那儿;一会儿摸这个,一会儿摸那个,没放过任何可疑之处,可是都没找到。时间一分一秒地过去,矮老头急得鼻尖上直冒冷汗……

突然,矮老头发现窗台下的土墙被蜜蜂钻了好几个洞,极有可能钥匙藏在哪个洞里。于是,矮老头让人找来一块大磁铁,来来回回在墙上吸,结果吸到一根铁钉,没见钥匙的影子。矮老头很失望,把那根铁钉随手一扔,对田大大说:"我服了,但你能不能当着我的面,把钥匙拿出来?"

田大大说了声"好嘞",可出人意料的是,她没从别的地方找出钥匙,却从地上捡起刚才被矮老头扔掉的铁钉,走到大门前,用铁钉对着大铁锁的锁眼,顶着一扭,"哗啦",锁开了……

"哗——"人群一片哗然,这简直是绝了,大家做梦都没想到,田大大的钥匙竟然就是眼前这么一根不起眼的钉子。田大大笑了,说:"昨天,这把锁坏了,修锁的人将弹子倒了,于是,我就干脆用这根钉子捣鼓,锁就能开了。"

这一回呀,矮老头算是彻底栽了,可他输得心服口服。

田大大打赌赢了矮老头,自然高兴,可没过多久,她藏钥匙却藏出了大麻烦!

事情的原委是这样的:田大大的儿子小刚军校毕业后,被分配到部队的一个重要保密单位。时间不长,部队准备提拔小刚当保密员。做部队的保密工作,在选人用人上,要求可高着呢!别的不说,还要调查小刚的保密观念强不强,夜里说不说梦话,家里人的品行怎么样,等等,总之是慎之又慎。于是,部队给镇上寄来一份调查函。镇上为慎重起见,派民政助理到田大大村里走访,开了个座谈会。

乡下人见到干部,不论职位高低,一律称"领导"。座谈时,高老头、矮老头都参加了,他们出于公心,很负责地说了田大大一百句好话,无意中,矮老头说田大大有时大大咧咧的。领导让他举个例子,于是,矮老头把田大大出门不带钥匙的习惯,来了个竹筒里倒豆子——稀里哗啦,倒了个干净。

领导觉得矮老头反映的情况有鼻子有眼,于是随口说道:"可作参考。"

不料隔墙有耳,这会儿,田大大正在隔壁"回避"呢,矮老头说的话,被她听到了。她找到领导,猴急地说:"我出门不带钥匙,这是真的,但如果认为我是个马大哈,影响我儿子前途的话,那就烦请领导在我家门前找找我藏的钥匙,能找到,说明我马大哈;找不到,千万不能因为我,影响我儿子的前途!"

领导笑笑,说:"你尽管放心,不会因为你不带钥匙,就来个推理,说你儿子不带钥匙。不过,为了给反映问题的人一个交代,给你一个安慰,我愿意在你家门口找找你藏的钥匙,长长见识,好不好?"话是这么说,可他心里却在嘀咕着:门前就这么大个地方,全拆了,用筛子筛,能找不到?

既然领导这么说了,为了儿子,田大大一口答应。于是,找钥匙的"游戏"又开始了。高老头、矮老头都在场,先是回避,让田大大关门、藏钥匙,然后,一群人走了出来,领导开始找钥匙。

怪事来了,田家门口就屁股大小这么一块地方,找来找去,就是不见钥匙。最后,就像上回那样,领导的目光还是落在窗台下的土墙上,这里最为可疑,尤其是那些蜜蜂钻的洞。领导摸了好几个洞,果然,在一个洞里找出了一根铁钉。矮老头"扑哧"笑了,这回该田大大栽了,上次这样,这一回还是这样,这也太没含金量了!矮老头走到领导身边,在他耳旁小声嘀咕了几句,领导一笑,拿着这根铁钉,走到门前,拿起大铁锁,用铁钉顶着锁眼子,一扭,奇怪,锁没开;再使劲一扭,还是没开……

就在这时,田大大笑吟吟地走上前来,对领导说:"把铁钉给我。"她接过铁钉,扔得远远的,然后拿起大铁锁,一手抓住锁柄,用力一拽,锁就开了,嗨,压根儿就没锁呀!

田大大说,前一阵子,这锁就彻底坏了,于是,她就干脆不锁了,只是做做样子。不设防,易被盗,可田大大家里从未被人偷过一根草。她说她不把自家锁起来,不担心大家知道她把钥匙藏在门口,乡里乡亲的,她把大家当家里人,家里人多,眼睛就多,比锁还牢……

> 其实你是个聪明人,有才干,不要因为暂时的失意就自暴自弃。如果你不嫌弃的话,就来我这工作吧——养家需要生意经,更需要宽广的胸怀。

大头菜养鸭

周秋兰

东海边上,有位鸭场老板叫蔡明,皮肤黝黑,身材矮小,可偏偏长了个大脑袋,像棵大头菜,所以人们笑称他为"大头菜"。大头菜长得寒碜了些,人却聪明,而且善于创新。

最近,他养的鸭子销路越来越差,因为人们都喜欢吃散养的鸭子,这圈养的鸭子越来越不受青睐。可改成散养,这么多鸭子放到哪里去呢?大头菜正一筹莫展呢,他媳妇突然叫他去外婆家拜寿,大头菜一听外婆两字,人"噌"地跳了起来,顿时有了主意。

原来,大头菜从小就在海滩边上的外婆家长大,他知道海边是极为理想的养鸭场所。说干就干,大头菜请人在海滩边建好了养鸭场,然后把苗鸭赶到海边去放养。

这天一大早,大头菜见已退潮,就把鸭棚门打开,把鸭子往滩涂上赶。这些鸭子在鸭棚里关了近一个月,早已憋不住了,一到滩涂上就撒开腿跑。见了小鱼、小虾、黄泥螺就拼命吃,不一会儿,就吃得肚脯圆鼓鼓的。

而大头菜呢,对这些鸭子不问不管,与几个帮工玩起了斗地主。玩得正起劲,忽听媳妇大喊:"哎哟,闯大祸啦!"他忙问:"啥事情,大惊小怪?"媳妇指着在海水里戏耍的鸭子说:"你看,鸭子都跑到海水里去了,马上要涨潮了,几千只鸭子怎么赶回去?这下亏大了!"

大头菜若无其事地说:"急什么,我有的是办法。"说完,收起扑克牌,从口袋里摸出哨子吹了起来。这些鸭子听到哨子声,就像战士听到冲锋号角,拼命往里游,往里跑。这是大头菜平时给鸭子喂食时训练出来的。哨子一吹,开始喂食。现在鸭子听到哨子声,以为是喂食了,哪有不跑的道理。

媳妇刚把心放下,又见鸭群里几十只鸭子"啪啪啪"地展翅飞了。媳妇又急得大叫:"完了,完了,几十只鸭子飞了!"大头菜笑着说:"好事,好事,说不定回去一数,多几十只鸭子哩!"媳妇不信,等所有鸭子进了鸭棚一数,真的多出二十多只。她奇怪地问大头菜:"大头,这到底是怎么一回事?"

大头菜仍笑着说:"这有什么奇怪的。俗话说"鸡冤家,鸭朋友"。我家的鸭子在海水里戏耍,海鸭子见了,也要来凑热闹。我吹哨子让鸭子回家,胆大的几只海野鸭见我家的雌鸭长得漂亮,要谈朋友,就一起跟着来了。"大头菜的一番话把他媳妇也逗乐了。

就这样,大头菜根据潮汐情况,白天退潮后就将鸭子放出鸭舍,让鸭子自由自在地海滩上觅食,等到涨潮时就在岸边吹哨子召唤回棚。海边滩涂上丰富的鱼虾蟹饵料已经让鸭子吃个七八分饱,回棚后又喂食一次。这些鸭子吃得饱,自然长得也快,加上每天还要在滩涂上跑上几公里,体格都强健,患病率也低,很快到了该出栏的日子了。

大头菜乐呵呵地对媳妇说道:"媳妇,这些鸭子是吃海鲜长大的,几乎与野生的鸭子没有区别,今后就叫'野生海鲜鸭',卖两百元一只。"

媳妇大吃一惊,说道:"大头,你不会昏头了吧?这些鸭子从小吃海鲜长大,成本要比圈养的降一半多,人家吃稻谷长大的鸭子也不超过一百元,咱这鸭子要卖两百元一只,会有人买吗?"大头菜忙说:"别急,酒香不怕巷子深,咱的鸭子好,不愁没销路,愁的是销路一打开,怕供不应求哩。"

大头菜自信满满,可鸭子还没卖掉一只,鸭场却出事了。

这天早晨,媳妇焦急万分地在鸭舍里叫嚷着:"大头,不好了,我刚才数鸭子,发觉少了十只,一定是被贼偷去了。"大头菜听了却不紧不慢地说:"偷就偷了,有什么大惊小怪的。"说完转个身仍躺在竹椅上。

媳妇的火"噌"的一下就大了:"什么?被偷去了那么多鸭子还让我不要大惊小怪的,你倒是大方!"说完就一屁股坐地上哭了。大头菜却依旧不紧不慢地说:"鸭子是村东头的阿三偷去的。"

媳妇一听,一咕噜站起身,抹了抹眼泪说道:"既然你知道是阿三偷了鸭子,还不快去找他算账?"大头菜却在竹椅子上又翻了个身,笑呵呵地说:"没事,让他继续偷。媳妇啊,以后你看到阿三偷鸭子就装作没看见。""为啥?"大头菜神秘一笑:"天机不可泄露,到时候你就会明白。"

尽管媳妇心里是一百个问号,但她知道大头菜聪明,主意多,也就撇了撇嘴不做声。就这样,一晃大半个月又过去了,每次鸭子回到鸭舍里,大头菜媳妇都会逐一清点鸭子,发现每次都会少几只,心里总有些不情愿,但想到大头菜的关照,也就只好忍了。

这天,大头菜家突然来了好多人。谁啊?就是镇上几家大饭店的老板。大头菜忙站起身:"哟,各位老板,是什么风把你们一起吹来了,来请坐,请坐……媳妇,快倒茶呀!""不坐了,你养的'野生海鲜鸭'果然名不虚传,食客们都说好吃。我决定了,要长期向你订购,这样吧,明天你到我们店里,咱们谈谈长期合作的事项。"大头菜一听乐得都合不拢嘴,大脑袋一个劲地在点。

这番话可把一旁的媳妇弄糊涂了,她一肚子的疑问再也憋不住了,老板们的前脚刚跨出门,她就开门见山地问起了大头菜:"大头,你不是天天在鸭场养鸭子吗,啥时候去过大饭店推销鸭子呀?"

大头菜哈哈一笑,说道:"媳妇啊,我没去,可有人在替我去哩。""谁?""阿三啊,他其实是咱家推销鸭子的大功臣呢。"大头媳妇一听,差点没气岔过去:"什么?他偷了咱家的鸭子,这会儿倒还成了功臣?"大头菜见媳妇急红了脸,连忙走过去扶她坐下,然后说:"别着急上火呀,你听我说。"

原来当大头菜把两百元一只鸭子的出栏价报出去后,无形中鸭子的身价就涨了。这些价格不菲的鸭子也会被人觊觎,比如村东头的阿三。阿三以前在厂里跑过销售,头脑灵,路子广,不料脑袋一热,侵吞了一笔资金,吃了官司。出来后被人瞧不起,找工作也到处碰壁。这么聪明的一个人如果有人拉一把,那他就前途无量。于是大头菜想了个一举两得的办法,就是故意不去巡视鸭场,给阿三造成松懈管理的错觉。果不其然,阿三到底还是来偷鸭子了,结果被抓大头菜抓了个正着。阿三急着求饶,大头菜非但不追究,反而又送了几只给他,但要求一定要把鸭子卖给大饭店,并且两百元一只,少一分不卖,而且卖的钱都归阿三,但如果偷去自己吃,那等待他的就只有警察了。

大头菜媳妇一听更加糊涂了:"那你怎么知道阿三就一定能把鸭子卖得出去呢?""你想啊,就凭他那十几年的销售经验,现如今推销鸭子不是易如反掌吗?"

夫妻俩正说着,突然门外进来一人,来的正是阿三,他一把握住大头菜的手,眼里噙着泪,哽咽道:"要不是你帮我,或许我还干着偷鸡摸狗的事。前不久我偷了你的鸭子,你不但不计较,还让我去推销鸭子,顿时,我觉得自己又是个有用的人了,所以努力把鸭子推销了出去,逢人便说是你养的野生海鲜鸭,现在客人们都喜欢吃你养的鸭子呢!"

大头菜也激动地说:"其实你是个聪明人,有才干,不要因为暂时的失意就自暴自弃。如果你不嫌弃的话,就来我这工作吧。我养鸭,你搞销售,咱们一起把养鸭场办好,怎么样?"

阿三眼里噙着泪说:"谢谢大头菜……哦,不对,蔡明哥,谢谢!"

关键词：持家

> 贪是能要人命的，老爸对抗贪婪的法宝竟然是一只松鼠，更离谱的是，他还要把松鼠传给儿子，这到底是为什么？

老爸的至宝

魏 炜

宋建良和老婆小丽都是普通工薪族，日子过得紧巴巴的。这天晚上，小丽对宋建良说，自己看上了一套房子，准备买下来，将来好给儿子当婚房。宋建良惊讶地说："买房子？咱哪儿有钱呀！"小丽笑嘻嘻地说："咱是没有，可你爸有啊。"

宋建良一撇嘴说，他老爸也是个工薪族，没什么存款。小丽凑到他耳边，神神秘秘地说："你爸有件宝贝，只要他肯拿出来给你，咱们的难题就迎刃而解了。"说着，在他耳边如此这般地交代了一番。宋建良虽不大相信，但还是点点头，决定一试。

周末，夫妻俩来到老爸家。老爸名叫宋宝柱，退休前是交通设计院的设计师，因老伴过世，现在他就一个人过日子。宋宝柱见他们来了，高兴得不得了。

小丽给宋建良使了个眼色，就带着儿子出去了。宋建良直截了当地对老爸说，他想给儿子买套房子。宋宝柱点点头说："未雨绸缪，应该，应该！"他从柜子底下翻出一张存单，递给宋建良，说他只有这么多存款，全部支援他们啦。宋建良把存单装进了口袋里。

等回到家，小丽问宋建良，拿到那件宝贝没有。宋建良把那张存单递给她，小丽接过来一看，见上面只有五万块钱，不禁生气地说："就给五万，打发要饭的呢！我就知道你脸皮薄，不好意思要，我就给偷来了。"说着，小丽得意地拿出一只松鼠标本来。

宋建良生气地质问道："你怎么把我爸的宝贝偷出来了？"

小丽说："我就想看看你爸是不是真心对咱们！"

这件松鼠标本，就是宋宝柱的宝贝，一向是不离手的。小丽猜测，这松鼠标本里藏着宋家最值钱的宝贝。小丽盯着松鼠标本看了半天，然后在松鼠的肚皮上捏着，忽然感觉捏到了什么，惊喜地说："你快来摸摸，里面有东西啊！"

宋建良一捏，果然也捏到了一个东西，像是卷着的一张纸。小丽激动地说："会不会是存单？快看看，有多少？"

两人正要去找剪刀，宋建良的手机忽然响了，是宋宝柱打来的，说他那只宝贝松鼠不见了，问他们拿了没。宋建良忙说没有。宋宝柱重重地叹了口气，挂了电话。

小丽拿过剪刀，轻轻剪开松鼠的肚皮，小心翼翼地从中掏出一个纸卷，打开一看，竟是一张发黄的存单，上面写着存款人的名字正是宋宝柱，存款金额是十万元，再一看存款日期，竟是1986年。

看着这张存单，小丽的眼珠子都快掉出来了："十万元？你爸三十年前就存了十万元？存了三十年啊，光利息就得有多少钱了？你也真是木头脑瓜子，对你爸太不了解了。"小丽又分析，老爸手里应该还有更多的钱，他们现在最重要的工作，就是把这十万元钱取出来，并把老爸的压箱底钱彻底挖出来。

宋建良也暗暗吃惊，他也没想到老爸还给他留了一手儿。不过，真要把这十万元钱取出来，也并非易事。怎么才能让老爸把钱取出来送给他们呢?这确实是个难题。

这时,小丽突然一拍大腿说:"不好了!"宋建良忙问她怎么了,小丽分析说,老爸找不到松鼠,就会到银行去挂失,那他们手上这张存单就作废啦。等老爸拿到新的存单,再转移了地方,他们要想找到可就难了。眼下最重要的,就是把松鼠还回去,让老爸误以为存单还在松鼠的肚子里,别去挂失。小丽说着,就找了一张旧纸,卷成和存单一样大小的纸卷,重新缝回松鼠的肚子里,让宋建良给老爸送回去。

宋建良当即赶回老爸家,见老爸已经把家里翻了个底朝天,早已累得腰酸背痛。宋建良装模作样地帮他找起来,他趁着老爸没注意,假装从床底下找到了松鼠,高举着问道:"爸,您是找这只松鼠吗?"

老爸一见到他手里的松鼠,就连连点头说:"是它,你从哪儿找到的?"说着,一把抢过松鼠,攥在手里。宋建良指了指床底下说,在那里找到的。老爸点点头说,找到就好啦。宋建良注意到,老爸在悄悄地摸着松鼠的肚子,一定是在摸那张存单。摸到了存单,老爸舒心地笑了。

宋建良正想回去,老爸忽然叫住了他:"你等等。"说着,拉着他坐下来,把那只松鼠递到他手上,缓缓地说:"这个宝贝,我也该交给你啦。"

宋建良假装啥都不知道,问道:"爸,这不就是一只很普通的松鼠标本吗?"老爸得意地笑笑说:"它看着很普通,但它肚子里有货啊!"

老爸找来一把剪刀,交给宋建良说:"你把它剪开。"宋建良吓了一跳,老爸要知道他们用了掉包计,还不生气啊?他眼珠一转,笑笑说:"爸,您眼花了看不清,我眼睛近视也看不清,咱可别剪坏了松鼠皮。您就告诉我里面有什么货吧,我回家戴上眼镜再剪。"

老爸点点头说:"你摸摸松鼠的肚子,看看里面是不是有东西?"宋建良摸到了那个小纸卷,就说:"哎,好像有个纸卷。爸,是不是藏宝图啊?"

老爸被他给逗笑了:"傻孩子,啥藏宝图啊?是张存单。1986年的,十万元。"

宋建良假装惊讶地说:"爸,您说的是真的?三十年前,您就有十万元啦?在当时,这可是一大笔钱啊。"

老爸说:"我就给你说说这十万元钱和这只松鼠的故事吧。"

三十年前,宋宝柱在交通设计院当设计师。那年秋天,他接受了一项任务,带队到大青山去主持进山公路的设计。他刚到大青山,就有个老板找到他,送给他一张十万元钱的存单,请他在设计过程中关照一下。这位老板很有路子,已经疏通了关系,绝对能拿下这条公路的施工权。看着这张巨额存单,宋宝柱犹豫了。

恰在这时,宋宝柱腰疼的老毛病犯了。当地协同他工作的是一个名叫陈宇的副乡长,陈宇看他病了,非常着急,寻到一位老中医,讨来了一个偏方,竟是炖松鼠肉吃。陈宇找到几个瓶子,就要去逮松鼠。宋宝柱从没听说过用瓶子逮松鼠的,觉得好奇,就跟着他一起去。

陈宇带着宋宝柱来到一个松鼠经常出没的地方,把瓶子平放在地,又往里面扔了几粒花生米,然后就和宋宝柱躲到一旁。过了一个多钟头,陈宇和宋宝柱来到放瓶子的地方,只见每个瓶子里都有一只松鼠,正在瓶子里着急地折腾着,却钻不出来。陈宇过去,掏出瓶盖把瓶口拧住,那些松鼠很快就被闷死了。宋宝柱不禁惊讶地问:"它们能进去,怎么就出不来呢?"

陈宇说,因为松鼠很贪,但凡它们见到的吃食,总要想办法运回窝里。可它们只有前面的两只爪子可以抱一个。聪明的松鼠就想出了另外一个不可思议的办法,那就是在嘴巴里含着。它们腮帮子的肌肉很发达,能够最大限度地收缩,它们就在一边含上一个。这样,它们的面部会急剧扩大。于是,有人想到了这个捕捉它们的办法。在窄口瓶子里放几粒花生米,它们进去时,嘴巴里没塞东西,刚好能钻进去,可进去后塞了花生米,那就死活都钻不出来了。

说者无意,听者有心。宋宝柱当时就给吓出了一身冷汗。几粒花生米,就能让松鼠丢掉性命,而十万元钱,是不是也会要了他的命呢?宋宝柱越想越怕。回去后,他就把那张存单挂失了,把钱还给了那个老板。他把一只松鼠做成了标本,把那张作废的存单放进松鼠肚子里,目的是想让这只松鼠时刻提醒自己,贪是能要人命的!

宋建良听着,浑身一震。他也是名设计师,最近刚接到一个设计任务,恰好也有一位老板和他取得了联系。原先他还在犹豫,现在他接过老爸那件宝贝,心里反倒觉得轻松起来……

关键词:持家

> 父爱如山,一个父亲,不仅要保护孩子健康成长,还要教会他做人的道理和处世的方法。

经商之道

滕建军

老李是一家海产品商店的经理。眼见儿子毕业后整天无所事事,老李就说:"你还是来跟我学做生意吧!"没想到小李却很不屑:"做生意有什么可学的?只要会按计算器,知道加减乘除就能做生意!"老李听了也不生气,哈哈一笑说:"那好,明天你就让我见识见识,看看做生意是不是真像你说的那么简单!"

第二天,老李开车带儿子来到乡下的一处集贸市场,市场上人来人往,做什么生意的都有。

老李掏出钱来,指着几个卖章鱼的摊贩说:"如果你从他们手里进货,然后能在这个市场上卖掉,不管用什么方法,只要能卖光、能赚到钱,就算你有本事。"

小李一听这还不简单,接过钱就兴冲冲地去了。

他先打听了一下价格,发现市场上的章鱼都是统一价,每斤都卖十五块钱。小李心想进多了别再卖不出去,反正你说只要赚到钱就行,也没规定必须赚多少,我就少进点呗!

于是小李随便从一个摊贩手里买了几斤,从车上拿下秤来,找了个地方,生意就算开张了。

哪知道等了半天,连个问价的都没有,俗话说货买大摊,就他这点货,不知道的还以为他不是摆摊的呢!没办法,小李只好硬着头皮吆喝了两句,别说,还真引来了一个老头。

老头问他章鱼怎么卖,小李心想我也不多赚,每斤只赚五毛就行。没想到老头一听说他要十五块五一斤,立马瞪起了眼:"人家的章鱼都卖十五块钱一斤,你凭什么比人家贵五毛啊?"小李被他问得无言以对,张着嘴半天说不出话来,老头见状摇了摇头走了。后来又来了几个想买的,可一听价格,全都扭头就走。

眼看天快黑了,小李有点着急,只好也卖十五块钱一斤,最后好不容易全卖出去了,可一算账,还倒赔了好几块钱,因为章鱼晒了一天,掉了不少分量。

看着儿子垂头丧气的样子,老李觉得好笑:"怎么样?做生意没你想象的那么简单吧!"谁知小李把嘴一噘,不服气地说:"哪有这么做生意的?在这儿进货,还必须在这儿卖,这样谁能赚到钱?"老李一听乐了,说:"那好,明天我来试试。"

第二天,老李又带儿子来到这个市场。他先在市场上转悠了半晌,最后问一个卖章鱼的摊贩:"你这章鱼是三天前的货吧?"小贩看了看他,笑了:"看来你是行家,不瞒你说,这确实是三天前上的货,卖得就剩下这么点了。"老李又问:"如果我全要了,你能便宜点吗?"小贩盘算了一下,说:"也不能便宜太多,顶多一斤更便宜一块钱。"老李点了点头:"好,我全要了。"

小贩一听很高兴,马上要过秤,却被老李伸手拦住了:"你这个秤太小,分开称太麻烦。"说着拿出烟,递给旁边一个收土豆的老头一支,说,"老哥,借个光,用你收土豆的磅给过一下秤。"老头接过烟,痛快地答应了:"用吧!用吧!"

两个人把货抬到磅上,称好斤两结了账。

　　小李在旁边看了很不以为然,虽说每斤便宜了一块钱,可一下子进这么多货,我看你怎么卖得完。

　　这时,老李让儿子帮着把货抬到一个卖螃蟹的摊贩旁边,摆好了摊位,接着老李就吆喝开了:"买卖新开张,优惠价啦!新鲜的章鱼只要十四块钱一斤。"这一吆喝,立即吸引来了几位顾客。

　　有人想买几斤,可老李答应着,却没到车上拿秤,而是又掏出烟来,递给旁边卖螃蟹的摊贩一支:"兄弟,真不好意思!我的买卖新开张,连秤都忘了带,麻烦借你的秤用用行吗?"卖螃蟹的接过烟挥了挥手:"用吧!用吧!"

　　旁边几个要买章鱼的一看:哟!这确实是新开张的不假,没看他连台秤都没有吗?于是这帮人你要几斤,我要几斤,不到半天工夫,老李的章鱼就被抢购一空。

　　回到车上,还没等老李说话,小李就哈哈大笑起来:"雷锋同志,货是卖得挺快,可你赚到钱了吗?十四块钱进的十四块钱出,你图个啥?"

　　老李也不吱声,只是把钱递给儿子,让他数一下。小李认真地数了一遍,却突然愣住了:明明原价卖的,怎么会比本钱多出这么多?

　　老李笑了,说:"那个收土豆的磅和卖螃蟹的秤都有问题,收土豆的磅过出的重量比实际重量要轻,而卖螃蟹的秤称出的分量要比实际分量重,这些猫腻可瞒不过我,这就叫大磅进,小秤出,怎么样?服气了吧!"

　　谁知小李却并不认输,他想了想说:"你这不算本事,要是你能和我一样,不准便宜拿货,还不能缺斤短两,这样还能赚到钱的话,那我才服气。"老李听了笑着说:"好!就照你说的办。"

第二天,爷俩又来到了集市。老李还是先在市场上转悠了半晌,最后停在一个卖章鱼的摊贩前,这个摊贩的章鱼很小,而且很脏,上面还带着一些海泥。老李问他的章鱼怎么卖,摊贩看了看他说:"这个市场的章鱼都是十五块钱一斤,不过我这是今早上刚赶小海捞的,绝对新鲜!"老李点了点头:"行!我全要了。"

两人过好秤,结完账,老李让儿子帮忙抬着找到一个地方,又摆起了摊子。

小李给他从车上拿下秤来,存心想看他的笑话,心想,这次看你怎么能赚到钱?

老李好像看穿了儿子的心思,他环顾了一下四周,自言自语地说:"这些章鱼太脏,要想卖个好价钱,得给它们洗洗澡。"说着去旁边河里打来水,认真地清洗起这些章鱼来。

等他不紧不慢地洗完了,小李再一看,嚯!这些章鱼还真不赖,一个个张牙舞爪,看上去活力十足。这时,老李又吆喝起来:"今天早上刚下小海捞的新鲜章鱼,只要十五块钱一斤啦!"

这一吆喝又引来不少人。大伙一看,老李的章鱼还真跟别的章鱼不太一样,别的章鱼一般都死气沉沉地趴着不大动,而老李的章鱼,却不停地扭动着那八条大长腿儿,看上去特别新鲜。而且价格和别的章鱼一样,所以不一会儿,老李的章鱼又被抢购一空。

回到车上,老李得意地问儿子:怎么样?可小李却从鼻孔里"哧"了一声,说:"你是全卖光了,可你赚到钱了吗?"老李也不答话,只是把钱又递给他。小李接过来数了数,顿时又愣住了:真是活见鬼!也没缺斤短两,而且按进价卖的,可卖出的钱竟然又比本钱多出不少!

老李"嘿嘿"一笑,说出了原委:"这章鱼是海里的,海里的活鱼如果泡在淡水里洗,它们的身体就会不停地往里吸水。你没看到它们一个个张牙舞爪的吗？其实那是胀得难受呢！"

小李一听，这才恍然大悟："原来是这么回事呀！怪不得人们都说奸商、奸商，无奸不商，原来这就是经商之道啊！"

没想到老李听了，却把脸一板，训斥道："胡说八道！经商之道，应该是货真价实，诚信为本。你就拿这泡过水的章鱼来说吧！买回家用不了多久就死了，吃起来味道跟没泡过水的差远了，这样的章鱼，顾客买过一次，谁还会再找你买第二次？咱们的海产品商店要是这么干，还不早就关门了！"

听到这儿小李糊涂了："既然这不是经商之道，那你教我这些干啥？"老李叹了口气，无奈地说："唉！商场如战场啊，总有一些人目光短浅，为了一些蝇头小利而坑蒙拐骗。只要你做生意，就难免会遇到奸商，遇到奸商怎么办？只有洞悉了他们的伎俩，才能避免上当受骗。"

关键词：持家

> 家风是一个人从小耳濡目染的，受到家风的熏陶，不经意间，你会做出符合你家家风的事来。

最后一个苹果

杨汉光

每次吃苹果，我都会想起许多年前的一件小事。

那年暑假，我跟哥哥进山找草药，结果迷了路。我们饥肠辘辘，能吃的东西只剩一个苹果，上面还有个指头大的烂点。我从袋子里掏出苹果，拿起小刀，准备将烂点挖掉。哥哥却阻止说："不能吃。"

我不高兴地问："为什么不能吃？我都快饿死了。"

哥哥看看天色，郑重地说："今晚我们要在山里过夜，得赶紧找一户人家。我身上没钱，必须用这个苹果，做我们进门的礼物。"

深山里，人烟稀少，我们走到天黑，才在山坳里找到一户人家。这家人十分贫穷，只有两间泥房，斑驳的墙壁已经有点倾斜。

屋里有个十来岁的女孩，床上躺着一位老人。看见我们进门，女孩立刻通报："爷爷，有人来，两个男人。"我这才发现，床上的老人是个瞎子。

哥哥走到床前，俯下身说："大爷，我和弟弟进山找草药，迷路了，想在你家住一晚。"

女孩立刻反对:"我家没有多余的床。"看她忧虑的神色,显然担心我和哥哥是坏人。

哥哥说:"我们不睡床,在地上铺些草,将就一晚就行。"

我生怕今晚要在屋外露宿,赶紧把那个苹果递给女孩。女孩接过苹果,一下子高兴起来,大声说:"爷爷,苹果,好大的苹果。"

哥哥却实话实说:"我们只剩这一个苹果了,还有个烂点,要挖掉烂点才能吃。来,小妹妹,我帮你处理一下。"

哥哥拿过苹果,用小刀挖掉烂点。他还要削苹果皮,女孩立刻阻止:"不要削皮,洗一下就行了。"

女孩夺回苹果洗了洗,然后放在了砧板上,望望爷爷,再望望我和哥哥。她要分苹果了。

哥哥说:"我们吃过了,不用分给我们。"

大爷说:"那不行,分成四份。"

哥哥真诚地说:"大爷,我们几乎天天吃苹果,不缺这一口。我和弟弟饿坏了,现在最想喝两碗粥,有饭更好。"

大爷说:"不好意思,饭吃完了,你们还要等一等。苦秀,先别切苹果,快去煮饭。"苦秀只好先去淘米煮饭,生了火,才重新回到砧板前,操刀切苹果。

我饿得难受,非常想吃一口苹果,所以眼睛不由自主地盯着苦秀手里的刀,希望她切一小块给我。哥哥猜透了我的心思,伸手将我的脸扭向灶台。脸扭过去后,我的耳朵还能听到切苹果的"咔嚓"声。"咔嚓"了两声,苦秀就将一块苹果递给我,说:"小哥哥,这是你的。"

我喜出望外,接过苹果,一口咬掉一大半,那个香甜啊,难以形容。

苦秀又递给哥哥一块苹果:"大哥哥,这是你的。"

哥哥不肯接："苹果是给你和爷爷吃的，不用分给我们。"

苦秀说："你不吃，我们也不会吃的。大家一起吃，苹果才好吃。"

哥哥终于接过那块苹果，称赞说："你真是个好孩子。"

此时，苦秀望着砧板上剩下的半边苹果，举着刀的手却迟迟不动。我忍不住催她："半边苹果有什么好看的？快切呀。"

苦秀懒得理我，又看了一会儿，才切下去。奇怪的是，她竟然把这半边苹果切成三块，两块给爷爷，一块留给自己。

哥哥莫名其妙地问："小妹妹，你为什么要把这半边切成三块呢？"

苦秀望着自己手里的一小块苹果，解释说："只有切成三块，才能把两边好的留给爷爷，中间有坑的留给我自己。"

我和哥哥一看，苦秀手里的那一块，果然有个指头大的坑，是挖掉烂点后留下的。

关键词:持家

> 同饮一杯酒,就是一家人。认门酒中饱含着暖暖爱心、浓浓亲情……

认门酒

侯晓琪

丁大民大学毕业后留在了省城,和省城女孩曾小红谈起了恋爱。这个小长假,丁大民准备带曾小红回老家,见见自己的父母。

路上,他告诉小红,在他们老家,有一种相沿已久的风俗——第一次带准儿媳准女婿回乡,得由新人出面,摆上一桌酒,请请对方的父母,一来表示尊敬,二来认认门,这酒啊,就叫认门酒。

"虽说现在对这风俗看得不那么重了,可在我们家,这顿酒却非请不可。"丁大民笑着说,"因为我爸呀,那可是真正的酒……酒徒!"他本来想说酒鬼,又觉得不礼貌,才一转口,改成了文绉绉的酒徒。

丁大民还说了父亲的一段往事。

丁老爸年轻时,在建筑工地上干小工,一天下来,累得直打虚晃,收工后非喝上几口酒解解乏不可,久而久之,就成了瘾。他也试着戒过,可刚两天,就直喊头昏,得去诊所挂吊瓶。恰巧那天,丁大民的高考录取通知书下来了,他赶到诊所,想把这喜讯告诉父亲,可丁老爸却不见了踪影。东寻西找,后来在本地最有名的富康大酒店后巷,找到了他。

原来大民的班主任给丁老爸打过电话了,得知自己儿子是全县的状元,丁老爸拔了针后,就想临时破戒,喝两口高兴一下。可到了酒馆门口,他却迈不进脚了:儿子考上了大学,以后花费会更多,这酒,还真是戒了好。

可不喝两口他心里过不去,憋得他在街头乱转。无意中他来到了富康大酒店的后巷。巷口高墙上,是酒店后厨的大排风扇,正呼呼地把饭菜的香味往外吹。立在扇下,他一拍脑门,有了主意:眼前这香味是现成的,何不借着它过过干瘾呢?他越想越得意,就从怀里摸出那个从不离身的小酒壶,耸鼻闻闻不要钱的香味,再低头嗅嗅空壶里残存的酒气,然后咧嘴"啊"的一声,像真喝了杯酒似的浑身舒畅。

他正陶醉着,大民过来了,一看这样子,就啥都明白了。大民强忍住泪,叫了声爸:"咱回吧。"丁老爸一摆手:"你先回,这里面的带把肘子要出锅了,我再闻它两鼻子。"

大民说完往事,拭了拭眼角。曾小红也有些唏嘘:"老人家真是不容易啊!这样吧,认门酒,咱们就在富康大酒店,订最好的酒席。"

大民一听,也激动了:"对,然后咱们就把老人接到城里来享享清福,也是做儿女的一份孝心。"

曾小红却不言语了。

第二天,两人到了家。丁老爸和丁老妈见儿子带着准儿媳回来了,高兴得眼睛眯成了缝。吃接风饭时,在丁老妈的允许下,丁老爸喝了几杯。嫌不过瘾还想多喝,丁老妈一句话:"小红第一次到咱家,你可别献了丑。"丁老爸就老实了。

吃喝间,大民说起了认门酒的事,丁老爸有些不以为然:"那些陈规陋习,现在谁还认,说它干啥?"大民赔着笑:"我和小红这些年在外,也没尽过孝,这次回来请您二老吃顿饭,也是我们的一份心啊!"

大民说得入情入理,丁老爸却皱起了眉:"这个啊,要说啊,我和你妈是真老了。这人一老啊,就特别恋家,除了自个儿的家,就是皇上的金銮殿也不想去。你说那富康大酒店,人来人往的,哪有自个儿家清静?还是算了吧。"

大民一听急了:"别啊爸,我和小红已经在网上订好了席,订的是包间,就咱一家,清静着呢!"

丁老爸略一沉吟,脖子一梗:"不去!我说不去就不去!"

说完,他竟拂袖而去,自顾自到里屋睡觉打呼噜去了。

大民傻了,看看小红,怕她不高兴。小红是准媳妇,不好掺和,心里却一阵暗喜。她是个很有个性的女孩,生活上讲究有自己的独立空间。先前听大民说打算把爸妈接到城里来,她就有些犯嘀咕,现在见丁老爸是个不爱金窝银窝只爱自己狗窝的守旧老头,只怕用八抬大轿来抬,人家还不愿进城呢。想到这,她不由松了口气。

丁老妈见大民和小红都不作声,犹豫了会儿,开了口:"大民、小红,你们别多心。你爸是犟,但还不至于不分好歹,要说啊,是这么回事。"

原来这些年,丁家的小日子有了起色。丁老爸心里一高兴,就又重拾了酒瘾,一喝起来就没个够,结果喝出了麻烦。

丁老爸喝过酒后,总是习惯性地睡一觉,可是那天他睡醒后,却发现裤裆湿漉漉的,冒着股臊气,原来是酒后失禁了。开始还隔三差五的,后来是酒后必睡,醒后必有这么一出。丁老妈托人询问了相识的医生,医生说:"这是长期饮酒过量引起的神经性反应,没治。要想好只有一个办法,戒!"

丁老妈说完,神色复杂,似乎想笑又想哭:"孩子,你爸一辈子要强,他是怕到酒店里喝了酒,万一又尿了裤子,当众出乖露丑,给你们俩丢人啊!好啦,这事我悄悄说给你们听,可别让他知道了,不然他老脸挂不住。"

接着,丁老妈拿起个小奶瓶,也进了里屋。

丁大民和曾小红面面相觑了半晌,曾小红突然一笑:"这样的话,我倒有个办法,不过,得你亲自去和老爸说。"她的主意是,超市有种专门给老年人用的纸尿裤,买来让丁老爸穿上,不就万事大吉了?

听她小声说罢,丁大民正暗自掂量盘算,就听里屋传来一阵哄闹,既有丁老妈的解释,又有丁老爸的吼叫,最后都化成了快活的笑声。大民闻声赶紧跑了进去。曾小红不好跟进去,只好坐在沙发上,正在疑惑,见大民飞快地跑了出来,冲她一挤眼:"成了,老爸同意了!"

第二天,一家四口来到了富康大酒店。面对美酒佳肴,丁老爸频频举杯,开怀畅饮。丁老妈怕他喝多,几次欲阻止,都被丁大民拦住:"妈,我爸好不容易高兴这一回,你就让他痛快地喝吧。反正有那个,那个,也不怕出啥问题。"

丁老爸闻声一瞪眼:"什么这个那个的,不就是纸尿裤吗?"说着,把一包东西丢了过来。大民接过一看,愣了:"爸,你没穿啊?"

丁老爸仰脖又是一杯酒:"我又没病,穿它干啥?"

大民傻了,转头去看丁老妈。丁老妈一笑:"怪我,这事怪我。"

原来,现今日子好了,丁老爸喝起酒来也由着性子。怕他喝多伤了身子,丁老妈就劝他拿着点量,可是丁老爸根本不听。

久劝不下,丁老妈就想了个办法。她用小奶瓶把邻居家小孩的尿装回家,趁丁老爸酒后熟睡,偷偷浇在他的裤衩上,制造出遗尿的假象,好逼他戒酒。那个相识的医生,也被丁老妈事先统一好了口径。

可巧昨天,丁老爸为自己不能领受大民和小红的孝心而烦恼,喝了酒后闭着眼正生闷气,不想丁老妈当他睡着了,又来作案,结果被他抓了现行,这才揭开了谜底。

丁老妈说到这,对丁老爸沉了脸:"我是故意被你抓着的。我想这个事啊,不能总瞒着掖着。趁孩子们都在,把它挑亮了,省得你一天到晚疑神疑鬼,对身体也不好。"

丁老爸咂咂嘴,对大民和小红说:"既然你妈这么说,我也表个态,这顿饭后,酒我是彻底要戒了。你妈她这是为了我好,我不能不识好歹啊!"

丁大民高兴得直拍手,曾小红却红了眼睛,她是被这一家人的亲情所感动了。她从没想到,亲情会是这么温暖,这么和煦。她端起一杯酒,声音有些发颤:"爸,妈,不是一家人,不进一家门。以后,我们就是一家人了。我和大民想请您二老去城里住些日子,好让我们表表孝心。来,我敬你们一杯认门酒!"

> 人生就像一场戏,不同的是:戏可以彩排,人生不能预演;戏可以暂停,人生却是现场直播;戏可以重演,人生不能重来。幸好,人生的剧本可以由自己来写……

这个女婿不简单

向曙红

岳丈进城了

老张和村里的哥们老关一起去城里办事,临行前,他给在城里打工的女儿打了个电话。上次他们进城,是老关的女儿女婿接待的,现在也该轮到他的女儿秀秀了。

到了约定的地方,秀秀没来,倒是秀秀的男朋友小壮来了。小壮满脸堆笑,解释道:"爸,秀秀在厂里请不动假,让我来接你们。"

老张脸一黑,没好口气:"去去去,谁是你爸了,叫得这么亲热。"

也不怪老张不认这个准女婿,实在是小壮太不给他长脸。老关的女儿找的对象是包工头,一年能赚上百万;可小壮除了长了一张油壶嘴没啥能耐,油腔滑调、浮而不实,连家里的房子都是全村最破旧的。

小壮碰了一鼻子灰,但热情不减,仍觍着脸,说:"我在王朝酒店订了座,专门接待两位长辈,王朝酒店可是这儿档次最高的酒店哟!"

谁不知道王朝酒店是这儿档次最高的?上次来,老关的女儿就是在这里请的客。老张见不得小壮那张嘴,皱着眉,但还是招呼着老伙计一起去了。

在包间里坐定,小壮就张罗着让大家点菜,大家都知道他手头不宽裕,没下狠劲,只随便点了几样。小壮不依了:"这哪行?得点些像样的。这样,服务员,螃蟹多少钱一只?"服务员说:"八十。""那,来十只。"

大家一愣,这派头也太大了吧!小壮眼都不眨一下,又问服务员:"鲍鱼多少钱一只?"服务员说:"有一百二十的,有一百六十的。"小壮豪气地一挥手:"一百六十的,来十只。"

就这两样,就得两千四百块呀,老张不得不说话了:"差不多行了,谁不知道你口袋里有几个子儿。"小壮说:"爸,没事,反正也用不着我自己买单。"

老张心里没底了,你小子不买单还要老子买单呀?小壮看出了他的心思,说:"这年头,谁自己掏钱买单呀?放心吧,我随便逮个朋友,就帮我将单给买了。"说完,又大手大脚地点了好几个菜。

老张心里一掐算,这一桌下来,没五千块钱打不住。面子是足了,老关的女儿女婿招待他们时也没这么排场过,可小壮是穷光蛋啊!

女婿摆阔气

老张提心吊胆的,生怕买单时小壮付不起账丢人现眼,所以吃得是没滋没味。这样吃到一半时,包间的门被人推开了,一个西装革履的年轻人走了进来,一进来就大呼小叫:"小壮!我在外面听着像是你的声音,果然是你小子!"

"哟,李局。"小壮赶紧站起来,向大家介绍这位是市城建局的李副局长,又将老张他们介绍一番。李副局长赶紧操起酒瓶子,给老张他们敬酒。

城里的大局长来给他们两个乡下老汉敬酒,他们受宠若惊,一味地客气。李副局长说:"甭客气,我和小壮什么关系?大家甭见外。"

敬完酒,李副局长问小壮:"单还没买吧?"见小壮点头,他冲服务员说:"这一桌我请,记我们城建局账上。"小壮装模作样地客气:"这哪好意思?"李副局长一拳擂在他肩上:"我帮你买的单还少吗?平时没见你客气,今天倒跟我假模假样了。好了,你们慢用,我那边还有应酬,就先告辞了。"

李副局长走了,大伙儿却都傻了眼,老关先反应过来,赶紧央求:"小壮,咱也不是外人,我那女婿是当包工头的,这段时间正没活儿呢。你和城建局的局长关系这么好,可得帮帮忙啊!"

小壮很爽快:"行,揽个工程什么的是吧?有机会我引荐引荐。"

大伙儿正说着话呢,一个中年人从包间门口经过,快走过去了,又回头冲里面望了望,然后叫了起来:"哟,小壮!"

"哟,赵局长。"小壮闻声迎了上去,然后向大家介绍,这位是市工商局的局长。

赵局长听说在座的是小壮的岳丈,也赶紧敬酒,并吩咐服务员:"这桌我请了,单子记在我们工商局账上。"服务员说:"城建局的副局长已经买过单了。"赵局长一拍脑袋:"被人家抢了头筹了,那怎么办?要不这样,大家在这住下,房间我开,晚饭我请。"

老张连连摆手,说他们下午得回去。赵局长挽留了几次都没成功,只得说:"那咱们得说定了,下次我请。"赵局长也忙,他也是在这个酒店有应酬,出去了。小壮便也随赵局长一起离开了一会儿,他说,他也得去给赵局长那边的客人敬敬酒。

这一下,老关的眼都看直了,说了心里话:"我以为我的女婿挺不错的,但跟小壮一比,差远了啊!小壮就一平头百姓,城建局、工商局的头头们争着帮着买单,这能量,厉害。小壮有这么厉害的关系网,终究会成大事。我看啊,秀秀很有眼光!"一席话,说得老张脸红扑扑的,眼睛笑成了一条缝。

掉进一个局

饭后,小壮亲自送两个老汉去车站。两个老汉都上了车,小壮正准备回呢,老张又从车上下来了。

小壮问:"爸,还有事?"老张看着小壮,眯眯笑,说:"小壮啊,我以前是看走眼了,你今天算是给我这老脸争光了。"小壮说:"没事,您满意就行。"老张一迭声地说满意,然后说:"你和李副局长关系那么铁,老关那事你可要上心啊,礼他送了,你可得多催催。"

"什么事?什么礼送了?"小壮脑子一时没转过弯来。

老张说:"就是帮他女婿揽工程的事啊,你出去给赵局长的客人敬酒的那会儿,老关去洗手间,又碰着李副局长了,他就央求那事来着。我们都知道,这年头托人办事总得花费点,刚好,老关的女婿不是给了他一张银行卡嘛,卡里有十万块钱呢,老关就连卡带密码塞李副局长兜里了。李副局长答应了,你可得多去催催,别让人家一忙将这事儿给忘了,到时老关会怨我们。"

听到这话,小壮的脸一下子就白了。老张问:"这事棘手?"小壮说:"不棘手不棘手,您放心好了。"他将老张送上车,撒腿就往回跑。跑到王朝大酒店,哪里还有"李副局长"的人影,他一屁股就跌坐在大堂的沙发里。

其实,那两个"李副局长""赵局长",都是他小壮临时找来的托,他连人家姓甚名谁都不知道。

小壮知道,老张一直瞧不上他,也是,人家的女婿都比他有出息。秀秀让他帮着接待老张他们,他就想到个鬼主意,打算借这个机会,改变人们对他的看法。他先放了几千块钱的就餐费在服务员那儿押着,又临时请了两个长得有点儿领导派头的"群众演员",演了一场戏,以此证明,他在城里混得非常开。

但哪知道,演得太逼真,老关当了真,居然塞给那个"李副局长"十万块钱。那个"李副局长"平白得了十万块钱,还不一溜烟跑了?小壮知道,不可能再找得到他了。

没办法,小壮只得垂头丧气地去见秀秀,秀秀问他咋了,这事儿已经瞒不过去了,小壮只得照实说了。秀秀一听,气得跳起来:"你怎么干这种事?骗我爸和关大伯?"

小壮哭丧着脸,说:"我不就是为了个面子吗?"

"但关大伯损失了十万块钱呀,怎么办?"秀秀拿出手机,"报警吧,兴许警察能帮着将钱追回来。"

小壮一把夺下了秀秀的手机:"不能报警,报不得呀!"

"为什么?"

"你想想,报了警,警察就要找关大伯了解情况吧?这样,我找人骗他们的事不就全漏了吗?到时候,我还能抬起头来做人吗?"

小壮说得是,这事要是传出去,村里人还不笑掉大牙,爸爸更不会同意他们的婚事。秀秀也没辙了,问:"报警不能报,关大伯那十万就这样打了水漂?"

小壮一咬牙:"大不了,我将那十万块钱还给关大伯,就说,事儿不好办,人家将钱退给他了。"

"说得轻巧,十万啊,你有吗?恐怕你连一万都拿不出吧。"

小壮还真拿不出一万块,他身上那点钱,几乎全在那一顿饭上花掉了。但除了还钱之外,他再无退路可走。

局外还有局

其实小壮也不是一无是处,他搞装修的手艺还是很精湛的,只是他平日里老梦想着发大财,小事不愿做,大事又轮不上他,所以混来混去还是一副穷模样。现在十万块钱的债压在头上,而且,那像定时炸弹似的,不知道什么时候这事儿就引爆了。没办法,他不能再混日子了,赶紧挣钱吧。

他像变了个人,再小的装修活他也接,得攒钱呢。老张时不时地打电话来,催问事儿办得怎么样,小壮只能硬着头皮敷衍:"爸,您放心。人家拿了钱,肯定会将事给办了,要是实在办不了,人家一定会退钱的。这是规矩。"

老张说:"那我和老关等着。"

老张的每一通电话,都像催命符,逼得小壮只有下死力气挣钱。到快过年时,谢天谢地,十万块钱总算挣着了。当秀秀和他一起,将那一大摞钱用报纸包好,他俩有些不敢相信,小壮居然就以装修民工的手艺,一年挣了这么多钱!

两个人回秀秀家去了,小壮将那一摞钱交到老张的手上,还死要面子,说:"爸,李副局长那边事儿有些难办,他干脆将钱退回来了。你将钱还给关大伯吧。"

老张并没接钱,笑眯眯地看着小壮,说:"小壮啊,这一年你黑了,瘦了啊!这钱就不用交给关大伯了,你用这钱将你家的房子翻修一下,准备和秀秀将婚事办了吧。"

小壮急了:"爸,这可不行。这钱是关大伯的,咱不能用。"

老张说:"什么关大伯的?你真以为关大伯会傻到去给一个不相干的人送钱?还副局长呢,你以为我相信?"

小壮愣住了。老张这才正色道:"你要真那么有能耐,早就发达了,还能让秀秀在服装厂里累死累活?你那天是给足了我面子,但我不会傻到真的相信。你要骗我是吧?那我索性骗骗你,看你小子怎么办!"

小壮这才醒悟过来,脸一下子红了,嗫嚅着问:"关大伯给人家十万块钱的事,是假的?"

老张点了点头:"我就想看看,你怎么收场。但你总算还不赖,死要面子活受罪,还是将这十万块钱挣着了,没让我失望。"

说到这里,老张语重心长起来:"小壮啊,做人可不能嘴上跑火车,要脚踏实地啊!你往年都没挣着什么钱,今年这一逼你,你不简单啊,挣着十万了。你要是每年都能挣着十万,还愁没好日子吗?有谁会瞧不起你?也就是你这一年的表现,让我明白,你只要脚踏实地还是有能耐的,我这才同意你和秀秀的婚事。你今后可要改掉你那华而不实的毛病啊!"

一席话,说得小壮惭愧地低下了头。这个岳丈,厉害啊!

关键词:持家

> 爸爸,儿子长大了,该自由飞翔了;作为爸爸,他不会扶着你飞,但是,他会注视着你,教会你如何持家,如何做人。

父子约定

阿 宇

那年,我从商学院毕业,满怀期待地打算进父亲的公司工作,没想到父亲只说了一句"海阔凭鱼跃、天高任鸟飞",没有给我任何机会。血气方刚的我一气之下摔门而去,下定决心要靠自己闯出一番天地。

我好不容易找到一个很有发展前途的项目,可百般筹措,还是缺少二十万元的启动资金,犹豫再三,我决定回一次家,向父亲借钱。

让我意外的是,父亲一口答应了我的请求,他说,钱没有问题,但有个条件,说着父亲递给我一张纸,上面写着一个人的名字及住址,"条件很简单,你每月10日前把五百元汇到这个住址,不可延误,更不可间断,如果没有问题,二十万就是你的了。"

父亲所提的条件和二十万资金相比,根本不值一提,我甚至觉得,一向强硬的父亲是不是想用这个方式,间接化解我和他之间的矛盾?

父亲见我有些兴奋,接着又说:"不过,为了防止你违约,你必须将你的公司资产作为抵押,也就是说,你一旦失约,我将随时有权清算你的公司。"

不就是每月汇一回款吗?我毫不犹豫地答应了父亲。

我拿着二十万元创办了公司,工作很忙,常常不分昼夜。一年后,在我的苦心经营下,公司渐渐有了起色,至于汇款的事,我在手机里设置了日程提醒,从未出过差错。就在我踌躇满志地希望有一天也像父亲那样,成为一名优秀企业家的时候,一次意外毁灭了我美丽的梦想。那天我刚拜访完客户,又谈成了一笔生意,心情好得无与伦比,就在这时,手机响了,电话那端自称是父亲的助理,他说受父亲委托,明天将收回那笔二十万元的借款。

这让我一下子蒙了:"为什么?"

"因为你忘了和你父亲之间的约定。"

我这才想起,一个月前我换了新手机,忘记将汇款的事输入日程了,我刚想解释,对方却惋惜地说:"别怪你父亲,要怪就怪你自己吧。"然后便挂了电话。

放下手机,我只觉浑身瑟瑟直抖,我当即赶往父亲的公司,直冲父亲的办公室,开口便道:"爸爸,你助理的那个电话说的是真的吗?你……"我不愿说出后面的内容,我不相信那是真的。

父亲没有回答,只微微点了点头。

"爸爸,请你再给我一次机会,我这就去将上个月的汇款补上,保证以后再也不会忘记了。"说这话时,我面对着父亲,双膝不由自主地弯了下去,整个身子向前倾斜,近乎乞求般地看着他。这么多年来,这是我第一次如此诚恳地向父亲道歉。

停了片刻,再开口时我的声音有些哽咽:"你知道吗,这一年来我付出了多少努力,好不容易才有点起色,不能就这样放弃了!"可是父亲对我的言行似乎无动于衷,脸上的表情和那年拒绝我进公司时一样冷峻。

"爸爸,求你看在妈妈的面上,原谅我一次好吗?"我无计可施,竟将死去的母亲抬出来作为最后的砝码。母亲在我十岁那年因一次车祸离我而去,从此这个家就只剩下父亲的训斥与我的叛逆。

或许是我的话触动了父亲,他坐到沙发上,点上一支烟,思忖着什么。我以为他会改变主意,但我错了,他看着我说:"儿子,我很想原谅你,可是不能。抱歉,我必须这么做。"

我简直崩溃了!我恨透了父亲,又一次摔门而去。我不明白父亲为什么要这么对我,只不过是一次小小的失约,他竟然如此绝情。

瞬间,我又回到了原点。公司清算后,我整天浑浑噩噩,用睡觉、网络游戏填充着每日的生活。两个月后的一天,我打开抽屉想要再找张游戏碟,无意中看到了那沓汇款单的存根,我气愤地把它们揉成一团打算扔掉,忽然脑海中灵光一闪:父亲如此重视这个汇款,收款人和父亲之间到底有什么特别的关系?父亲为什么要用汇款作为借钱给我的条件?带着一连串的疑问,我决定去"拜访"那位收款人。

收款人叫"张秀丽",我曾多次在汇款单上填写过她的名字,让我意外的是,她竟是一位一百零五岁高龄的老太太。老人看起来还算健康,见到我也不戒备,原来她把我当成来采访她如何养生的记者了。我假装问了几个有关保养的问题后,便将话题转到我预先设计的轨道上,这才知道老人无儿无女,多年来孤身一人,她年轻时没有工作,七十五岁那年丈夫死后全靠人赡养,才活到现在。

我敢肯定,支付张老太太赡养费的正是父亲,正当我想询问老人家赡养者是谁时,她却突然借口说累了,拒绝了我的进一步

"采访"。

从张老太太那里回来后,我对父亲的怨恨减弱了许多。不管父亲为什么赡养老太太,三十年如一日的行为令我感到钦佩。我重新振作起来,找了一份工作打算从头做起,不久后,我因表现出色升了职,只是那些疑惑仍时常困扰着我。

谜底是父亲揭开的。

一个周末的夜晚,父亲给我打了个电话,说要给我看一件东西。自从上次和父亲争吵后,我们再没有见过面,这次父亲如此急切地找我,我猜想一定有重要的事。

在父亲宽敞的办公室里,父亲递给我一个棉布包裹,打开一看,里面是一个玉手镯。这是个佩戴过很长时间的手镯,圈口外有明显的碰撞痕迹。父亲说:"你不是一直记恨我清算了你的公司吗?孩子,这个手镯就是答案。"

手镯是张秀丽老人的。三十年前,张老太太的丈夫去世后,张老太太既无工作又无子女,便决定将家里唯一值钱的玉手镯卖掉,渡过难关。父亲那时刚开始创业,他看出这个手镯升值潜力很大,决心要把镯子买到手,可他资金有限,出价自然比不过那些有钱人。父亲灵机一动,提议分期付款,每月支付张老太太一笔赡养费,直到她去世。张老太太一想,这倒是个稳妥的好办法,便同意了。那个时候,张老太太已经七十五岁了,其实父亲是打过算盘的,哪怕张老太太活到八十五岁,自己还是赚了。后来,父亲拍卖了这只镯子,得到了第一笔启动资金。只是,父亲没想到张老太太竟又活了三十年,这三十年来不断付出的赡养费早已超过了手镯本身的价值……

"昨天,张老太太过世了……这是我做过的最亏钱的买卖之一!"父亲感慨地说,"可是儿子,你知道吗?这也是我一生做过的最赚钱的买卖!张老太太和我素昧平生,却相信我,在只收到相当于几个月赡养费定金的情况下,就把镯子交给了我。这个镯子教给我从商最重要的素质——诚信,诚信让我成为一名优秀的商人。发迹后我把镯子又买了回来,时刻提醒自己。"我听完后,心中百感交集,只听父亲接着说:"其实,从你策划第一个项目开始,我就一直默默关注着你。你那些项目大多急功近利,有的还想尽办法钻政策的空子,打擦边球。我以每月按时汇款为条件,就是想提醒你从商的基本准则,但你没有醒悟。我知道,如果再不给你一个教训,你只会在危险的道路上越走越远,所以抓住那次你忘记汇款的机会,清算了你的公司⋯⋯"

原来是这样!我的眼泪一下涌上眼眶,当时我春风得意,胆子也越来越大,在父亲清算我公司的前一刻,我正在策划一个利润丰厚但有多处违规操作的项目⋯⋯

那夜,父亲和我谈了许多,我听得很认真,最后父亲问我愿不愿去他的公司,我回绝了。我对父亲说:"爸爸,儿子长大了,该自由飞翔了。"

关键词:持家

> 对于养家的看法,人和人之间有很大的区别。有时候,和别人交流,仿佛是接受了一次心灵的洗礼。

洗礼

何 燕

我是一家广告公司的项目经理。这天清晨,我独自开车来到山里,寻找今年省高考状元石涛的家。山路狭窄难行,几经周折,我才找到了石涛的家。那是一间极其简陋的茅草屋,可就在这样的环境里,竟出了石涛这个高考状元。

石涛是个黝黑憨厚的小伙子,我当即提出,只要石涛接下我的眼镜广告,立马就给他十万元的报酬。

听到我的话,石涛和他的母亲都是一脸的惊讶。我赶紧跟石涛介绍这个眼镜广告:"其实很简单,你只要说,彩虹眼镜助你成为高考状元之类的话……"

这时,一直沉默的石涛突然打断说:"这不是让我说谎吗?我不干。"石涛的母亲一听石涛说不干,着急得直拽石涛的手。我笑了笑,给石涛讲了一个故事:

六年前,大西北的一个学生以全省最高分考上了重点大学,可面对体弱多病的父母和家徒四壁的家,他绝望了。这时,一个学生复读机的广告商找到了他,就这样,这个学生为自己挣得了读大学的所有费用。毕业后,他还找到了一份很不错的工作,现在已为家里盖了新房……

我最后说道:"这个学生就是我!你想,如果当初我不接受这个广告,现在会是怎样呢?"

石涛的母亲听我说完自己的故事,就对着石涛劝道:"你不干,就没有学费。没有学费,你怎么读大学?"看石涛不说话,他母亲竟哽咽起来,继续说,"你不为自己,也该为你姐为你爸啊,你姐为了你放弃了上大学的机会,你爸为了你,成年累月在深山里干活。还有这房子,一到刮风下雨就漏……"

看着母亲伤心的样子,石涛叹了口气,说:"两天后我给你答复吧。"

两天后,我一大早就赶到了石涛的家,结果,只有石涛母亲一人在家。细问之下,我才知道,石涛昨天已离家,说是去找我。可我并没有遇到啊,路上会不会出了什么问题?我不由得紧张起来。

石涛的母亲喃喃地说:"不会的,自己的娃儿自己知道,他是怕我逼他答应你,偷偷溜出去打工挣学费了。"说着,抹了一把眼泪,转身走了。

这下,我呆住了!找不到石涛,我的生意就砸了,砸了总公司交给我的第一个项目,这对我的前途影响不小。

我急忙追着石涛的母亲问,石涛最有可能去哪儿打工?可她只是抹着眼泪说不知道。

无奈之下,我掏出一千块钱和名片递给石涛的母亲,说:"如果知道石涛在哪儿,记得给我打电话。"她看了看钱,没有接。

我叹了口气,把钱放在地上,失望地转身走了。突然,身后传来石涛母亲的声音:"你去山那头看看,他可能在他爸爸那里。"听到这话,我不禁欣喜若狂,立刻开车前往。

经过一路的打听,我开了好久的车,终于在盘旋曲折的半山腰上找到了石涛父亲的住所。那是一座简陋的草屋。我叫了几声,没人应,见门没上锁,便轻轻推了一下,门"吱"的一声开了,屋里的摆设十分简陋。突然,我看到墙上挂着一件学生的校服,这不由得让我眼前一亮,看来,这石涛八成在这里。

然而,等了一个多小时,他们还没回来,我决定沿着山路上山寻找。山上林木翠绿,古树参天。让我惊奇的是,在岩石边上,我竟然看到了黄花梨!这就是名扬天下的"木中黄金"哪!它竟这样不择地势地在这里顽强生长。

我在山林里来回走了好多次,渐渐有些迷路了,只好坐下休息。不知过了多久,一阵悠扬的乐声传来,那是用树叶吹出的声音。我不由得顺着这个声音往前走,走了没多久,居然看见了石涛父子俩。石涛看见我时,很淡定,依旧没有说话。倒是石涛的父亲憨厚地朝我笑了笑,并热情地邀请我去他家坐坐。

就这样,我跟着石涛和他父亲,来到他们的家。石涛的父亲乐呵呵地开始煮饭炒菜,石涛在一旁帮忙生火。

我在石涛旁边蹲下,继续游说:"石涛,只要你答应为这个眼镜做广告,公司除了全包你上大学的所有费用,另外再追加二十万给你家盖房子。"

听到这话,石涛父亲拿着铲子的手僵在了半空中,石涛却依旧平静地继续往灶里添柴。

我见石涛还是不说话,只好向石涛的父亲求助。石涛的父亲看了看我,又看了看石涛,说:"这事还是由石涛拿主意!"说着,继续炒菜。

突然,石涛抬起头,盯着我说:"我有今天,帮助我的不是你这个眼镜,而是我父亲!他为了我,辛苦了大半辈子。如今儿子成为状元,是他多么值得骄傲的一件事!我怎么能为了钱就在电视里对大家说,帮助我的是眼镜?做人要懂得感恩哪!"听到这里,石涛的父亲也愣住了,屋里顿时一片寂静。

在他们的沉默中,我惭愧地走出了屋子。在我下山时,石涛追了上来,说要送送我。

路上,石涛指着岩石里长出的黄花梨问我:"你知道这是什么吗?"我点了点头。

石涛继续说:"这么贵重的黄花梨都在这样的环境生长着,更何况我们人呢?所以我现在一点也不觉得苦。我比你幸运,我父母健康,我父亲的老板知道我的情况后,已招我为暑假工。到开学时,我还可以去银行贷到免利息的学费。我有这样的优待,还奢求什么呢?"

听了这些,我的内心被震撼了,我无言以对。分手时,我用力地拥抱了石涛一下,然后一头扎进了车里。回去的路上,我流泪了,为我父亲,也为我六年前说的那句话:"助我成为状元的是——光明复读机!"当时我怎么就没有石涛这种顽强的生存力和感恩的心呢?

回去后,我以匿名的形式给石涛汇了五千元钱。我还下定决心,在以后的每学期里,我都会以这种形式资助石涛,直到他大学毕业。

◇ 仁人之于弟也,不藏怒焉,不宿怨焉,亲爱之而已矣。　——《孟子》
◇ 为人兄者,宽裕以诲;为人弟者,比顺以敬。　——《管子》
◇ 请问为人兄?曰:慈爱而见友。请问为人弟?曰:敬诎而不苟。——《荀子》
◇ 善兄弟为友。　——《尔雅》
◇ 只孝弟是行仁之本,义礼智之本皆在此:使其事亲从兄得宜者,行义之本也;事亲从兄有节文者,行礼之本也;知事亲从兄之所以然者,智之本也。……舍孝弟则无以本之矣。　——(宋)朱熹
◇ 至于兄弟之际,吾亦惟爱之以德,不欲爱之以姑息。教之以勤俭,劝之以习劳守朴,爱兄弟以德也;丰衣美食,俯仰如意,爱兄弟以姑息也。姑息之爱,使兄弟惰肢体,长骄气,将来丧德亏行,是即我率兄弟以不孝也,吾不敢也!　——曾国藩
◇ 兄弟与父子不同,只可以恩,不能以威。故孔子发怡怡之义,孟子所谓亲爱之而已矣,皆所谓人伦之至也。　——康有为
◇ 兄弟姊妹,日相接近,其相感之力甚大。……故年长之兄姊,其一举一动,悉为弟妹所属目而摹仿,不可以不慎也。　——蔡元培

第三章 兄友弟恭

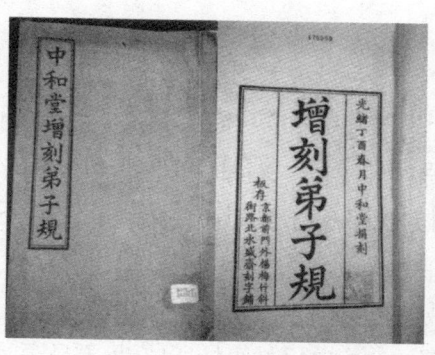

- ◇ 兄弟阋于墙,外御其务。　　　　　　　　　　　　——《诗经》
- ◇ 兄弟虽有小忿,不废懿亲。　　　　　　　　　　　——《左传》
- ◇ 兄爱而友,弟敬而顺。　　　　　　　　　　　　　——《左传》
- ◇ 二亲既殁,兄弟相顾,当如形之与影、声之与响。——《颜氏家训》
- ◇ 兄弟敦和睦,朋友笃诚信。　　　　　　　　　——(唐)陈子昂
- ◇ "兄弟致美。"救乏、贺善、吊灾、祭敬、丧哀,情虽不同,毋绝其爱,亲之道也。　　　　　　　　　　　　　　　　　　　　　　　　　——《左传》
- ◇ 朋友切切、偲偲,兄弟怡怡。　　　　　　　　　　——《论语》

关键词：手足

> 小小患了尿毒症，所幸她的哑巴哥哥与她配型成功了。可就在要动手术的节骨眼上，哑巴哥哥失踪了……

哑巴失踪

杨金凤

医院里有个患尿毒症的乡下女孩，名叫小小，陪她来的哥哥是个哑巴，整天挂着一脸憨笑。女孩的命很苦，自小就失去了父母，是哥哥一手把她拉扯大的。家里的钱都花光了，哥哥不肯看着妹妹在家等死，就用自己做的木头小车，一路风餐露宿、披星戴月，推着妹妹来到了省城大医院。

很多医生都被他们的兄妹真情所感动，于是医院经过研究，决定免费为女孩做换肾手术。这捐肾人，自然就是她的哑巴哥哥。

医生带哑巴哥哥去做配型检查，结果一切都很顺利，手术时间也迅速确定下来了。哑巴哥哥还不知道医生要他干啥呢，仍旧傻乎乎地一直憨笑，跟在医生后面上楼下楼。

医生把他带到办公室，比画着告诉他，要把他的肾换到妹妹的肚子里去。打了半天手势，说得满头大汗，哑巴哥哥这才明白是咋回事。顿时，他脸上的笑容一下子僵住了，吃惊地望着医生。

医生看了看他的脸色，跟他解释道："把你的肾换给妹妹，你妹妹就能活；不换，你妹妹很快就要死了！"

这次,哑巴哥哥倒是很快就领会了。他一脸沉重地低下脑袋,似乎在犹豫不决。过了一会儿,他才抬起头,朝医生重重地点了点头。医生高兴地拍拍他的肩膀,让他回去等着手术。

可让人没想到的是,当天下午,哑巴哥哥就失踪了。

整整一晚,他也没回到医院。第二天整整一天,还是没见他回来。他的行李衣服什么的都还在,带来的钱也在,看来走得很匆忙。

医生问小小:"你哥哥到底去哪儿了,走的时候,跟你说什么了吗?"

小小说:"他告诉我,要回家一趟!"

医生心里咯噔一下,想起了跟哑巴哥哥说换肾的时候,哑巴的脸色并不好看。医生不禁皱起了眉头:马上就要进行手术了,他还跑回家干什么?难道他故意躲起来了?

小小又担心又疑惑地问:"我也不知道哥哥为什么回家,他不识字,又没来过省城,会不会走丢了啊?"

医生自然不敢说出心里的疑惑来,怕小小伤心啊,就安慰她说:"不要紧,我们派人出去找找看,一个大活人,丢不了的!"

一切都准备妥当,就等着这个肾了,可关键时刻这个"肾"居然失踪了!而病人的病又拖不起,这可把医生急坏了。

又过了一天,哑巴哥哥还是没有出现。整个医院的医生护士都知道了这件事,大家虽然嘴上不说,可心里都猜到了,小小的哥哥一定是跑了!过去,医院也经常发生这样的事,病人送来了,一听说要做手术,要换肾换肝,要几万块、十几万块的手术费,那些亲人就会突然无缘无故地消失,把病人扔给了医生,直到病人出院,也没有露过脸。可是,这个病人的情况还是很特殊的,哥哥对妹妹那么好,而且又是自己一手带大的,谁都没想到居然也会出现这个情况。大家心里都十分感叹：人哪，毕竟是自私的！

担心小小受不了这个打击，医生和护士都没有在她面前问起哥哥。可尽管这样，小小从大家的脸上也看出来了。她一下变得沉默寡言起来，脸上再也看不见笑容了，整天只是默默地掉泪。

凑巧，医院里来了位探病的记者，听说了这件事，感觉这是个好素材，就过去找到小小采访。

记者问小小："看情况，就只有你哥哥能换肾给你，可现在他失踪了，你心里怎么想的？"

小小流着泪生气地喊起来："你们乱说，我哥哥不会丢下我不管的，他一定会回来的！"

记者不敢再刺激她，结束了采访。第二天早上，这则新闻就在报上登了出来。中午，医院里涌进来很多人，都是来向小小表达关心的，还有几个人表示愿意给小小捐肾。经过检验配对，很快就确定了一位符合条件的女孩。

手术很快就要进行了，捐肾的女孩已经穿上病服，躺到了小小旁边的床上。正在这时，一个人急匆匆地挤进了病房。一看，居然是失踪多日的哑巴哥哥。

他看了看躺在床上的女孩，不由分说，上前就把女孩拉了下来，冲女孩笑了笑，然后自己躺了上去，拉上被子。大家看到这一幕，不禁都愣住了：他怎么又回来了？

小小见到哥哥，惊喜交集，迫不及待地向他打手势问话。哑巴哥哥嘴里哇哇叫着，比画着也向妹妹打起了手势。

小小怔了怔，又飞快地用手语打出一句话。就这样，兄妹俩用只有他们能看懂的手语交流了起来。可过了一会儿，妹妹突然泪如雨下，"哇"的一声扑到床上痛哭不止。

哑巴哥哥一看，慌忙跳下床走到妹妹床前，伸手轻拍着妹妹的背。妹妹扑在哥哥怀里,哭得像个泪人似的。

在场的人都糊涂了:这到底是咋回事?不过,有一点是肯定的,手术还得再推迟。

那位记者轻轻走了进去,十分疑惑地问小小:"大家都想知道,刚才,你和哥哥到底在说什么?"

小小抹了一把泪,哽咽着说:"我问哥哥,回家干什么?医院免费给咱们做手术呢!哥哥说他知道,他回了几天家,把家里的地都种下了庄稼;怕我做手术后看不了,家里的牛和羊也都卖了;劈了一天的柴,可以烧半年;还有,水缸里也挑满水了……"

记者惊讶地问:"你哥他……为什么?"

小小脸上又是笑又是泪,说道:"我也是这样问哥哥,哥哥说,医生要把他的肾换给我……哥哥还说、还说,等做完手术,就把他在城里火化,包点骨灰回去好了,拉回去要花很多钱……"

在场的人恍然大悟:原来哑巴哥哥并不是丢下妹妹跑了,而是回家给妹妹准备好手术后的一切——他以为把自己的肾换给妹妹,自己就要死了!

记者的眼眶顿时湿了,走过去使劲握着哑巴哥哥的手,说了一句:"你是个好哥哥!"

哑巴哥哥不知道记者说什么,只是一个劲地笑。然而此刻,谁都觉得,他的笑容是那么可爱。

关键词:手足

> 人心是门,也是墙。凡墙都是门啊!只要想通了,所有墙都能变成门。

祖传书案

王长昆

分家产

清代道光年间,有家"裕和丰"的酿酒作坊,前店后坊。酒坊后头又套个小院,是店主薛二爷的家宅。

薛二爷圆脸薄唇细目短髭,待人实诚,不光会酿酒,肚里还有墨水,闲时,还总好翻书弄墨。薛二爷中年鳏运,发妻没了后,只给他留下俩小子——老大薛福、老二薛祥。薛福模样脾气跟他爹一个样,温良好学,常帮衬着店里。薛祥瘦得赛麻秆,细皮黄面驼鼻小眼,打小就是个精明的主儿,长大后心思也没用到别处,都放在赌桌上了,为此,薛二爷总被气个半死,还将他赶出过家门。

气生百病,积郁成疾。薛二爷预感时至,把兄弟二人叫到身边,说道:"往后没我,这作坊你哥俩要一块经营。两间正房你俩一人一间。再有就是我那间小书房,和我多年攒下的十五两银子,你俩任选其一?"

薛福说:"兄弟你挑吧。"薛祥寻思:书房对自个儿没啥用,倒不如十五两银子使着顺手!唉?不对呀!以前爹不是总说自己辛苦大半辈子才攒下了三十来两银子,怎么这下就剩十五两了?坊里添了新家什?还是背地先给了我哥一半?可这节骨眼上又不便多问,于是支吾道:"我,就要银子吧。"

不久,薛二爷魂归道山。

开头,薛祥也消停了一阵子。时间不长,便又觉手痒。没几天,十五两银子就打了水漂,还欠绸缎庄的荀老板十来两。柜上那点钱全划拉一起不够穿一吊,坊里的家什也值不了几个钱,可把薛祥急惨了。

偷书案

这几天,薛福出门去进高粱。只薛祥在店。

一天早上,坊里无客,薛祥无聊。这时门外进来俩人,为首的正是荀老板。荀老板进门就嚷:"欠我那银子啥时能还?"薛祥忙迎出。"近来手头紧,等凑足钱一准给您送去。""凑不足不有这作坊吗?"荀老板说着便往里溜达。

进到里宅,荀老板东瞅西摸,两间正房里没啥值钱玩意。他扭屁股来到院里锁着的书房跟前。荀老板舔手指抠窗纸,闭右眼瞪左眼往里瞧,书架上净是书。他一眼瞅见冲门摆着张大书桌,左眼登时一亮。

人分三六九等,木分花梨紫檀。荀老板吃过见过。见那木质金黄温润,不静不喧,纹理若水泄云行,难得的独板平头蚂蚱腿夹头榫黄花梨书案。黄花梨木在那时已然濒临绝种了,甭说找这六尺长四尺宽的独板案子。"没钱就把那书案抵给我!"薛祥脑瓜转轴快,觉出这桌子非同寻常,搪塞说:"门钥匙在我哥手里,他得过两天回来。过后还不上钱,屋里家具您都拉走。"

晚上,薛祥躺在炕上琢磨,真没想到这桌子还能值钱。爹攒的银子肯定不只十五两!分家产前兴许把一半钱就给我哥了。他俩算计好了我得要银子。给老大这屋子不值钱,可桌子值钱。怪不得老大平时把门锁得这么紧,怕人偷呀?想到"偷"字,他心就一扑棱。何不把桌子偷卖了?老大回来,就说门让贼给撬了。及早别及晚,说着薛祥就托油灯出了门。

老锁几下就给撬开了。薛祥溜进屋关好门,顺手把油灯放窗台上。冷不丁抬眼,瞧见墙上挂着他爹的画像,他觉着爹在盯着他,头皮发麻。他猫腰刚挪动桌子,就觉着背后油灯的火苗簌簌抖动,薛二爷的画像在闪抖的光影里时明时暗。他扭头,门挺严实,没风!薛祥脊梁沟儿冒着凉气,可还得继续搬。身后的灯苗子又开始跳。他使劲咳嗽一声,油灯马上就又好了。

他手扣案面两边往上抬。越怕越马猴吓,灯苗又抖。他自个儿的影子在桌面上来回晃。忽然,他瞅见乱影晃动的桌面上有张鬼面,有头发有脸有鼻子有眼,丑陋狰狞,可把他吓坏了。一撒手,书案"哐"的一下墩到地上。同时,身后的油灯"噗"的一下就灭了。一般人害怕都喊"我的娘",他大叫"我的爹",吓得魂飞,兔子似的跑回屋。

转天,受好奇和利欲心驱使,薛祥决定白天动手。晌午头,他又摩挲着蹭进屋。这回他先找那油灯,稳稳地在那,灯芯滑落到窗台上,灯碗里油见底了。他往下找,洒哪了呀?接着就发现桌腿后边旮旯有个小圆洞。

立时,他猛然醒悟,是耗子洞。昨天夜里,灯苗子总是晃动,肯定是耗子出来偷上面的油带动了灯芯所致。油灯突然断灭,应是桌子墩地的声音惊动了正吃油的耗子,惊窜而逃时带掉了灯捻儿。

自己离开后,耗子又回来把油吃干,要不为嘛满盏油此刻都干碗儿了呢?还当是偏心眼的爹显灵了呢!

薛祥慌乱地赶紧动手。可折腾半天,桌子也没鼓捣出去。

怕啥来啥。"兄弟,我回来啦!"门口这一声不要紧,薛福欠点没坐地上。昨晚魂飞,这回魄散。一条成语凑齐啦!

"今年去早了,高粱还没正式熟,回头再去……你……这干吗呢?"

"我……"薛祥急赤白脸,老太太吃热山芋——闷口了。瞧见地上的锁头,又瞥见门口的书案,薛福明白八九分。

拆屋墙

毕竟,爹没了长兄如父,薛祥蔫头耷脑跟薛福吐出实话。

薛福叹口气,"我过去听爹提过,这是条黄花梨案子,祖辈传下的。你看桌面上的狐狸头和鬼脸纹,正是黄花梨木特有的疤疖,细腻难得!"薛祥这才明白昏暗中看到的原是状如鬼脸的木疖。过去上面老摞着书,从没在意。

"这书案传下来是要提醒后人读书上进,爹说啥时也不能卖。可欠债还钱,天经地义。你要答应今后走正道,咱就卖桌子。"薛祥说:"哥你放心,往后我再不要钱了!"

哥俩开始抬桌子。可门的宽窄总差一点,怎么颠摆也搬不出去。当初肯定是把书案围在里边盖的屋子。书案无法拆卸,薛祥憋得心急火燎。不经意间,他的眼神落在了耗子洞上。"有了,哥!咱可以拆屋墙啊。把门拓大了,搬出桌子重垒墙装门呗!"薛福想只好如此,哥俩着手拆门。兄弟同心,其利断金。不一会儿,连门带框被撂倒在地,跟手二人使锤砸墙。

正砸着,突然从墙砖里滑出一物,"吭"地掉在地上。薛祥忙捡起,是个黄绫子布袋,里面硬梆梆的。薛祥解开袋绳,"哗啦",倒出足有十五六两散碎的银子。哥俩面面相觑,薛福说:"想必是咱爹在你我都不在家时成心放进去的。"

薛祥一拍大腿,"哥,我全明白啦!咱爹过去是不提过他有三十两银子?""是说过!""其实爹早就料到了我还会输钱。一旦还账,准得变卖家中最值钱的书案。而祖辈人不想叫后人卖它,才做成小门。要搬走只能拆墙。爹情非得已只好留这手。拆墙露银,好让咱使这钱还账。祖传的书案才得保存!"

"兄弟,是这个理!老人家真是煞费苦心啊!这书案咱可不能卖。还得传给咱后辈人,教育他们用功读书,善以为人啊!"

薛祥再也忍不住,跪倒在薛二爷的遗像前失声痛哭,说:"哥,这疑心也是人身上的毒啊!我原以为咱爹偏心你呢!"薛福说:"人心是门,也是墙。凡墙都是门啊!就像这屋子,哪有什么墙和门之分?只要想通了,所有墙都能变成门,任由出入!""是啊,哥。不过砸开墙,可不能把里面的宝贝倒腾出去,而是叫外头的阳光和新鲜空气透进去,让里面的宝贝更润泽亮堂!"

"想来后怕,这次我要晚回来会儿,没准你就把书案倒腾走了。"

"哪能呢,哥。你没瞧见,两层院门跟这屋门宽窄差不离吗?我总不能把咱这作坊都拆了吧!"

关键词：手足

> 岁月悠悠，时光流转，带不走的是那份牵绊多年的深情厚意……

兄弟鞋

田 光

大宝和二宝是孪生兄弟，十八岁生日那天，母亲送给兄弟俩每人一双千层底布鞋。这两双布鞋是母亲亲手做的，密密麻麻的针线里，缝满了母爱。兄弟俩是孝子，他们决定去县城买点东西，也送一份礼物给母亲。

吃完早饭后，大宝和二宝穿上母亲做的布鞋出发了。他们还没有来到县城，就碰见一队国军，军队里还有些民工，每人肩上都扛着一箱弹药。兄弟俩躲避不及，被一伙官兵抓住，两只沉甸甸的箱子，立刻压到他们的肩上。大宝和二宝被迫扛着弹药，迎着呼啸的寒风，跟随队伍小跑着前进，离家越来越远。

两天后的黄昏，天空飘起了雪花，枪炮声突然在雪花中爆响。队伍立刻大乱，二宝跟着乱哄哄的队伍，冒着枪林弹雨，一会儿向东跑，一会儿向西跑。枪炮声停息的时候，二宝才发现，大宝不见了。

二宝想回头去找哥哥，一个长官拦住他说："那边是共军，你去找死啊！"长官身后，不知什么时候多了一群蓬头垢面的士兵，个个面黄肌瘦，像快饿死的乞丐。

二宝向旁人打听，才知道好多国军被共军包围了两个多月，弹没有尽，但粮食早就断了。二宝跟随的部队是奉命去解围的，结果不但没有解围，反而自己也被围了进去，成了瓮中之鳖。

当晚，二宝就尝到了被围之苦，肚子饿得咕咕叫，可包围圈里可吃的东西只有雪水。二宝唉声叹气，大叫倒霉，原先被围那些官兵却三五成群地挤在一起取暖，一声不吭。二宝问他们怎么这么耐得住，难道肚子不饿，一个老兵白了他一眼，极简短地回答："说话更饿。"

为了节省体力，二宝不敢叫喊了，也挤到老兵身边，一块儿取暖。

好不容易熬过一个又冷又饿的长夜，天亮时，官兵们不约而同地骚动起来。二宝问出什么事了，老兵说："飞机要来空投粮食了。待会儿，我抢米，你抢鞋。"

二宝问抢鞋干什么，老兵说："这里能烧的东西几乎烧光了，许多人开始吃生米。我也吃了两天生米，昨晚才想到，胶鞋是可以当柴烧的。小兄弟，待会儿别人抢米时，你在后面脱他们的鞋，脱得几双鞋，就能煮一顿饭了。"

二宝摇摇头："天这么冷，脱人家的鞋，太缺德了。"

老兵撇撇嘴："那你就等着饿死吧，我另找个搭档。"

二宝可不想死，他赶紧说："叔，我听你的。"

说话间，天边就响起了隆隆声，一架飞机很快飞到了头顶上，对面的共军立刻向天空开火。为了躲避炮火，飞机飞得高高的，结果投下来的粮食，有好多落到了共军的阵地上。不过，还是有一大袋粮食，拖着降落伞落在离二宝不远的地方，刚一着地，官兵们就蜂拥而上，野狗挣肉般抢起来。老兵一手拿匕首，一手提着用裤腿做成的小布袋,冲在最前面。

大家围着粮食争抢时,许多脚伸在外面,有的还跷向天空。二宝犹豫了一会儿,才抓住一只高高跷起的鞋子,使劲一掰,那鞋就像玉米棒子一样被扯了下来。鞋的主人只顾抢米,居然一点反应也没有。二宝把心一横,一连脱了十几只鞋子,扭头就跑。

二宝刚回到战壕,老兵也回来了。老兵嘴角流了血,额头也肿起一个包,付出这么大的代价,只抢到一点点米,仅够两个人吃一餐。二宝真诚地说:"叔,太难为你了。"

老兵擦掉嘴角的血,高兴地说:"没事,咱俩有饭吃了。"

二宝自告奋勇煮起饭来,钢盔是锅,雪块当水,胶鞋当柴。点火时,二宝忽然发现,那堆胶鞋里,竟然有一只布鞋,一只千层底布鞋。他拿起布鞋一看,这不是哥哥的鞋吗?天啊,自己竟然脱了哥哥的鞋!

二宝连火都不烧了,发疯似的呼叫哥哥,却没有人回答。老兵问清真相后,安慰二宝说:"你哥肯定在战壕里,先做饭,吃了饭我和你一起去找他。"

二宝只得先煮饭吃,没想到,他和老兵正吃着饭,共军的总攻就开始了,大炮轰得天崩地裂。二宝把哥哥的鞋揣在怀里,趴在战壕中听天由命。枪炮声渐渐远去后,二宝战战兢兢地爬出战壕,发现到处都是解放军,他赶紧举起手说:"我投降。"

解放军战士看看二宝的衣服,扑哧一声笑了:"老乡,你是被抓来的民工吧?投什么降?我们是自己人。"

解放军对二宝非常好,问他愿意参军,还是愿意回家。二宝实话实说:"扛一回弹药,我的胆都吓破了,哪里还敢参军?我要找到哥哥,一块儿回家,免得我娘担心。"

解放军也帮二宝找哥哥,可找了半天,依旧活不见人,死不见尸。不知大宝去了哪里,二宝只好独自回家。

母亲在家里快要急疯了,看见二宝进门,就扑过来一把抓住,连珠炮似的问:"我的小祖宗,你这几天去哪儿了?你哥呢?他怎么没回来?"

二宝把这几天的遭遇告诉母亲,然后抽了自己两个嘴巴,泪流满面地说:"娘,我竟然脱了哥哥的鞋,我不是人啊!"

母亲也流下了眼泪说:"孩子,这不是你的错,怪只怪这兵荒马乱的世道。"

这之后,二宝和母亲四处打听大宝的下落,可始终没有他的消息,只有那只千层底布鞋,一次次勾起母子俩伤心的回忆。

岁月如梭,不知不觉就过了三十年,母亲已经白发苍苍,二宝也已经做了爷爷。他们对大宝的怀念却一点也没有变,二宝常常拿出那只千层底布鞋,给儿孙和村里人讲述当年的故事。

这年,母亲因病去世了。埋葬母亲的时候,二宝依照母亲生前的叮嘱,将那只千层底布鞋一起埋进了坟墓里。

从此,二宝看不见哥哥的布鞋了,连那些伤心的往事,也不敢再向人诉说。他常常一个人坐在母亲的坟头上,吧嗒吧嗒地抽着旱烟,对着远方的天空出神。

二宝在母亲的坟头上望了一年又一年,他对哥哥的思念,终于感动了老天。一个阳光灿烂的早晨,离家五十年的大宝,终于回到了家乡。原来,大宝后来到了台湾,参加了国军,退伍后住在养老院里。

兄弟俩抱头痛哭,哭够了,二宝低头看哥哥的脚,发现大宝的脚掌一只长,一只短,左边脚掌的五个脚趾都不见了。

二宝问哥哥的脚趾呢,大宝叹了口气,说:"唉,就在我和你走散的第二天早上,我去抢空投的大米,米没抢到几粒,鞋子却不见了一只。我还没找到鞋子,解放军的总攻就开始了,我只好赤着一只脚逃命,走了两天两夜,几个脚趾都冻掉了。"

二宝哽咽着说:"哥,你那只鞋子是我脱的。"

二宝把那天的奇遇告诉哥哥,兄弟俩感叹不已。大宝问那只布鞋呢,他想看看。二宝说:"在娘的坟里。"

正好家乡修路要占用母亲的坟地,大宝和二宝就另择新址,选了个良辰吉日,给母亲迁坟。

挖开坟墓,揭开棺材盖,真是神了,那只千层底布鞋,居然完好无损地躺在母亲的骸骨边,母亲缝制的针痕,还依稀可见。大宝伸出颤抖的双手,想捧起这只历尽沧桑的布鞋,可布鞋一上手就化成了尘土。

大宝捧着化作尘土的布鞋,给母亲磕了三个响头,泪流满面地说:"娘,大宝回家了,您快看我一眼啊!"

关键词：手足

> 天下没有免费的午餐，当一份大馅饼砸在你头上，你可得好好考虑考虑，三思而后行。

免费旅游

徐军欢

最近，张虎迷上了微信朋友圈，朋友圈里不仅有好看的好玩的，关键一点，还有免费拿东西的。

不久前，有家水果店要开业，在微信朋友圈里广而告之，只要转发他们店的开业微信，让微信朋友点八十八个赞，凭此微信就能免费领取一斤樱桃。张虎试着转发了这条信息，集满了八十八个赞，到水果店开业那天，他跑到水果店，只见店里人山人海，轮到张虎时，刚好领完最后一斤，老板叫余下没领到的顾客明天再来。

张虎本以为免费的樱桃好不到哪里去，拿到家里一尝，还真甜！

没过几天，张虎又在朋友圈看到了一条好消息：扫二维码加微信号免费赠送价值上千的红檀木手串，数量有限，先加先得，送完为止。那串红檀木手串色泽艳丽，木纹漂亮，张虎早就想有一串那样的红檀木手串了，只是价格不菲，一直舍不得买，现在有人免费赠送，他赶紧根据对方的提示加了那个微信号。对方要求他转发这条微信，并按要求截图给对方看。张虎根据对方的提示，问："这活动是真实的吗?"对方说,此活动真实有效,他们是为了增加人气求扩散的,礼品是一百零八颗的红檀木情侣手串!张虎把家庭住址、手机号和姓名报给对方,就等着那串红檀木手串送上门来了。

第二天,就有个快递小哥送来了礼品盒。张虎打开一看,那串红檀木手串跟图片上一模一样,不,比图片上还要漂亮,顿时爱不释手。快递小哥让他付十八元快递费,张虎一愣:"不是免费的吗?"

快递小哥说:"是的,先生,东西是免费赠送的,但运费是自负的!"

这串红檀木手串芳香沁人,听说红檀木手串芬芳永恒,且百毒不侵,万古不朽,又能避邪治病,是一种保平安的吉祥物。张虎只觉得神清气爽,略一犹豫,就掏出十八元付了运费。他小心地将手串装进小盒子里,放在柜子里珍品般地保存起来。

这以后,张虎更加爱上了朋友圈,凡是有免费的东西好拿,他就不厌其烦地转发、点赞,不仅有日常用品,还有免费吃的喝的。

这天,张虎正在刷朋友圈,有个微信朋友问他:"在家吗?"

这个朋友张虎认识,叫黄天鸿,是他同村人,小时候都一起玩的,头脑活络得很,后来办了企业赚了点钱,把原配休了,讨了个小姑娘回来做媳妇。两人是微信好友,但正儿八经的一次也没聊过,不过有时张虎求点赞,他也都会出手相助的,不知今天找张虎有什么事。张虎说自己在家,黄天鸿叫张虎等等,他马上过来。

没多久,黄天鸿就开车来了,一见到张虎,就拿出手机给他看一条微信:"张虎兄弟,免费旅游去吗?"

张虎拿过手机一看,只见黄天鸿的微信上果真有一条旅游公司发出来的微信,免费游云南;再看内容:"不要一分钱,带上你的行李,跟我走吧,把云南玩翻天!"张虎眨巴着眼睛说:"不会是真的吧?"

黄天鸿"哈哈"一笑:"真的,不真实我敢来找你吗?不信,你去旅游公司问问!"

张虎挠了下头皮:"听说去云南旅游都要购物的,购物达不到他们的标准,还关着不让出来!"

"哈哈,"黄天鸿说,"那都是什么时候的事了?以前是有过这样的事,那事都上了中央电视台,责任人也都被吊销了导游证,那件事刚平息,他们还敢顶风做这种事吗?"

黄天鸿说得句句在理,不过张虎还是有点疑惑:"那大家都免费去,旅游公司赚什么钱呀!"

黄天鸿解释道:"上次不是出了个导游骂人事件吗?那云南游不就一下子冷落下去了吗?所以呀,云南政府就出了一笔钱,给大家免费游云南宣传一下。你看看这上面的行程,不都是云南著名景点吗?"

黄天鸿朝行程表上一看,上面写的果然是石林、大理、西双版纳等著名旅游景点。黄天鸿拍拍他的肩说:"你放心,又不是你一个人去,一飞机人呢,况且我也要去呢,你跟着我,听我的就没错!"

张虎心想:人家大老板呢,听他的总没错!再说,万一行程上要购物,我就是打死也不买,看你拿我咋办!万一你把我打了或者关起来,我找我弟弟去,我弟弟可是当律师的!

说走就走,在黄天鸿的怂恿下,张虎跟着他一道报了名。很快,两人就坐上飞机,踏上了云南游的旅程。

在昆明长水机场下机后,就有旅行社的人在这边接应了,当天晚上就入住五星级豪华酒店。第二天,体会鬼斧神工的天下第一奇观,5A级风景区石林,畅游两亿七千万年前的浩瀚海洋之海底,漫步在世界最大的喀斯特地质公园,张虎心情无比激动。第三天,抵达大理,游览大理古城,中国南方最古老的南昭国皇家寺院庄严肃穆,美丽的蝴蝶泉、洱海湖让人流连忘返,中午还在诗情画意的蝴蝶泉边用餐。

接下来的几天,张龙又游了玉龙雪山、野象谷、西双版纳傣家风情,更有传说中的回归之城、哈尼之乡、双胞之家墨江……一路游来,吃得好住得好,根本没进什么购物点,更别说强制购物了。导游也温和可亲,没有别人传闻的那么没素质。

在回程飞机上,黄天鸿洋洋得意地说:"怎么样?听我的没错吧?"张虎乐得一个劲地点头。

就在云南游回到家的第二天,弟弟给张虎打了个电话,叫他赶快去他的律师事务所去一趟。

张虎有个弟弟,叫张龙,自己开了个律师事务所,在本地小有名气。张虎父母死得早,为了弟弟,他很早就放弃了学业,出去打工,赚来的钱供弟弟上学。弟弟也不负他所望,以优异的成绩考上政法大学,毕业后当了一名律师,经过多年努力后,自己开了一家律师事务所。事业有成的张龙对哥哥张虎关怀备至,不知今天叫他有何事体。

一走进弟弟的办公室,一眼看到黄天鸿也坐在那儿,张虎说:"真巧,你也在这儿!"

黄天鸿看了张虎一眼,歪着头坐在那儿,像在生闷气。

张龙拉过张虎,说:"哥,你前几天是不是跟着他去了云南?"

原来是这个问题,张虎津津乐道地说:"对,那边可好玩了,还是免费游呢,怎么,你也想去?"

张龙瞪了张虎一眼,拉开办公桌的抽屉,拿出一沓钱,数了一下,扔给黄天鸿说:"这里是一万二,你们俩云南游的费用,够了吗?你的事,另请高明吧!"

黄天鸿数也没数,把那沓钱往怀里一揣,怒气冲冲地走出办公室。

张虎看得云里雾里,不解地看着张龙说:"云南游是免费的呀,你干吗给他那么多的钱?"

张龙将张虎按在座椅里:"你这个傻哥哥,天底下怎么会有免费的午餐呢!"张龙数落道,"我劝过你多少回了,早就叫你小便宜别占,这下你让我损失大了吧?"

原来,免费游云南是黄天鸿一手操作的。免费游云南有吗?有,但那是购物团。而张虎跟的纯玩团价格一人要六千元,这钱黄天鸿给他出了,而张虎还真以为是政府出钱的纯玩团呢!那么黄天鸿好端端的为什么要请张虎游云南呢?原来不久前,黄天鸿的企业死了一个农民工,黄天鸿想不理赔,明明是黄天鸿的错,他却死不承认,想让张龙当他的辩护律师给他打赢这场官司。张龙最看不起这种财大气粗却欺负农民工的所谓企业家,当时就把他拒之门外。黄天鸿只好走张虎这条捷径,他见张虎是个贪小便宜的人,微信上只要有免费的他都要参与,于是想了个免费游云南的办法,等生米煮成熟饭,他张龙不帮也得帮了。

张龙看着张虎,说:"哥,你看,你去了一趟云南,他的费用都算到了我的头上,说是特意陪你去的。我不给他,他就要叫我给他打官司,你说你占了便宜还是吃亏了?"

张虎红着脸,说:"可是,以前微信上说的免费的东西我都免费拿的,我也没吃什么亏呀!"

张龙叹了口气,说:"哥,你没文化不知道,现在免费的东西奥妙多着呢!你去水果店里拿免费水果,你现在去看看,他们生意有多好,等于说是做了一笔很便宜的广告,比起放在电视台做,效果好又经济。你拿的红檀木手串是不是付了十八元邮费?"

张虎问:"你怎么知道?"

"你不是发在朋友圈吗?以为我都没关注啊?"张龙说,"这哪里是红檀木手串,不信你戴两天试试,那就是普通的木头珠子,然后染色上漆,这种低档的手串市场上八块钱随便买,批发价只有四五元,利润早在运费中了!"

张虎似乎明白了,对张龙说:"弟弟,你有文化,比我懂得多,以后我一定脚踏实地做人!"

关键词:手足

> 两个白头翁,朋友做一生。这份兄弟情,绵延传子孙。

两个白头翁

徐树建

村里有个老头叫牛老犟,人如其名,脾气非常耿直倔强。最近,他的儿子牛小犟想承包一片鱼塘,可是手头资金不足,急得团团转。牛老犟看在眼里,把手一背,一边往外走一边说:"转什么转?我跟温老蔫借去。"

温老蔫是谁?他是牛老犟从小玩到大的伙伴,两人成天在一块下棋喝酒聊天,现在借点钱还不是手到擒来?

不一会儿,牛老犟回来了。牛小犟小心翼翼打量着他爹的脸色,问道:"没借到?"

牛老犟从怀里掏出一大叠钞票,说:"这不是?"

牛小犟乐得一蹦三尺高,嘴都笑得合不拢了,说:"到底是一对老白头翁,不服不行!"

不料,牛老犟叮嘱道:"温老蔫说了,过年时他儿子温小蔫要结婚,就指着这钱办喜事呢,到时候你可一定要还他。"

牛小犟拍了拍胸脯,大声说:"你儿子我是那种借钱不还的人吗?"

谁知人算不如天算,眼看快过年了,牛小犟的鱼塘不知怎的,突然出事了,里面的鱼竟死了一大半!这下牛小犟不仅没赚到钱,还把本钱亏了个精光,甭说还钱了,连自家过年都成了问题。

见久不还钱,温小蔫便一趟趟地上门要,吓得牛小犟躲了起来。一连几次没遇着牛小犟,温小蔫脾气再好,也禁不住火冒三丈地对牛老犟说:"牛叔,亏我爸把你当成老哥们,他还不让我来要钱哩,哼,他真是看错人了!"

这句话深深刺痛了牛老犟,他的脸顿时变得煞白,跳起来二话不说就往外冲,一口气跑到邻村,他隐约听说儿子躲在邻村的朋友家。说来也巧,牛老犟刚好在邻村迎面撞上了儿子牛小犟,牛小犟一见他爸的样子知道大事不好,刚要躲,早被牛老犟一把揪住,质问道:"儿子,人家那钱可是结婚用的,你到底还不还?"

牛小犟一听都要哭了,说:"爸,温小蔫逼我,你也逼我,你是不是想我过年跳河啊?"

牛老犟的犟脾气上来了,他逼问道:"欠债还钱天经地义,有什么可说的?你手上还有金戒指,你媳妇脖子上还挂着金项链,你狐朋狗友那么多,还不能借一些?现在我也不多说,就问你一句话,你到底还不还?"

牛小犟也有一股犟脾气,他脖子一梗,说:"过了年关再说……"

话音刚落,只听"扑通"一声,牛小犟回过头一看,吓得他魂都没了,牛老犟竟一跃而起跳下了桥,河面上薄薄的冰层给砸得粉碎,那水一下子淹到了腰部。

在冰冷刺骨的河里,牛老犟咬紧牙关吼道:"你是我儿子,我不能逼你跳,那就只有我跳了!我丢不起这张老脸啊!"

牛小犟吓坏了,他扒着桥栏杆杀猪似的大叫起来:"爸、爸,我还、我还还不行吗?甭说戒指项链了,就是扒层皮也还,爸,你快上来啊,你有关节炎……"就这样,牛小犟贱价卖掉了家里所有的金饰,又到处求爹爹告奶奶的,终于还上了温小蔫的钱。

可接下来不久,大伙听说温老蔫父子俩为此狠狠地吵了一架,原因是温老蔫听说了牛老犟大冬天跳河的事,他骂儿子温小蔫不该逼债。

这件事虽说过去了,可在老哥俩心里留下了深深的阴影。牛老犟一辈子要强没欠过人,现在竟一拖再拖老朋友的钱,最后虽说还了,但总觉得心里有愧;而温老蔫更是羞愧不已,因为是自己儿子逼得牛老犟跳河的。就这样,两人便渐渐疏远起来,甚至于打老远见到了也低头绕路走。

一晃开春了,牛小犟打算重振旗鼓,重新开始养鱼,可问题是:买鱼苗饲料的钱打哪来?上次借钱不还的事早就传开了,弄得自己名声也臭了,现在再想借钱,难上加难。

这天,父子俩借钱回来时天已黑了,不用说又白跑了一趟,两人正没精打采地走着,牛小犟忽然惊叫起来:"爸,有个包!"

牛老犟一看,前面不远处的地上静静地躺着一个包,牛小犟急忙跑过去打开包一看,里面竟然有厚厚的两沓钱,整整两万块!牛小犟紧张得气都不敢喘了,他抬头担心地看了看父亲,他是知道父亲的脾气的,父亲肯定会叫他把这钱交给警察的。

果然不出所料,牛老犟一点也不激动,他在路旁一块大石头上坐下,掏出烟点上,淡淡地说:"人家丢了钱肯定会找来的,咱就坐着等。"

牛小犟只好陪着父亲等失主,心里却火急火燎的,想说这钱是捡到的,又不是偷的,我正好急需用钱……可他不敢把这些想法告诉父亲。

等了好久,夜都深了,牛老犟终于踩灭烟头站了起来,说道:

"回家!说起来这钱倒来得及时,就先花了呗,等有钱了再还也不迟。"牛小犟长长地舒了一口气。

于是,牛小犟就用这钱买了很多鱼苗和饲料。这回,总算没出什么纰漏,鱼塘里的鱼长势喜人,让牛小犟狠狠地赚了一大笔。这天晚上,牛小犟刚神气活现地回到家,牛老犟就开口了:"儿子,把钱还我。"牛小犟愣了一下,问:"什么钱?"

牛老犟严肃地说:"装什么糊涂?就是之前那个晚上捡到的钱啊,快拿来!"

牛小犟不乐意了,说:"那是捡到的,又不是我借的,还谁去?"

牛老犟瞪起了眼睛,叫道:"世上有这样的好事吗?你给不给?不给,我又跳河了……"

见父亲又拿出了杀手锏,牛小犟气急败坏地嚷嚷道:"我给还不行吗?可你知道是谁的吗?"说着,老大不情愿地掏出了两万块钱。

牛老犟拿过钱,小心翼翼地装到之前的那个包里面,然后把手一挥,说了句:"跟我走!"于是,父子俩一前一后出了门,不一会儿就来到一户人家的院墙外停下了,牛小犟低声惊呼道:"爸,你怎么知道钱是他家掉的……"

话音未落,只见牛老犟奋力一扬手,那包钱一下子飞进了院内,"嗵"的一声分外响亮,几乎就在同时,院门开了,是温老蔫父子俩。

温小蔫惊讶地叫起来:"干什么?把什么东西扔进我家了?要不是我们正好出门,还发现不了呢。牛小犟,我知道你对我有意见,可也不至于往我们家扔脏东西吧?"

牛小犟还没回答,温老蔫就对着他的儿子骂开了:"瞎说什么呢?你老犟叔是那种人吗?那是钱!"

牛小犟一听，惊讶地叫了起来："奇怪，老蔫叔，你是怎么知道的？"

那边，温小蔫已经在院子里打开包裹，随即也惊叫起来："真的是钱！"

很快，大家都进了屋。温老蔫开口问道："死老犟，你是怎么猜到那钱是我掉的？"

牛老犟撇撇嘴说："什么掉不掉的，分明就是你故意放在我们面前的，你见我们爷儿俩到处借不到钱，便早早候着我们，远远瞅着我们来了，才故意演这么一出的，看到我们捡到钱了，才悄悄走掉的是不是？"

温老蔫摸了摸脑袋，想笑。牛老犟继续说道："温老蔫你蔫了一辈子，这么点小花样还能瞒得了我？那包我一看就知道是你的，你家里就这点家什我能不知道？再说要是别人丢了钱，能不哭不闹也不报警吗？最奇怪的是我们爷儿俩等了那么长时间，竟没有人过来找，我再傻也明白是怎么一回事了。哼，这事只有你这种蔫不拉叽的人才做得出来。"

温老蔫这才咧开嘴嘿嘿笑了起来，这一幕看得两个年轻人目瞪口呆。牛小犟抓抓头皮想了又想，说："我说老蔫叔，您既然想借钱给我们，为什么不明着借？"

温老蔫一指牛老犟，说："明着借，这老犟牛能抹得下脸？"

四个人一起大笑起来，笑声中牛小犟说："两个白头翁，我们真是服了你们了！"

温小蔫拉了拉牛小犟，说："小犟，将来我们也做这样的白头翁，好不好？"

关键词：手足

> 知子莫若母，老母亲的一点小心机，让一对子女和和满满。

一套遗产房

曾拥军

周慧曾是湘剧团的一名琴师，三年前她和剧团团长顾立伟离婚后，就离开了剧团，全心全意照顾中风瘫痪的娘，周慧娘因此立下遗嘱：她死后，名下的房产留给周慧。

周慧娘最近又住进了医院。这天，周慧的哥哥周虎来到医院，对妹妹说了一件事：周虎的女儿雯雯学习成绩不好，考大学是没戏了，于是周虎打算让雯雯走艺考这条路。可一打听，艺考得提前好几年就拜师学艺，而且学费贵得吓人，几年下来，少说也得几十万！周虎哪里拿得出这么多钱来？想到妹妹是琴师，如果周慧能教雯雯二胡，那就可以省下一笔天价学费。周慧一听，连连摆手："哥，你也知道，当年，我是跟顾立伟学二胡而爱上他的，可顾立伟当上剧团团长后，却傍上了富婆，我因此发誓不再碰二胡！你现在让你我教雯雯二胡，等于是让我再次撕开心尖上的伤口啊！"

听了妹妹这番话，周虎不好再说什么了，可是，另外拜师学艺，钱哪里来？周虎抱着头蹲到了地上，一筹莫展。见哥哥这样，周慧想了想，然后对娘说道："娘，您另立一份遗嘱吧：把原来留给我的房子,改留给哥吧!那房子按现在的市价,卖个五六十万,是没问题的,这样,哥就可以用卖房子的钱来供雯雯艺考了。"

一听这话,周虎猛地抬起头,连连说道:"这怎么能行?妹妹,你接屎接尿地服侍了咱娘整整三年!这房子理应归你!"

周慧的眼睛湿润了,哽咽着说:"哥,有你这句话,我就知足了!服侍自己的亲娘,是我这个做女儿的应尽的本分,我不能因为这个就一定要老娘的房子,房子还是留给你吧。"

周虎依旧推托,最后,还是娘冲周虎说道:"你就领了你妹妹的这份情吧,雯雯的前程最要紧!"

接着,娘有气无力地吩咐周虎:"我已经没有拿笔写遗嘱的力气了,你去打印一份把房子留给你的遗嘱,然后我来签名确认吧!"很快,周虎就打印好了遗嘱,娘在遗嘱上签上了自己的名字,然后,娘对周虎说:"你忙去吧,这儿有你妹妹照料我就行。"

等周虎走后,娘对周慧说:"你打电话叫你舅舅来,我有后事要拜托他。"

几天后,娘就去世了。办完娘的丧事,周虎拿着遗嘱去房产局办理房产继承手续。不料,工作人员只扫了一眼遗嘱,就把遗嘱又退给了周虎:"你这份遗嘱是无效的!"

周虎立马瞪大了眼睛:"遗嘱无效?上面有我娘的亲笔签名,你凭什么说这遗嘱是无效的?"

工作人员给周虎解释:"遗嘱分为自书遗嘱和代书遗嘱,你这份遗嘱是打印的,不能算自书遗嘱;而代书遗嘱应当有代书人、见证人和遗嘱人签名,你这份遗嘱仅有遗嘱人一人的签名,所以也不符合代书遗嘱的要求。总之,你这份遗嘱在形式上是无效的。"

周虎赶紧回去跟周慧说了这事,周慧安慰哥哥:"别急,娘以前立的那份把房子留给我的遗嘱,是她本人亲笔书写的,我还没丢,我拿那份遗嘱把娘的房产继承下来,然后把房子卖掉,卖房钱给你供雯雯艺考吧。"

周虎一听,感动地说:"妹妹,我替雯雯谢谢你!"

接下来,周慧顺利地继承了娘的房子,然后,周慧把房产证交给周虎,让周虎具体张罗卖房的事。

几天后,有人要买房,周虎叫上周慧,和买房人一起去房产局办理产权过户手续。然而,让周虎万万没想到的是,房产局的工作人员告知他们:这套房子已被法院封存了!

无奈,周虎只好把房款退给买房人,然后到法院一打听,才得知:原来是顾立伟借了别人的钱,无力偿还,债主于是请求法院封存了周慧名下的房产。周虎大叫:"周慧和顾立伟三年前就离婚了!他们已经没关系了,凭什么封存周慧名下的房产?"

法院的人回道:"顾立伟借的这钱是他和周慧离婚前发生的,按《婚姻法》的有关规定,夫妻离婚前产生的债务,属于夫妻共同的债务,应由夫妻双方共同连带地承担,不能因为夫妻的离婚而免除任何一方的责任。"

周虎转念一想:顾立伟既然傍上了富婆,那他应该有钱,于是周虎叫上几个平时在一起打牌的牌友,找到顾立伟,顾立伟一听周慧的房子被法院封存了,大吃一惊。接着,他叹口气:"怪我不懂法律,我还以为和周慧离了婚,我欠的债就跟她无关了,没想到会出现这样的结果!"

周虎冷哼了一声:"别说没用的!你不是傍上了富婆吗?赶紧叫那富婆帮你还债,否则我跟你没完!"

周虎的话音刚落,一个中年女人从门外走进来,冲周虎说道:"我就是你要找的'富婆'。"冤有头,债有主,一听富婆来了,周虎迫不及待要她拿钱。

那中年妇女见躲不过去,才说出了实情。原来,她其实是顾立伟的亲姐姐,一直生活在国外。这些年,传统戏剧的生存极其艰难,顾立伟为了不让湘剧团在他手里散掉,他变卖了自己所有的资产,还欠债累累,而湘剧团到底能撑到哪一天,他也没底,为了不让周慧跟着他受苦,顾立伟向周慧提出离婚,周慧却死活不同意,无奈之下,顾立伟只好和姐姐演一出"傍富婆"的戏。

说到这里,顾立伟姐姐高兴地说道:"不久前,我们得知,湘剧已被列为国家级非物质文化遗产,以后,湘剧团每年都能得到国家下拨的扶持经费,我弟弟的苦日子总算熬到头了!所以,我现在也可以把我弟弟'傍富婆'的实情说出来了。"说着,她转头冲顾立伟打趣道:"弟弟,我没赶上你的结婚酒,这复婚酒无论如何也要吃呦!"

接下来,顾立伟姐姐替顾立伟先垫付了债务,法院随即解除了对周慧房子的封存。从法院出来,牌友们冲周虎说道:"虎哥,房子已经到手,接下来你把房子卖掉,咱们就可以在一起大过赌瘾了!"

周虎却严肃地回道:"我妹妹当初立下再不碰二胡的誓言,是误以为顾立伟'傍富婆',我这就回去把实情告诉我妹妹,我妹妹心结一打开,就会答应教雯雯二胡了,我干吗还要卖我妹妹的房子?!"

牌友们顿时惊叫起来:"虎哥,你当初跟我们说,'供雯雯艺考'只是你的一个借口,你的目的是冲着你老娘的那套遗产房去的!难道你现在要假戏真做,真的让雯雯艺考?"

周虎点点头:"一开始,我的目的是冲着娘的那套遗产房去的,我明知道我妹妹发过誓不碰二胡,还要假意恳求她教雯雯二胡,我知道我妹妹心善,她不教雯雯二胡,但她一定不会不管雯雯的事,果然,我妹妹接着让我娘改立遗嘱,把原先留给她的那套遗产房改留给我。但是,后来我慢慢地改变了主意——我妹妹太善良了,她一点儿也没意识到我是在骗她,还主动把房产证交到我手里;当我得知顾立伟'傍富婆'的实情后,我更是从心底里感到羞愧,瞧瞧人家是怎么善待自己老婆的,哪像我一天到晚只想着怎么从老婆身上骗钱,结果,老婆最后被我骗怕了,跑了。跟我妹妹和顾立伟一比,我发现自己真他妈的就不是人!"

接着,周虎去周慧那儿还房产证。到了妹妹那里,周虎意外地发现当律师的舅舅也在那儿,周虎把房产证还给周慧,恳求周慧教雯雯二胡,周慧点点头,同意了。接着,周慧转头冲舅舅说道:"我们该兑现娘的最后交待,在遗产房上加上哥哥的名字了!"

见周虎一时摸不着头脑,舅舅冲周虎说道:"知子莫若母,尔平时爱打牌赌博,所以那天你来医院要周慧教雯雯二胡,你娘就知道你是冲着遗产房来的!你娘此前听我说过打印遗嘱是无效的,于是她先弄个打印遗嘱稳住你!然后,她叫来我,要我设法阻止你从周慧手里骗走房子。不过,你母亲还是给你留了一条后路:如果你能真的供雯雯艺考,就在遗产房产权证上加上你的名字!"

周虎一听,一下子不知说啥好,只管搓着手一个劲地傻乐!

关键词:手足

> 穷亲戚谁都不喜欢,特别是上赶着找你那种……可谁都不喜欢热脸贴冷屁股,他们找你是为了什么?

躲不掉的亲情

韦 强

父亲遗愿

吉力出生晚,他结婚的时候,父亲已经过七十了。婚后没多久,一场急病,父亲说走就走了,临死前只来得及说出三个字:"找……弟弟……"眼神直勾勾地瞪着吉力,五根手指紧紧地抓住他的手。

吉力急忙冲父亲点头,父亲的眼睛这才慢慢闭上。父亲有个唯一的亲弟弟,两兄弟在三十年前就已经失散了,父亲这些年一直没放弃过寻找亲人,可惜直到去世也未能如愿。

吉力知道父亲的遗愿,就是叫他寻找失散的叔叔,可他只知道叔叔的名字,住在上海,其他的就不清楚了。说真的,吉力并不怎么把父亲的这个遗愿放在心上。他在一个街道小单位当办事员,妻子在超市打工,还有一个老娘亲要养,日子一直过得不宽裕,父亲的后事还是东借西凑才办成的。加上现在妻子肚子大了,他满脑子想的就是怎么给未来的孩子赚点奶粉钱,哪有什么心思去找叔叔?

再说,他从出生到现在,就没见过叔叔,三十年也这么过来了,早就习惯了,这个叔叔找到也罢,找不到也罢,对他来说并不重要。于是,自打老爸去世后,寻找叔叔这个事就耽搁了下来。

谁知,他不急,老娘却替他急了。过了一段时间,老娘见他没有啥动静,就提起了这事。开头几次,吉力都是随便搪塞几句,应付老娘。后来,老娘提得多了,整天在耳边啰唆个不停,吉力就烦了。

有一回吃着饭,老娘又问了起来。吉力不高兴地大声回答说:"找找找,上海这么大,你叫我怎么找嘛?"

老娘一听,沉默了半晌,语重心长地说:"找不找得着,那是另一回事,可我看你就没用心找,你根本就没把你爹的话当回事呀!"吉力把碗重重一放:"妈,我问你,你认识叔叔吗?"

老娘摇摇头。吉力气呼呼地说:"这就是了,大家互相都不认识的人,也都过了这么多年,又何必一定要找到为止呢?找到了又有什么呀?再说,人家也许就不打算认咱这个亲,不高兴咱们去打扰他们啊!照我说,就当咱没有这个叔叔,该怎么过还怎么过!"

老娘听了这话,立刻气得扬起了巴掌:"你也当没有我这个娘吧!为啥非要找?他是你亲叔叔呀,是咱的亲人,是亲人就该在一起,你也是读过书的人,怎么连这点道理都不懂呢?你想让你老爹死不瞑目啊!"说着说着,老娘身子颤抖,眼泪直流。

吉力一看真把老娘气坏了,这才把嘴巴闭上。想了想,最后对老娘保证,明天开始一定用心找叔叔。

被迫寻亲

可说到真找,吉力犯了愁,他哪有那么多的时间和财力跑去上海找人。后来,他无意中得知网上有一个替人寻亲的网站,就抱着一丝希望在上面发布了自己寻亲的消息。

让吉力没想到的是,才过了半个月就有了消息,那个网站按照他提供的线索,帮他找到了一个最有可能是他叔叔的老人,并且给他留了老人现在的地址,让他自己去认亲。这可真是踏破铁鞋无觅处,得来全不费功夫呀,老爸找了几十年毫无结果,他一下子就找着了。吉力没想到事情会这么顺利,也禁不住一阵高兴,跑回家告诉了老娘。老娘的眼眶顿时湿了,不住地喃喃自语:"老天有眼,老天有眼啊,你老爹在地下也能安息了!"说着,就使劲催吉力快点动身去上海,认回叔叔。

吉力向单位请了几天假,坐上了开往上海的火车。在火车上的两天一夜,吉力片刻也睡不着,想到即将要见到自己的叔叔,脑子就禁不住胡思乱想。

到上海后,吉力顾不得找个地方落脚,就带着行李,照着人家提供给他的地址找去。转来转去,离叔叔的家越来越近,地方也越来越偏僻,最后走进了一条阴暗狭窄的小里弄。一看这个地方,吉力的心不由自主地一沉,在小弄堂口愣了半晌,然后还是照着路两边门顶上模糊剥落的门牌号,一家家找过去,终于走到了叔叔家门口。

吉力站在门外往里一看,里面的房子低矮灰暗,屋内陈设十分简陋,看得出,这是个十分拮据的家庭。一个七十岁左右的老人正在一扇窗户底下生煤炉,一股难闻的气味飘了出来。老人忽然抬头往门外看来一眼,吉力猛地吃了一惊,这不是父亲吗?随即又立刻回过神来:里面这个老头一定就是他的叔叔了。他刚抬腿往前走了一步,突然又收住了。

看到叔叔家的情景后,吉力的心一下就凉了。他原来想象中,叔叔住在大上海,怎么说也应该比他强,认了亲,兴许以后还能沾点叔叔的光。可现在一看这样子,叔叔过得还不如自己家呢!以后沾什么光那是没指望了,说不定,叔叔可能还得自己经常照顾照顾哩!

吉力在门口犹豫了好半天,始终打不定主意是不是要走进去。忽然,有辆三轮车驶了进来,上面是个四十来岁的中年汉子,把车停在叔叔家门前,跳了下来。见到吉力,奇怪地打量他两眼,问道:"兄弟,你找谁呀?"

吉力心想,这可能就是叔叔的儿子,他的堂哥,这兄弟真没喊错哩。他有点慌张地说:"我、我没找谁……"汉子哦了一声,也没在意,掉头进了屋。

吉力知道自己不能再站在这儿了,要么进去认亲,要么回头离开。他犹豫了一会,一狠心,拔腿就走。出了小里弄,他找了个小旅店住了一夜。第二天一早,他想通了:罢了罢了,就当没有这回事吧,他们过他们的,我们过我们的。于是买了一张火车票,拍拍屁股回了家。

到家后,吉力没敢对老娘明说,撒了个谎,说其实那个人并不是他叔叔,搞错了。老娘听罢,仿佛一下从云端里掉了下来,唉声叹气不止。

亲情无价

吉力原以为,这事就算永远完了。可没曾想,过了十来天后,一天他回到家,看见老娘和妻子脸上喜气洋洋,好像捡到了什么大宝贝。见他回来,老娘就喜不自禁地拿出一张报纸说:"你叔叔找到了,他找咱们来了!"

吉力接过报纸一看上面的一则新闻,大吃一惊,上面果然是叔叔要寻找吉力父亲的内容。叔叔这几十年也一直在默默寻找哥哥，但也是毫无结果。直到两天前，他才想到求助媒体，从上海跑到这里的报社，给记者讲述了自己苦苦寻亲却没有结果的故事。吉力没有看完，头就大了，他以前可没想过，原来叔叔也在寻找自己。

老娘催他马上就去报社，通过记者联系上叔叔。吉力强笑着说："娘，既然找到了，也不用急在一时，我明天再去吧！"

晚上两口子进了房，妻子瞧着他的神色奇怪地问："叔叔找到了，怎么看你一点也不开心呀？"吉力一脸苦笑，想了想，就把上次去上海认亲的真相悄悄跟妻子说了。

妻子张大了嘴巴："你咋能这样呢……唉，你不认人家，人家也来认你了，认了就认了吧，他穷，咱们也穷，谁也不用怕谁！"

吉力苦笑着说："现在我哪还能不认呀！老娘非气死不行，我就是……就是难为情呀，叔叔和堂哥都见过我了，过两天再见面，你说我还有脸吗？"

妻子也觉得这确实是个问题，想了半天，灵光一闪："有了！你叔叔找你，不也是跟你找他一样的心理吗？他以为咱们家混得不错呢，他要是知道咱们比他还穷……"听妻子这么一说，吉力猛拍大腿：对呀！现在最好的结果就是让叔叔知难而退，主动打消这个寻亲的念头。可他们家已经够穷了，要比他们穷，还真是不太容易。

两口子合计了一晚，打定了主意。第二天早上，吉力拿了个袋子从家里出来，在街上偷偷摸摸地换上父亲的一套破旧衣服，往脸上摸了两把灰，打扮成个灰头土脸的民工模样，然后径直来到报社。

记者听说寻亲的人来了，热情地接待了他，一核对，证实他就是老人寻找的哥哥的儿子。吉力愁眉苦脸地告诉记者，他的父亲已经过世了，自己下岗多年，现在只能靠捡废品卖钱过活，老母亲现在生了病,可还没钱送医院……倒了一大堆苦水,然后恳求记者快点帮他联系叔叔,他是没钱到上海认亲了,只能让叔叔来找他。记者答应尽快把他的情况告诉上海的叔叔。

过了两天,吉力在单位接到了妻子的电话,告诉他,叔叔找到家里来了,带着三个儿子一块来的,让他赶快回去。吉力放下电话,不禁苦笑着连连摇头,看来装穷这一招并没有吓住对方呀!想了想,脸上又不禁发烧,这一下可真是弄巧成拙了,让人家知道他故意装穷,面子往哪搁呀?

不过,人家已经认上门来了,这一回是躲不掉的了。吉力极不情愿地往家里走,进了门一瞧,好家伙,果然满满一屋子人,当中就是那个生煤炉的老汉,还有那个骑三轮的汉子。

老娘含着泪招呼他:"吉力,这就是你叔,快过来磕个头!"

吉力脸一红,叔叔两个字还没喊出口,叔叔就颤抖着抱住他,左瞧右看,脸上老泪纵横:"你就是我侄子?你今年多大了?"

吉力松了口气,叔叔倒没认出他来,愣了愣,说他三十了。叔叔仿佛松了口大气:"上天有眼,上天有眼,让我找到了你们啊!你刚三十岁,还来得及……"

吉力问:"什么来得及?"叔叔擦着泪道:"这些年,我天天都在找你,就怕赶不上啊!"吉力茫然地瞪着眼,叔叔叹着气道:"你爸爸没有跟你说过,是怕你担心。你不知道呀,咱们家族有个遗传怪病,好端端的人,过了三十五这一年就会发病。你太爷爷和爷爷就是这么死的,到了我和你父亲这一代,医学发达了,这种怪病其实是可以治好的,但有一条,那就是必须得要到亲属的骨髓,我和你父亲就是这样互相捐献骨髓渡过那一难的,早几年,你有一个哥哥也发了病,也是另外两个哥哥捐骨髓渡过去的……"

听到这,吉力大吃一惊,不敢相信地瞪着叔叔:"这、这是真的……"叔叔摸了摸他脑袋:"你不用怕,现在我找到你了,万一你到时候发病,你三个哥哥都在这呢,做手术的费用,你也不用担心,我们一块想办法。"

听到这,吉力腿都软了,心中又是惊恐,又是惭愧,望着白发苍苍的叔叔,"扑通"就跪下了,从心底里喊出了一声:"叔!"

关键词:手足

> 梅老板有一家足疗馆,这家店有个规矩,就是千金不做回头客。这是为什么呢?隔壁修鞋铺的万大爷很疑惑……

千金不做回头客

蕉下客

奇怪的规矩

万大爷的修鞋铺,不足两平米,缩在三弯里弄里。可这十多年来,万大爷凭着手上活儿细、价钱公道,生意倒也红火。

这天,万大爷正坐在铺子门口,对着阳光,埋头修理一双男式皮鞋。突然,一个阴影挡住了面前的光线,万大爷抬起头一看,乐了:"呀,老妹,您又给我的鞋看病来了?"

这老妹姓梅,自称是东北人,比万大爷小十多岁,住在万大爷修鞋铺隔壁,是"来一回"足疗馆的老板,据说这足疗手艺是祖上传下来的。早在五年前,她就来到巴城,在城东城西城南城北,先后开过足疗馆。就在上个月,她又把她的足疗馆,迁到老城区的三弯里弄来,和万大爷做起了邻居。

梅老板没生意时,就爱到万大爷的修鞋铺来玩,把万大爷要修的鞋,提起来,一双一双地看,说这个人脚上有什么病,那个人脚上有什么足疾。混熟了,万大爷就爱开个玩笑。

梅老板笑过后,闪身走进万大爷修鞋铺里,伸手拎起地上万大爷今天新收的几双皮鞋,看过来,又看过去,然后,又有些失望地放回原处。

万大爷望了梅老板一眼,笑着说:"老妹呀,我怎么看您,都不像个做生意的。说您像医生,又哪有给鞋看病的医生?"

梅老板笑了笑,没作答。辞别了万大爷,返身回到她的足疗馆,里面正好有个客人,在等着她。

梅老板招呼过客人后,忙让他在一张小板凳上坐下,进屋端过一盆药汤,让客人泡上半个小时。而后,她找来干净的白毛巾,伸出她两只纤瘦而灵巧的双手,把客人的脚,从药盆里托起来,拂去水,双手往客人的两只脚板心一握,再来回一摸,很快就诊出客人的足疾了:"你这脚,是后跟痛吧?"

客人点着头,连连说道:"是啊是啊,脚后跟痛起来,连路也走不了。"

梅老板没吭声,双手抱过客人的脚,捂在怀里,来来回回地揉着、捏着、按着,一边把她按摩的手法,详细地说给客人听。约一个小时后,梅老板替客人穿上袜子,说:"你这足疾,不算严重,回去就按我刚才说的方法,三天做一回,两个月后,慢慢就会好起来的。"

客人十分满意,连忙说:"要不,我三天后再来做一次?您要多少钱,我给!"

梅老板站起来,指着墙上"来一回"牌匾,抱歉地说:"对不起,我这店里有个规矩:千金不做回头客!"

就在这时,万大爷突然提着一只鞋,站在梅老板足疗馆门口,冲着梅老板说:"老妹,刚刚收到一双鞋,你给它看看病?"

梅老板忙向万大爷走过去。刚做好足疗的客人,也好奇地跟了出来,见梅老板把万大爷提过来的一双旧皮鞋,里外看了个一遍,然后,递给万大爷,肯定地说:"这双鞋,没病。"客人好奇地问了一句:"鞋会有病吗?"梅老板正色说:"鞋是装什么的?脚。你说,脚上有病,鞋会不知道吗?"

不肖的儿子

这天一早,梅老板刚刚打开足疗馆的门,忽然听到隔壁有人吵架,似乎是从万大爷的修鞋铺里传来的。梅老板赶紧跑过去,原来是万大爷的儿子又来找万大爷要钱了。梅老板还没打算进去,万大爷的儿子就冲着梅老板说:"去去去,你少来管我们家闲事。"

上个星期,万大爷儿子来要钱时,正碰上梅老板,梅老板就很不客气地说了两句,万大爷儿子没要到钱,就走了。今天,他大概又怕梅老板多事,就先堵她的嘴了。见这么说,梅老板就站在门口,听万大爷骂儿子:"我不是看在孙子面上,我干脆去死了,也不赚钱给你赌博!"儿子死猪不怕开水烫,伸着手不缩回去。万大爷便无奈地从身上摸出五十块钱,丢在地上。儿子捡起钱,从梅老板跟前走过去时,狠狠地瞪了她一眼。

梅老板忙进去安慰万大爷。万大爷抹着眼泪说:"他娘死得早,他爷爷奶奶带大他,像命子根似的,惯坏了。长大了,也不好好找工作,天天吃喝嫖赌,还怪我是个修鞋匠,没地位,没社会关系,我要是也当个一官半职,他就不会落到现在这个地步了……"

梅老板生气地说:"这孩子,怎么这样不争气!"

就这样,一晃半年过去了,除了一些回头客来要求梅老板做足疗,很少有新顾客来。梅老板也没改变自己的规矩,对回头客总是客客气气送走,然后,静静坐在前门,等着新顾客的出现。万大爷见状,劝她说:"做生意,做的就是回头客!你倒好,还千金不做回头客?这是什么规矩!"

梅老板笑着说:"行有行规,开门守店,哪能没个规矩?"

"你……"万大爷见说服不了梅老板,有些生气地说:"那你就去折腾吧。把你几个钱折腾光了,看你喝西北风去!"

一转眼,一年的时间过去了,梅老板生意更清淡了,她决定把足疗馆再搬到城郊清泉寺旁去。万大爷得到消息,忙跑过来,十分不解地问:"老妹呀老妹,你还要折腾呀?你这是图啥?生意不好就搬家,你就不能改改你那规矩?"

梅老板叹了一口气,说:"老妹这回要搬走了,到老妹这边泡泡脚,一边就跟你说说。"

罕见的足疾

万大爷听罢,赶紧回去关上了修鞋铺的门,就去了梅老板的足疗馆。梅老板已经把熬好的药汤,装在一只小木盆里,热气腾腾地等着万大爷到来。万大爷眼睛红了,坐下来把脚放进木盆,对梅老板说:"老妹这样侍候我,真是折杀我。这样吧,你把你穿旧的鞋,找出来,我帮着修理修理……"

梅老板也坐了下来,还没开口,眼眶就红了。1947年,梅老板的母亲才十三岁,由于有一手祖传的足疗手艺,已经是军区医疗队里一名骨干卫生员。当他们路过巴城时,十五师梅副师长的爱人,早产了一个男孩。考虑到安全问题,梅副师长决定把刚刚出生的儿子,送给当地百姓抚养。于是,梅老板的母亲带着梅副师长爱人塞给她的一块银元,把小孩送给了当地一对农村夫妇,连姓什名谁都没来得及问。

没过多久,梅副师长爱人因病去世了。革命胜利后,梅副师长已经是某军区司令员,经组织介绍,和梅老板的母亲结了婚,1959年生下了梅老板。五年前,梅老板母亲临终前,再三交代梅老板,一定要回到巴城,找回她亲手送走的、同父异母的兄长……万大爷听完,不解地问:"可你要找你哥哥,与你开足疗馆有什么关系?"

梅老板说:"在梅家的家族里,男性有一种罕见的遗传足癣,形状呈一个个小圈圈,暗淡微白,就像一弯新月,但它奇痒微痛,季节交替时更加严重,是任何药物都难以根治的。而且此足癣的患者,是亿分之一,肯定是家族性遗传。"万大爷一边听,一边若有所思地点点头。

梅老板接着说:"前些年,我跟着母亲潜心钻研,终于摸索出通过传统中药浸泡后,用民间足疗来根治的方法。我在巴城,经常换地方开足疗馆,不做回头客,就是希望我哥哥还活着,足癣让他痛得实在不行了,某一天能来我这足疗馆治治啊……"

万大爷连连点头,突然把自己的脚从木盆里拿出来,水也顾不上擦干净,就穿上了袜子。梅老板见状,忙按住万大爷,笑着说:"你慌什么呀,我还没给你做按摩,你干嘛就把袜子穿上了?"万大爷忙说:"按个啥呀,我脚也没病,不按了……"说完,就挣脱梅老板,鞋也顾不上穿,慌慌张张地跑出去了。

梅老板又气又急,提起万大爷撂在地上的鞋,正准备追过去时,人一下子愣住了。等回过神来,她连忙不顾一切地追了过去。

无奈的离别

万大爷此时已回到他的修鞋铺,坐在里面发愣。父母临终时,曾和他说过他的身世,说是1947年一个部队路过巴城时,在一个晚上,一个小战士叫开他家的门,把一个刚刚出生的孩子,托付给他们抚养……难道梅老板的哥哥,会是自己吗?梅司令,是自己的亲生父亲?

这时,梅老板已经赶了过来,见到万大爷,走过去,重新脱掉万大爷脚上的袜子,拿起脚板心一看,那一圈圈暗淡微白足癣,和父亲一模一样。梅老板一下子就抱住了万大爷的脚,满脸淌着泪水,难道眼前的万大爷,就是自己寻找了那么久的亲哥哥?此时的梅老板,既兴奋又激动,她和万大爷商量:明天他们就动身去北京,去和父亲做个亲子鉴定。

万大爷一听,摇了摇头,说:"得这病的人多着呢,就别耽误你工夫了……"

万大爷起身想走,梅老板突然伸出两只手,往万大爷脚板心上一捏,万大爷顿时浑身酸麻,脚下无力,瘫坐在凳子上。梅老板双手握着万大爷的脚板心,哭道:"千金不做回头客,百年只等有缘人。老哥,老妹这些年吃的苦,你还不知道吗……"

万大爷望着梅老板,忽然哽咽道:"老妹呀,不是我不想去呀,我是怕呀。"他其实担心他的儿子,整天游手好闲,嗜赌如命,老早就嫌弃他是个修鞋匠。他要真是梅司令的儿子,他儿子要知道他亲爷爷当这么大的官,肯定更加好逸恶劳,贪婪成性,还不知会做出什么伤天害理的事来,他们一世清正的英名,也许就会毁在他的手里。万大爷悲哀地说:"失去了,就让他失去吧……找不到还是个念想,找到了可能是个冤孽!"

梅老板心一紧,手松开了。她刚想站起来,忽又蹲了下去,重新握住万大爷的脚,迅速推拉起来,忽上忽下,渐行渐快。万大爷只感到两只脚,十分灼痛,仿佛刚刚往上浇了一盆开水,整张脚皮要被揭下来了,万大爷差点没叫出声来,就在这时,突然感到脚板心上一凉,梅老板轻轻地放下他的双脚,站了起来。

此时的梅老板已是满头大汗,她从身上掏出一个小本本,递给万大爷,说:"根治足癣的治疗手法,我都写在上面,你留着吧。脚,是行四方的;它有病,就连路也不会走了。"

第二天,梅老板关掉了"来一回"足疗馆的大门,来到万大爷的修鞋铺辞行,却发现万大爷的修鞋铺,已早一步搬走了。门上挂着一把铁锁,铁锁的上方,还夹着一块被磨得锃亮亮的银元……梅老板的眼泪一下子就出来了,喃喃地说道:"老哥呀,你真不愧为是父亲的儿子!可老妹还没告诉你,父母的名字呢……"

关键词:手足

> 做爹的偏袒小儿子,大儿子都看在眼里,可他不计较,因为他也希望弟弟有出息。然而,娇生惯养是成不了大器的,吃点苦,受点挫折,反而容易成才。

受伤的南瓜

杨汉光

周国海有一对双胞胎儿子,哥哥叫大明,弟弟叫小明。两人今年读初三,成绩都很好。

可周国海不光要抚养两个儿子,还要照顾长年躺在病床上的妻子,就是送一个儿子上高中和大学都吃力,同时送两个,他连想都不敢想。没办法,周国海准备让一个儿子休学。

让哪个儿子休学呢?周国海是种地的,他觉得培养儿子就像种瓜种豆一样,应该留壮苗,舍弱苗,才有好收成。大明从小有一条腿残疾,怎么培养,恐怕也成不了顶梁柱。周国海很想让他休学,可看着大明走路一瘸一拐的样子,好几次话到嘴边,都说不出来。

这天晚上,周国海又在为让哪个儿子休学的事难以入眠。病恹恹的妻子说:"你干脆让两个孩子种南瓜吧,谁种出的南瓜大,就让谁上高中。"

周国海觉得妻子的主意不错,第二天,他就给每个儿子一粒南瓜籽,让他们比赛种瓜:谁种出的南瓜大,将来就可以上高中,读大学;谁种出的南瓜小,那初中毕业后,就不要再上学了。

两个儿子都想上高中、读大学,拿到南瓜籽就立刻忙活起来。大明在屋后堆了一个土堆,小明在屋前也堆了一个土堆。几天后,两个土堆里都冒出了一棵南瓜苗。

周国海一有空就去看两个儿子种的南瓜,他希望小明的南瓜能压倒大明的南瓜,可不知怎的,大明的南瓜不但长得比小明的快,藤叶也长得比小明的粗壮。小明的南瓜刚结出一个花蕾,大明的南瓜已经开花了。照这样下去,周国海就要送大明读高中,让小明休学了。

周国海越想越不是滋味,有一天,他鬼使神差地抬起腿,在大明的南瓜上踩了一脚。这一脚踩得太重了,拇指粗的藤茎裂成几瓣,瓜苗歪在一边,就像大明那条残疾的腿。

傍晚,大明放学回来,照例到屋后去看南瓜,发现瓜藤都快被踩断了,不禁放声大哭起来。周国海闻声来到屋后,大明不知道南瓜是被父亲踩的,他扑到父亲怀里,哭得更伤心了。周国海愧疚地拍着儿子的肩膀,一个劲地安慰他。大明擦了一把眼泪,说:"爸,我一定要把那家伙查出来。"

第二天早上,大明居然不去上学,在房前屋后查找踪迹,时不时蹲下身子仔细辨认,活像一个小侦探。周国海生怕儿子查到自己头上,就催他快去上学。

过了几天,周国海发现,大明的南瓜被踩了一脚后,虽然没有死,但长势远远不如小明的南瓜了。周国海松了口气,此后再也不到屋后去看大明的南瓜了。

而小明一直精心照料屋前的那棵南瓜,周国海也偷偷帮他浇水施肥。可不知怎的,小明的南瓜虽然越长越茂盛,但结出的瓜总是长到拳头那么大就烂掉了,直到藤叶转黄时,才好不容易结成一个小南瓜。

这时候,大明和小明已经初中毕业,双双考上了高中。按照当初的约定,谁种出的南瓜大,谁才能上高中。

小明小心翼翼地把那个小南瓜摘下来,让父亲过秤。周国海边称南瓜边说:"大明,快过来看看,你弟弟的南瓜刚好八斤重。"

大明无精打彩地说:"不用看了,你说多重就多重。"

周国海放下秤,问大明的南瓜呢,叫他也拿来称一称。大明说:"我的瓜藤被踩成那样,能活下来就不错了,哪有什么南瓜?"

过了个暑假,小明就到县城读高中去了,大明则跟着父亲下地干活。周国海发现,大明干完活后,还常常跑到屋后去看他的南瓜。周国海莫名其妙地问:"你那棵南瓜又没有结瓜,有什么好看的?"

大明不冷不热地回答:"我就看看。"

还是女人细心,一天晚上,大明的母亲跟丈夫说:"大明肯定有什么心事,可别憋出什么病来。明天你悄悄跟他到屋后去看看吧。"

第二天一早,周国海见大明又一瘸一拐地向屋后走去,便悄悄地跟着儿子来到屋后,一看,顿时傻眼了:那棵被踩伤的南瓜,竟然顽强地长出细细长长的瓜藤,在草丛中稀稀拉拉地绕来绕去。大明一猫腰,就钻到草丛里去了。

周国海也跟着钻了进去。一进去,他就惊呆了,草丛里竟藏着一个巨大的南瓜,最少有六十斤重。大明坐在地上,手着拿小刀,正全神贯注地在南瓜上刻着什么。

周国海吃惊地问:"大明,你种出这么大的南瓜,为什么不跟爸爸说?"

大明这才发现父亲跟进来,他边在南瓜上刻字边说:"爸爸,我知道你不想让我读高中,所以懒得让你知道这个大南瓜。"

周国海不好意思地问:"你怎么知道我不想让你读高中?"

大明轻轻地说:"你……踩了我的南瓜。"

周国海的脸一下子热辣辣的,他低下头,底气不足地否认:"你别乱猜。"

大明已经刻好字了,他收起小刀说:"不是猜,是你留下的鞋印让我知道的。"

周国海尴尬极了,平生第一次感到没脸面对儿子。他没话找话地问:"你在南瓜上刻什么?"

大明淡淡地说:"你自己过来看吧。"

周国海弯下腰,拨开杂草走过去,在儿子身边蹲下。他往南瓜上只看了一眼,泪水就夺眶而出,大明在南瓜上刻的是:我的大学!

大明第一次看见父亲流泪,他惶恐地说:"爸爸,你别哭,我知道家里困难,弟弟比我更适合读书。我不会为难你的,我只是……只是心里有点难受。"

周国海一把将大明抱在怀里,哽咽着说:"好孩子,爸爸一定送你读高中,上大学。"

两天后,周国海千方百计为大明借到了学费,亲自送他到县城读高中。

注册的时候,周国海特意向一位生物老师请教:为什么小明种的南瓜,下的肥料那么足,藤叶长得那么茂盛,却只结出一个小南瓜,反倒是大明那棵受伤的瓜藤,结出了一个大南瓜?

生物老师风趣地说,种植南瓜,不但要有充足的肥料和水分,还要适当压制藤叶的生长,才能结出大南瓜。周国海当时踩的那一脚,歪打正着,恰好起到压制藤叶生长的作用。南瓜和人一样,娇生惯养是成不了大器的,吃点苦,受点挫折,反而容易成才。

听了老师的话,周国海相信,大明总有一天会长成顶梁柱的。

中国好家风
故事读本

下册

上海文化出版社
上海故事会文化传媒有限公司

中国改革风
故事读本

下册

目录 Content

第四章 父慈子孝…………………………… 7

一瓶可乐…………………	李苏楠	8
财富之手…………………	刘忠山	12
开饭媳妇…………………	刘振涛	18
爸爸的自行车……………	张春风	22
一件皮草…………………	李雪涛	26
后妈历险记………………	菊韵香	32
手机的秘密………………	翟德军	38
清清白白…………………	陈效平	43
残局………………………	王长军	48
请让母亲存点钱…………	任黎明	55
一个蒜头有八瓣…………	曹景建	60
给黄鼠狼上课……………	谢庆浩	67
较真不较真………………	张 伟	71
状元箱……………………	姜红梅	75
送彩………………………	卢树盈	81
风范的力量………………	王长军	85
报平安……………………	郑小亮	90
万里寻子…………………	刘 晖	95
谁说了算…………………	陈志荣	101
烦人的妈妈………………	刘 超	106
失踪的疤痕………………	杜 辉	110

目录 Content

一生爱吃什么…………………………任　达　117
一张卧铺票……………………………无字仓颉　121
父亲的故事……………………………魏　炜　126
状元宴…………………………………曲范杰　131
特别的生日礼物………………………曹景建　135
母亲的足浴……………………………张开山　139
方言专家………………………………冯海鹏　143
寻蜂老爹………………………………侯　子　148
阳光总在风雨后………………………一　冰　153
惹不起…………………………………王长军　156
照片去哪儿了…………………………杜　辉　159

第五章 夫妻情笃 …………………………… 167

男人不洗碗……………………………於全军　168
应该感谢谁……………………………郑小亮　173
漂流的手机……………………………杨　航　178
那年月的爱情…………………………童树梅　183
幸福密码………………………………李　锦　186
非法夫妻………………………………杨金凤　191
诓妻计…………………………………俞恒祥　198
比比谁是贤妻…………………………种豆人　204
奇吻……………………………………朱美洪　208

目录 Content

张三娃逗妻……………………………………程碧富 213
当手………………………………………………魏 炜 218
寄给"齐天大圣"的包裹………………………蒋诗经 223
婆婆的绝招………………………………………大刀红 228
行大礼……………………………………………徐 涛 233
《故事会》创造奇迹………龚建强 口述 张道余 采写 238

传统优秀家训选摘 …………………………………… **242**

◇ 事其亲者,不择地而安之,孝之至也。　　　　　　——《庄子》
◇ 孝子之养也,乐其心,不违其志。　　　　　　　　——《礼记》
◇ 羊有跪乳之恩,鸦有反哺之义。　　　　　　　　——《增广贤文》
◇ 孝子不谀其亲,忠臣不谄其君,臣子之盛也。　　　——《庄子》
◇ 孝有三:大尊尊亲,其次弗辱,其下能养。　　　　——《礼记》
◇ 父母之年,不可不知也。一则以喜,一则以惧。　　——《论语》
◇ 孝顺还生孝顺子,忤逆还生忤逆儿。　　　　　　——《增广贤文》
◇ 老吾老以及人之老,幼吾幼以及人之幼。　　　　——《孟子》
◇ 慈父之爱子,非为报也。　　　　　　　　　　　——《淮南子》
◇ 请问为人父,曰:宽惠而有礼。　　　　　　　　——《荀子》
◇ 父母之爱子,则为之计深远。　　　　　　　　　——《战国策》
◇ 哀哀父母,生我劬劳。　　　　　　　　　　　　——《诗经》
◇ 亲爱利子谓之慈,反慈为嚚。　　　　　　　　　——(汉)贾谊

第四章　父慈子孝

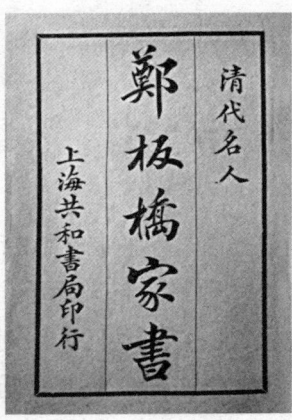

- ◇ 导之以德义,养之以廉逊,率之以勤俭,本之以慈爱,临之以严格,以立其身,以成其德。　　——《内训》
- ◇ 不顺乎亲,不可以为子。　　——《孟子》
- ◇ 夫孝者,天之经也,地之义也,故孝必贵于忠。　　——(宋)叶梦得
- ◇ 父母者,人之本也。　　——(汉)司马迁
- ◇ 慈孝之心,人皆有之。　　——(宋)苏辙
- ◇ 尧舜之道,孝悌而已。　　——(宋)李纲
- ◇ 谁言寸草心,报得三春晖。　　——(唐)孟郊

> 一瓶小小的可乐,就能瓦解一个人清正廉洁的形象?小亮觉得这也太夸张了,可监察局的马局长不这么认为……

一瓶可乐

李苏楠

小亮刚过三十岁,是行政审批局的业务骨干,单位里,大家都对他交口称赞。

可这次,熟悉的企业办事员小张来办事,不过是随手扔过来一瓶冰镇可乐,小亮觉得没啥就拿起来喝了,谁知道刚好被监察局的督查组拍到了。这不,监察局下发通知,对小亮全区通报批评,还要求他在大会上做检查。小亮觉得监察局"小题大做",很不服气,找上了门……

"我和那个企业的办事员很熟,就喝了三块钱的可乐,能算大事吗?"小亮大声说道。

监察局马局长没有正面回答,只说:"明天早上一上班你到我办公室一趟,咱们再谈谈。""谈就谈,我就不信你能把三块钱的可乐说成三百块!"小亮生气地走了。

晚上,小亮的母亲叫他带着老婆孩子到家里吃饭,并说:"你不要和那个老头子一般见识,他就是有点较真,妈替你批评他!"小亮知道母亲是想让他和父亲缓和一下关系,可他心中还是有气,说:"今天我不去了,老爸既然想要公事公办,我就要看他能办出什么大道理来!"

第二天一上班,小亮就准备去马局长办公室再理论一番,快走到的时候,马局长打来电话,说:"小亮啊,我想着是不是咱们父子之间年龄差距有点大,有代沟,你也去给我买一瓶可乐尝尝吧?"

买就买,反正我身正不怕影子歪,小亮想着便朝单位门口的便利店走去,谁知便利店还没开门,小亮知道三百米外还有一家,可去了发现也没开门。原来,江城区行政机关是早上八点上班,而临街的商铺却鲜有八点就开门的,再加上机关都在新城区,商业气氛还不旺,门店比较少,小亮竟然一时买不到可乐!最后,小亮返回单位骑上电动车,晒得满头大汗,才在两站公交之外找到一家二十四小时便利店,买到了一瓶三块钱的可乐。

没想到大早上买饮料这么不容易,想想小张一上班就甩给自己一瓶可乐,自己还真没意识到这个问题,小亮对父亲有些理解了,进父亲办公室的时候,语气稍有缓和:"马大局长,我知道错了,大早上不好买饮料……不过能不能通融一下,全区大会上检查就算了吧?"

马局长并没有回答小亮,而是拿出两个玻璃杯,说:"既然买来了,咱们把这可乐喝了吧。"说着倒给小亮一杯,跑了一路小亮也热坏了,端起杯子"咕咚咕咚"就喝完了,马局长也喝了一杯。

"怎么样?和你那天喝的可乐有啥不一样?"马局长问道。小亮一听,再一回味,心中顿时大惊,对啊,那天喝的可乐,超级冰,简直像从冰箱里拿出来的一样,喝得很爽,可今天的可乐,因为骑着电动车带了一路,早就成常温甚至还带点热气的"热可乐"了,小亮顿时心中充满了疑问。

"你想知道为什么吗?"马局长和蔼地说,"我先给你讲个故事。"马局长拉开抽屉,拿出一个朴素的木质盒子,打开后摊到小亮面前,只见盒子里用红布做底,放着一粒金黄色、磨得有些发旧的金属扣子,马局长拉开了话匣……

原来,三十多年前,马局长的父亲时任江城市最大乡镇于孟镇的镇长,那时候刚改革开放,于孟镇就抓住时机,大力发展经济,一时间成了明星乡镇,马镇长也成为最受瞩目的镇长。马镇长不仅能力强,而且人品好,讲廉洁,从没拿过企业的一针一线,也不讲究吃穿,成天穿着一件老旧但整齐的中山装,那套中山装,是全国劳模大会上发的,马镇长也一直引以为傲。

那时候有个老板办了很多企业,每逢年关,总要去企业所在的乡镇"拜访"领导,可马镇长,从没让他带着东西进过家门。那老板觉得不为领导做点什么心里不踏实,就挖空心思想做点什么。

有一天,他发现马镇长开全镇企业会的时候,中山装袖口上掉了一颗扣子,过了一两个月,也没有补上。这个老板就让人去调查,发现那件中山装是当时劳模大会定制的,尽管扣子不值钱,市场上却买不到。于是那个老板就安排下属去办这件事,两三个业务员跑了十几个省,最后才买来一颗一模一样的扣子,那时候扣子才几分钱,老板拿给马镇长的时候,马镇长也没多想就收下了。

因为这粒扣子,老板和马镇长成了朋友,慢慢地来看他时就会带一袋水果、一盒茶叶之类的东西,后来又慢慢地变成了几条烟、几瓶酒……再后来马镇长就受了处分,提前退休了。

受处分后,马镇长才知道,那粒扣子虽然只值几分钱,但企业为了买这粒扣子,光火车票就花了上千元,那时候镇长工资也才一百多元啊!所以后来马镇长也说,受到处分他一点都不冤枉,都怪自己没有坚持内心的信念,他把那粒扣子传给了马局长,就是要时刻提醒他。

马局长的故事讲得不长,但小亮却迟迟不能回过神来。

"你可知道,小张平常也是骑电动车来办事的,这么热的天,咋给你弄冰镇可乐?据我们调查,那是有一天,他们老板问,'审批科小亮有啥嗜好没?'小张说,'小亮没啥嗜好,但好像挺爱喝可乐的。'老板指示小张多和审批科搞好关系,平时'顺手'多送几瓶可乐,还把他的宝马车借给了小张。"

马局长突然严厉起来,继续说道:"那天小张随手甩给你的冰镇可乐,是他在老板的安排下,提前买好,第二天又放在老板车里的车载冰箱里带过来的!要不然你以为你喝着能有那么爽?"

小亮一下子蒙了,原来,看起来一瓶小小的可乐,竟然这么复杂!

"我父亲传给我一粒扣子提醒我,"马局长开玩笑道,"小亮,你儿子今年才三岁,你不会打算传给孩子一个可乐瓶子吧?"

"爸,你别说了,我知道错了。"小亮低下了头。

三天后,全区会议上,小亮做了深刻的检讨,马局长坐在台下,欣慰地看着儿子。

关键词:孝道

> 老孙头有一双财富之手,可这双手却给当官的儿子带来了麻烦……

财富之手

刘忠山

孙杰是省里某重要部门的副处长,别看职务不高,却手握项目扶持资金审批的大权,是好多企业老板都想方设法巴结的"财富之手"。这天,老家亲戚来的一个电话,可把孙杰吓了一跳,请了假急急忙忙回了老家。

啥事呢?孙杰的爹老孙头被市里一个企业老板接走了!孙杰回到村里,很快问清了来龙去脉。前几天是重阳节,市里一个姓刁的大老板,到村子里慰问老人。刁老板为人很谦和,发慰问金时还和十几个老人一一握手。当他和老孙头握手时,只见他握着老孙头的手握了好长时间。等他和老人们合影后,又直奔老孙头而来,对老孙头显得格外热情,再次握着老孙头的手嘘寒问暖,并问老孙头想不想到他公司里干,他管吃管住还给发工资,活儿就是浇浇花草。老孙头还不到七十岁,身板硬朗,一听有这好事可比自己窝在家里强多了,想都没想就答应了。村里还有几个老人也想去,人家刁老板婉拒了,说和老孙头一见如故,这是缘分。村里人都说,儿子当官老子托福,这大老板能看上老孙头,十有八九是因为孙杰在省城当官。

问明情况,孙杰的第一个反应和村里人议论的差不多,那就是这家企业老板可能对他有所图,肯定是打算跑项目资金,想通过他爹这个途径搭上关系。要不然,他爹一个农村老头犯得着被人家大老板接走吗?

孙杰问明白地址,直接去了刁老板的公司。在路上孙杰有点后悔没把独居的爹接到省城养老,之前好几次他来接,可他爹说住不习惯,自己一直生活在老家。这次,老爷子大概是在家闷了,一听人家给份差事不揣深浅就答应了。

孙杰问了门卫,知道刁老板到外地出差了,就按照指点直奔他爹的房间。孙杰进门时,老孙头正在一间富丽堂皇的办公室里喝茶呢。哪有打工的在上班时间悠闲喝大茶的道理?孙杰更加肯定了自己的怀疑。

一见面,孙杰有些不高兴地说:"爹,您到公司打工为啥不事先给我打个电话呢?都这把年纪了,我又不是养不起您,您还出来干啥?"

老孙头有点不好意思地说:"我寻思身体呢还行,人家让来干活,人多也热闹,再说了,你在省城开销也大,我能挣点就挣点,知道你孝顺肯定不让我来,所以就没急着给你打电话。"

孙杰接着问:"爹,让您来干啥工作,工资怎么算呢?"

老孙头指了指桌上的茶具说:"喝茶,闲逛,老板说干啥活到时候他再安排,还说工资不会低于公司的那个啥主任哩!"

孙杰握着老孙头的手说:"爹,您有没想过,您一个老人家没文化、没技术,干体力活更没法和年轻人比,人家凭啥让您在这里优哉游哉地挣大钱呢?"

老孙头点点头说:"问过,老话说天上没有掉白馍的好事!人家老板非亲非故的对咱这么好,我还真犯过嘀咕,还想到了这老板是不是奔着你去的,你别看你爹窝在农村,现在电视里整天宣传反腐呢,我怕给你惹麻烦,还专门问过刁老板哩!"

孙杰听老爹说得这么明白,脸色有些缓和地问:"那刁老板咋说呢?"

老孙头笑笑说:"人家说根本就不认识你,更不知道我有个儿子在省里。人家说了他这人信佛,接我来呢,就是看我慈眉善目的能旺财,就把我请来的!"

看着孙杰半信半疑的表情,老孙头就说:"孩子啊,这年月的事儿还真说不清楚,人家就信这个,咱图个现成的,也没什么不好。再说了,真要是要啥事,你放心,你爹我绝不会影响你。"

老孙头说到这份上,孙杰只好同意老爹留下,有啥事随时和他沟通。

大概过了两个多月吧,其间老孙头告诉儿子,刁老板让他养花玩鸟闲溜达,一个月工资给了三千多。孙杰听了,只好无奈地摇摇头。

这天,下面县市提报的企业资金扶持项目报了上来,孙杰在审核时,看到一家申报企业的名字眼熟,一查,果然是他爹在的那家企业,法定代表人正是刁老板。狐狸尾巴终于露出来了!孙杰的心里猛地一沉。他把刁老板公司的材料扔在了一边。

这期间,刁老板一个电话也没给孙杰打过,连老孙头也只字未提。眼看审批时限到了,孙杰满腹狐疑地拿过刁老板公司的材料,认真审核了一遍。还别说,刁老板公司申报的项目,完全符合申报政策,而且无论硬件还是软件,在所有申报的项目中都排在前列,孙杰就签批了同意的意见。

这件事儿过去了几个月后,孙杰所在的单位竞选处长,孙杰以过硬的成绩位列第一。可就在公示期间,有人举报孙杰变相收受贿赂:项目单位为了获取资金扶持,以雇佣孙杰父亲的方式,变相向孙杰行贿!举报者举报得很详细,纪检部门受理并开始调查,孙杰被纪检部门约谈。

孙杰一开始并不知道所为何事,直到约谈人员问起他爹的情况,他才明白过来,如实地把这件事的前前后后陈述了一遍,并且特别强调,自己在刁老板企业项目资金申报中,没有和刁老板有任何接触,审批是完全按照规定进行的。约谈负责人告诉孙杰,他们派去的调查组很快就回来,在这期间,请孙杰交出手机不要和刁老板以及老孙头有任何联系。孙杰很配合地交出了手机,并到安排的房间里看书等候。

在看书的时候,孙杰心里一惊:难道是有竞争对手早就提前布局,串通刁老板把老爷子接去,同时安排刁老板申报项目资金,设了一个套,关键时候祭出来给自己致命一击?果真如此,那可是太险恶了。

孙杰在思虑中度过了一个晚上,第二天纪检部门告诉他一切都查清了,举报与事实不符,让孙杰回单位继续履职。孙杰刚回到单位不长时间,组织部门的任命书就下来了,孙杰升为处长。

这剧情也太狗血了!孙杰丝毫没有升迁的喜悦,他在心里始终有一个疑问:刁老板让他爹到公司上班,究竟是咋回事?这事要搞不清楚,他干啥都没心情。

他刚要拨打老孙头的电话,有人敲门进屋,来者正是他爹,后面跟着刁老板。

刁老板一进门,就朝孙杰歉意地说:"孙处长,我是老刁,没想到接您父亲到我公司上班,居然给您添了这么大麻烦,实在是抱歉!我们一大早就往这赶,得来看看您。"

老孙头倒还淡定:"咱脚正不怕鞋歪,什么事儿查查不就都清楚了！孩子，虽说你让人举报有些晦气，可是你想，你经手过那么多公家的钱，举报你的人居然只能举报你爹我这点破事，说明这几年你洁身自好没犯错误，要不然，这次可就栽了！"

孙杰不接这些话，看着刁老板说："刁老板，现在也没外人，你告诉我句实话，你为啥要接我爹去你公司上班？千万别说什么慈眉善目能旺财的鬼话！"

刁老板一皱眉说："咦，昨天我告诉调查组了，他们没告诉您？"

孙杰说："调查组只说举报不属实，我没事，别的没说。赶紧告诉我，在你们进门之前，我就要给你们打电话了！"

刁老板和老孙头坐下，刁老板告诉了孙杰实情。

原来，刁老板是个文玩核桃爱好者，前几年渐渐入门，开始大量投资。在这行里有句话说"十分核桃七分盘"，从树上搞到好的文玩核桃只是第一步，如何盘好核桃就有很多讲究，单就包浆来说，由什么人来把玩就大有学问。因为人和人体质迥异，表现在手上也不大不同。核桃行里对把玩核桃的手有很多分类法，其中有种手叫"上帝之手"，也叫"财富之手"，说的就是一种油汗手，这类手掌分泌汗液量不多，皮脂的分泌量却很大，一年四季，手掌总给人一种油腻腻的感觉，用这种手盘玩核桃上色虽较慢，但能使包浆很厚了还发黄色。挂瓷后通透度极佳，玩出来的老核桃在光照下甚至能有透明感。自然，这种手玩出来的核桃往往是核桃行里竞相追逐的艺术精品，价格暴涨。

有了好的核桃，有了盘玩的好手，盘玩的人还要有好心性。盘玩核桃很耗心性，有句话说"三冬两夏，黄铜变金"，只有那些心境安然的人，才能把玩出好核桃，这样的好核桃才有灵气。

刁老板能搞到稀有的核桃品种，但是盘核桃的人却很难遇到,就在他犯愁时,重阳节下乡走访老人,遇到了老孙头,他一握手,就感觉到了老孙头手的异样,再看老孙头慈眉善目的一看就是好心性。于是,他迫不及待地就把老孙头接走了。因为怕同行知道,来挖他的墙脚,所以刁老板雇佣老孙头的真实目的不轻易对外讲。

没想到,这件事儿阴差阳错地给孙杰带来了麻烦。

听完这些,孙杰如释重负。他握着老孙头的手,对老孙头说:"爹,没想到您老人家还有这样一双财富之手啊!要不是刁老板,差点给埋没了!"

老孙头意味深长地说:"爹的手是财富之手,说到家就是给人家刁老板好好玩核桃。我听人说你手握大权,有些老板也说你的手是财富之手,孩子啊,你手里攥着的可是印把子,这玩意只能牢牢把着,不能玩啊!"

关键词：孝道

> 秋莉在一个公司食堂里给员工做饭，习惯了大喊"开饭啦"，这一点引起了婆婆的强烈不满……

开饭媳妇

刘振涛

大梁的老婆秋莉最近常和婆婆拌嘴。这天，大梁刚下班到家，就被秋莉一把拎进了卧室。秋莉横眉瞪眼地说："你妈干吗总是看我不顺眼呢？喊她吃饭也喊错了吗？"

前几天，秋莉做好饭后，在厨房用勺子敲着盆喊："开饭了，下一个！"就因为这习惯性的一嗓子，让婆婆终于爆发了，她大声说："你不喊，我还不知道饭好了吗？你还以为在食堂吗？告诉你多少次了……"

秋莉长得人高马大，没什么文化，在一个公司食堂里给员工做饭，每次饭好了，都是隔着窗口，对大厅里等候的员工这么喊的，养成习惯了，在家里有时也会冒出这样的话来。以前也是这么喊的，没见婆婆发火，可最近不知怎么，婆婆的火气越来越大，尽管秋莉很谨慎了，可她的性格和肥胖的身体一样粗犷，有时候一不留神就喊出来了。

这天大梁劝了好久，秋莉总算缓和下来。第二天晚上，秋莉兜里揣着满勤奖金，高兴地回到家，打算做点好吃的。就在快做好的时候，一时高兴，忘记了昨日的不快，又拿起勺子"当当"两声敲在盆沿儿上,刚要喊"开饭",就想起婆婆的脸,她赶紧闭上嘴,伸头看着客厅。恰好,婆婆一脸无奈,正竖起耳朵,似乎在等着听那句话,半天没见动静,她也扭头看厨房,两人眼神一碰上,猛地各自缩回脑袋。

总算有惊无险,秋莉偷笑着,端菜上桌。大梁自然没察觉到,边吃饭边说:"妈,这几天怎没见你去打太极啊?"老太太张了张嘴,看了眼秋莉,没说话。

没过几天,秋莉又忘了这茬,拿起勺子"当"的一声又来了,但想起婆婆时,举着勺子没再落下去。

老太太在里屋听乐了,想:照这样,慢慢就把儿媳妇的毛病改了!

不久,老太太到女儿家串门,好几天没回来。周日这天,是儿子的七岁生日,秋莉在家准备了一桌饭菜,等弄好后就敲两下,大嗓门一扯:"开饭了,都死哪儿去了?"没想到话音刚落,儿子一溜小跑进来,拉着的竟然是奶奶!

原来老太太记着孙子的生日,特地赶回家了,可一进门就听到了这久违的嗓门,忍不住也冒出一句没掂量的话来:"恶习难改!"

秋莉哪里知道婆婆回来呀,又不是喊给她听的,这样训斥自己太冤枉了,她也不干了:"喊怎么了?这是职业病!再说我也不知道你回来了,如果知道你在家,我也不会这样啊……"随后,秋莉赌气地从冰箱里拿出几个鸡蛋,放到碗里,用一根筷子不停地翻弄着。

儿子小,他望着妈妈,觉得很好奇:"妈,你在找啥呢?"

秋莉没好气地说:"找骨头呢!"

老太太一听,哼了一声:"那你慢慢找吧,乖孙子,来跟奶奶吃饭。"

没几天,正吃着饭,老太太也从屋里拿出两个鸡蛋,打在碗里,用一根筷子搅拌着。孙子问:"奶奶,拿鸡蛋干吗呀?"老太太说:"我看鸡蛋里能不能找出骨头来。"秋莉嘟囔着:"找出骨头我就吃下去。"

孙子凑到奶奶跟前,惊叫道:"妈妈,奶奶打碎的鸡蛋里,是小鸡耶,有鸡骨头!"这时,老太太把碗端来,慢悠悠地放到了媳妇面前——蛋里露出来的,是已经长了绒毛的鸡雏。看着碗,秋莉顿时僵住了,一口饭噎在嗓子眼。

大梁赶紧打圆场:"儿子,奶奶这是告诉你,啥事都没有绝对,鸡蛋里也能挑出骨头,以后可要好好学习。妈,过来吃饭吧,您孙子在您的生动教导下,一定会有出息的。"

可老太太却在媳妇旁边坐下,给秋莉拍着脊背:"别噎着,喝口水。"

秋莉嗓子眼的那口饭,竟然"咕噜"一声咽下去了,她受宠若惊地转过身,呆呆地看着婆婆。

好多天了,两人都很别扭,说话都是硬邦邦的,现在,秋莉不知该说什么了。老太太叹口气,说:"不是我挑毛病,其实是因为……"

原来,一个月前,和老太太一起打太极拳的一伙老人中,有个叫老张的,和老太太发生了口角,被老太太揭短了,因为老张在七年前坐过牢。老太太一时气急,说了几句呛肺的话,这下,老张好几天不见影,等人们找到他家时,才发现老张因受到老太太的刺激,已经病了好几天。

老太太很愧疚,虽然道了歉,老张也渐渐好转,可老太太心里总还过意不去。于是,她就寻思请老张来家里吃顿饭。老张在老太太再三央求下来了,可是,刚坐上桌时,儿媳妇在厨房里"当当"两声敲了盆,随即传来秋莉的大嗓门:"开饭了,打饭!"

老张脸顿时通红,起身扭头就离开了,把老太太弄得莫名其妙。

后来老太太才知道，在监狱里，食堂师傅就是在铁桶上敲两下，接着喊开饭的，说者无意，听者有心，老张的脸挂不住了：这不是故意在羞辱他吗？谁家里请客，会这样让客人吃饭的？

老张出去这样一说，顿时引来很多老人的不满，大伙儿都疏远了老太太，仿佛她的人品和行为已经十恶不赦了。这么一夹，老太太自然要把一肚子火气发到秋莉的身上了，而且更重要的是，她要让媳妇改掉这个毛病……

秋莉听到这些，才明白婆婆的苦衷，难怪老张来之前，她喊"开饭"，啥事没有，之后婆婆就开始找碴了。难怪这段时间婆婆早上也不去公园了，平时来往的老人也不见来找她，孤单的婆婆怎能不伤心呢，都怪自己啊……秋莉哭着说："妈，对不起，是我不好，明天我亲自去请张伯伯来家吃饭，行吗？"

老太太的眼圈红了，哽咽着说："你是个好媳妇，其实我……我这段时间挺孤单的……"秋莉用力点头："妈，我知道该怎么做了！"

这时，小孙子冲奶奶和妈妈喊了句"开饭喽"，一家子全都笑了……

关键词:孝道

> 小小的自行车上,载着满满的父爱,是任何金钱财富都无法取代的……

爸爸的自行车

张春风

小雨上五年级了。每天,爸爸都会骑着一辆自行车,接送小雨上学和放学。一路上,父子俩总是有说有笑的。

这天,爸爸又来接小雨放学回家,奇怪的是,小雨坐在自行车后座上,一声也不吭。回到家,小雨终于忍不住说话了:"爸爸,你以后别骑自行车来接我好吗?"

爸爸愣住了:"为什么?自行车不是最环保吗?"

小雨委屈地说:"别再用环保骗我了!别的同学都是汽车接送,差一点的也是电瓶车,跑起来多快呀!只有你,每天骑着这辆老古董,让我在同学面前抬不起头!"

小雨的话让爸爸无言以对:唉,都怪自己没本事,每个月的工资,只够家里的开销,好不容易攒下的钱,是要留给小雨上大学的。也难怪,孩子大了,总是好面子的!想到这里,爸爸尴尬地说:"放心吧!过一阵,爸爸就去买一辆电瓶车,好不好?"

小雨喜出望外地说:"真的?太棒了!"望着小雨手舞足蹈的样子,爸爸苦笑了一下。

眨眼,一个月过去了。这天放学后,小雨又坐在爸爸的自行车后座上。天气很热,爸爸蹬着自行车,额头上不停地淌下汗来。不时地,有同学坐着汽车和电瓶车,从身边呼啸而过。小雨始终低着头,一声也不吭。

突然,身后传来了喇叭声,一辆宝马车从后面追了上来。追上小雨父子后,宝马车放慢了车速。这时,车窗摇了下来,探出一个小脑袋,喊道:"小雨,快追上我呀……"

小雨抬头一看,原来是班上的同学小豪,他是学校有名的富二代,每天都是爸爸开着宝马车接送。小雨爸爸听了小豪的话,脚蹬得更起劲了,可是,自行车哪能赶得上宝马车呢?

小豪哈哈大笑道:"小雨,你简直慢得像一只蜗牛!不等你了,拜拜喽!"话音未落,宝马车猛踩油门疾驰而去,扬起一阵灰尘,气得小雨直咬牙。

回家后,小雨趴在床上,号啕大哭起来。爸爸赶紧上前安慰,谁知,小雨一把甩开父亲,跳起来哭道:"爸爸,你是个大骗子!为什么还不买电瓶车?"

爸爸手足无措地说:"这……这个,再给爸爸一些时间好吗?"

小雨哭得更大声了:"我不听,我不听!你要是再不买电瓶车,我就不去上学!"

终于,爸爸咬了咬牙:"好!爸爸发誓,等这个月发了工资,一定去买辆电瓶车!爸爸要是骗你,就遭天打雷劈!"天哪,爸爸竟然发了一个毒誓,这是从没有过的事情。顿时,小雨止住了哭声。

从那天起,小雨天天数着手指头,眼巴巴地盼望着爸爸发工资的日子,因为到时就可以坐上电瓶车了。这天放学,小雨背着书包刚走出教室,小豪追上来,喊道:"小雨,等一等!"

小雨转过头,没好气地问:"干吗?"

奇怪的是,小豪的表情有些落寞,他红着脸说:"小雨,我……

我想跟你商量一件事!今天,能让我坐你爸爸的自行车吗?你坐我爸爸的宝马车好不好?反正,咱们同路。"

小雨气得直咬牙:"你是在嘲笑我吗?我才不稀罕你的什么宝马车!"

谁知,小豪的眼圈红了:"对不起,小雨!那天,我不该嘲笑你,我郑重向你道歉!但是,我真的很想坐自行车,求你了!"

小雨呆住了,平时骄纵蛮横的小豪,今天这是怎么了?顿时,小雨心软了。就这样,他稀里糊涂地答应了小豪的要求,和他一起等在校门口。

很快,小雨爸爸骑着自行车来了。几乎同时,小豪爸爸也开着宝马车赶来了。

小雨指了指身边的小豪,说:"爸爸,今天让小豪坐你的车好不好?我回家再跟你解释!"爸爸有些意外,但还是点了点头。

小豪道了声谢,径直走到宝马车边,打开车门,语气生硬地说:"今天小雨坐你的车,你在十字路口等我!"然后,在他爸爸诧异的目光下,小豪将小雨塞进了宝马车。

很快,小豪跳上了小雨爸爸的自行车,而小雨坐的宝马车,始终不远不近,缓缓跟在后面。小雨第一次坐宝马车,十分新奇,但不知道为什么,他总感觉有些怪怪的,没有想象中那么兴奋。

这时,小雨突然看见小豪用双手抱住了爸爸的腰,小脸贴在爸爸宽厚的背上,顿时,小雨不禁有些嫉妒。因为,这是他的爸爸呀,平时,只有他才能做这样亲密的动作。小雨转过头,见小豪爸爸的嘴角抽搐了一下。很明显,小豪爸爸也看到了这一幕。

第二天,小豪红着眼睛对小雨说:"谢谢你,昨天让我坐你爸爸的自行车!"

小雨不知该怎样回答,只好说:"我也谢谢你,让我第一次坐了宝马车!可是,你为什么……"

小豪抬头望了望天空,叹了口气说:"以前,我爸爸也是每天骑自行车,接我上学和放学。后来,爸爸做生意赚了钱,他就换了电瓶车,又换了小轿车……我多么希望,能回到过去呀!但是,一切都无法挽回了!"

见小雨没听明白,小豪苦笑了一声,继续说道:"昨天,是我爸爸最后一次接我放学。我只想重新体验一下当年坐自行车的感觉,很踏实,很温暖……原谅我,有那么一瞬间,差点把你爸爸当成了我爸爸。很快,我爸爸就要抛下我和妈妈,去另一个城市了。因为,他看上了一个年轻漂亮的阿姨……"说完,小豪转身走了。

接下来,接送小豪的轿车变成了更贵的劳斯莱斯,司机是他的妈妈。尽管,小豪坐的车越来越好了,但不知为什么,他每天都不开心,性格也越来越孤僻了。

转眼就到了小雨爸爸发工资的日子了。这天放学回家,小雨坐在爸爸的自行车后座上,突然说道:"爸爸,咱别买电瓶车了,好吗?"

爸爸回过头,诧异地问:"为什么?你不是一直很期待吗?"

小雨用双手搂住爸爸的腰,小脸紧紧贴在爸爸的后背上,哽咽道:"爸爸,只要是你接我上学和放学,不管坐什么车,我都觉得很幸福……"

关键词：孝道

> 婆婆答应给玉敏买一件皮草，可没过多久，玉敏发现婆婆自己率先穿上了皮草，说好的礼物却不见踪影，这让玉敏大为不满……

一件皮草

李雪涛

玉敏在社区工作，周日这天她逛街回到家，脸色很难看，丈夫赵岩问她怎么了，她把手袋往沙发上一扔，说："华都商场搞'姿美'展销，我就不应该去！"

赵岩傻傻地问："为啥呀？"玉敏瞪了他一眼："为啥？遇上好几个熟人，都是老公陪着在买'姿美'，哪像我，只有看的份儿，干眼馋，想想就没面子。"

赵岩苦笑了一下，心里很不是滋味。这"姿美"是一款獭兔皮草，款式新颖，制作精良，是本地有名的品牌女式皮草，出口为主，少部分内销。本地女子对"姿美"趋之若鹜，不过这皮草价格不菲，上档次的一件就得上万，不是什么人都能消费得起的。赵岩何尝不想让老婆也风风光光地穿上"姿美"，可实在是勉为其难啊！

良久，赵岩赔着笑脸说："玉敏，咱家现在还不富裕，等条件好了，我一定给你买，买最好的。"玉敏没好气地说："赵岩，你别给我画饼充饥啦，我是等不及了，我回家的路上就想好了，咱俩不是没钱嘛，叫你妈给我买吧。"

赵岩皱着眉头嘟哝道:"咱俩成家立业好多年了,让妈给你买,哪有这个道理呀!"

"咋就没有道理?"玉敏振振有词,"咱俩订婚时,你妈答应给我买八十平方的房子,可后来你妈钱紧,最后减了十几平方,我没说啥吧?你妈那时给我许过愿,说就凭我这么通情达理,以后一定补偿我。我的要求也不高,现在给我买件'姿美'就算补偿了,我现在就想有件'姿美'。"

一席话说得赵岩哑口无言,玉敏叫他现在就跟母亲说这事,赵岩硬着头皮打通母亲的电话,问候了几句,便"吭吭哧哧"地难以启齿了。玉敏干脆抢过手机,自己跟婆婆说了。赵妈妈在那头略一沉吟,马上爽快地说:"玉敏,正好妈有一笔存款1月11日到期,连本带息有一万多了,这钱就给你买'姿美'……咦,对了,1月19日是你三十岁生日,就当妈送给你的生日礼物了……"

轻松"搞定"婆婆,玉敏满心欢喜,赵岩却很郁闷:妈妈工资不高,攒这笔钱不容易啊!

第二天,玉敏趁午休时间,特意去华都商场选"姿美",那里正在搞展销,价格优惠不少,她看中了一款豹纹皮衣,一万二。玉敏从服务员那里得知,这次展销活动,到月底才结束。

玉敏毫不犹豫地给婆婆打去电话,明确说了她要的是哪一款"姿美"。赵妈妈乐呵呵地说:"行,妈就给你买那款。"

这天是周六,玉敏在同事家打完牌,坐公交回家,当车在华都商场站点停下时,玉敏从车窗里不经意地往外张望,恰巧发现婆婆从华都商场里出来,手头拎着一个大大的盒子。婆婆迈下台阶,上了一辆公交车走了。

玉敏猛然想到今天就是1月11日,看来,婆婆去"华都"是给她买"姿美"的。不过,玉敏心里还是不踏实,她见公共汽车还停着不动,赶紧下车,跑进对面的华都商场。她走到"姿美"皮草展区一打听,不禁大失所望,因为她看中的那款皮衣,今天根本就没人买过!

回到家,玉敏跟赵岩说了这事,赵岩不以为然地说:"你别大惊小怪的,妈就不能去华都买别的东西?离你生日还有好几天呢,你急什么呀!"

玉敏心里可是不托底,让赵岩给妈妈打电话问一下,赵岩说啥也不同意,她只好作罢。

又过了两天,玉敏一个要好的同学顺道来单位看她,两人闲聊时,这个同学不经意地说:"玉敏,昨天我参加一个婚礼,婚宴结束往外走时,看见有个人特像你婆婆,因为离她太远,看不太准。"顿了顿,她接着说,"你婆婆是不是有件棕色的'姿美',要是有呀,那肯定就是她了。"

玉敏一听,惊得心脏一颤一颤的,嘴上却含糊其辞地说:"你兴许看错了,我婆婆好像没有你说的这款'姿美'……"

同学走后,玉敏心里乱极了,在她印象当中,婆婆最喜欢的颜色就是棕色!11日那天,婆婆去"华都",难道是给她自己买了件"姿美"?

玉敏急于想搞清这事,不过又不好直接去问婆婆。忽然,她灵机一动,有了主意,婆婆在县"药监所"工作,她决定马上来个暗中"侦察"。她跟领导请了半小时假,火速离开了单位……

二十几分钟后,玉敏在县"药监所"对面下了车。她躲到路旁一棵树后,眼睛直勾勾地盯着县"药监所"办公楼的大门。很快,陆续有人从大门里出来了,当婆婆出现时,玉敏的眼珠子都直了:婆婆的身上果真穿着一件棕色的"姿美"皮草!

直到婆婆跟几个同事走进附近一家快餐店,玉敏才心烦意乱地回去了……

当晚,赵岩回到家,屁股还没坐稳,玉敏就将婆婆买貂的事一股脑儿地说了出来。赵岩诧异地说:"妈答应得好好的,咋给自己买了呢?她这是啥意思呀……"

玉敏跺着脚,气呼呼地说:"哼,啥意思?这还看不明白,变卦了呗!赵岩,你说这事咋办吧?"赵岩挠着头说:"玉敏,你说会不会是妈买了两件,你俩一人一件。"

玉敏嚷嚷着:"可能吗?这不是买背心,是买'姿美'。你妈那件好像一万,要是再给我买一件,总共两万多,你妈一下子有那么多钱吗?"

这么一说,赵岩蔫了。玉敏怨声不止,赵岩劝道:"玉敏,只要还没到19日,咱就别胡乱猜疑。我比谁都了解妈,她不是说话不算数的人。退一步说,妈真要是不给你买了,我就是借钱也给你买,19日保证让你穿上'姿美',这还不行吗?"

听赵岩这么说,玉敏才收回了咄咄逼人的架势。

19日早上,赵岩给母亲打去电话,叫她晚上来家吃饭,一起给玉敏过个生日,然后,他委婉地说:"妈,那件'姿美',你还想给玉敏买吗?你要是为难,我给她买算了。"

母亲在那头笑道:"你别跟着瞎操心,那件'姿美',妈定金都交了,晚上去你家之前我去取。"

赵岩听妈这么说,如释重负地出了一口长气……

到了晚上,赵妈妈拎着一个大盒子来了。出乎意料的是,她穿一件羽绒服,这件衣服,她穿了好几年了。

玉敏和赵岩都很意外:今天日子比较特殊,妈为啥没穿"姿美"呢?

赵妈妈从大盒子里拿出皮衣,急着让玉敏穿上。玉敏穿上"姿美",顿时光彩照人,美如仙女。赵妈妈围着她团团转,拍着巴掌开心地说:"玉敏,这'姿美'虽然贵,可真能打扮人,你看你穿着多显气质,多漂亮呀!"

玉敏心里美滋滋的,她对着镜子自我欣赏了好一阵子,这才依依不舍地脱下"姿美"。

餐桌上,赵岩见妈妈心情大好,给她倒上葡萄酒,趁机说:"妈,你不是也买了件'姿美'吗?今天为啥没穿呢?"

赵妈妈一愣:"咦,你咋知道的?"赵岩就把事情的经过说了出来,赵妈妈多少有点尴尬,她把杯里的葡萄酒全喝了,然后把酒杯放下,笑道:"这事不告诉你俩,你俩肯定心里犯嘀咕,妈也不瞒你们了……"

原来,赵妈妈单位那些女职工,早就都穿上"姿美"了,有的还不止一件,只有赵妈妈穿着普通的外套,就像"鸡立鹤群"一样。同事劝赵妈妈买一件穿,说她还有几个月就退休了,等回家了就更舍不得买。有一天,单位一个女同事新买了一件'姿美',屋里就她俩,女同事非让赵妈妈试穿一下,赵妈妈穿上后,女同事啧着嘴说:"赵姐,说实在的,别看你比我们年纪都大,可你身材最好,穿'姿美'数你最有气质,你还是买件吧,可别委屈自己了。"

赵妈妈早就萌生了买件"姿美"的念头,经女同事这么一说,更坚定了这份决心。在她看来,自己辛苦了大半辈子,没穿过什么像样的衣服,退休前能有件'姿美',也算没白活。哪承想就在这个时候,玉敏半路杀了出来,打乱了她的计划。11日那天,赵妈妈去华都商场给玉敏买"姿美",有一件棕色的"姿美"她一眼就相中了,她在身上试穿着,更是爱不释手。女营业员竭力鼓动她买下来,还告诉她,展销期间顾客买回去的"姿美",如果不满意,一周之内包退,但有个条件,必须换购一款同等价位的。赵妈妈一听就有了主意,马上买下了这件棕色的"姿美"。她穿了整整七天,然后退掉,给玉敏买了那件豹纹的"姿美"……

说到这里,赵妈妈见儿子和儿媳都面带愧色,便故作轻松地接着说:"你们别想多了,这'姿美'妈也穿过了,还一分钱没花,这不是一举两得嘛!妈都这把年纪了,穿几天、过过瘾、找找感觉就行了。我说心里话,玉敏有件'姿美',比我自己有都高兴。你看玉敏穿上'姿美'有多带劲,多给我儿子长脸……"

玉敏猛地抱住婆婆,眼泪汪汪地说:"妈,都怪我不懂事,叫你受委屈了……"

一周之后,天气虽然非常冷,但阳光明媚,玉敏跟赵岩去华都商场,退掉了那件豹纹"姿美",换了一款棕色的——他俩要送给妈呢!你想呀,妈为了媳妇,二话没说,掏钱买衣,做小辈的怎么忍心?在一个家里,你敬我,我爱你,和和睦睦的,该有多好,这才是"家和万事兴"呀!

两人高高兴兴地走了之后,那个营业员整理着玉敏退回来的"姿美",自言自语地说:"这两款'姿美',咋换来换去的,折腾个啥呢?"

> 后妈在人们眼里一直是"恶毒"的代名词,秋葵作为一个后妈,要怎么扭转孩子对自己的偏见呢?

后妈历险记

菊韵香

要命的陷阱

秋葵和侯健结婚还不到半年,侯健是二婚,有个六岁的儿子。儿子小明性格内向,不太爱说话,和后妈秋葵的关系处得不冷不热。侯健看在眼里,常常烦心。

这天,夫妻俩又为了孩子的事吵了起来。侯健气鼓鼓地说道:"千万别再跟我说,你正努力尝试当个好后妈,我早听腻了。我看你平时连他房间都不愿进!"

"不是,他房里……"秋葵想解释,但话到嘴边又咽了回去。她心里确实有委屈:小明的房间她不是不愿进,而是不敢进。因为有一次,秋葵进孩子房间,想替他晒晒被子,没想到无意间发现了小明书包里的秘密!小明当时正好撞见了,紧张兮兮地一把夺过书包,虎着脸说道:"不准告诉我爸爸这书包里有什么,不然我永远不理你了!"

这会儿,见秋葵不做解释,侯健火气又上来了,他冲小明屋里喊道:"儿子,出来!跟爸走!"

可他进屋一瞧,坏了,小明房内的安全窗被起开一道缝,儿子不见了!

秋葵家住一楼,窗户距地面并不高。见孩子没了,两人也慌了神,立马冲上街,分头寻找。半小时后,心如火焚的秋葵跑到了城郊,而叫人头大的是,脚下的路又分了岔,一条通向山林,一条通向河滩。

这可咋办?秋葵分身乏术,急得直跺脚。这时,一个身材矮胖的中年男子从路边转了出来。秋葵快步迎上,比划道:"大哥,你看到一个孩子不?他长这么高……"

"是个男孩,六七岁大,背个灰不拉叽的书包,对吧?"矮胖男抬手指向山林,"有个男的领他往那边走了,好像是他爸。"

秋葵心一咯噔:侯健压根没往这边找。那领走小明的,会不会是人贩子?她想给侯健打个电话,一摸兜,才发觉走得太急,手机落在了家里。

这一带,秋葵也算熟悉。穿过那片树林,有条通往邻省的盘山公路。一旦把小明带上车,开出省,想再找可就难了。秋葵顾不上多寻思,拔腿继续追。别说,深一脚浅一脚刚扎进树林,还真就看见小明从一棵大树后探出了头。

"小明,你咋跑这儿来了?你可担心死阿姨了!"秋葵跌跌撞撞奔过去,紧紧抱住了小明。

"对不起。给。"小明递过来一瓶矿泉水。秋葵有些意外,但很欣慰:"小明真懂事,是你自己买的吧?"

这会儿,秋葵确实累得口干舌燥,可拧开瓶盖"咕咚咕咚"刚喝下两大口,就听小明说:"是那个叔叔让我送给阿姨喝的。"

以前,秋葵每次问话,小明的回答都和这回一样,要间隔几秒钟。而正是这慢半拍,此时却害得秋葵跌进了要命的陷阱——

小明所说的叔叔,是个尖嘴猴腮、脑门光秃秃的陌生男子,他也从树后转出,骨碌着一双贼亮的三角小眼睛上上下下地打量秋葵。

"你是谁?站住,别过来!"

秋葵边喊边抱起小明,夺路要跑,哪成想,在路上碰见的矮胖男又如鬼魅般钻出,堵住了去路。

事到如今,秋葵完全能断定,矮胖男和秃头男是同伙。他们抓了小明,又用小明当诱饵,设套把我引到了这儿。可是,这两个家伙到底想干啥?不等琢磨出个名堂,秋葵忽觉脑中眩晕,脚跟发软,摇摇晃晃坐到了地上。

那瓶矿泉水被秃头男做了手脚,下了迷药!

"阿姨,你怎么了?你醒醒啊,我怕。"小明见状,"哇哇"地哭出了声。

"小明,别怕,阿姨绝不会让任何人伤害你!"正说着,秋葵眼前一黑,晃晃悠悠失去了知觉。

另类朋友圈

不知过了多久,秋葵总算醒了,是被颠醒的。一睁开眼,就看到小明蜷缩着身子,抱着她的头抖索不停。

两人所处的位置,应该是辆面包车的后部,被人为改装成的封闭货厢。秋葵试图坐起,却发觉手脚被捆得结结实实,动弹不得。

小明哭着啜嚅:"阿姨,我错了。"

"这不是你的错,阿姨不怪你。"秋葵压低声音说,"快帮阿姨解绳子,阿姨带你走。"

小明照做。然而绳子打的是死扣,别说小明,就算侯健在场,一时半刻也难解开。看到秋葵的手腕被磨破了皮,渗出了血,小明吓得收了手。明摆着,这个法子行不通。秋葵急得直喘气,突然,她眉头一皱,似乎想起什么,说:"把你书包里的瓶子借给阿姨一只,行吗?"

情势紧急如火烧眉毛,小明却看着秋葵发起了怔。

不,他不是发怔,是——天生慢半拍!

在树林里,小明要不慢半拍,秋葵哪会喝陌生人给的水?

这几个月里,秋葵暗暗观察到,小明的言行举止经常比别人慢半拍。她曾私下问过侯健,担心孩子有心理疾病。侯健当场瞪了眼:快拉倒吧,他就是腼腆,啥病没有!前天,秋葵瞒着侯健带小明去看医生,并做了全面检查。就在今儿个中午,医生打来电话,告知了检查结果:小明患有亚斯伯格症候群,是神经发展障碍的一种,典型表现为慢半拍,但认知没问题。秋葵建议侯健带小明去医院咨询,找到治疗方案,不想却被侯健误会,引起了双方的争执。而小明正是听到他们吵架的内容,自尊心受挫,才负气跑了出去。

其实,小明的心结早有了。在幼儿园,小朋友也笑话他反应慢,都不跟他玩。时间一长,小明有了自己的朋友圈:虫子。那些从砖缝、草丛,从发霉的杂物堆里捉来的甲壳虫、蜗牛、蜘蛛、蝈蝈、蚂蚁等各种怪模怪样的虫子,都成了他的玩伴。它们不伤害小明,小明也爱它们,把它们装进玻璃瓶里,一天到晚用书包背着,形影不离,也玩得不亦乐乎:"你好,虫子!嘿,蜗牛,翻个跟头!嘿,蚯蚓,教我做瑜伽……"

上次,秋葵在小明书包里发现那么多瓶瓶罐罐都装了虫子,着实吓了一跳,但她想起,她常常听小明在屋里自言自语"你好,虫子!",是啊,这个不爱吱声的孩子,什么时候有过能说"你好"的朋友?这些虫子一定是他珍爱的伙伴呀!于是秋葵才答应替小明保守秘密。

此刻,秋葵瞥见小明爱不释手的书包,才有了主意。对,就让虫子来帮忙!秋葵接着说:"听话小明,快按阿姨说的做。"

小明一如往常,停滞几秒钟才解下书包,从里面掏出一只玻璃瓶:"它们都是我的好朋友。我最喜欢臭大姐了,它还有个名字叫九香虫。"

天呐,居然还有能熏死人的放屁虫!

秋葵本能地往后扭动了下身子,示意小明把玻璃瓶摔向放置于角落里的千斤顶。"啪",就在瓶子碎裂的同时,秋葵突然发出了"啊"的一声大叫。

"臭娘们,你活过来了?"矮胖男骂道,"再敢出声,老子把你扔山沟里喂狼!"

我的好妈妈

此后,足有十分钟,秋葵和小明都一声没响。突然,小明又踢又蹬,尖声大哭起来:"我阿姨要死了,快救救我阿姨啊!"

这声声哭叫,显然吓着了矮胖男和秃头男。随着车身猛地一颠,车子停住了。矮胖男手忙脚乱地打开了货厢,探头只瞅了一眼,人便惊得"噔噔噔"倒退了几大步:"妈呀,咋会这样?!"

咋了?要出大事!矮胖男看得真真切切——秋葵呼吸困难,脸颊肿胀得如发面大馒头,赤红吓人,额头、脖颈和裸露的胳膊上,密密麻麻布满了大大小小的红水泡!

随后跟来的秃头男,一瞧也方寸大乱,硬生生把秋葵拖下了车。秋葵顺势也把小明抱了下来,死不松手。秃头男急了,抡拳就打。可拳头尚未落下,秋葵"哇"的一咧嘴:"我得的是麻风病,是天花,是红斑狼疮,碰我呀,碰我就传染给你!"

"死胖子,你他奶奶的快过来帮把手,打死这臭娘们!"

"来啊,来打我啊,黄泉路上我还缺个伴呢。小明,快跑,去喊人!"秋葵的面目,此时只能用狰狞来形容。她张开血淋淋的双臂,张牙舞爪地扑向两人。

"二秃子,快上车。咱们只拐人,不要命!"矮胖男扯起秃头男蹿进车,猛地踩下油门,逃之夭夭了。

"他们跑了。阿姨,你演戏演得真好。"小明收了眼泪,乐得"咯咯"笑。秋葵却双腿一软,又昏厥过去。

其实,秋葵并没有演戏。她天生虫子过敏,哪怕蚂蚁在手臂上逛一遭,也会留下一行触目惊心的红疙瘩。若是毛毛虫、蜘蛛这些长尖刺或茸毛的,绝对能要了她的命。而这,也是她轻易不进小明卧室的另一个原因。但刚才,为了求生,她先让小明摔破瓶子,用碎玻璃割断绳子后,又把那些虫子放上了她的脸、肩膀和手臂。眼瞅身上的红包呼啦啦疯长,小明怕了。秋葵说:"别怕,这是演戏,我要装病、装死,吓跑那两个浑蛋。"万幸,秋葵成功了。

当晚,躺在医院的病房里,秋葵得知那两个人贩也已落网。原来,诱拐小明得手后,他们注意到小明反应迟钝,担心卖不出价,就想再拐一个。正寻找目标呢,秋葵匆匆找了来。行啊,那就连娃带妈一起带走。哪知,这个妈是硬茬,不好惹。

"小明,是阿姨救了你。快跟阿姨说声谢谢。"侯健愧疚地说道。

这回,小明一点儿都没慢,趴上去,"叭"的亲了一下秋葵仍肿胀未消的馒头脸:"谢谢,我的好妈妈。"

关键词：孝道

> 作为后妈，阿秀为与继女小静的关系操碎了心，可小静仍是不接受她。直到有一天，阿秀发现了小静手机里的一个秘密……

手机的秘密

翟德军

大海和阿秀是半路夫妻，两个人都有过痛苦的婚姻史，所以很珍惜这份迟来的幸福。但婚后不久，阿秀就发现了一个潜在的危机。

大海有个女儿叫小静，是个90后小女生，自从阿秀进门后，她始终绷着一张小脸，从来没有笑过。阿秀心里清楚，她这是在和自己较劲呢！

这天，阿秀外出办事回到单位，保安在大门口拦住她，说："刚才，你出去的时候，你女儿来找过你了，这孩子可真逗！"

阿秀忙问怎么了。保安笑着说："你那个女儿，我问她找谁，你猜她怎么说？"

阿秀一惊："肯定说我坏话了。"

保安摇摇头："坏话倒是没说，她说：'我找我老爸的老婆。'就是不说你的名字，搞得我向全单位的人请教，才弄清是你。"

阿秀一听气坏了，小静这是故意找碴来的。

下班回到家，阿秀打算找小静算账，可小静还没放学，她把一腔怒火都撒到了大海头上。大海好说歹说，这事算是暂时压下了。

几天之后，是小静的生日。大海从外面捧回一束鲜花，让阿秀给小静送过去，阿秀一扭脸："凭什么我给她送花？"

大海赔着笑脸说："就凭你是她的长辈，你先表个姿态，我保证小静会转变态度的。"

阿秀心软了："你真能保证吗？"大海拍了拍胸脯。

阿秀点点头，说："那好，怎么说我也是当妈的，我先表个态。"说完，就出去了，过了一个多小时才回来，手里捧着一个精致的盒子。大海接过一看，是一部最新款的品牌手机，阿秀说打算送给小静当生日礼物。

于是，大海和阿秀一起走进了小静的房间。小静正在看书，大海把花插到小静床头的花瓶里，高兴地对她说："乖女儿，今天你过生日，我和你妈想表示一下，咱们一家三口一起出去吃顿饭吧。到时候，你妈还有份神秘大礼送给你，你一定会喜欢的。"

谁知，小静连头也不抬，淡淡地说："吃饭，还是你们两个人去吧，我可不想当'灯泡'。"

阿秀听了，心里很不是滋味，但她还是拿出了那部新手机，递到小静的面前："小静，饭可以不吃，生日礼物，你得收下吧？"

小静这才抬起头，接过手机时，眼神里分明露出了惊喜，但嘴上还是不饶人："手机我先收下了，但是有句话我不得不说，手机可以山寨，感情可不能山寨哟。"

阿秀一听，心里更不是滋味了，这手机并不山寨，小静分明是说，自己和大海的感情太山寨，看来和小静的矛盾，这才只是个开头。

果不其然，几天后，阿秀的几个好姐妹来家里做客，几个女人叽叽喳喳谈得正欢，小静突然从里屋走了出来，见了这些阿姨，主动打起了招呼。

一开始,阿秀还挺意外挺高兴的,觉得在姐妹们面前很有面子,刚想说几句好话,却听小静问道:"各位阿姨,你们看我的衣服漂亮不?"阿秀仔细一看,小静身上的衣服,正是自己刚买回来的新衣服,这是她准备第二天集体外出旅游时穿的。无奈之下,阿秀只好违心地说:"这是我专门给你买的,能不漂亮吗?"

第二天,阿秀只能穿着旧衣服去旅游。回来后,阿秀越想越生气,姐妹们都穿新衣服去了,就她穿得不漂亮,这都怪小静。她咽不下这口气,决定让小静也尝尝难堪的滋味。

阿秀找出一身压箱底的旧衣服,弄得脏乎乎的穿在身上,独自去了小静的学校,找到小静的班主任。阿秀对班主任说:"我们家小静忘带午饭钱了,麻烦老师转交一下。"说着,拿出两枚硬币,交到了老师手里。

晚上吃饭时,阿秀发现小静脸色有点不对,估计小静在学校里受了刺激,在老师同学面前很没面子,阿秀很是得意,等着看小静的反应。不料,小静吃着吃着,突然笑出了声:"呵呵,今天真是太有意思了,意外啊!"阿秀警惕地看着小静,等着她的下文。

小静顿了顿,说:"今天上午,咱们家里有位家庭成员,好心给我送饭钱,就因为这两块钱,让我平生第一次受到了老师的表扬,还赏了我一张荣誉证书。"说着,拿出一张大红证书,上面写着"勤俭标兵"四个大字。小静得意地继续说道:"我们老师说了,我这个有钱人家的孩子,午饭不到校外的饭店去吃,而是去吃街边两元钱的菜饭,还让家里的保姆送钱过来。虽然保姆打车远远不止这点钱,但这是一种精神,值得大家学习和发扬。"

阿秀听到"保姆"两个字,心一下子被刺痛了,心想:一定是小静在老师面前装富,说自己是家里的保姆。阿秀强压怒火,她放下碗筷,跑进了里屋。大海跟了进来,阿秀委屈地说:"你也看到了,这个家……我是待不下去了,我不想做你们家的保姆。"

说着,阿秀开始收拾东西,大海极力挽留,但阿秀去意已决,甩手出了门。大海突然想起了那部手机,跑到小静的房里,拿着追了出去。阿秀执意不肯拿:"送出去的东西,我怎么能再拿回来?"

大海诚恳地说:"你拿回去吧,我想,可能小静认为这手机是我花钱买的,才这么对你。"

阿秀一想也有可能,处在青春期的孩子,谁能猜出她的心思呢?如果自己不拿走,反倒证明了这手机不是自己送的,枉费了自己一片好意。阿秀叹了口气,无奈地接过手机,头也不回地走了。

看着阿秀远去的背影,大海无力地垂下了头,心想,也许他们俩此生就这么错过了。

大海回到了家,躲在屋里闷闷不乐。过了一会儿,门突然开了,站在门外的居然是阿秀。阿秀一脸的笑意,进了门放下包,说:"我决定不走了。"

大海一头的雾水:"想通了?真的不走了?"

阿秀点点头,笑着说:"真的不走了,再也不走了,这里永远是我的家!"

大海虽然心有疑虑,但一时之间乐坏了,也就没有再多问。

从此,阿秀仿佛变成了另外一个人,她不但对大海好,而且对小静更是特别悉心地照顾,每天为小静准备好吃的穿的,还自学了营养配餐,对小静一口一个女儿,那亲热劲儿,绝不亚于亲妈。

可小静还是从前的小静,仍然用那种口气说话,经常指责阿秀,两个人还是常常吵嘴,但阿秀全然不放在心上,习惯了这剃头挑子一头热的生活。

这天,小静又在对阿秀大呼小叫,一旁的大海看不下去了,他拉住阿秀的手,万分歉意地说:"阿秀,是我让你受委屈了,小静她不该这样对你。"

阿秀一笑说:"这有什么委屈的,这很正常啊!还记得吗?她跟老师说,我是家里的保姆。前几天,我去过她的学校了,班主任说,我给她送钱,她很感动,根本就没有保姆一说,那证书也是她自己做的。可回到家里,她却说出了那番话,为什么呢?因为她是90后,如果她不跟父母吵嘴,不抢我的衣服,做错事不往我们身上推,那才是不正常的。小静这样对我,正是把我当成了亲人,才向我撒娇的呀!"

大海还是觉得不可思议,忍不住试探着问:"可你态度转变得太快了,该不会是有什么把柄在小静手里吧?"

阿秀不好意思地笑了:"你猜对了,还真有一件事,让我茅塞顿开!不过不是什么把柄,而是那部手机。那天我离开这个家,刚出门不久,就发现小静手机里的一个秘密。"

大海好奇地问:"什么秘密?"

阿秀让大海把小静的手机拿过来,然后拿出自己的电话,拨通了小静的手机。

大海一看来电显示,顿时就明白了,在那部手机的通信录里,小静把阿秀的姓名设置为:"妈妈"。

关键词:孝道

> 父亲送给刘辉的礼物竟然是一幅能够看清他是否清白做官的画,如此神奇,刘辉简直不敢相信自己的眼睛。这幅画真能反腐倡廉?

清清白白

陈效平

刘辉被任命为市城建局局长,消息刚公布,头一个上门来送礼的竟是他的父亲刘云海。

刘云海是位离休老干部,擅长绘画。他亲手画了一幅题为《清清白白》的水墨丹青,镶在一个精致的玻璃画框中,作为贺礼送给了儿子。这幅画上有一棵水灵灵的青菜,青的是菜叶,白的是菜帮,笔法细腻色彩逼真。

刘云海把画框交给刘辉,语重心长地告诫道:"做人要清清白白,做官也要清清白白,我把这幅画送给你,就是为了让你始终牢记这一点。"

刘辉听了连连点头,郑重地接过画框,把它端端正正挂在客厅的墙上。

见儿子如此认真,刘云海满意地笑了。他眯起眼睛,凝视着画上的那棵青菜,自言自语道:"过些天我再来,看你是否依然青白。"

刘辉瞅瞅父亲,又望望墙上的画框,听不懂这句话究竟是啥意思。刘云海并不解释,神秘地笑了笑,径直回乡下老家去了。

两个月后,刘云海又来到了儿子家。

一进客厅,他首先去看墙上的那幅《清清白白》。只瞅了一眼,老头的脸立刻拉长了。

刘云海转过身,冲着刘辉气哼哼地问:"这阵子,你拿了不该拿的东西,收了不该收的礼物,对不对?"

刘辉吃了一惊,心里暗暗称奇。最近两个多月,确实有不少人上门来送礼,但远在乡下的父亲是怎么知道的呢?于是,他困惑地问:"爸,您是咋知道的?"

刘云海一指墙上的画框,虎着脸说:"喏,是这棵青菜告诉我的!"

"青、青菜告诉您的?"刘辉听得瞠目结舌。

刘云海点点头,一字一顿地说:"画上的菜变了颜色,青的不青,白的不白,这说明你最近没做到两袖清风!"

刘辉抬起头,盯着墙上的画仔细端详,这才惊异地发现,画上的青菜果然变了颜色——原本青翠的菜叶和雪白的菜帮此刻变得浑浊不清!

刘辉简直不敢相信自己的眼睛,愣在那儿好半天说不出话来。

刘云海沉着脸,冷笑道:"若要人不知,除非己莫为,现在,你先讲讲收受礼物的情况吧。"

刘辉找出一个笔记本,双手捧给父亲,解释说:"送来的礼物我全部退回去了,每一笔账都记在这本子上。"

刘云海接过笔记本,戴上老花镜仔仔细细翻看起来。本子上有十五条记录,送礼人姓名、送礼日期、礼物的名称、退还礼物的时间等内容一目了然。看着看着,刘云海紧皱的双眉渐渐舒展了。

刘云海仰起脸,看看刘辉,又瞧瞧墙上的画,笑眯眯地说:"看来,这幅宝画只知其一不知其二,冤枉了我的儿子。"

刘辉听得一头雾水,诧异地问:"难道,这幅画真的有魔力?"

刘云海微微一笑,点着头说:"不错,这幅《清清白白》有灵性,能反腐倡廉。"

刘辉不相信画会有灵性,但一时又猜不透这内中的奥妙。刘云海仍不肯多做解释,背着手自顾自走开了。

刘云海在儿子家住了一晚,第二天一早就回去了。临出门前,他又抛下一句:"过一阵子,我再来看我的宝画。"

从车站送父亲回来,刘辉赶紧去看客厅那幅《清清白白》。这一看更让他惊讶不已,只见画上的青菜居然恢复了原有的色彩,青青白白鲜活水灵。

画上的菜自己会变颜色,这究竟是咋回事呢?刘辉盯着画框,百思不得其解。

打那天起,刘辉每天上下班时都要往客厅的墙上瞅一眼,看看那棵神奇的青菜有没有变色。还好,画上的菜一直青白分明。

转眼到了第二年,市里开始大规模旧城改造,有许多城建项目要上马。不少建筑商闻风而动,变着法子来给城建局长刘辉送红包。

这天,刘辉下班回家,习惯性地朝客厅墙上扫了一眼。当看清那个离奇的画框时,他不禁倒吸了一口凉气。只见画上的青菜又鬼使神差般地变浑浊了,真是太诡异了!刘辉再也忍不住好奇,决定立刻给父亲打个电话,问明《清清白白》善变的奥秘。

就在这当儿,门铃响了。刘辉开门一看,见父亲正风尘仆仆站在门外。

"爸,您要来城里,事先咋不打个电话,我好去车站接您呀。"

刘辉关切地问。

刘云海说:"进城看一个朋友,顺便来你这儿瞧瞧我的宝画。"

说着,他径直朝客厅的画框走去。望着画上那变了色的青菜,老头当即沉下了脸。

"刘辉,你说实话,前一阵是不是收了许多红包?"刘云海双眉紧蹙,单刀直入地问。

刘辉没隐瞒,老老实实点了点头。

刘云海浑身一震,情绪立刻激动起来,他指着刘辉,声音发颤地说:"儿啊,我平时反复提醒你,当官一定要清清白白,不该拿的东西绝不能拿,不该要的东西绝不能要,你为啥不听呢?!"

刘辉把父亲拉到沙发上坐下,笑着安慰道:"爸,您先别着急,听我慢慢往下讲。"

刘云海直勾勾盯着儿子,听他做进一步解释。

刘辉一边倒茶一边说:"那些红包我确实收下了,不过,都集中起来交给了纪检部门。到时候,我把相关的证明材料拿给您看。"

听了这话,刘云海转怒为喜。

这时,刘辉又恳求道:"爸,我已经交了底,接下来您也该实话实说,把《清清白白》变色的秘密告诉我。"

刘云海呷了口茶,得意地说:"稍安勿躁,过一会儿我就揭开谜底。"

约摸过了半小时,刘辉家的保姆赵姨买菜回来了。

刘云海把赵姨拉到身边,笑着对刘辉说:"喏,谜底就在这儿。"

"难、难道是赵姨让画上的青菜变了颜色?"刘辉盯着赵姨,不敢置信地瞪大了眼睛。

刘云海点点头,道出了事情的原委。

原来,听说儿子即将出任城建局局长,刘云海担心他在廉政问题上会出现闪失。为了劝勉刘辉始终保持两袖清风的良好本色,刘云海决定画一幅画送给他,作为时时刻刻的提醒。画什么好呢?几经斟酌,刘云海画了一棵青菜,取其清清白白的寓意。然后,通过一位老战友的帮忙,刘云海从某玻璃厂弄到了一个高科技的玻璃画框。这种画框只要装上电池,通过开关,就可以把玻璃调节成不同的透明度。

将画框送给儿子后,刘云海悄悄找到赵姨,把画框的秘密告诉了她。接着,刘云海请赵姨担任廉政监督员,秘密监督刘辉有无受贿行为。一旦发现这种行为,就把玻璃偷偷调暗,让画中的青菜看上去显得浑浊。

赵姨和刘云海是三十多年的老邻居了,这几年在刘辉家里帮忙,也是希望他们一家能顺顺利利、平平安安。明白刘云海的意图后,赵姨爽快地答应了。

此后,她一边密切关注刘辉的一举一动,一边通过电话跟刘云海保持联系。昨天晚上,她打电话给刘云海,详细描述了刘辉最近收受红包的情况。于是,刘云海一早就赶到了儿子家。

当然,画中的青菜不断变色,正是赵姨几次调节玻璃透明度的结果。

听完父亲的讲述,刘辉这才恍然大悟,他笑着说:"我家的廉政监督员真是太有才,不但有人工的默契配合,还运用了高科技!"

> 父母临终前最放不下心的是孩子,历史上托孤的例子不胜枚举,真是可怜天下父母心!

残局

王长军

宜城人自古下棋成风,其中不乏高手,年方二十的方少华就是个远近闻名的棋痴高手。他成天要么抱着古棋谱钻研个没完没了,要么与各色人等下棋,时间一长竟打遍宜城无敌手。方少华父亲看在眼内却急在心内,一个大男人成天下棋能有什么出息?便要少华跟着自个经营茶叶店,谁知方少华早已走火入魔,对父亲的话根本听不进去,对账簿更是一见就头疼,老父亲见他这副痴痴迷迷的模样,也只得叹口气,任他去了,好在下棋还不算歪门邪道。

谁知一向精明的老父亲失算了,也不知什么时候起宜城刮起一股赌棋风,轻则几锭白银,重则倾家荡产,不幸的是方少华也卷入其中,等老父亲觉察到不妙为时已晚:方少华已欠下山一般的银子。原来方少华才开始赢了不少,输红了眼的赌家从外面重金请来绝顶高手暗中设局,先给方少华一些甜头,让他欲罢不能后提高赌价,不谙世事的方少华哪有不上当的道理?

老父亲见自个一辈子的心血眨眼间付之东流,顿时急火攻心,"哇"的一声口吐鲜血仰面就倒,仅两三天工夫人就不行了。临死前叫过方少华,挣扎着说:"儿子,我马上就走了,我走倒无所谓,只是放心不下你,你无一技之长,日后怎么安生?好在我在省城有个朋友,他是开票号的,叫徐德阳,看在故人面子上相信他会赏你一碗饭的……古语说子不教父之过,你沦落到今天这般地步为父也有责任,只希望我走后你好自为之,千万千万不能再赌了,否则为父死不瞑目……"

父亲说完就咽了气,直到此时方少华才深入骨髓地感受到父子情深,可是已经迟了,父亲永远不会回头了。

在把父亲入土为安后,方少华折卖了所有家产,七拼八凑之下总算还清赌债,可这时已是一文不名,想想以前优游自在,大树底下好乘凉,现在落得个如此凄凉下场,顿时恨从中来,都是这劳什子害了自个!咬牙举起一向视之如命的棋盘,"啪"的一声摔了个粉粉碎碎。

好在父亲给自个指明了后路,方少华当即来到省城找到父亲说的那家票号,票号东家徐德阳见故人之子前来投靠自己,脸上一丝表情也没有,淡淡说道:"行,你就住下吧。"

方少华赔着笑脸小心说道:"伯父,我父亲让我到你这来,是想学到一个吃饭的本领,例如账房之类的活……"

徐德阳只顾低头喝茶,半晌连头也不抬一下,说:"可你会干什么呢?不过你放心,个把闲人我还是养得起的,谁让你是我故人之子呢?"

方少华一听一张脸涨得像关公一样,恨不得地上有道缝钻进去,可是人在屋檐下哪能不低头,一旦离开这里,手不能提四两,力没有半斤多,除了要饭,还能干什么?只恨以前不学无术,如今看人脸色……

时间一天天过去了,东家徐德阳眼内好像根本就没有方少华这个人,有时对面路过也只当他是空气,票号内其他掌柜伙计才开始听说方少华是东家故人之子,倒也客气有加,可时间一长发现东家不拿方少华当回事,又发现方少华屁用没有,便也渐渐轻视起来,连烧火打杂的都能对他吆五喝六盛气凌人。方少华咬咬牙只得忍了,一有空便觍着脸跟伙计们学打算盘、做账,不想他一学就会,连老账房先生都对他赞赏有加,可东家就是不用他。

其间方少华不止一次看到别人下棋,甚至好多次看到东家也在钻研棋谱,他顿时技痒难耐,恨不得过去较量两把,可到最后硬生生憋住了。

这天一大早一夜未归的东家从外面回来,一脸的晦气,像是遇到了不顺心的事,大伙见了暗暗咋舌,个个把脚步放轻了走路,生怕触怒他。方少华自然更是小心翼翼,忽然间东家大声叫道:"那个,少华,你过来一下。"

方少华吃了一惊,也不知会发生什么不测的事,只是一步步挨过去。只见东家脸色铁青,缓缓说道:"少华,你来了有几个月了吧?你父亲虽说是我故人,可我白养了你几个月也算够意思了。"

方少华一惊,心说完了,东家这是要撵我了。正惶恐不安,东家又说了:"现在我遇到一件难事你能帮我一下吗?放心,不是什么大事,而是你最感兴趣的事,就是下棋。昨夜我跟人赌了一夜棋,输了些银子,输赢倒是小事,可对手实在太气人,赢了我银子还大肆卖嘴,笑我无能,又笑我手下无人,少华,不瞒你说,那厮也是开票号的,而且是我最大的竞争对手。思来想去我怎么也咽不下这口气,所以决定请你帮我,把我输掉的五万两银子再赢回来,灭灭他的嚣张气焰。"

方少华一听吓了一跳,双手直摇说道:"东家,我就是被这棋给害苦的,我今生今世也不会下它了……"

东家一听不乐意了,把脸一板说道:"少华,你这话就不对了,我也不是让你天天赌去,只是让你替我出口气罢了,就下一晚,赢回五万两银子就丢手。少华,人可不能没有感恩之心啊!"

东家话都说到这份上了,方少华再无退路,再说这不是赌棋,而是报恩,便无奈说道:"那行,东家,我试试看,希望能帮上忙。"

晚上,东家带方少华来到一处隐秘的地方,那是一座装饰精美的庭院,一张红木棋桌边站着好多人,这些人个个衣冠楚楚满面红光,一看就知是城中头面人物,看样子像是来观战的。

棋战开始了,东家票号上的竞争对手,也就是此刻方少华棋局上的对手,是一个瘦高个,脸长似马,十指修长而灵敏,一双眼睛更是深不见底。方少华一见心里就"咯噔"一下,这人的样子一看就绝对是个高手!

双方施礼坐下后,挺兵架炮飞马支士,一场没有硝烟的战争无声无息地展开了。甫一交手方少华就暗叫不妙,对方的攻势绵绵不绝,一股无形的潜力一波接一波直压过来,必须打起十二分精力方能应付。

十几步棋一下方少华有些放心了,原来对手只是程咬金的三斧子,开头几招厉害,越往后越显得后劲不足。又是十几步棋过后,方少华胜了。

接下来方少华又胜了两局,再看马脸,额上细汗都出来了,当再一局尘埃落定时方少华面前的筹码已堆成了小山,心里暗算一下,东家那五万两银子铁定赢回来了。

这时马脸掏出手帕擦把汗,叫道:"果然是英雄出少年,厉害,这样好了,咱下最后一局,这回咱痛快些,赌银十万两,一局定乾坤!"

方少华一惊,还没答应,身后东家笑眯眯地开口了:"承让承让,既然你如此痛快,咱也不能落后是不是?行,就十万两,一局定胜负!少华,我先声明一下,为了不使你有负担,这最后一局赢了算你的,输了算我的,我只为出口恶气,怎么样?你可不能让我失望哦!"

方少华见东家如此说了,当然不能驳他面子,擦擦汗低声说道:"那就下吧!"

双方当即再次摆开阵势,刚一下方少华心中暗叫不好,对手棋风大变!

前几局马脸都是一招一式步步为营的稳健打法,这回不同,一出手竟是玉石俱焚、鱼死网破的招数:强行兑子。见兵兑兵,见炮兑炮,甚至刀刀见血见车兑车!好在方少华曾经无数次赌过棋,什么局面没见过,当下见招拆招、小心周旋。

当又强行兑了几子后方少华眼前忽一亮,差点乐出声来,原来双方无意中竟走成一副残局,叫"七星聚会"。而方少华之所以会乐,是因为机缘巧合之下曾得过一本古棋谱,其中就有这"七星聚会",自个在这上面下过无数的功夫,即使闭上眼也记得每一步,只要是黑先下,百战百赢,而现在自个偏偏就是黑先!

方少华当即拈起棋子下了起来,只两子就知道赢定了,对手根本没打过这"七星聚会"的棋谱,只会乱走一通,但即使打过也无益,结局是注定了的。

这么说十万两银子就要到手了,自个的苦日子也算熬到头了,父亲,你还怪我玩物丧志哩,可我就要凭借下棋重振咱家门庭了……

方少华正兴奋得不可抑制,忽然转念之间想到父亲临终前的话,父亲用尽最后的气力嘱咐自个不要再赌了……可是,眼前整整十万两啊……方少华心内一时间翻江倒海,终于吐口气,抬头向马脸说道:"我说,咱这盘棋算和,好不好?"

所有人顿时一愣,东家更是急得喉咙都哑了,说:"少华,连我这臭棋篓子都看得出你赢面极大,为什么要丢手?"

方少华苦笑一声,说:"东家,你先前说过,只要我赢回你输的银子就行,现在任务完成了,请允许我丢手吧!"

东家勃然大怒,戳指骂道:"你你你是烂泥巴糊不上墙!"

方少华目光前所未有地坚毅起来,这时马脸扔了手中棋,说:"行,算和!"

回到票号,方少华心想这回该背起铺盖滚蛋了,谁知东家忽然大笑起来,说:"少华,明天起,你就到账房做名学徒,好不好?"

方少华大惊且喜,一时间心头涌起无数的感慨,可最终只是挤出一句:"多谢东家,我一定好好干!"

时光飞快,天姿聪颖的方少华俨然已成了票号的一把好手,可心头一直有个疑问挥之不去:那天明明惹得东家大发雷霆,可转眼间态度又急转直下,为什么?一定要找个机会问一下。

这天是东家的六十大寿,方少华全权操持,忙内忙外指挥若定,把个偌大的生日寿宴操办得滴水不漏、井井有条,不过有一点使得他颇为惊奇:那个棋局对手,马脸也来了,并且跟东家谈笑风生,关系亲密得不得了。他们不是生意场上的生死对头吗?

当客人散去后,东家笑吟吟地叫过方少华,说:"来来来,再跟我这位朋友下局棋。"

东家叫这马脸为朋友?方少华正发愣,已被东家拉入后院,远远看到石桌上早摆下棋局,待和马脸坐定后方少华一下子呆了,这是副残局,正是"七星聚会"!

马脸一拱手,说:"小兄弟,你先请!"

方少华执黑,他一下子明白了,马脸对那夜的事一直耿耿于怀,行,那就给他个厉害瞧瞧,让他心服口服。

于是方少华依照古棋谱上的定式走了起来,他自然是胸有成竹,而对手落子明显杂乱无章,显然不知其中厉害,"七星聚会"已有上百年没有人能改变结局了……

可是,当下了几手后方少华大惊失色:先前明明占优的,一错眼竟落了下风,马脸的下法闻所未闻,招招剑出偏锋!在巧妙设局又兑了三子后,马脸不可思议地胜了!

方少华一下子呆若木鸡,耳边听得东家悠悠说道:"少华,这位仁兄根本不是什么生意场上的对手,而是一位才不世出的象棋高手,那晚只是让你而已。仁兄半辈子心血下来终于攻克'七星聚会',那夜如果你不知收敛贪得无厌,必将输得一干二净,我也将逐你出门,好在最后关头你悬崖勒马,渡过了心魔关,我这才放心留下你。少华,你父亲临终之前曾让人送来一信,信中嘱托我多历练你,尤其要渡过贪念这一关,唉,可怜天下父母心啊!"

方少华至此如梦方醒,"扑通"一声重重跪下,叫一声"父亲"已是泣不成声……

关键词:孝道

> 养儿真的能防老吗?还是存点钱自己给自己养老吧!抱着这样的心态,丁老太与子女展开了"存款争夺战"……

请让母亲存点钱

任黎明

丁老太有一儿一女,都在城里安了家。丁老太死活不愿意跟着儿女过城里人的日子,在家种了点小菜,悠然地过着乡村生活。丁老太是从旧时代走过来的人,老伴去世得早,她心里有个观念,就是"手里有钱,心里不慌"。儿女如今养大成家了,丁老太没了负担,这些年,她偷偷为自己存了五万元的养老钱,琢磨着自己过几年弄不上吃了,病了,可以拿出来买点吃喝买点药,用自己的钱,硬气。

年前,儿子丁强打电话让母亲去城里过年,丁老太不放心放在谷仓里的存款,于是带上身份证,准备第二天坐车时顺路存到镇信用社,由于发车时间早,信用社没开门,丁老太就将钱带到了城里,反正现在都联网了,城里的银行一样可以存,于是到了城里,丁老太就背着儿子把五万块钱存了起来。

年后,丁老太拒绝了儿子一家的挽留,死活要回老家,儿媳兰兰给婆婆买了很多东西,帮丁老太收拾行李的时候,她发现了那张存折和银行给的几张回执单,兰兰看了看,脸色一下子就不好了,她问:"妈,这是啥?"丁老太嗫嚅了半天,说:"是……是我所有的积蓄,我……想当养老钱,刚存银行,五年定期。"兰兰的脸色更不好看了,说:"您是怕我们不给您养老?"兰兰的说话声惊动了丁强,他赶紧出来看是怎么回事,兰兰把东西往他手里一塞,进屋去了。丁强看了看存折和单子,问了问这是啥钱,丁老太只好一五一十地将事情说了,丁强听明白后,并没有把存折还给她,转身进了媳妇房间,俩人关上门嘀咕了半天。

丁老太在屋外忐忑不安地坐了半晌,儿子和儿媳终于出来了,但跟刚才不同的是,俩人脸上都堆着笑,首先兰兰跟婆婆道了歉,说自己刚才态度不好,然后丁强开口了:"妈,您可真会存钱呀,我和兰兰最近打算买部车,正差五万块钱,要不,先借您的用用?反正你也是存的五年定期,就当存我这了。"

丁老太一听,心里实在是不大舒畅,儿子要是个紧急情况,她还是乐意给的,可汽车这东西,就是个享受品,非要拿我的养老钱来享受?可儿子都开口了,不能说不借呀!她沉默了半晌,最后还是给儿子说了密码。

回到家后,丁老太跟丢了魂一样,以前把钱存谷仓,满满一大罐子呢,自己经常去摸摸,看看,可踏实了。现在罐子空荡荡的,存折也没有了,丁老太的心就跟这罐子一样空落落的。她吃不好,睡不好,整天精神恍惚,没精打采,晚上做梦也老是梦见自己卧病在床,没钱买药没钱买米,跟儿女要钱,开不了口,老可怜了。

一个月后,女儿丁梅回老家看望母亲,发现母亲瘦了不少,精神状态也不好,正在凳子上叹气,好像遇到了心事。丁梅赶紧问母亲怎么了,丁老太先是摇头,后来经不住女儿的盘问,就把心里不踏实的缘由告诉了女儿,她说:"我们老人都是这样,老了就要存点钱,不愿意拖累儿女。你三伯、你二姑都有自己的存款。"丁梅笑了,安慰丁老太说:"妈,您不是还有我吗,弟弟那肯定是真的借不着钱了,您放心,我有张卡,是我的私房钱,准备孝敬您老人家的,正愁没地方放呢,给您!"丁梅从钱包里掏出一张卡,说卡上有三万块钱,要用随时可以取。丁老太知道女儿肯定是撒谎了,她的日子不如儿子的好,也不是背着姑爷存私房钱的人,于是坚决不要,可丁梅死活要塞进她衣兜里,走的时候,丁梅还说:"妈,您放心,我从今天起,每个月给您寄五百块生活费,您该买啥买啥,别不踏实。"

丁梅走后,果然每个月定时给丁老太寄来五百块钱,丁强也经常给母亲寄东西,吃的、穿的、保健品一大堆。乡邮局的工作人员连夸丁老太有福气,养了这么孝顺的一对儿女。丁老太脸上笑着,心里却乐不起来,儿子每次寄东西,就不提钱,哎,人老了,有口清粥咸菜,有几件换洗衣服足够了,哪需要这么多吃穿?儿子有了这钱,还不如存起来,这不是败钱吗?丁老太每次收到东西,都给丁强打电话,想让他不寄东西寄钱,可话就是说不出口。

转眼又过一年半,丁老太将丁梅寄来的钱都放在茶叶罐里,细细一数,九千了,再加上丁老太自己卖点鸡蛋卖点小菜,加起来快一万了,再算上丁梅的存折,丁老太又有一笔不小数目的存款了,她盘算着再种上一块地,卖点粮食。

这天,丁老太想女儿了,觉得她好久没回来了,就往女儿家打了个电话,哪知接电话的是外孙,外孙在电话里哭着说:"外婆,妈妈在医院照顾爸爸,爸爸摔了一跤,骨折了。"丁老太一听急得不行,女婿住院肯定要花不少钱,钱都在自己手里,别耽误女婿看病。丁老太二话不说,揣起起所有存款,坐车到了女婿住院的地方,二话不说,把钱全部还给了女儿。

从医院出来,丁老太在女儿家住了半年,帮忙照顾外孙和女婿,女婿好了,不让她回老家,可丁老太不愿意,说自己不喜欢城里,也不愿在女儿家吃闲饭。走时,丁梅拉住母亲的手说:"妈,您就踏踏实实地过日子,别觉得手里没钱心里慌,我们一定会养你的。"

回到家,丁老太多种了一些地,多养了一些鸡,乡亲们都说这老太婆真是太不会享福了。秋去冬来,丁老太六十六岁的生日来了,丁梅丁强都回来祝寿,丁梅给妈妈封了一个大红包,丁强则开着汽车,提着大包小包。丁梅瞥了弟弟一眼,不冷不热地说:"就知道买东西!咱妈缺啥你知道不?你自己进屋看看,你以前买的那些吃穿,妈基本都没动过呢!"

丁强被姐姐数落了一顿,疑惑地问丁老太:"妈,您咋不吃呢?您缺啥跟我说呀!"丁老太讪讪地笑着摆手:"我啥也不缺,啥也不缺!"

在姐弟俩的操持下,丁老太过了一个难忘的生日,第二天,丁强要回城里了,丁梅见他还是没有把钱还给妈妈的意思,决定跟他翻脸。她一把将弟弟从车里拉出来,拽到偏房里,气呼呼地问:"你够了!成家这么多年了,还想着拿咱妈的钱买车,买就买了吧,可是你啥时还钱,总该有一句话吧!"

丁强急了,说:"咱妈有吃有喝,以后老了我养,钱给她也是存着,放我这有什么不好?"

丁梅怒气冲冲地说:"眼看咱妈都干不动农活了,却还多种地,你知道为啥?是你让她一点存款也没有,她心里慌!心里有事,她吃得下不?看上去是孝,实际上是虐老人的心!"

丁强这才知道母亲的心事,他解释说:"姐,你知道村里的二娃吧,出名的孝子,每月按时给老爹寄钱,当年他老爹突然发病去世,他整理遗物时,发现寄的钱一分都没用,二娃哭得那个伤心,告诉我他太傻了,农村老人怎么舍得花钱呢,跟一分没寄一个样,我想咱妈也是那样,于是才没寄钱,只买了吃穿,我是想让她享福。"

丁梅想着母亲一分不少地将钱还给自己,也沉默了。姐弟俩冷静下来,丁梅跟弟弟商量,母亲必须要保管自己的养老钱,儿女还得常回家,东西也必须寄。丁强答应了,说:"我同意,但咱必须让妈妥善保管养老钱。"丁强跟姐姐说了那五万元钱的事。原来,那天兰兰发现婆婆的存折,还看见几张单子,这哪是存款单,是买保险的单子呀。她脸色大变,说了两句。丁强赶来一看一问,知道母亲被忽悠了,他怕母亲受不了这打击,又经常听人说老年人的钱被骗的事情,所以决定瞒着母亲,也不让她管钱,这才说自己想买车,从母亲手里拿走了那张存折。第二天,丁强拿着存折上银行一查,果然里面的钱已经被保险公司扣掉了,他打电话让保险公司退,保险公司说已经过了犹豫期,不能退,以后每年还得再交一万,五年后才能全部退还,否则本金都没有了。丁强一直还在为母亲交这个钱呢!

丁梅惊讶得张大了嘴巴,指着门外的车说:"为什么不早告诉我?那你哪来的钱买车?"丁强呵呵一笑,说:"我是借的车开,原本打算买个车,后来才发现买车容易养车难,咱妈这个保险,也是变相帮我存钱呀!"

姐弟俩把心里的话都说亮了,决定先借钱把那五万块钱凑出来,然后跟母亲一起去存,帮她设密码,让她管存折。就在俩人达成一致意见的时候,偏房的门被推开了,丁老太红着眼站在门外,她说:"你们姐弟俩说的话我全都听见了,别去借钱了,我不存了,你们对我这么好,我踏实了,踏实了!"

关键词：孝道

> 八瓣蒜为什么那么稀奇？因为它承载的是一个父亲对儿子深重的爱。

一个蒜头有八瓣

曹景建

胡德利四十出头，就当上了县水利局长，以前的老同学纷纷找上门来，胡德利心里清醒，能拒就拒。但初中同学王运成却让胡德利犯了难。要知道，这个王运成救过自己的命！当年一起游泳，胡德利突然小腿抽筋，要不是他奋力把自己拉上岸，就没有现在这一切了。

这天周末，胡德利有公事要去侯庙镇跑一趟公干，刚好王运成又打电话要和他聚聚。两个老同学相见，十分兴奋，一边喝酒一边谈论当年好玩的事儿，这一喝就喝了三四个小时。当胡德利喷着酒气说要回去时，天已经不早了。

听说胡德利要走，王运成看了看手表，也不好再挽留，于是从口袋里掏出一个卡，拍到胡德利的手里。

"这是什么意思？"胡德利晕乎乎地问道。

王运成用右手托着胡德利的手，一使劲儿把老同学的手蜷起来，包住那张银行卡："我可听别人说了，你来了咱们县当官后，要把老父亲留下的祖屋修葺一下，可这么多天过去了，我也没见你动工，我是知道你的,清官一个嘛。这几万块就算是你借我的好吧?"

话说到这份上了,胡德利不好再推辞。

送到大门口,王运成又悄悄地把胡德利拉到一边,塞给他一张纸条,小声说:"镇上那个水利工程,我小舅子想揽下来,这是他们公司的名称。"一看胡德利脸色不对,王运成随即摆出一副不耐烦的样子,"我这小舅子老来找我,我快烦死了。我知道老同学你的为人,这样,这招标嘛,还是按程序走,他要是资质不合格,按规定剔除出去就是啦。还有,这事儿跟修老屋是两码事,你别多想!"

说完,王运成没等对方表态,就一把把老同学推上了车。

坐到车上,胡德利感觉头晕脑涨,一指前方说:"开车!"车子启动不久,外面就开始起雾了。小马不敢开快,一个多小时才走了二十几公里,离县城还远着呢。胡德利躺在后座上睡了一小觉,醒来发现才走了这么点路程,心里不免有些沮丧,他还想着早点回去陪陪儿子呢。

就在胡德利心急的时候,更大的麻烦却来了。不知道怎么搞的,小马开到一个三岔路口时,转了二十几分钟,怎么也转不出去。

"咋回事嘛,小马?"胡德利急促地问道。

小马一脸的委屈:"局长,我也不明白,分明就沿着道向前走的,可是走了老大会儿,还是走到这歪脖子树面前了。"

"啊,竟然有这种事!"他摇下车窗,伸头看了看那棵已经快掉完叶子的歪脖槐树,一阵凉风灌了进来,他不禁打了个寒噤。

"莫非是遇到鬼打墙了?"小马扭头说了一句。

胡德利听了,心里一阵发紧,可是嘴上却唬起小马来,"什么鬼打墙!别胡思乱想了,好好开你的车。"

小马无可奈何地说:"局长,绕来绕去,总也绕不出去,这可咋办哩?"

就在胡德利一筹莫展之际,小马突然叫起来:"局长,前面有一个骑电动三轮车的,应该是本地人,我下去问问。"

那驾驶三轮车的是个老头,头上围个灰色的围布,只露出着半张脸,两个眼窝深陷着,眉头的皱纹一道挨着一道。

简单地交谈过后,小马终于弄明白怎么走了,就在他要上车时,胡德利叫住了他:"先别慌上车,我看这位大爷三轮车后面拉着大蒜,快,买他两串子。"说着递给小马一百块钱。

小马知道,胡局长平时最爱吃大蒜了,于是赶紧买了大蒜扔在了后备厢里。

按照大爷的指示,小马终于找到了一条隐藏在荒草中的小马路。果真,沿着那条小马路,不一会儿就到了101省道,终于驶入了去县城的路。

到了家里,胡德利把卡夹在了一本书里,心里怦怦直跳,可一想到老父亲生前一直说要翻盖祖屋的事儿,终于默默地记下了纸条上的那个公司的名字。

两天后,胡德利趁着检查工作的当口,让小马开车拐到了生他养他的那个小村庄。一进村,他就远远望见了那三间破旧的瓦房,在邻居们二层小楼的对比下,就像座贫民窟。

胡德利心里阵阵酸楚,唉,父亲临死也没有住上宽敞的房子,都是我这个做儿子的不孝啊,亏了自己还是村里第一个大学生,横竖还是个官!

回到村里,堂哥带着他打开了这座久不住人的小院子。胡德利四下一看,院里子疯长的杂草都已经快没膝盖了。

"局长,你看!"小马突然惊奇地指着院角处一辆废旧的红色三轮电动车。

"咋了,小马,一惊一乍的?这是我父亲生前开的三轮车。"胡德利眉头微微一皱。

小马不好意思地低下头说:"没什么,前两天在侯庙镇给我们指路的那个大爷也开着跟这一模一样的三轮车!"

胡德利心里一怔,又仔细打量起院里废弃的那辆三轮车,果真和指路大爷骑的一个样式呢。

"这有啥奇怪的,我们这里老人好多都骑这种三轮车呢,这个牌子在我们这儿卖得不错哩!"堂哥笑道。

快到中午时,胡德利在堂哥的陪同下,去村后的祖坟上祭奠了父亲,然后托堂哥找个工程队,把祖屋好好修整一下。堂哥爽快地应承下来,接着小声说:"你也是,堂堂一个大局长,老家的房子是这样子,外人要笑话哩!"

一行三人坐着轿车,刚出了坟地,就拐到一个三岔路口,小马突然叫道:"局长,快看,歪脖子树!这就是那天咱们迷路的地方!"

堂哥听后说:"怎么,你们也在这里迷过路啊。唉,别提了,我们这里好多人都称这地方叫'鬼集市',都说一到晚上或者大雾天,那些鬼啊怪的就出来在这里摆鬼市哩,咱们活人要是碰上这种时机,那些不干净的东西就会捉弄人,让你兜圈子,也就是俗称的鬼打墙。"

"'鬼打墙'?哥,你也是上过中学的人,也相信这个?"胡德利虽然心里有点发毛,嘴上却笑话他。

堂哥摇了摇头:"我当然不信,我宁愿相信是这里修路修得太乱,视线不好时,会让很多人看岔。"他停顿一下,又笑道,"不过,这世上的事谁说得准呢,这鬼啊神啊的,也不能全不信哩!"

一路上,胡德利满脑子都是院子里那辆父亲骑过的三轮车,那天指路的大爷,虽然当天他掩着半张脸,可那老头的模样怎么和生前的父亲长得那么像呢。那天迷路的地方和父亲的坟离得也不远,难道当天真的遇到了鬼市,是死去的父亲特意给小马指点迷津,让我们走出了困境?

胡德利傍晚回到家,见老婆晓梅正向一个瓷坛里装蒜头,她一边装,一边惊奇地说:"你那天从侯庙镇半路买回来的蒜,怎么跟咱爸生前每年送咱的蒜一样呢,每个蒜头都是八瓣。"

"你说什么,蒜头都是八瓣?"胡德利像被电击了一般,赶紧蹲下身,捡起老婆身边的蒜头,一下检查了好几个,的确个个都是八瓣!

胡德利慢慢站了起来,自言自语地说:"我明白了,我明白了,爹,真的是你啊,我知道该怎么做了!"

当天晚上,胡德利给堂哥通了话,让他先不急着找工程队。然后,他又给老同学王运成打电话说那张卡明天就给他送回去,祖屋以后再修,至于那个水利工程,还是按程序走,让他小舅子和别人公司一起公平竞争吧。

打完电话后,胡德利心头的一块石头重重地放了下来,几天来,他感到从来没有如此轻松过。

元旦这天,晓梅买菜回来,刚一进家门,就对胡德利说:"今天我在咱楼下的农贸市场碰到了一个乡下来卖大蒜的老人家,离远看我还为是咱爸呢,走到近处才发现,他要是嘴角边再有个大瘊子,那就和咱爹更像了。"

胡德利听后,话也没回,就冲下楼去。儿子觉得好奇,也跟着胡德利下了楼。

见着那个老头,胡德利就在他三轮车厢里翻看辫成一串串的大蒜头,个个都是八瓣的。

"老人家,你还记得我吗,前些时那个大雾天,我开车在乡下,问过您路呢!"胡德利提醒道。

老头儿仰头想了想,一拍手说:"我想起来了,当时你还买了两辫蒜呢,真大方,连价也不和我讲!唉,那个地方修路修得太乱了,一不小心就会迷路!"

胡德利现在搞明白了,什么鬼打墙啊,什么老爹指路啊,如今真相大白了!

"问您一下,您为什么专挑有八瓣的蒜头卖啊?"胡德利盯着老头儿问。

老头儿笑着回答说:"可被你问着了,我这是用了一种特殊的种子,长出来个个都是八瓣,八就是发嘛,你们城里人可信这个喽!"

胡德利摇摇头,转过身对儿子说:"这不是个好答案!"

"爸爸,我觉得这位爷爷说得挺好的。那您告诉我什么是最好答案啊!"儿子不解地问。

胡德利看着面前个头已经到自己胸口的儿子,摸着他的头说:"你爷爷在我很小的时候,就靠年年种大蒜养着一大家子人。后来,他把一车车的大蒜换成钱,供我读到大学。后来我参加工作,你爷爷告诉我,'永远要记着你的根在农村!我累死累活地在地里流汗种蒜,供你上了大学,如今你当了干部,多不容易呀,千万不要干违法的事,一定要做个清清白白的人!'"

"唉呀,爸爸,我不想听这些大道理,你还没有告诉我那个好答案呢!"儿子不耐烦起来。

胡德利苦笑着说:"你小子可给我记住了,你爷爷说他在菜地里,顶着日头,一个汗珠子摔八瓣,落在地里,就都成了八瓣的蒜头!"

儿子笑了:"这个说法挺酷啊,行,今天我就把个八瓣的蒜头照个相发到微信上,再配了老胡你这个说法,绝对能得好多赞!"

关键词:孝道

> 给黄鼠狼上课?这可是个新奇的事儿!不想也知道,这课是上给在场的人听的……

给黄鼠狼上课

谢庆浩

刘发开了家鸡场,这几年也赚了钱。这天他约老同学王大宝来家吃晚饭。

王大宝办完事来到鸡场,刘发和老婆翠花已经弄好晚饭在等着他了。鸡鸭鱼肉,满满摆了一桌。王大宝和刘发边喝酒边聊往事,忘记了时间,饭桌底下躺了一地的酒瓶子。

突然,东边鸡棚里"哗啦"一声响,然后是一阵乒乒乓乓的撞击声。刘发竖起耳朵听了一阵,放下正啃着的鸡爪子,一拍桌子站了起来:"大宝,再给你加个菜!"王大宝摆摆手,说:"菜已经不少了,别再破费。"

刘发说:"纯天然,不用花钱。晚上有老鼠来鸡棚偷吃饲料,我放了捕鼠笼,现在肯定是抓到了。我们去看看,一会弄个红烧鼠肉下酒!"

王大宝跟着刘发走进鸡棚,果然,靠墙的一只捕鼠笼里关住了一只大老鼠,正惊慌失措地东钻西钻。王大宝从来没见过这么大的老鼠,身形都赶得上猫了,更奇怪的是,这只大老鼠居然长着条毛茸茸的大尾巴。

刘发一拍大腿："妈呀,这不是老鼠,这是黄鼠狼呀!我就奇怪呢,怎么这段时间鸡棚里莫名其妙少了几只鸡,还以为遭了贼,没想到是罪魁祸首是你,可别怪老子不客气了!"

听说抓到了黄鼠狼,翠花也赶来看热闹。这时候身后一个毛茸茸的小东西跑了过来,定神一看,原来是个小黄鼠狼。小黄鼠狼吱吱直叫唤,要往笼子里钻,但笼子的缝隙不够宽,钻不进去。小黄鼠狼并没有放弃,这边钻钻,那边扒扒,拼命想挤进笼子里。笼子里的大黄鼠狼也冲着小黄鼠狼吱吱直叫,显得非常焦急。

刘发骂道："好你个小黄鼠狼崽,老子把你母亲抓捕归案,你还想自投罗网是不是?快点给我滚!"刘发提着小黄鼠狼的尾巴,把它拎到一边。可是刚一放下,小黄鼠狼又跑回来,继续往捕鼠笼里钻,接连几次都是这样。

看着小黄鼠狼急着找母亲,一次次往笼子里钻的样子,想起自己去世多年的母亲,王大宝心里不由一酸,对刘发说："这小黄鼠狼尽管是畜生,但也是个孝子呢。放它和它母亲一马吧。"

刘发说："把黄鼠狼放了,要是以后再跑回来偷鸡怎么办?"犹豫片刻,刘发突然一拍大腿跳了起来,说："有了!我要给黄鼠狼上一课,让它接受教育,从此浪子回头,不再偷鸡!"

什么?给黄鼠狼上课,让它不再偷鸡?这怎么可能?王大宝惊呆了。

"怎么不可能?你看我的……"说罢,刘发拉张凳子摆在捕鼠笼前,一屁股坐了上去,正襟危坐,清了清嗓子,居然真的给笼子里的黄鼠狼上起课来："古人云,不告而取谓之偷,像你这样没有征得我的同意,就来把我的鸡拖走,是不对的。姑且放你一马,你要懂得感恩,从此洗心革面,不能再做贼了……"

看着刘发一本正经地给黄鼠狼上着课,苦口婆心地劝说它不要再偷鸡,王大宝忍不住哈哈地笑了起来。

就在这时候,小黄鼠狼吱吱叫着跑了过来,伸着脑袋使劲往笼子里钻。刘发摇了摇头,说:"我在上课呢,你这小崽子跑来捣什么乱?一边玩儿去,别影响我讲课!"

刘发手一伸,提着小黄鼠狼的尾巴,把它拎到了一边,清了清嗓子,继续讲起来。可没说几句,小黄鼠狼又叫着跑了过来。刘发骂道:"小崽子,三番几次跑来捣什么乱?马上给我滚一边去!"说着再次把小黄鼠狼拎到一边。可是不多会儿,小黄鼠狼又跑了回来。

这下刘发可发怒了,从凳子下拉出截废弃的电线来,一扬手,"啪"的一声,抽在小黄鼠狼的身上。小黄鼠狼一声惨叫,一道血痕顿时显露了出来。

王大宝吃了一惊:"刘发,别伤害它……"刘发说:"伤害它?我只是想给这个白眼狼一个教训而已。不错,小的时候谁都离不开母亲,但长大后,母亲老了,还有几个子女能做到不离不弃的?你看看有多少被遗弃的老人,缺衣少食,最后孤零零死去……"

王大宝又好气又好笑,有人遗弃老人,刘发就断定小黄鼠狼长大后也一定会遗弃老黄鼠狼?刘发说:"会的,小黄鼠狼长大后一定会遗弃老黄鼠狼!就算它不想遗弃自己的母亲,但它娶了媳妇以后,它媳妇也一定会逼着它赶走自己母亲的!你说,像这样的不孝之子,我不教训它教训谁?"

王大宝心说,这个刘发,喝醉了酒,胡话连篇呢。只见刘发一边抽打小黄鼠狼,一边骂道:"你这白眼狼,长大后娶了媳妇丢了娘的狗东西,别再显摆你有多孝顺!"小黄鼠狼身上的血痕越来越密,叫声慢慢弱了下去,但它依然拖着血肉模糊的身子,一步一挪地朝笼子里的黄鼠狼爬去。

王大宝看不下去了,一声大吼:"刘发,你给我住手!"说着就去夺刘发的手中的电线,却被刘发推倒在地。这时,翠花流着泪拉住刘发的手,哭着说:"刘发,别打了。是我错了,明天我们就把娘接回家,好吗?我答应你,以后好好对待娘,再也不赶她走了……"

刘发丢下手中的电线,两颗泪水从眼中滚落。

原来,刘发新建了房子后,翠花嫌弃刘发的娘老了,不愿意让她住进新房,逼着刘发把她赶到漏风漏雨的祖屋里居住。刘发一万个不愿意,但奈不过翠花……

第二天一早,王大宝要走的时候,刘发赶了出来,手中提着个笼子,里面是那个裹粽子一般给包扎起来的小黄鼠狼。刘发说:"兄弟,听说城里有宠物医院,帮我把这只小黄鼠狼好好治一治伤。我欠它的,只要能救它一命,多少钱我都愿意出!"

关键词:孝道

> 凡事到底要不要较真?林忠和儿子林祥的意见完全相反,为了扭转儿子的观念,林忠绞尽了脑汁……

较真不较真

张 伟

在金槐村,老汉林忠和儿子林祥常常有口舌之争,原因是林忠有句口头禅:"凡事要较真。"而林祥也有句口头禅:"凡事别较真,较真落麻烦。"好一对父子俩,明里暗里都较劲。

这不,由于青壮劳力都外出打工去了,最近村里接连发生了好几起夜间盗窃案件,弄得人心惶惶。村两委经研究,决定在村里招募一位治安巡查员,专门负责夜晚的治安巡逻,每月给予一定的报酬。消息传出,林祥第一个赶到了村里,主动请缨,很快获得了批准。

其实,林祥之所以这么主动,完全是看中了巡查员的补助。他早就打听好了,每月有八百块呢。只要每晚在村里转转,净赚八百块!至于巡逻嘛,还不是自己那句口头禅,走走形式就好。于是,林祥走马上任后,每晚都象征性地在村里转半圈,然后回家睡大觉。

但有时候,林祥也不能不警觉。就说这天晚上吧,天黑得有些邪乎,真是伸手不见五指。林祥知道,这样的夜晚最容易出问题。他在村里转悠了一圈后,先没回家,而是在一棵大槐树下休息。过了一会儿,果然看见从村街里走出来一个黑糊糊的身影。待黑影走近,林祥才发觉来人还牵着一头牲口。林祥不敢掉以轻心,立刻从大槐树下闪了出来,瓮声瓮气地问一句:"干什么的!这么晚了,牵着牲口这是到哪里去?"

来人被林祥的问话声吓了一跳,随即支支吾吾地答道:"我是西边马庄的,半夜里起来给牛添草,发现牛病了,这不,我牵着它到东边夏庄寻兽医。"

林祥一听,差点乐出声,这人真会编呀,明明兽医就在西边马庄,这人显然是在说谎。一想到这,林祥立刻紧张起来,就凭刚才这人编的瞎话,他显然不是本地人,十有八九是个偷牛的贼。如果跟这种贼一较真,吃亏的还不是自己?想想呀,半夜三更偷东西,哪有不带家伙的,万一闹起来,动了手,自己可不是偷牛贼的对手。好汉不吃眼前亏,还是那句话,凡事千万别较真,较起真来,吃亏倒霉的还不是自己?

如此一琢磨,林祥便装着什么也不知觉似的,吩咐道:"天这么黑,你牵着牲口走夜路,可千万小心,可别扭伤了脚。"那人一听这话,感激地答应一声,点头哈腰地走了。

因为有了这档子事,林祥不敢再早回家了,直到天蒙蒙亮了,他才往自家院里走去。

刚走近大门,林祥的脑袋一下就大起来。为啥?因为他一眼就瞅见,自家的大门虚掩着,门锁被扔在一边。不好!他三步并作两步奔进院门,院里的那头黑犍牛早已不见了踪影。他这才猛然记起,自己家昨晚没人,妻子走娘家还没回来。那人牵的牛肯定是自家的!

想到这,林祥一拍大腿,懊恼地一下蹲坐在了地上……

这时,林忠老汉出现在了儿子林祥面前。自从儿子结婚后,父子俩就分开住了。看到林祥的样子,林忠老汉阴阳怪气地问道:"咋像霜打的茄子,蔫了?"林祥站起来,咧开嘴,带着哭腔道:"爹,咱家的大黑牛被、被偷牛贼给、给偷走了……"林忠老汉讥讽道:"亏你还是村里的治安巡查员哩,连自家的牛都看不住……"接着,林忠老汉拉起儿子说:"走,到我那边去!"林祥不情愿道:"去你那里能有啥法呀……"林忠老汉喝道:"去了你就知道了!"看着爹板着脸走了,林祥只好站起来跟在后面。

想不到,林祥刚迈进爹的院门,一眼就瞅见了院中树上拴着头大黑牛,不正是自家的吗?林祥大吃一惊道:"爹,大黑牛咋被你牵家来了?你咋不告诉我呢?"林祥老汉怒斥道:"我吃饱了撑的,半夜三更到你家里去牵牛?"林祥嗫嚅道:"那究竟是咋回事……"

原来,自从林祥担任了夜间治安巡查员,林忠老汉知道儿子那副脾性,喜欢较真的他,每天晚上就偷偷跟着儿子,儿子应付完回去睡觉了,他就替儿子在村里巡查。昨天夜里,牵牛人被林祥放走之后,走到村头,林忠老汉也把他截住了,那人故伎重演,又把谎话说了一遍。林忠老汉"嘿嘿"冷笑道:"别在这里演戏了,明明兽医就在西边的马庄,你却到东边夏庄去找兽医,这不是编瞎话糊弄人吗?"那人一听漏了馅,恶狠狠吓唬道:"那我也不藏着掖着了,干脆给你挑明了,识相的,躲一边去,否则,我给你白刀子进去红刀子出来!"林忠老汉毫不胆怯:"小子,来这个庄里你还敢撒野呀,你信不信,只要我咋呼一声,立马会跑出三四个小伙子来收拾你!识趣的,把牛留下,赶快滚!"那个黑影迟疑了一下,把牛缰绳一撒,落荒而逃。

林忠老汉来到牛跟前才发现,这牛竟是儿子家那头大黑牛。他猛然想起来,儿媳今天回了娘家,肯定家里没人被偷牛贼给算计了。他牵着大黑牛往儿子家走,走到大门口时果然发现儿子的大门虚掩着。他本想把牛牵进院,忽然想到应该借机给儿子个教训,就故意把牛牵回了自己住的院子。

明白了真相的林祥,羞愧地感慨道:"凡事还是要较真啊,否则,吃亏的才是自己……爹,我服你!"

关键词：孝道

> 现在社会丰富多彩，行行出状元，只要你有心，干什么都会成功。可父母不那么想，在他们眼里，读书还是唯一的出路。真的是这样吗？

状元箱

姜红梅

木梳是个山里娃，上学要走三四里的山路。他学习很是用功，但无奈体弱多病，隔三差五就感个冒啥的，只能在家里自己温习功课，学习成绩自然不是那么好。穷人的孩子早当家，木梳骂自己身体不争气，父亲鼓励他，不要有太多的压力。

期末考试，木梳的学习成绩算是中游，照这个状态是考不上山区最好的中学的，木梳心里着急，常常背着人偷偷哭鼻子。父亲知道了便对他说："我在县城认识一位收藏家，我带你去看看，他家里有状元箱。"木梳不明白："什么是状元箱？"父亲说，状元箱就是古代赶考的学子放笔墨纸砚的东西，好的状元箱能沾上文曲星的仙气儿呢，自然更容易中得状元。

木梳听了很兴奋，要是能看看状元箱，沾点仙气，自己的学习成绩就会突飞猛进了。星期天，他和父亲雇拖拉机去了趟县城，来到了那个收藏家的家里。收藏家叫吕乐天，样子很是和蔼，他摸了摸木梳的脑袋："走，叔叔带你到我的宝屋里去看看。"

木梳一进那间屋，仿佛穿越到了古代，屋子里到处放着古色古香的木箱子、桌椅板凳。木梳虽然是小孩子,对古董一窍不通,但他能感受到古代文化对他的视觉冲击。吕乐天指着一处屋角说:"那三四个箱子便是状元箱。"说着领着木梳走了过去。

"你看,这个箱子是清朝年间一位状元的状元箱。"吕乐天笑着说:"这个箱子是从一位朋友那里收过来的,花了好几万呢!"

木梳蹲下身来,凑到状元箱面前,闻到一股淡淡的木香味。那个箱子体积和一般的行李箱相仿,浑身漆黑,正面镶了铜把手,上面有一把锈迹斑斑的锁。木梳问吕乐天:"叔叔,我可以摸一摸吗,我想沾一沾仙气儿。"吕乐天哈哈大笑:"当然可以啦。"

吕乐天把状元箱小心地打开,里面陈列着笔墨纸砚,那种淡淡的木香闻了很让人着迷。木梳在状元箱上面摸来摸去,问吕乐天:"叔叔,有了状元箱以后就能考中状元吗?"吕乐天说:"也要看这人有没有天分,学习用不用功。不过有了状元箱,自然考中功名的概率就会大了。"

木梳又看了看其他几个状元箱,都是明清两代的,虽然有几个有些残破,但因为是古人留下的东西,所以很有收藏价值。吕乐天又把木梳带到了一个桌子上面,上面摆放着一张状元的试卷。吕乐天说:"你看,这是明朝晚期一位状元的试卷,被我收藏了。"木梳低头看了看,上面用毛笔写的繁体字,他认识的字不多,但那些字写得铿锵有力,力透纸背,让人看了赏心悦目。木梳有点不好意思:"叔叔,这上面的字我也认不了几个,但我觉得写得很漂亮。"

吕乐天点点头:"古人都说人如其字,字写得好不好跟考试成绩大有关系哟。现在也一样呀,如果考试写作文时,字迹潦草自然得不了高分。"

木梳似乎有点小遗憾:"叔叔,刚才我摸了摸状元箱,我已经沾了点仙气,可是这状元试卷我看不懂,所以就沾不了仙气了。"吕乐天被木梳逗笑了:"看你这么喜欢状元箱,我送给你一个!"

木梳很兴奋:"真的吗?"说着,冲到墙角,就想抬那个状元箱。父亲笑着说:"傻孩子,那几个箱子都是老古董,价值连城,能让你小孩子用来装书吗?你乐天叔叔给你新做的状元箱。"

吕乐天带着木梳来到另一间屋子,里面有一个新做的箱子。这个箱子是用榆木做的,四角用铜皮包住,箱身非常光滑,看得出做工非常精良。打开之后,里面有厚厚的一叠宣纸,还有几支毛笔和砚台。

吕乐天笑着说:"这是状元郎的标配,这个箱子归你了。"

木梳歪着脑袋问:"有了这个箱子我就能考中状元吗?"

吕乐天说:"古代人没有书包,状元箱就是他们的书包。你以后就把课本和学习用具放在里面,这个箱子就是你的书包,放学上学,你都随身带着它。状元箱在你身边,你才能沾上仙气儿啊!"

回到家后,木梳把书包里的书本全放在状元箱里,每次放学上学,都用绳子把箱子绑好背上后背。这箱子有二十来斤,虽然有些沉,但是为了能沾上仙气,木梳没觉得有多重,他背的是状元箱,背的也是希望。开始的时候,他每次背几十米,都要放下来歇一歇,时间长了,他一口气能走上一二里路呢。

不知是自己学习开了窍,还是真的沾了状元箱的仙气,木梳学习成绩进步很快,期末考试,他考了班级第五名,这已经是他的最好成绩了。开始同学都笑话他,说他背个大箱子,不像是读书人,倒像是上山砍柴的。后来看到木梳学习成绩好了,大伙再也不笑话他了,都抢着背一背状元箱,都来沾一沾仙气。

木梳没有忘记吕乐天说的话,除了搞好学习,他还特别注意练习写字,铅笔圆珠笔写的字非常漂亮。闲暇的时候,还会写几笔毛笔字呢。正巧班主任也喜欢写毛笔字,他们俩成了忘年交,老师一边指导他学文化知识,另一方面还教他写毛笔字。

小升初考试,木梳发挥超常,考得第七名,进入了最好的中学。他觉得自己沾了状元箱的仙气。开学前,父亲又带木梳到吕乐天叔叔家做客。吕乐天听说木梳成绩不错很是高兴,一拍大腿:"我再送你一个状元箱。"

吕乐天又新做了一个状元箱,这个箱子明显更大一些,用的也是比较沉的木材。木梳有些不好意思:"叔叔,做一个箱子很费时间。我已经有一个状元箱了,你为什么又给我一个呀!"吕乐天说:"古人科举考试,每考中一次都要换状元箱的。古代科举分为乡试、院试和殿试。每通过一个考试,就要换箱子的。你小学考上了中学,相当于迈了一个台阶,也要换一个状元箱了。"

新的状元箱估计有四五十斤重,碰到体格不好的,还真不一定能背得动呢。好在木梳以前有背箱子的功底,所以背起来也不是太费劲。他暗下决心,叔叔对我这么好,我一定好好学习回报他。

山区最好的中学招收的都是好苗子,虽然木梳学习很刻苦,但不再是名列前茅了,也就算个中上游吧。但有状元箱,他心里有谱,他的成绩一直在进步。

中考前几天,木梳学习压力还挺大,他没有足够大的把握考上最好的高中。每当不自信时,他就会俯下身去摸一摸状元箱,吸收点仙气儿。如果学习学得脑袋一锅粥了,他也会写几笔毛笔字,放松一下心情。

这一天,木梳正在屋里睡觉。深夜时分,突然外面雷声大作下起了暴雨。木梳的家住在山脚下,恍惚间,父亲把他摇醒了,拽起他来就往外跑。原来山区发生了泥石流,木梳很是慌张,对父亲说:"我的状元箱还在屋里呢!"父亲只顾拽着他跑:"来不及了!"

泥石流冲毁了房屋,也把木梳的状元箱冲没了。

中考时,木梳发挥不佳,没考上心仪的高中。普通高中自然教学质量不好,虽然木梳很努力,但是高考时只考取了三流大学,估计毕业找工作都困难。因为就业前景不好,木梳有点破罐子破摔,整个人都颓废了。暑假时,父亲说要带木梳去见吕乐天叔叔。木梳有点难为情:"我都没脸见吕乐天叔叔了。"父亲说:"是你乐天叔叔专门要看你。"

木梳见了吕乐天,眼圈都红了:"叔叔,我有点对不起你,你费了那么多心血做了两个状元箱,我也没有考上好大学,我太失败了。也许是我天分不好,也或许是那天大雨把状元箱冲毁了,把我身上的仙气带去了吧。我是个失败的人,见到叔叔您这么成功,我真的很惭愧。"

吕乐天笑了:"我成功?"

木梳说:"你当然成功了,是大收藏家。"

吕乐天指着那几个状元箱说:"这几个箱子,两个是赝品,一个是民国时期的仿品,当时收购时,我以为是明清的老物件,结果都打眼了。"说着又指了指状元试卷:"这个状元试卷也是仿品,当时花了好几万收藏的,被同行笑话了大半年。你说我是收藏家,我都有点儿脸红。其实呀,我真正让别人认可的是我的木匠活。当时我收了这几个赝品状元箱,心里很失落,我想别人能做仿品,我自己能不能做呢,从此我爱上了木匠活,没想到我天分还挺高呢,朋友都托我替他们打造家具,现在我是一家家具公司的技术顾问。本来想当一个大收藏家的,结果成了一位成功的木匠。这也算是失之东隅,收之桑榆吧。"

顿了顿,吕乐天说:"你知道为什么我要给你做状元箱?"

"让我沾一沾文曲星的仙气呀!"木梳说。

吕乐天"扑哧"一笑:"一个普通的箱子哪能有什么仙气,都是人做的。给你做状元箱是我和你父亲商量的结果。你从小体弱多病,身体是革命的本钱呀,就给你做个小箱子,让你上学放学背着他,就当是锻炼身体了。"

吕乐天恍然大悟:"怪不得你还给我换大箱子呢,是让我提高训练量呀,哈哈哈,还别说,我的体格真的变好了。"

父亲的眼有些湿润:"孩子呀,你爸虽然没有啥文化,但也不迂腐,我想,行行出状元,不用非得考上名牌大学。只要孩子你有一个好身体,活得健健康康的,干啥都能成功。一些成功的人,他们未必读的是最好的大学,相反,一些清华北大学生还回家种地养猪呢!"

吕乐天点点头:"我和你父亲有同样的想法。古代人要想出人头地,必须走科举考试,写那些千篇一律的八股文,这是飞黄腾达的唯一途径。但是现在我们社会丰富多彩,行行出状元,只要你有心,干什么都会成功。"

木梳回到学校后,像换了一个人一样,他不再虚度光阴,除了搞好学业,他把以前的业余爱好书法捡了起来,和其他几个同学成立了书法协会,大家凑在一起切磋交流。大学毕业后,木梳成了当地一位小有名气的青年书法家,在一次市里举办的书法大赛中夺得头名,也算是中得状元了。

这样看来,状元箱里还真出状元呢。

关键词:孝道

> 亲兄弟还要明算账,隔了一层关系的舅舅和外甥,在钱的问题上,更是要好好算清楚,是吧?

送彩

卢树盈

罗家寨有一个风俗,每到有人结婚,还要敲锣打鼓地"送彩"。这送彩其实就是一种显摆,除了一床红被子,还要在几个木盘子里装满钞票,送到新郎家。让吃喜酒的人都能看到厚礼,新郎家就特别有面子。

几年前,罗大富的儿子准备结婚,他就开始发愁了。按照罗家寨的风俗,送彩的人越多,新郎家就越有面子。可这送彩有讲究,必须是新郎父母的兄弟姐妹才能送。可罗大富只有一个妹妹,平常都靠罗大富接济,肯定没有钱送彩。

罗大富是一个把面子看得比命还重要的人,要是儿子结婚的时候没人送彩,他肯定一辈子都抬不起头来。罗大富就想去找妹妹罗大琼谈谈,看她能不能召集婆家人,多准备点礼金给自己送彩。

罗大琼运气不好,才嫁到马家几年,丈夫就撒手西去。她坚决不再改嫁,这些年就一个人带着儿子马关,过着清贫的日子。

罗大富试探地问:"小妹,忠儿结婚,你准备给我家送彩吗?"

罗大琼有点为难："大哥,你知道我家的情况。关儿今年高一,正是花钱的时候。"

罗大富面色阴沉,不停地叹气。罗大琼最后说："大哥,那我去贷款给你家送彩。"罗大富于心不忍,突然想到一个办法："这样吧!我给你两万元,你置办送彩的事情。"罗大琼高兴起来："行。到时候关儿结婚,你还彩的时候,我也提前给你送钱去。"

这下双方都不用花钱,大家都有面子。罗大富走的时候一再嘱咐罗大琼："这件事情你谁都不能说,不然被人知道,要嘲笑我们一辈子。"

到了婚期这天,喜酒开席,罗大琼送彩的队伍敲锣打鼓地来了。罗大富喜笑颜开地接过"彩",把礼单和钱送到礼簿上,看热闹的人就叫了起来："哇,竟然送了两万元的彩,比去年张家的一万八千元还多……"罗大富得意极了,脸上冒着红光。

几年后,马关早就在外面打工赚钱,还找到女朋友了。罗大琼的身体却一天不如一天,但她还是喜滋滋地告诉罗大富："这些年我一直瞒着送彩的事情,关儿每年都寄钱回来让我还债。现在我们村有人送彩二万五,我就存了三万元,只要关儿结婚,我就把钱提前给你。到时候你风风光光地给我家送彩,我在儿媳妇面前也长脸,让她知道我娘家有人……"

可是,天有不测风云,罗大琼还没等到马关结婚,就突然病重。她存的那三万元,都在医院花光。等到马关赶回来,罗大琼没有说一句话,就离开了人世。

如今,马关要结婚了,给罗大富送来喜帖。罗大富就知道麻烦了,马关不知道当年的事情,肯定不会提前送钱来。如果罗大富不去还彩,要被人耻笑。罗大富自责不已,都怪当年要罗大琼瞒着马关,现在要怎么说,马关才会相信自己的话?

带着试一试的心情,罗大富找到马关,试探地问:"当年你妈妈给我家送彩的事情,你知道吧?"马关点头:"我当然知道,为了送彩,我跟着妈妈跑了很多亲戚家,遭遇了很多冷脸。最后妈妈贷款,才给你家送了彩。"

罗大富听了暗喊糟糕,干脆明说:"当年送彩的钱是我送来的,你妈妈根本没有去贷款。"马关生气起来:"舅舅,你知道我当年为什么出去打工吗?"罗大富点头:"你在学校谈恋爱,成绩直线下滑,然后你离开学校,出去打工了。"

"错,当时我的成绩优秀,本来可以考上大学的。可我看着妈妈每天起早贪黑地干活,除了供我读书,还要还银行贷款。我于心不忍,就假装成绩下滑,离开学校。就想早日打工,减轻家里的负担……"

罗大富急了:"我不管你当初是怎么离开学校的,现在你必须给我两万元钱,让我去还彩。"

马关愤怒道:"舅舅,你欺人太甚。当年你来求着我妈妈送彩,害得我家欠债。不然我继续读书,就是大学生,不会如此辛苦地在工地上搬砖。如今我结婚,你竟然要赖……"

罗大富心里发堵,儿子结婚那天,罗大琼敲锣打鼓地把钱送到自己家。要是自己不去还彩,那会被人耻笑,到死了也会被人指着坟墓骂的。

思前想后,罗大富必须去送彩。可儿子离婚后就玩失踪,罗大富又从高架上落下来摔伤了腰。这些年罗大富都没收入,全靠救济金生活,根本借不到钱。罗大富就想出怪招,用很少的钱去送彩,让马关结婚的时候有面子,那自己死后才有脸去见妹妹。

可怎么送彩,面子上才好看,又花钱少呢?罗大富想到过假币、冥币。可收礼的人都是明眼人,每一张钱都会仔细查看,那会穿帮的。罗大富愁心不已,每天都盯着电视发呆。无意中看到一个直播的广告,就想到办法了。

马关结婚那天,罗大富用糖果在木盘子里摆成心形,把金灿灿的金条,摆在心形里面。又掏出一张龙吉祥金店的发票,摆在金条旁边,用两颗糖压住。罗大富左看右看,十分满意。然后请了村里人,敲锣打鼓地去给马关送彩。

马关家热闹非凡,新娘子已经进门。罗大富端着装有金条的木盘子,心虚地走在最前面。看热闹的人窃窃私语:"哇,马关的舅舅送了价值三万元的金条。这比送钱好,还不会贬值……"

罗大富听了,腰杆挺直,坐到长辈席上。马关带着漂亮的新娘来给罗大富敬酒,罗大富的心里感慨不已,妹妹没福气,没等到这一天。

吃完喜酒,罗大富准备回家,马关却把他拉到新房,塞给他三万元说:"舅舅,你那天走后,我去银行查过,妈妈那年真的没有贷款,是我错怪你了。"罗大富急了,赶快把钱还给马关:"那你当时怎么不告诉我,把钱给我送来?"

"这送彩攀比的恶习已经害了我,就想抵制这种恶俗,等结婚后就来给你赔罪。没想到你的日子过得这么艰难,还在想着为我马家撑面子……"

罗大富汗颜道:"关儿,这金条是假的,发票也是假的。我当年为了面子害了你,今天又骗了你,舅舅在这里给你赔罪。"

马关把钱塞进罗大富的手中:"舅舅,我那天说的是气话,请你原谅我。这点钱你拿着,就当我孝敬你的……"

关键词：孝道

> 老林接受募捐时得到一把珍贵的扇子,这柄扇子成了老林的一个心病,他一直想不出一个妥善的方法处置它,想不到,儿子小林打起了它的主意……

风范的力量

王长军

这天小林跟他爸老林期期艾艾地说:"爸,跟您商量件事,这个,那把扇子送给我好吗?"

老林一听就警觉起来,问道:"给你?干什么用?"

小林一脸讨好地递过一支烟,又帮他爸点上,笑嘻嘻地说:"最近单位人事调整,我呼声蛮高的,不过思来想去还是有点玄,天上飞的鸭子不到盘子内就不能算作菜,所以嘛,我想巩固一下感情,把扇子送给领导玩玩……"

老林把脸一沉,生硬地说:"甭说那么好听,还玩玩,不就是行贿吗?告诉你,没门!"

小林一听就急了:"就算是行贿又怎么了?要知道我不送,别人也会送的,爸您总不会希望我一辈子没出息吧?"

老林一下子把眼瞪起来了,厉声呵斥道:"你怎么知道别人都送了的?再说这叫出息吗?这叫歪门邪道!还有,扇子虽在我手上,但并不是我家的,我没有权利处置它!"

爷儿俩口中说的扇子说来话长。那年本地闹地震,损失相当之大,地震过后一方有难八方支援,全国人民纷纷伸出援助之手,其中林家收到不少东西,有钱有粮油有鞋帽,老林还得到一件崭新的羽绒服。可是当老林喜滋滋地准备穿上羽绒服时发现衣服内夹着一柄扇子,扇面上画着一匹昂首嘶鸣的奔马,可谓神骏异常,落款"徐悲鸿",下面是一方通红的印章!

老林吃了一惊,忙找内行人鉴定,结果大家一致认定:这是大画家徐悲鸿的真品无疑!

老林这下可傻了眼,扇子怎么会跑到羽绒服里的呢?想来想去只有一个可能,就是原主人不小心放进去的,或者是原主人家调皮的孩子放进去的,结果不留神连同衣服一起捐了出来,可是现在要想找到原主人根本就是大海捞针。一晃几年过去了,这柄珍贵的扇子竟成了老林的一个心病,他一直想不出一个妥善的方法处置它。

想不到现在儿子小林打起了它的主意。

见老爸铁了口不同意,小林可气坏了,嘴里嘟嘟囔囔地说道:"说什么没有权利处置它,哼,还不是为了您找老伴用。"

原来最近老林搞起了黄昏恋,对此小林倒也理解并赞成,妈妈去世好多年了,老爸毕竟孤寂得很。但两位老人领证前夕,那阿姨提出一个条件,老林得给她买些金器,不多,也就三五万块钱而已。这下可把老林愁坏了,因为自家条件相当一般,小林又才生了孩子,哪还有余钱买这么多金器啊。

现在老爸肯定想把扇子用在他自个身上,小林这么一想,便气他老爸。

小林正生闷气,意外发生了:老林病了,病得不轻不重,是肠梗阻,得开刀。

小林和媳妇忙把爸送进医院,医疗费自然是小林七凑八凑来的,其中还借了不少钱,阿姨也来了,端茶送水问寒问暖,把老林侍候得舒舒服服,一点罪也没受。这天瞅准大伙都不在时,小林悄声说:"爸,我给您治病可借了不少钱哩,这个,把扇子给我吧,我把它卖了好还人家的债。"

老林点点头,小林一见心脏顿时狂跳起来,这时老林又说:"儿子,你跟爸说实话,扇子如果给了你,你真卖?"

老林说完目光像利箭一样直射过来,小林瞅在眼内,感觉那目光直刺到心里,一下子慌了,他从来不敢在老爸面前撒谎,连说话都结巴了:"这个这个,爸,什么也瞒不过您,扇子我哪舍得卖啊,借的债我也还得起,好吧,我说实话,我还是想送给领导,爸,我还年轻,我得要求上进是不是?"

老林字字用力地开了腔:"如果你用这种手段升职,那这种上进不要也罢!儿子,痛快点,给我治就治,不想给我治,现在就把我拖回家!"

老林说着作势要从病床上坐起来,这下可把小林吓坏了,苦苦说道:"爸、爸,我跟您说着玩哩,生什么气嘛,您是我爸,我不给您治要遭雷劈的!"

老林身体结实,手术做得也相当完美,这么着很快就出了院,谁知福无双至祸不单行,突然间又发生了一件大事:远在农村的奶奶走路摔了一跤,把髋骨摔断了!

奶奶一直跟着大伯生活,老林时常带儿子儿媳回去看望老人,不想晚年出了这么档子事!

小林听了用眼瞅着老林,说:"爸,奶奶动手术要好多钱哩,大伯条件不好,这钱肯定是咱家出了,爸您说,这钱是我跟人借呢还是您卖扇子?首先我声明一下,作为孙子,无论怎么说这钱我一定出,但实话实说,我再跟朋友借可就有难度了,我张不开嘴啊,所以我认为您还是卖扇子的好……"

老林一脸痛苦地摇摇头,说:"这钱我出,但我不卖扇子,我把老家房子卖掉!"

小林一听大大吃了一惊,卖农村老家的房子?那是多么好的一幢房子啊,高大漂亮的四合院,院前屋后长满了挺拔的树木,还有小河、菜地、草坪……便愤然叫道:"我不同意卖,我将来还要带着您的孙子到那过田园生活哩,难道扇子比您孙子的乐园还重要吗?"

老林一听眼圈都红了,说:"当然是孙子重要,可是,扇子不是我家的,我只有保管权,没有处置权,你让我怎么办?"

回过头老林正张罗着卖房子,阿姨上门了,她板着脸问老林:"听说你宁可卖老家的房子也不卖什么宝扇,有这回事吗?还有,金器你到底买不买啊?"

老林一听就明白了,这是小林捣的鬼,便叹口气,一五一十地说了扇子的来历,最后搓着手说:"我妈的手术肯定要做,我只有这个法子了,至于金器,实在对不起……"

阿姨愣了片刻,什么也不说,走了,老林傻傻地看着,叹口气,说声:"天要下雨,娘要嫁人,随她去吧,我这辈子注定要孤苦终身了,嗨!"

很快老林就把老家的房子卖了,小林奶奶的手术也顺顺当当地做过了。不久,又出了件大事,不是家事,而是天灾,发大水了,外地好多地方被淹。

这天黄昏老林不在家,估计外出散步了,小林正看本地电视新闻,忽然一下子坐直了身子,又忙喊媳妇看,原来老爸上了电视。

只见电视上本地公益人士正为支援灾区而举行义卖活动,老爸竟捐出了那把扇子!

对着镜头,老爸一脸坦然地说道:"几年来我一直寻找着处置这把扇子最妥善的方法,可一直找不到,现在终于有了,那就是把它义卖,把所得的钱全部捐给灾区,原因很简单,当初这柄扇子就是好心人捐给我的,现在我必须回报灾区人民,这就是宝扇最好的结局!"

就在这时门开了,老林散步回来了,小林站起身,说:"爸,您今天上午把扇子捐了?我升职拉关系您不肯给我,自个有病您舍不得动,奶奶要动手术您宁可卖老家房子也不肯卖掉,现在无偿捐了?"

老林点点头,说:"捐了。儿子对不起,爸惭愧,没能为你挣下多少财产……"

小林声音有点哽咽:"我现在算是真正理解了,爸,我很自豪,为有您这样的爸!"小林平复一下心情,又说:"爸,告诉您一个好消息,我升职了!就在今天下班前领导找我谈了话,他说我一直在考察名单内,而这回不像有的人为了升职大搞不正之风,所以组织上认为我经受住了考验,是个好苗子,决定予以提拔!另外,上午义卖时领导也在场,他认出了你,他说,你小林有这样高风亮节的老爸,有这样朴素正直的家风,绝对错不了!"

老林一听也很高兴,就在这时手机响了,老林一看来电,说声:"是你阿姨。"便进房间接电话。当老林再出来时已是满面红光,说:"儿子,我也告诉你一件喜事,你阿姨同意我们的事了,并且不要金器了,她说刚刚看到电视,相当佩服我,说我这样的男人值得依靠……"

小林兴奋得直蹦起来:"这真是双喜临门啊!"

关键词:孝道

> 父母不求儿女多有出息,只希望听到他们平平安安的。当他们要你报平安的时候,你可曾记得,让他们也给你报个平安?

报平安

郑小亮

早年,有个男人的妻子病重,留下两个女儿便撒手人寰了。男人没有续弦,他怕继母待女儿不好。好不容易将两个女儿拉扯大了,男人却两鬓斑白,未老先衰。

大女儿十三岁那年,男人便开始在家门外栽树,树稀稀拉拉地栽了两排,一直通向村外的路。女儿不知道爹种树为的啥,这个谜一直到大女儿出嫁时才解开。

过了三年,树长大了,大女儿也要出嫁了,这天夜里,老天下了一场金贵的雨。第二天大女儿起床后,被外面的景象惊呆了:爹栽的两排树居然开花了,满树灿烂,红红火火。正发着愣,站在身后的男人轻轻拍了拍大女儿的肩膀,说:"有钱人家的女儿出嫁,是十里红妆,爹没钱排场,就栽了这些树。树是从山里移过来的,花色是大红,就以这个替代十里红妆吧。"说到此,大女儿情不自禁地抱住爹哭了。她要嫁去的地儿,离家近百里,从此以后,她就不能陪在爹身边了。

大女儿忍不住动情地说:"爹,您放心吧,女儿会常回家看望您的。"男人苦笑了一声,摆摆手说:"居家过日子,哪有那么多闲心,这两地相隔甚远,舟车劳顿,一来一回得耗上一整天,你们还是安安心心过小日子,有机会的话,给爹报个平安吧,好让爹放心。"

话还真被男人说中了,尽管大女儿下了决心,一定会不辞辛苦,常回娘家看看,但事与愿违,烦琐的事儿没完没了,锅碗瓢盆,扫抹浆洗,小两口少有空闲。无奈之下,大女儿只得遵照爹爹的嘱咐,遇到有娘家来的乡亲,便托人代传口信:"爹爹,女儿在这儿衣食无忧,日子过得很好,一切平安。"

等大女儿好不容易回娘家一趟,已是第二年的夏天。这次她回娘家,一是看望爹爹,更重要的是,还给爹爹带回了已满百天的外孙。

看到肉坨坨的外孙,男人开心得合不拢嘴,抱在怀里亲了又亲,还瞪大眼睛盯着外孙看,说:"小家伙长得可真像娘,简直跟他娘小时候一模一样。"一旁的大女儿看着爹那高兴劲儿,却怎么也开心不起来。爹抱小孩子动作娴熟,比她还像"妈",可这哪是男人干的活啊!大女儿也尝到了奶孩子的滋味儿,再想想妹妹跟她就是这么被爹养大的,忍不住鼻子一酸。

离开娘家的时候,大女儿吞吞吐吐地含糊了很久,才憋出一句话来:"爹爹,我争取常回来看望您。"男人的脑袋摇得像拨浪鼓:"现在都有孩子了,哪里还有闲工夫……有空的时候,给爹报个平安吧,只要你全家都平安,爹就放心了。"

大女儿记下了爹爹的嘱咐,她想以后给爹爹报平安也容易了,不久前当地新设了一处驿站,离婆家很近,寄个书信什么的轻松简单。

可这事儿说起来容易做起来难,孩子一哭一闹,一会儿屎一会儿尿,大女儿便把爹爹的嘱咐忘到了九霄云外,整天就围着孩子转了。别说是到驿站投书报平安,就连平安口信也没传。不过,大女儿想到爹爹还有妹妹照顾,也就释怀了。

没过几年,男人的小女儿也出嫁了,嫁的地方跟大女儿同城,相隔不到二十里。

小女儿的好日子,也定在当年立春以后,那替代十里红妆的树花开得依然灿烂。小女儿的婚宴上,男人没有大女儿出嫁时那般悲伤,反而很高兴:"这下好了,你们姐妹俩离得近,可以经常走动,相互照看,这样爹就放心多了。"

看着爹爹开心的样子,两个女儿心里很不是滋味,都哭成了泪人,男人赶紧劝道:"别哭了,你们安安心心过小日子吧,有机会的话,记得给爹报个平安,好让爹放心。"小女儿重重地点头,一旁的大女儿却轻轻地叹了一声……

小女儿出嫁后,跟姐姐走动得倒是很频繁,姐妹俩也经常商量什么时候一同回去看看爹爹,可因为种种羁绊没有成行。一年后,小女儿也有孩子了,这以后,别说是回娘家,连姐姐那儿也去得少了……

这一晃又是几年过去了,有天夜里,大女儿刚睡熟,外面却响起了敲门声,把她给吵醒了。身边的丈夫鼾声不断,大女儿不耐烦地嘀咕了一句:"谁这么晚敲门!"这时,只听门外传来一个苍老的声音,那是爹的声音!

大女儿赶紧开了门,一边把爹往屋里拉,一边埋怨道:"爹怎么这么晚过来啊,夜里冻人呢,赶紧进屋暖和暖和。"谁知爹一个劲地往后退,连连摆手说:"不了,爹还赶着有事,只是这么久没你的消息,想顺便过来看看,只要你全家平安,爹就放心了……"说罢,他转身而去。

大女儿打着哈欠回床睡觉了,直到第二天一大早她才猛地惊醒:昨夜爹爹说走就走,黑灯瞎火的他到哪里去了?当时怎么就稀里糊涂地把他给放走了啊!

想到此,大女儿喊醒了丈夫,说了事情的经过。丈夫起床后在屋里转了一圈,说:"做梦了吧,也难怪,你们姐妹好几年没回娘家了,要不抽空约姨妹一起回去看看?"

大女儿心急如焚,信誓旦旦地说:"爹真的来过,千真万确,我还起床开了门呢!"丈夫"扑哧"一笑,指着门栓说:"昨晚我的手上不小心沾了许多喂孩子的米糊,晚上拴门的时候,我为了省事,把米糊抹在了木栓插口的缝隙里,不信你瞧,这些米糊原封未动,你怎么可能开过门?"大女儿一看,还真是这样,这才安下了心。

就在这天的早上,大女儿正准备去约妹妹,却发现妹妹风尘仆仆地赶了过来,一进门便慌慌张张地说:"姐姐,你看到爹爹了吗?"

大女儿忙问:"到底发生了什么事?"小女儿很紧张地说:"昨晚爹爹来敲门,说不放心来看看我,当时我稀里糊涂的,居然把他给放走了!黑灯瞎火的,他到底去哪里了啊!"说罢,小女儿急得哭了。

大女儿冷静地问:"你记不记得爹爹离开的时候,是什么时辰?"小女儿肯定地回答:"爹爹刚离开,正好一更梆响。"大女儿心里"咯噔"了一下:昨夜爹爹从她这里离开,她也听到了一更梆响,难道她们同时做了同一个梦?

两个女儿急如星火地赶回了娘家,一个晴天霹雳从天而降,村里的乡亲给她们传了噩耗:"正准备差人去找你们呢,你们的爹爹过世了,今早有乡亲约他上山砍柴,死活喊不开门,才发现他一觉不醒了。据仵作查验,应该是昨晚一更左右过世的,咯出的血都干硬了,看来患上这毛病不是一天两天了……"

姐妹俩哭得悲天动地,在爹爹的遗体前长跪不起,并深深地自责着:爹爹总是嘱咐她们报平安,她们却从没想到嘱咐爹爹报个平安!

就在这时,姐妹俩的耳边突然响起了一个声音:"傻孩子,哭啥,你们安安心心过小日子吧,有机会的话,记得给爹报个平安……"姐妹俩同时止住了哭,同时问着对方:"你听到了吗?是爹爹的声音!"

从那以后,每到清明,男人的两个女儿风雨无阻,都会跪在爹的坟前,禀告一句:"爹爹您放心,女儿全家一切平安……"

关键词：孝道

> 孩子不见了，当父母的第一反应就是找，可无止境的找，真能换来一家团圆吗？你是为人父母没错，可你是否记得，你也是某人的孩子……

万里寻子

刘 晖

清朝年间，万州有个叫关二的人，家有父母，老婆得急病死了，留下一个三岁的儿子。关二和父母对孩子万分疼爱，只盼着他平安长大。

不料儿子长到五岁那年，一日外出竟被人贩子拐走了。关二发了疯般四处寻找，却始终杳无音讯。这一回，关二告别父母，越找越远，竟来到了千里之外的江南，算算这一趟走出家门，居然快十年了。

这天，关二来到了一个叫青州的地方。此时他早已身无分文，他走到城西，看见一家偌大的酒坊，于是上前找活干。酒坊的老板五十开外，姓杜，慈眉善目，听关二说了自己的经历，深表同情，说："好吧，那你就留下吧。"关二喜出望外，连声道谢。

在酒坊做了几天，一日酒坊管事告诉关二，杜老爷请他晚上去一趟。关二受宠若惊，也不知杜老爷叫他去有什么事。

晚上，关二来到杜府，有人引他走进一间屋，只见当中摆着一桌酒席，杜老爷已经在那里坐着了。他招呼关二坐下，亲自给他倒上一杯酒,说请他来只是随便聊聊,没什么事。

酒过三巡,杜老爷问起关二有关他儿子被拐的事。关二说着说着,便眼眶泛红,嘴角抽搐,又说起自己这些年为寻找儿子受尽了苦难,却依旧难见儿子一面,忍不住扑在桌上号啕大哭:"十年了啊……十年了,我还没找到儿子……"

杜老爷拍拍他的肩膀,问:"关老弟,你一找就找了十年,接下去还有什么打算?"

关二一抹眼泪,哽咽道:"没什么打算,我还要继续找下去。"杜老爷想了想,又问:"倘若最后仍找不着呢?"

关二一怔:"那……我就把这条命丢在外面算了。反正,找不回儿子,活着也没啥意思。"

杜老爷沉吟片刻,忽然长叹了口气:"关老弟,我也不见了一个儿子呀!"

关二大吃一惊,只见杜老爷痛苦地摇摇头,接着说道:"我也只有这么一个儿子,在他七岁那年,被人拐去了。算起来,他今年也该有二十岁了。"

关二十分惊讶,问:"杜老爷,您找过少爷吗?"

杜老爷点点头,叹着气说,开头几年,他也曾请人四处打探,直到今天仍杳无音讯。事已至此,他也只能盼着儿子还活在人世,落在一个好人家里,过他自己的日子,虽然不能团聚,但也心安一些。

关二听罢,低头一想,自己的儿子要是落在一个坏人手里,此时正不知在遭受什么样的苦难呢。

杜老爷又对他说道:"关老弟,你走过那么多地方,问过那么多人,有没有听到过我儿子的消息?"接着,就把他儿子的相貌特征详细地说了出来。

关二这才明白,原来杜老爷今晚请他来,原是向他打听儿子的消息。他细细地回忆起自己一路走来的地方,虽然也曾见到这几个被拐的孩子,但其中似乎并没有杜老爷的儿子。要么是女孩,要么年龄相差太大。

杜老爷看他摇头,尽管早在意料之中,但脸上还是掩不住一阵失望。关二忙说:"杜老爷,以后我一定多多留意,如果知道您儿子的消息,马上就回来告诉您。"

杜老爷微微点头,说那就拜托了。

过了几日,关二正在酒坊干活,忽然有杜府的下人跑来传活,说杜老爷叫他马上去一趟。关二急忙跑到杜府,杜老爷一脸的着急,一见就问道:"关老弟,你再说说你儿子的相貌。"

关二说:"他一生下来,左脸就有一颗黑痣,后来越长越大,到现在,恐怕有铜钱大小了。"

"这就是了!"杜老爷轻轻一拍掌,"他肯定是你儿子。"

关二心中突地一跳,颤声问:"什、什么?"

杜老爷告诉关二,他刚刚得到消息:上个月青州曾来了一伙盗贼,在偷盗一户人家时被抓住了两个,另有三个逃窜。后来有人回忆,逃走的三名盗贼中,有一个年纪轻轻,左脸有一块铜钱大的黑痣。

关二当下又喜又悲,喜的是儿子终于有了下落,悲的是儿子竟然做了贼。杜老爷又道:"有人看见,那三个逃脱的人往平城方向去了。"

关二一下跳了起来:"杜老爷,我这就去追!"

杜老爷道:"也不急在这一时。"说罢拿出一包碎银,塞到关二手里,说这些银两就当是他的工钱。然后从桌上拿起一封信,叮嘱关二,待找到儿子回到家后,方可打开。接着又提笔另写了一封信,并告诉关二,他在平城有个姓卢的朋友,关二到了平城,可拿信去找他朋友帮忙。最后,杜老爷又备了一匹马,送给关二赶路。

关二感激不尽,趴在地上给杜老爷连磕三个响头,然后爬起来就走了。

三天后,关二骑马到了平城,然后按照信上的地址,找到了杜老爷那位姓卢的朋友。这卢老爷看了关二递上来的信,就对他说:"关老弟放心,杜兄交代的事情,我一定会尽力。"说罢安排他在府内住下。

第二日,卢老爷便亲自出去打听。到了晚上,卢老爷回来说,多日前,关二所找的人确实曾到过这里,但并没有犯案,而是径直又往介州方向去了。

关二一听,心中焦急万分,一夜合不上眼。第二天天一亮,他就要告辞前往介州。卢老爷让他莫急,说道:"我在介州有不少朋友,我也给你带封信,好让他们替你打听。"说着提笔写好一封信,交给关二。

两日后,关二到了介州,谁料仍是迟了一步。卢老爷的朋友很快打探来消息,说那三人已经逃往增县了。关二临走时,卢老爷的朋友又依法炮制,给他写了一封信带去增县。

就这样,关二依照儿子的行踪,自北往南,一路狂追,但结果都差了一步。一个多月后,他到了郁州,这里离关二的老家万州仅有一日半的路程了。

在来郁州之前,前面的人又给关二一封信,让他求助郁州的朋友。关二找到信的主人,那人只出去打探了半个时辰,就回来告诉他,那三个人前天曾在郁州出现过,但关二要找的那人昨天独自往万州方向走了。

关二一听,高兴得流下泪来:"苍天开眼啊!"他心想,难道儿子知道了自己的身世,不愿再做贼,与那伙人分道扬镳,自己回了家?他立刻动身回家。

第二日中午,关二就回到了家门口,一看,大门却紧闭着。他上前一推,口中大叫:"爹,娘,儿子回来了!"冲进屋内四处一看,不禁呆住了,非但儿子没回家,连父母都不见了。屋内挂满了蜘蛛网,灶台冷清,落了厚厚一层灰尘,显然好久没有人在此居住了。

关二呆了半晌,口里大叫着"爹娘",转身想出去找个邻居问问。跑到门口,刚好外面有个人进来,仔细一看,原来是他的二叔。

关二顿时泪流满面:"二叔,我是关二啊!"

二叔手中提着香烛祭品,听了这话,猛地一怔,接着一巴掌打了过来:"你还回来干什么?"

关二捂着脸,不解地瞪着二叔。二叔老泪纵横,颤巍巍地指着他骂:"你这个畜生!还有脸跑回来?你一走十年,把老父老母扔在家中忍饥挨饿,你老父去年病死在田头,还是乡亲们给他凑了副棺材……"

关二"啊"地叫了一声,心中悔恨不已。此时他才想到,自己离开家的时候,父母尚能下地种田,谁知自己一走十年,老父去年已过七十岁了呀。

关二哽咽着问二叔:"那、我母亲呢?"二叔长叹一声:"她见你久久不归,早在五年之前,就一个人跑出去找你了,直到现在,音讯全无啊,多半是死在外头啦!"

关二蹲到地上,掩面痛哭。二叔怒斥道:"关二,你走了十年,父母都死了,你还回来干什么?还不如死在外面算了!"说罢,踉踉跄跄地走了。

关二哭了半天,突然想起杜老爷给他的信,赶紧摸出来拆开,只见上面写道:父母在,不远游。关兄弟,好生在家侍奉双亲吧……

只看了两句,关二已经明白了杜老爷的一片苦心,禁不住泪如泉涌。只过了一天,关二骑上马又离开了家乡。只是这一回,他却是要去寻找自己的母亲了。

关键词:孝道

> 一家公司,小小科长竟敢违抗总经理的指令,这是为什么呢?难道总经理说话不算数?

谁说了算

陈志荣

刘帅今年读高二,想趁暑假打工挣点钱,他约了一帮同学到劳务中介报了名,每人交了一百五十元介绍费。过了两天,劳务中介就包了辆客车,把他们送到了市郊的光电元件公司。

公司人力资源科李科长点了下人数,是二十五人。他皱了下眉头,公司只招二十人,怎么多了五个,想找中介,那人早跑得没影了。李科长只得挑了二十人,让车间主任领去上岗,余下的人就不管了。

刘帅正好去了趟洗手间,等他出来,招工已结束,被录用的人都走了。

挑剩的四位,都说交了钱,他们推刘帅为代表,去向李科长求情。五个人来到人力资源科,好话说尽,李科长就是不松口,说是上头定下的,他没有这个权力随意增加名额。也真是初生牛犊不怕虎,几个学生决定去找总经理。

进了总经理办公室,见老板桌后面坐着一位上了年纪的老人,正在聚精会神地看一些报表。看见他们,老人连忙站起来,亲自泡茶,还一杯杯地端到他们手里,然后又拿出名片,一张张递了过去。

刘帅看了名片才知道,老人叫张中树,是光电元件公司的总经理。

于是刘帅就把招暑假工这件事情说了。张中树听得很仔细,最后爽快地答应道:"都留下,我们需要新鲜血液!"说完马上撕下一张信笺,"刷刷刷"几下,写了"请人力资源科立即安排"几个字,然后签名写上日期,让刘刚他们直接去找人力资源科李科长。

正是阎王好见,小鬼难弄。总经理一句话就解决问题了,刘帅他们喜滋滋地又来到人力资源科,递上总经理的条子。这下,他们腰板也硬了,不再是低声下气求情了。

可是,李科长看了一下条子,脸上露出复杂的神色,轻轻地嘀咕了一句,然后把条子退还给刘帅,说:"我早就和你们说过了,岗位已满,无法安排,还是趁早到别的公司去看看吧。"说完,摆出一副送客的样子。

刘帅迷惑了,怎么一个科长竟敢违抗总经理的指示,难道总经理说话不算数?这是不可能的事。他忽然想起有次爸爸无意中说到,现在领导的批条都是大有玄机的,有些事因自己不好当面回绝,总是让下属去唱黑脸。哪些要马上办的,哪些可以推迟甚至不办的,都在条子上做暗号。可一想,又觉得不合常规,对自己这些无名之辈,总经理并不需要讲面子,假如真的不行,完全可以明说啊。刘帅的倔脾气上来了,转身又去了总经理室。

张中树一听他的条子不管用,马上从座位上站了起来,气呼呼地说:"走,我和你们去!"

他们一起到了人力资源科,李科长看到张中树来了,慌忙站起来解释:"张总,岗位已经满了,实在无法安排。真的。"

一个小小的科长竟敢公开违抗自己的决定,张中树怎么受得了,他"呼哧呼哧"地喘着粗气,忽然向一边倒去。刘帅眼快,连忙把他扶住。大家赶紧把老人扶到轿车上,飞快地送到医院。

经过一番抢救，张中树终于苏醒过来。见总经理为工作安排事气出病来，刘帅他们好不内疚，不想再为难总经理了，就说："总经理，您不要再费心了，我们到另外的公司去看看。您好好养病。"

可是张中树态度很坚决，一定要他们明天再来，他在办公室等着。既然总经理这样说了，刘帅他们只好答应下来。

第二天，刘帅他们一进公司，李科长就对他们说，工作已经安排好了，并已向总经理汇报过，要他们别再去找张总了，还收下了张中树写的那张条子。

其实，李科长还是在应付，这天公司要发货，正好让他们临时做搬运工。

张中树是个负责任的人，他下来视察，见刘帅他们在做搬运工，马上来到人力资源科的门口，大声喊："李科长，你出来！"

李科长很听话，马上跟着来到装车的地方。张中树指着刘帅他们说："这些学生还小，你怎么安排他们做搬运工。阳奉阴违，我说的话不算数？"

李科长见张中树发脾气了，连忙说："总经理，岗位是一个萝卜一个坑的，我也是没有办法啊。"

就在这时，一辆高档轿车开进了公司，车上走下一位精神饱满的中年人。李科长一见，像是见到了救星，大声喊道："张总，您可回来了！"说着快步走了过去。

这下，刘帅他们呆住了，从李科长的言谈举止看，刚来的中年人应该是真正的总经理。难道张中树是副总？可是，昨天他发的名片上写着总经理，而且坐在总经理的位子上。

李科长把招暑假工的事向那位中年人汇报了，还把张中树的条子交给了中年人。

见刘帅他们一脸惊愕，李科长避开张中树的眼光，指了指那位中年人,悄悄地说:"这位才是真正的张总经理。这几天,他在省城参加一个项目洽谈会,刚刚回来。"

张总经理示意他要和老人说话,让李科长暂时把人带走。

李科长把刘帅他们带到会议室,这才说出事情真相。原来,那位张中树是这家公司的创始人,也就是现任总经理张旭东的父亲。五年前,老人患了轻度的老年痴呆症,让儿子接了班。张中树退下来后,病情加重,脑子糊涂时,出门常常迷路而走失,被人送到派出所。后来张旭东就给父亲做了一张信息卡带在身边,上面有家里的电话号码。可是张中树脑子清楚时,就把信息卡撕破抛掉,愤怒地说:"我是总经理,带这个干什么?"

后来张旭东发现,父亲非常喜欢原来总经理的位子,坐上去精神也会显得好转。就突发奇想,把那张信息卡改成了名片,在他的名字后面加了"总经理"的头衔,还安排他每天上午在总经理的位子上坐坐,老人坐在位子上经常还发号施令,不过大家都没把他当回事,只是敬而远之罢了。

刘帅他们知道了事情真相,也不好再强求什么了。离开之前,他们来到张中树面前,说:"张爷爷,尽管不能在你们公司做暑假工,但我们还是十分感谢您的。张爷爷再见!"

张中树像一头固执的犟牛,他大吼一声:"我说的话算数,把他们留下。"还跑上前去,拦住刘帅,说什么也不让他们离去。

这时,张旭东发话了,他对身边的李科长说:"让他们留下。不管怎样,你都得腾出岗位,立即安排他们上岗。"

李科长吃惊地说:"张总,这完全是劳务中介的事,和我们没有一点关系。如果把他们留下,公司要多支出劳务费好几万元,损失不小呢。"

张旭东干脆利落地说:"做人要讲诚信,是我让父亲坐在总经理位子上的,他说的话代表我,也代表公司,既然他答应的事,我们怎能出尔反尔呢。再说,只要老人开心,我损失这点钱又算得了什么呢?"

这下,李科长没有什么话好说了,只得小跑过去,对刘刚他们说:"张总答应你们留下了,快跟我去车间吧。"

张中树一听,大喜过望,对着李科长说:"年轻人,以后长点记性,我说的话还是算数的。"

李科长只得点头哈腰地说:"张总,我今后一定按您的吩咐办。"说着,带领着刘帅他们,向车间走去。

关键词：孝道

> 有时候，子女会嫌弃父母烦人，因为他们总是关注一些鸡毛蒜皮的小事。可正是这些生活的点滴中，透露着父母真诚无私的爱。

烦人的妈妈

刘 超

十八岁那年，我考上了北方一所大学。平生头一回离开父母生活，感觉真有点妙不可言，就好像出了笼子的小鸟一样，对那只笼子简直有点深恶痛绝了。

一眨眼就到了寒假，好多同学都选择了留校过春节，我也决定尝试一下在外过年的滋味。父母知道后，开头极力劝我回家，可后来在我的坚持下，也只好同意了。在这之后，母亲就一天打三个电话过来，嘘寒问暖，叮嘱这叮嘱那的，让我不胜其烦。

腊月二十八的晚上，我和一帮同学凑钱下馆子，每个人都喝得酩酊大醉，半夜才回宿舍。第二天上午，我还在呼呼大睡，突然被手机来电惊醒了。半眯着眼拿起来一瞧，不禁有点恼火，又是母亲打来的。

母亲可不管我乐不乐意，又啰啰唆唆地把过去几天说的话重复了一遍。我呢，一直哦哦哦地应付着，其实根本不知道她在说啥。

母亲唠叨了一会儿，忽然问道："小超啊，你现在有多重啊，胖了吧？"

"嗯。"我随口说，"胖了胖了。"

"真的吗？"母亲十分高兴，"胖了几斤啊？"

我有点不耐烦地说："反正就是胖了！"可母亲不依不饶："胖了几斤呢？快跟妈妈说说。"

我真有点哭笑不得，我又不是小孩子了，胖几斤瘦几斤，那有什么值得大惊小怪的？再说了，整整一个学期，我根本就没去称过体重，谁知道重了几斤啊！

可母亲依旧兴致盎然地继续问道："有五斤吗？还是三斤？"

我打了个哈欠："不知道，妈，你就放心吧，反正你儿子没掉肉。"母亲听出我的不耐烦，愣了愣，还是不死心，又扯到了身高上："那……长高了吗？"

"高了高了！"我感觉睡意全被打断了，声音也随之高了起来，"长高了！"

母亲显然被我呛了一口，过了一会儿才小心翼翼地问："长高了多少？"

我实在忍无可忍了，一下坐了起来，大声说道："没量过！妈，你烦不烦啊？我又不是小孩子，你这么问也不怕人家笑话！我要睡觉了，以后没什么事，拜托你少给我打电话！"说罢，我气呼呼地关了手机，往枕头底下一塞，倒头又睡。

等我起床时，已经是下午了。我想起早上和母亲的通话，隐隐觉得有些不安，于是赶紧打开了手机。可是一直到晚上，母亲也没有再打电话来。虽然有些后悔，但我还是十分高兴，被我这么一警告，母亲果然收敛了不少。

第二天一早，母亲没有像过去几天那样打来电话。到了中午，父亲却突然打来电话，口气十分严厉："你昨天怎么那样跟你妈说话?"

我也来了情绪,大声说:"爸,你不知道她有多烦人,我说我胖了,长高了,她还要问我胖了几斤几两,长了几厘米几毫米。爸,换成是你,你怎么办?"

父亲大吼一声:"换成是我,就马上跑上街去称一称,量一量!"

我一下子怔住了。父亲喘着粗气说:"我不听你的解释,你最好今天就去把自己量一下,然后告诉你妈,还要道个歉。"

我一听,真的被激怒了,说了句:"我不量!"说完,气呼呼地关了手机。

过了一晚,就到除夕了,我直到下午才重新开机。看着电视里浓浓的年味,我突然感到一阵心酸。想起父母,我感觉自己真的做得太过分了,于是立刻往家里打了个电话。

电话是母亲接的,让我没想到的是,母亲似乎并没有受那天不愉快的通话影响,还是像过去那样,婆婆妈妈地说着话。打完电话,我轻松了不少。

过完年,我的学习生活恢复了正常。母亲的电话依然频繁,但她再也没有问过我胖了瘦了之类的话了。我心里一直有点内疚,真盼着她再问我重了几斤,我一定马上跑出去称一下。可学业一忙,又把这事给忘了。

很快到了暑假,我兴冲冲地回到阔别一年之久的家中,父母自然兴高采烈。我很想就那次不愉快的电话事件向母亲道歉,但就是开不了口。

当天晚上,我正要睡下,父亲忽然敲门进来,手里拿着一个账本。他把本子递给我,说:"你妈这个人,一出来工作就是干会计。你也知道,做这行的人都有个活儿,到年底的时候弄个报表,做个总结。"

我愣愣地看着父亲，不明白他在说什么。父亲意味深长地说道："你好好看看，这是你妈的家庭总结。"说罢转身出去了。

我疑惑地打开本子一看，不禁笑了。这的确是一本关于家庭的年终总结，自打和父亲结婚的时候，母亲就开始记录了：家庭收入与支出、添置家具和衣服、工作、出差、旅游……每一项都写得明明白白。

翻到第五页，我的目光一下定格了。这一页记录的条目里，有一项竟然是"养儿子"。我是父母结婚第五年出生的，母亲在这页里详细记录了我出生时的情况。

我急迫地翻到下一页，找到"养儿子"这一项，只见上面记录着：一岁八个月零七天，体重二十二斤，比去年年底净增八斤，会走路、叫妈妈了……

我有些啼笑皆非，母亲居然把我当成了一个项目来管理。我饶有兴趣地一页页翻下去，当翻到最后一页，看到我的那一项时，突然鼻子有点酸酸的。母亲的记录是这样的：第一次在外面过年。胖了高了。比去年重了?斤，高了?厘米。

第二天一早，我就跑上街认真称了体重，量了身高，然后写下来，交给了母亲："妈，这是我去年的数据。"

母亲愣了愣，接着笑了："我还得再补充一条，长大了，懂事了！"

关键词：孝道

> 一个做父亲的，让自己的孩子在安全和温暖中成长，是他的应尽之责。

失踪的疤痕

杜 辉

父子关系

有一对小情侣，男的叫阿诚，女的叫刘妍，两人交往了一段时间后，刘妍提出想见见未来公公。她知道，阿诚出生没多久，母亲就不幸过世了，正因为阿诚这种身世，刘妍对这位既当爹又当娘的未来公公，打心眼里充满了敬佩之情。

这天，刘妍特意买了一堆礼物，和阿诚会合后，两人准备打一辆出租车去阿诚家，说来也巧，在不远处，恰好停着一辆出租车，大概是看出他们有打车的意思，没等他们招手示意，出租车便主动开过来。

司机看上去年岁不小了，头发已经花白，腰身有些佝偻，也不像一般的出租车司机那样健谈，只是全神贯注地开着车。

奇怪的是，阿诚也变成了闷葫芦，一路上始终沉默不语，不知在想什么，刘妍捅了捅他说道："马上要见到你爸了，我还真有点紧张，你爸有什么喜好，有什么忌讳，都跟我说说，免得我到时候说错了话……"

阿诚脸色有些不自然,他冲着司机的后背努努嘴,似乎不愿当着一个外人的面谈这些。刘妍心想,这家伙一向大大咧咧的,今天怎么像换了一个人?

阿诚掏出钥匙打开门,刘妍进门后才发现家里根本没人,没等她坐下,房门又开了,那位出租车司机走了进来,冲着刘妍笑了笑说:"你快坐啊,不要拘束,我刚才去停车了,没顾上招呼你。"

刘妍顿时呆住了,这时阿诚才给他们做了相互介绍,原来这位司机就是他的父亲。

刘妍好不尴尬,同时在心里埋怨阿诚:哪有你这么办事的?为什么不早点跟自己说?但刘妍很快发现,问题并不是出在阿诚的办事方式上,而是出在他们的父子关系上,阿诚对父亲明显有一种抵触情绪,能不跟他说话就尽量不说,一顿饭吃下来,气氛极其沉闷。

从阿诚家出来后,刘妍沉着脸对阿诚说:"以前我一直以为,你是个知书达理的男人,现在才发现自己看错人了,百善孝为先,对养大你的父亲,你都是那种态度,我又怎么敢把终身托付给你呢?"

阿诚沉默了一下,苦笑道:"你根本就不了解情况,他从来没尽过一个父亲的责任,我也不是他养大的!"

刘妍一听愣住了,只听阿诚继续说道:"他因为贪污公款,坐了十几年牢,这些年我一直跟着叔叔婶婶生活,那种寄人篱下的酸楚和无奈,没有亲身经历过的人是体会不到的,而他带给我的耻辱,更是我摆脱不了的烙印,没有同学愿意跟我玩,因为他们的父母不让,也许在他们看来,一个罪犯的孩子,天生就携带着不良基因。"

刘妍不知该怎样劝慰阿诚,过了一会才轻声说道:"不管怎么说,他都是你的父亲,人都有做错事的时候,他已经为自己的行为受到惩罚,你作为他的至亲骨肉,又何必对他的过往揪住不放呢?"

阿诚再次沉默了,他缓缓吐出一句话:"我一直怀疑,怀疑他根本不是我的亲生父亲!"

疑云重重

一听这话,刘妍惊得眼睛都瞪圆了:"阿诚,这种话可不能乱说,你有什么根据?"

阿诚叹了口气:"这种事哪能凭空猜测?现在回想起来,我是从幼儿园那个阶段开始记事的,但我最初记忆中的那个父亲,跟现在这一个,根本对不上号!"

刘妍连连摇头:"那个年龄段的小孩子,就算有一些记忆,也是很模糊的,哪能作为成年后的对照依据?"

阿诚面色凝重:"也许我确实无法在记忆中还原父亲当时的容貌,但他脸上有一个特征,已经刻入了我的记忆深处,是怎么也磨灭不了的。他额头上有一道伤疤,又深又长的伤疤,歪歪扭扭的,特别难看,我隐隐约约记得,有一天他来幼儿园接我,有个小女孩指着他对我说:你爸爸脸上有一条蜈蚣!"

刘妍听得一惊,阿诚将目光转向她:"我父亲你也见到了,他额上哪有什么伤疤?连一条印痕都没有,你要知道,一个成年人,那样的伤疤,是不可能再长好的。"

刘妍问道:"除此之外,你怀疑他还有别的根据吗?"

阿诚毫不犹豫地说:"当然有,我怀疑自己曾经被拐卖过,那时我应该又大了一点,记忆也深了一些,我记得自己被关在一辆面包车里,车开了不知多久,从白天开到黑夜,把我带到了一个陌生的地方,见到了一堆陌生的面孔……"

刘妍倒吸一口凉气,到了现在,她已经开始倾向于相信阿诚的判断,只听阿诚的声音渐渐低沉下去:"从那以后,在我印象里,那个带着宠溺微笑的、脸上有疤的男人,就再也没有出现过!也许我不能百分之百地确定,他就是我的亲生父亲,但在我内心深处,总有种感觉,他才是我在这世上最亲的人!"

刘妍心疼地拍了拍阿诚,阿诚平复了一下情绪后说:"我不知道现在的父亲收养我,出于什么目的,但他不该把自己膝下有子的幸福,建立在别人骨肉相离的痛苦上,况且他连一个养父的责任也没有尽到,收养我没多久他就入狱服刑了。刘妍,你现在什么都知道了,还会责怪我对他的那种态度吗?"

刘妍无言以对,轻轻叹了口气。

刘妍和男友商量之后,决定由她代为出面,向阿诚父亲把话挑明,求证真相,其实阿诚早就想这么做了,但他一直缺乏勇气,尽管在表面上他对父亲态度生硬,但并非没有一点感情。

惊天真相

这天一大早,刘妍就等在阿诚家小区外面,看到他的父亲开着出租车出来后,她赶紧摆手招呼,出租车在她身边停下,阿诚父亲探出头来,有些意外地问:"刘妍,你怎么在这儿?是来找阿诚的吗?"

刘妍直接上车坐到副驾位置,冲着阿诚父亲微微一笑:"不,我是来找您的。"

出租车漫无目的地兜着圈子,但刘妍一点都不兜圈子,直截了当地讲明了来意,一边说一边观察着阿诚父亲的表情,是羞恼还是愧疚。

但情况出乎刘妍的意料,阿诚父亲一副难以置信的表情,接下来露出释然的微笑,他说:"我一直以为阿诚对我那种态度,是嫌我那些年没尽到父亲的责任,怪我坐牢给他脸上抹了黑,没想到……这孩子,都想到哪儿去了……"

这下轮到刘妍吃惊了:"这么说,阿诚的判断是错的?那道伤疤又是怎么回事?"

阿诚父亲目视前方,缓缓说道:"阿诚没有记错,只是他当时年纪太小了,还没法形成完整的记忆,只记住了一些片段,正是这种片面的记忆,对他产生了误导。"

顿了顿,阿诚父亲开始了他的讲述:"阿诚小时候很淘气,有一次不小心摔了一跤,额头上磕了个大口子,去医院缝了十几针,留下了一道很难看的伤疤。有一天,他很伤心地跑来问我,为什么幼儿园小朋友脸上都没大虫子,只有他脸上有,他是不是个怪物?我听了心里别提多难受了,后来我想出了一个办法,我找到一家文身店,让他们在我的额头上,文下了一条长长的伤疤,连文身师傅都觉得奇怪,他们什么图案都文过,但从来没有见过在脸上文伤疤的……"

原来是这样!刘妍只觉得心潮激荡,不知道该说什么好。

只听阿诚父亲说道:"也许这种方法很笨,但面对孩子的苦恼,我没有更好的办法,只能用这种方式让阿诚知道,他并不孤单,也不需要自卑,他更不是什么怪物,至少他的父亲,和他是一样的!"

刘妍回想着,在阿诚额头上,确实有一道疤痕,只是年深日久,疤痕已经不太明显了。至于阿诚父亲额头那条伤疤是什么时候去文身店洗掉的,这倒不算什么问题,但她心里还有一个疑问:"阿诚记得自己被拐卖过,这又是怎么回事?"

阿诚父亲叹道:"这孩子天生就多灾多难,从摔伤到被拐卖,其实只隔了一年时间,当时阿诚还不到五岁,他一个人在小区里玩,突然就不知所踪,孩子是我的天啊……"

忆及往事,阿诚父亲情绪有些失控,他把出租车靠边停下,从车上下来,点上一根烟,大口大口地吸着,呛得连连咳嗽,咳完对身后的刘妍说:"我没日没夜地找,整座城市都找遍了,也没能找到阿诚,我知道他肯定被拐卖到外地了,我发誓哪怕耗尽余生,哪怕找遍全国,也要把儿子找回来,但我面临一个难题,我手边没多少积蓄,而寻找儿子花销很大,要重金悬赏,要到处奔波……"

刘妍失声叫道:"我明白了,您之所以会贪污公款,是为了找回阿诚!"

阿诚父亲的脸颊微微颤抖,他眼神中流露出一种深沉的痛苦:"我当时是一个单位的负责人,受组织培养多年,要我渎职犯罪,向单位伸出脏手,比要了我的命都难受,但我没有别的选择,因为阿诚比我的命更重要!"

刘妍轻声说道:"也许您算不上合格的公职人员,但您无愧于父亲这个称号!"

阿诚父亲激动地说:"刘妍,谢谢你的理解,我丢了工作、失了人格,坐了十几年牢,但我从来没后悔过,因为我终于找到了阿诚,他被卖到了一个山村里,有个村民在外打工时,看到了我贴的悬赏启事,上面有阿诚的照片,他贪图赏金,联系上了我……"

两人重新回到出租车上,阿诚父亲做了最后的讲述:"我先给弟弟打去电话,将阿诚托付给他,然后找到警方,做了两件事,第一件是投案自首,第二件是请他们去救阿诚……在公安局的那个晚上,我睡了两年来最踏实的一觉……"

刘妍心中感慨,忍不住问道:"您为什么从来没对阿诚讲过这些?"

阿诚父亲说:"一个做父亲的,让自己的孩子在安全和温暖中成长,是他的应尽之责,我没能做到,已经很惭愧了,还有什么可多说的?只是我怎么也没想到,阴差阳错的,阿诚竟然会对我产生那种误会!"

刘妍抿嘴一笑:"叔叔,你把车停下,我现在就去找阿诚,把一切跟他解释清楚!"刘妍要亲口告诉阿诚:那位被你深深误解的老人,不但是你的亲生父亲,还是一位伟大的父亲!

关键词：孝道

> 父母对孩子爱吃什么了如指掌，可做孩子的是否知道父母爱吃什么？

一生爱吃什么

任 达

靠山村的林老汉，一生养了三个儿子和一个闺女，大儿子是局长，二儿子是乡长，三儿子是董事长，就一个闺女，也是一所学校的校长。

林老汉一辈子对几个儿女真是关怀备至，三儿一女平时最爱吃什么，他都了如指掌，比如说，老大爱吃马铃薯，老二爱吃花生米，老三爱吃西红柿，宝贝女儿爱吃细细长长的豆角。

就这样，马铃薯、花生米、西红柿和豆角，成了林老汉一辈子的追求。他开荒地，种上马铃薯；麦地的麦垄里，他套种上花生；田间地头，他就搭上西红柿架、豆角架。他起早摸黑，辛勤劳作，因为他知道这几样东西都是儿女最爱吃的。

今年春节的时候，几个儿女都回来了，陪着林老汉聊天，林老汉笑得前俯后仰，突然，他脖子一歪，背过气去，再也没有醒来。

几个儿女慌了神，他们号啕痛哭，老大说："行了，现在当务之急，就是赶快给咱爸把寿衣穿上，趁着身上还有股热气，胳膊腿还软和，好穿！"

寿衣早就准备好了,老二、老三赶快找来,含着热泪给林老汉穿上。紧接着,按照乡间的规矩,儿女们把林老汉的遗体停放在堂屋中央,扯上幛子,写上挽联,挂上遗像,贴上"奠"字,很快,灵堂就被布置得庄严、肃穆起来。接下来,按照当地风俗,几个儿女要给林老汉烧"倒头"纸,意思就是给林老汉烧些上路的钱,让他无忧无虑地上路,不受一点苦难。可要烧这"倒头"纸,先要给林老汉做一顿生前最爱吃的饭菜,让他吃得饱饱的,穿得暖暖的,钱装得多多的,精神抖擞地走上黄泉路。

老大问老二:"咱爸生前最爱吃什么饭菜?"这一问,可把老二给问倒了,他支支吾吾地说:"咱爸生前最爱吃什么,我平时可没有注意过呀,你问问老三!"老三脸一红:"我……我也没有注意过……"

大家都把目光投向了妹妹,心想妹妹经常给老爸做饭,她一定知道,可是妹妹拍碎了脑壳,就是想不起来,她也支支吾吾地说:"咱爸生前老是吃咱们剩下的,什么饭菜都吃,我……我也说不清。"

一句话,直说得他们又一次号啕痛哭,四个人跪在老爸的灵前,回忆起老爸生前对他们的好,专门吃他们剩下的饭菜,老爸如今要上黄泉路了,他们却连老爸平生最爱吃的饭菜是什么都不知道,自己还有什么脸面做老爸的儿女呢?他们越哭越惭愧,越哭越心痛,一个个直哭得头发昏,眼发黑。

老大见状,再一次流着眼泪说:"现在都别哭了,得赶快想个办法,把咱爸生前最爱吃的饭菜端上去,咱爸一定饿得不行了!"

还是老二脑子灵活,他哭着说:"东村的三婶或许会知道,当年她和咱爸还做了一段时间的夫妻呢!"

几个兄妹一合计,倒也是,当年,妈妈去世以后,老爸为了照顾好年幼的他们,就把三婶请到家里,为他们洗衣做饭。可是,他们几个不明事理的毛孩子,死活不认三婶这个娘。三婶做的饭,他们不吃,三婶洗的衣服,他们不穿,还骂三婶是个妖精,不存好心,企图分他们家里的财产。没办法,三婶只好含着泪又回到了东村,后来听说,三婶还时不时地给林老汉送些好吃的,经常偷偷地和他约会哩!

事不宜迟,现在最要紧的就是赶快去东村问三婶。于是,老大吩咐老二和老三,开上自己的车子,赶往东村三婶的家。

林老汉故世的消息很快传遍了靠山村,村民们都十分惊异和伤痛,纷纷拿着幛子、花圈和纸钱,向林老汉家的院子里涌来。

按照当地的风俗,前来吊唁的人,必须要等死者吃了最后一顿饭、拿了黄泉路上的纸钱后,才能来到灵前吊唁。可是,林老汉已经走了几个小时,还没吃到一口生前最爱吃的饭菜,于是,院子里说啥的都有,有的说:"老林生前种的马铃薯、花生、西红柿和豆角都喂了狗了,做儿女的,竟然连自己父亲生前最爱吃什么饭菜都不知道,真是令人心寒!"

老大望着院里前来吊唁的人群,听着他们的责骂,焦急地等待着老二、老三的询问结果。不多久,老二、老三垂头丧气地回来了,他们无奈地说,三婶早在一年前就去世了。老爸生前最爱吃什么饭菜,这个简单的问题,难住了他们几个干大事的"长",总不能让老爸胡乱吃一点就上路吧,兄妹几个想到这里,哭声又起。

这时,院子里一位老大爷开了口,他是林老汉生前的好友老张头,两人一块儿光着屁股长大,在一起待了一辈子,林老汉的心思、爱好,包括秘密,他都了然于胸。

老张头手拄拐棍,走到林老汉的灵前,抹着老泪,对跪着的四个兄妹说:"今天这个问题,非我来解释不成。"

四兄妹给老张头又是磕头,又是作揖,老大苦苦哀求说:"张伯伯,看在我父亲生前和您的交情上,您就告诉我们吧!"

老张头流着眼泪说:"你们一生爱吃什么,你们父亲就爱吃什么,马铃薯、花生米、西红柿、豆角,不过这一顿饭,你们绝不能让他再吃你们剩下的了!"

说完,老张头回过头,对着林老汉的遗像说:"老哥,你……你就吃一顿新鲜的饭菜吧,这一辈子你可就吃这一回啊!"

哀乐声起,四个儿女失声痛哭……

关键词:孝道

> 多孝敬父母吧,因为你所做的一切,你的孩子都看在眼里,记在心里……

一张卧铺票

无字仓颉

春运的火车票就是紧俏,这不,关玲让老公德广提前两个月就在网上抢,结果还是只抢到了一张卧铺,另外三张都是硬座。更糟的是,买到手的三张硬座只有两张位子挨着,一张还隔好远,没有比这更坏的结果了。最大的问题是,夫妻两人,加上孩子和他爷爷,四口人只有一张卧铺,怎么安排呢?从这里到老家,将近一千五百公里,二十多个小时路程,夫妻两人还能将就,一老一少呢?

这张卧铺谁来坐?一家人商量来商量去,都没个结果,最后儿子小亮出了个主意:抓阄。座不论好坏,人不分长幼,谁抓到啥坐啥。

这主意一提出,三人都愣了。关玲倒赞成这个主意,她想万一自己抓到卧铺,就让给儿子坐,儿子年纪小,硬座扛不住。德广也没反对,他知道儿子爱闹腾,就陪他玩一回,大不了自己抓着卧铺让给爸,爸年纪大了。对孙子的歪主意,爷爷也很感兴趣,本来他就不稀罕什么卧铺,坐哪儿都无所谓。

一会儿,小亮神秘地拿出四个纸团,仨人伸手上前,一起打开,结果全是"硬座"。

小亮笑了:"看来还是我运气好啊!"说着,他亲了亲手里的纸团。

这个结果,或许是大家都满意的,只有德广稍稍有些不甘,本想替爸抓卧铺的,面对这个结果,也只得认了。关玲本来很高兴儿子抓了卧铺,转而又担心起来:孩子一个人在卧铺车厢,没人照顾,能行吗?想到这儿,也不那么开心了,可又没别的办法。

转眼到了年关,出发这天,一家人大包小包赶到火车站。进站等了一个小时,开始检票,准备上车了。小亮的卧铺在2车,三个硬座在16车,几乎车头车尾。上车时,关玲不放心,非要跟着儿子去2车,被德广劝住了。

两个挨着的座位夫妻俩坐,隔得远的座位爸坐。关玲人虽在16车,心早已跟随儿子去了2车。为方便联系,关玲的手机让小亮拿着,所以一落座,关玲就要过德广的手机打电话。电话里小亮的声音刚一响起,关玲眼睛就红了,带着哭腔问儿子情况,铺找到没?包放好没?——落实后,情绪才好些。德广暗暗笑老婆的迂,不过也有点担心儿子,毕竟是头一回这样。关玲在电话里嘱咐儿子上QQ,以便随时联络,然后挂了电话。

发车时间是下午四点半,车开了没多久,天色就暗下来了。天一黑,关玲又开始揪心,怕儿子打盹儿睡着了着凉,儿子只要QQ里晚回复一会儿,她就坐立不安。德广看不过去,宽慰老婆说:"儿子都快上高中了,会照顾自己了,我像他那么大时早就一个人走南闯北了。"关玲白他一眼,说:"那时候没这么乱,知道吗?"

列车运行了一个多小时,很快到了晚饭时间。关玲在QQ上跟儿子约好:一起去餐车吃饭。要搁往常坐火车,一人一碗泡面拉倒,这次不一样,关玲想当面问问儿子的情况。听老婆说去餐车吃饭,德广笑她烧包,后来听关玲把想法一说,觉得还是老婆想得周全。

两人叫上了爸,一块儿到了餐车,小亮早等在那里了。祖孙四个破例要了几个菜,一边吃,一边说着车上的事。吃完饭,各自准备回去,小亮叫住了爷爷,从口袋里掏出一副磁铁象棋,要和爷爷下棋。关玲见此情景,只好嘱咐儿子少玩一会儿,赶快回去。

火车"哐当哐当"地行进着,关玲歪着身子靠在老公身上,迷迷糊糊睡去……

不知过了多久,关玲从梦中醒来,一看表,都夜里十一点多了,儿子这会儿该睡了吧?没人管他,不会蹬被子吧?她掏出手机,试着点了一下儿子的QQ,发出一条信息:"儿子,睡了吗?"小亮的头像动起来:"睡了。"关玲哭笑不得:"睡了还能说话?又在玩游戏吧?快睡!对了,记住别蹬被子啊!"小亮发过来个吐舌头的表情:"额娘,得令!"说完,他的头像暗了。

关玲闷坐了一会儿,德广从包里掏出条毯子给老婆盖上,这下好多了,关玲幸福地倚在老公身上进入了梦乡。中间经过几次醒了再睡、睡了再醒的折磨,终于熬到了天蒙蒙亮。

关玲揉着惺忪的睡眼看了看手机,早上五点了。这一夜那个难受啊,好歹总算过来了,再熬上七八个小时就到家了。

将近七点的时候,列车员推着小车卖饭了,关玲点开小亮的QQ:"醒了吗,儿子?"

小亮立刻回复过来,说他早醒了,还说早饭就吃方便面了,不去餐车了,让关玲别费心。

关玲推推还迷糊着的德广,递给他一桶方便面,又拿了一桶,准备给爸。走到爸的座位旁,却没见人。关玲问邻座的人,邻座说:"刚拿着桶方便面,应该接水去了吧。"关玲想起爸包里也带着泡面,就由他自己吃吧。

关玲和德广吃完早饭,天也大亮了。火车到站时间是中午一点,到站前一个小时,关玲就在QQ上叮嘱小亮:"别忘了东西,最重要的是别忘了下车,忘了就一个人到云南旅游吧!"小亮还开玩笑地回道:"真想忘了呢!"

车到站了,关玲和德广拎着早已取下的行李往外走,路过爸的座位时,座位已空了,想必爸已经走了,德广有些生气:爸真是老糊涂了,只顾自己走,招呼一声啊!

下了车,德广的眼睛四处踅摸,哪有爸的影子?他急了,怕爸没下车,准备再上车去找,却听列车"哐当"一声,启动了!德广的心快跳出来了,回老家一趟还把爸给丢了?

正在着急,忽见前方过来两个身影——爸和小亮!他俩怎会在一起?德广不禁糊涂了,关玲也纳闷起来。

等两人走近,德广、关玲忍不住急着问怎么回事,老爷子看着他俩说:"别怪孩子,他是心疼我这老头子。"

德广、关玲更糊涂了:"什么?"

老爷子这才道出缘由——

原来,从昨晚餐车吃饭后,小亮就和爷爷换了座——他坐硬座,爷爷去了卧铺车厢。和爷爷下棋是假,找时间换位是真。来吃饭时,他专门把卧铺牌带在了身上,作为通行证交给爷爷——没这个是进不了卧铺车厢的。

听到这里,关玲心疼起来:"孩子,你硬生生坐了一晚上硬座,不难受啊?"

小亮一笑,说:"我都十五岁了,是大人了。爷爷年纪大了,坐一晚上硬座会受不了的。"

关玲想起了什么,问:"今天早上吃饭时我怎么没看见你?"

小亮说:"我怕你来叫爷爷吃饭看到我,所以跑到车厢另一头接水去了。"

关玲又问:"下车时你人呢?"

小亮笑眯眯地说:"我提前到门口等着了,我怕爷爷忘了下车,所以赶快下车跑到那边车厢,好提醒列车员叫他。当然,这种可能性很小,列车员都提前叫人的。"

德广一直沉默着,这会儿说话了:"你小子,是不是早就设计好了偷桃换李啊?那抓阄时,万一别人抓到卧铺呢?"

小亮"嘿嘿"一笑:"那四个纸团我都写的硬座。"是的,唯有四个纸团都写硬座,小亮才有可能让其他三人以为他抓的是"卧铺",也只有这样,才能和爷爷换座。

德广这才如梦初醒,这时,小亮冒出了一句话:"其实,我这条掉包计是有漏洞的。"

德广问:"怎么讲?"

小亮说:"你们如果时常去爷爷那边看看,关心关心,就会马上发现被掉了包,可是……"

听到这里,德广和关玲红着脸,半天说不出话来……

关键词：孝道

> 柳大宝的儿子要参加作文比赛，写父亲的故事，可是写不出感人的故事怎么办？柳大宝想着，那就给儿子整一个故事出来吧！

父亲的故事

魏 炜

这天，油漆匠柳大宝干完一天的活，疲惫不堪地刚回到家，就听到儿子柳晓晓的欢快叫声："爸，快给我一百块钱，我要参加作文比赛，前十名奖电脑呢！"

柳大宝一下瞪大了眼："啥？报个名要一百块钱？"他赶紧跟儿子打听比赛的情况。原来这是市级的小学生征文比赛，比赛前十名的奖品是电脑。

柳大宝不禁又喜又忧。喜的是，如果儿子真得了奖，就能得到他梦寐以求的电脑了；忧的是，这一百块差不多是他们父子俩半个月的伙食费，万一得不到，这一百块不就打了水漂？

柳大宝左思右想，还是从口袋里掏出几张皱巴巴的票子，数了数，塞进儿子手里，然后叮嘱儿子一定要好好比赛。柳晓晓笑嘻嘻地答应了。

从那天开始，柳大宝就盼着儿子比赛了。这天晚上，柳大宝回到家，儿子无精打采地递过一张参赛通知。柳大宝一看，重重地叹了口气。这次比赛的题目是《我的父亲》，要求内容真实感人，还有一点特别说明：大赛组委会将对作文的内容进行核实，如果发现是虚假的，将取消参赛资格。柳晓晓抬头看着柳大宝，问："爸，你有啥感人的故事？"

这一问，可把柳大宝给问住了。柳大宝不过是一个油漆匠，每天从早到晚地忙乎，挣着很少的一份工钱，其中的大半要寄回老家给父亲看病，剩下的一点勉强够他跟儿子生活。这样平平常常的一个人，哪来的感人故事？

柳晓晓嘟着嘴巴说："爸，你没有故事，我又不能生编，这作文怎么写呀？这个比赛，我还是不要参加了。"

柳大宝想了想，对儿子说："你先别着急，等着我给你整出故事来。"

从那天开始，柳大宝没事就上街转转，想找个机会做点好事，给自己整出一点故事来，好让儿子的作文有点内容。但他找了好多天，都没碰上做好事的机会。

眼看就要到比赛的截止日期了，柳大宝还没找到故事，柳晓晓彻底绝望了，再也不提比赛的事了。柳大宝急得像热锅上的蚂蚁，干脆跟工头请了两天假，满大街地晃着，可还是没找到故事，柳大宝也渐渐失望了。

就因为自己没有故事，竟耽误了儿子的比赛，耽误了儿子的前程，柳大宝觉得愧疚极了。这天，他特意翻出几张票子，赶到菜市场，买了一条鱼、一块肉和一瓶可乐，跑回家就烧起菜来。突然，"咔啦啦"一声惊雷，天空下起了瓢泼大雨。柳大宝想着儿子没带雨具，就穿着雨衣，夹着雨伞，到学校门口去接他。

柳大宝刚来到学校门口，就有一个中年男人跑到他跟前，亲热地对他说："老柳，你可让我找得好苦呀。"柳大宝仔细地打量着他，觉得有点面熟，但想不起来在哪里见过。中年男人往柳大宝怀里塞了一条好烟,笑嘻嘻地说:"想不起来了吧?我是你做活儿的那家楼上的。"

对方这一提醒,柳大宝才想起来,不久前,他到一家雇主家里干活儿,楼上有个邻居到雇主家来看过几次装修,好像姓赵。柳大宝把烟塞还给他,说:"赵先生,有话你就直说吧。"

赵先生说:"我有很重要的事要和你说。可这儿不是说话的地方,咱们还是到你家去说吧。"柳大宝迷惑了:他跟自己非亲非故的,能有什么重要的事?但他再三追问,赵先生还是不肯说。柳大宝见赵先生不像坏人,就答应了他。然后,柳大宝接上了柳晓晓,赵先生也接上了他的女儿菲菲,四人一起来到柳大宝的家。

柳大宝让柳晓晓和菲菲在房间里写作业,自己就跟赵先生在厨房里谈开了。赵先生拿出一篇菲菲的作文给他看,柳大宝一看,不由得大吃一惊。菲菲的作文题目就是《我的父亲》,也是参加比赛的,但她写的却不是老赵,而是柳大宝。特别是柳大宝的那个小秘密,竟被她写得活灵活现,看了以后先是心酸,然后就是感动了。

原来,柳大宝为了不让儿子自卑,总是想尽办法在他的同学面前给他挣体面。他每次去接儿子时,都要换上一身干净的衣服,还要换上一双新皮鞋,而他的皮鞋,是他用油漆刷出来的。有一次,菲菲跟着她父亲一起去看楼下那家的装修,正好看到柳大宝在刷皮鞋,好奇地问他在做什么,柳大宝随口就说了,想不到竟被她写进了作文里,还写得这么好。

柳大宝不禁夸赞菲菲眼力好,心思好,文笔好,写出来的作文这么有感情,一定能获奖。

赵先生却愁眉苦脸地说出了他的心事。菲菲这篇作文,他已经请几位资深语文老师给看过了,评价都不错,获奖应该没有问题,但现在涉及到一个问题:不真实。不真实的作文,是没有资格参加这次作文大赛的。他曾让菲菲重新写过,但效果都不如这一篇,现在他想到了解决这个问题的一个好办法,就是让柳大宝认下菲菲这个干女儿,这篇作文就能光明正大地去参加比赛了。

柳大宝愣住了。

赵先生忙说,柳大宝这个干爹,不会白当。他愿意出两千块钱,只当是女儿认下这个干爹的见面礼。柳大宝一听,只要他点个头就能拿到两千块,不觉动了心。那两千块,可是他累死累活干两个月才能挣得来呀。但他转念一想,又坚决地摇了摇头:"我不能答应你。"

赵先生一愣:"为什么?"

柳大宝说:"我那些故事,都给我儿子留着呢。要是都让你闺女写了,我儿子还写啥呀?"

赵先生想了想,就说:"那把你儿子的作文拿出来看看,有没有我家菲菲写得好?他要是比菲菲写得好,我就啥也不说了。他要是写不好,那不是白白浪费了吗?"

柳大宝张了张嘴巴,却说不出话来了。这么多天,儿子一直嫌他没故事,一个字也没有写啊。这时,柳晓晓忽然推门进来,他对赵先生说:"叔叔,你们两个人说的话,我都听到了。只要你答应我一个条件,我就让我爸认下菲菲这个干女儿。"

赵先生一愣,接着又笑了:"什么条件啊?你快说说。"

柳晓晓不紧不慢地说:"我们不要您的钱,只要您的故事。"

赵先生听了,慌忙摇了摇头:"我身上哪有故事啊?要是有,就让菲菲写了,何必让她认你爸当干爹呀?"

柳晓晓却倔强地摇了摇头:"我没从我爸爸身上找到故事,菲菲却找到了。我就想,或许我们更容易从陌生人那里找到故事。我就想看看能不能从您身上找到好故事。"说着,他就悉心地观察起赵先生来。忽然,他惊喜地叫起来,"叔叔,您额头上这个大包是怎么回事?"

赵先生摸了摸额头上那个青紫的大肿包,叹了一口气说,其实不光他们这样的外地人生活困难,城里人也都不容易呢。他家住的房子,是贷款买的,他为了尽早还上贷款,除了正常上班,还要做一份兼职,每天都要做到凌晨一点多钟。昨天夜里,他做得太累了,不知不觉竟睡着了,不小心磕到桌子上,磕出了这个大包。

突然,菲菲推门进来,凝视着父亲,眼圈儿一红,轻轻拉住了赵先生的胳膊:"爸爸,对不起。我不知道你晚上是去做兼职,还以为你是出去玩呢。我不认这个干爸了,我就写您——我的亲爸爸!"说着,她从柳大宝手里抢过那篇作文,撕了个粉碎,然后拉着父亲走了。

等赵先生和菲菲一走,柳大宝慌忙去捡那些碎纸屑。柳晓晓却拦住了他,柳大宝说:"这篇作文写得这么好,拿去参赛肯定没问题。"

柳晓晓摇摇头,说:"我一定要写一篇更好的作文,让更多的人看到我亲爱的爸爸。"

柳晓晓边说,边拿过柳大宝那双溅满泥水的皮鞋,认真地看着。他这才发现,爸爸那双皮鞋已经很旧了,也很破了,鞋上打着好几块补丁,还刷过了很多遍油漆,每一种油漆,都是爸爸精心调制的很自然的颜色……

关键词：孝道

> 贫穷有贫穷的活法，一个家庭，最重要的是互相体谅和爱，这样，无论什么难关，他们都能共同渡过。

状元宴

曲范杰

县城小西关有一户人家，父女二人。爸爸陈大冬四十来岁，普通工人，平生没什么爱好，就喜欢每天晚上喝二两酒，也不是什么好酒，散装老白干，一次买一大塑料壶，每晚二两，价值四毛钱。陈大冬原来是县纺织厂的炊事员，专门为领导"开小灶"，后来领导们爱到外面的酒店吃喝，小灶十天八天难得开一次伙，他就下岗了。

下岗了就断了经济来源，原先的一点积蓄得节省着用，每天的二两酒，也就免了。

女儿陈小红正读着高三的下半学期，是个挺用功的女孩。餐桌上的变化引起了陈小红的注意，爸爸多年的习惯，怎么说改就改了呢？她忍不住问道："爸爸怎么不喝酒了？"

陈大冬虽是老实人，但也知道下岗这么重大的事情不能让女儿知道，以免影响女儿的情绪。他停顿了一下，扯个谎道："最近爸爸的身体有些不舒服，医生不让喝酒。"

不料这话同样使女儿不安，相依为命的一对父女，女儿应该了解父亲的病情，陈小红便连声追问："爸爸得了什么病？"

陈大冬搪塞道："也不是什么大病，不让喝就不喝呗……吃饭吃饭。"

陈小红见爸爸躲躲闪闪的样子,也就不再穷追不舍,但是一团疑云却装在了心里,从此她就不像过去那样快乐,上学、放学,总显得心事重重。

女儿脸上的变化,自然也逃不过父亲的眼睛,这怎么成呢?女儿正面临高考前的最后冲刺,必须保持良好的心境,看来,为了女儿能顺利考上大学,这每天的二两酒还得喝!

很快,那个大塑料壶又装上了散装白酒,晚上的餐桌上又多了个熟悉的玻璃杯,陈小红忍不住问:"爸,怎么又开戒了?"

陈大冬道:"你长大了,爸爸的事也不再瞒你。早些时候,爸爸下岗了,下岗了还喝什么酒?最近,我又找到了工作,在郊区砖瓦厂打工,收入嘛,比在纺织厂还高一些,这就又喝上了。几十年的习惯,难改啰。"

陈小红脸上的愁云不见了,说:"只要爸爸天天有酒喝,就说明亚洲金融危机还没有波及到咱们家,那我在班上第一名的成绩就不会受影响!"

陈大冬高兴地点点头:"我要的就是这句话!"

日子像水一样流过去了,陈小红每天高高兴兴地上学读书,爸爸每天晚饭时喝二两酒,不知不觉,陈小红的高中学业结束了。考场上下来,陈小红自我感觉特别地好,又过了不久,考试成绩下来了,全省文科考分第一名,她被一个重点大学录取了。

下岗工人家出了个大学生,而且还是全省的文科状元,自然要庆贺一番。陈小红拿到了入学通知书,便亲自动手做了四样家常小菜,陈大冬拎出那个大塑料壶,兴高采烈地说:"我女儿中了头名状元,今晚我可要一醉方休了,哈哈!"说着,他"啾——啾——"连喝了两杯。

父女俩正乐着,屋门忽然被推开了,"哗"地一下,街坊邻居涌进来了,他们是自发前来祝贺的,送来了毛巾被、洗脸盆、热水瓶等生活用品。话还没有说上几句,纺织厂的领导也赶来了。这里有个传统,凡本单位的子女考上大学,单位领导必须"表示表示",以示对教育的重视,只见王厂长拿出五百元钱,塞到了陈大冬的手里。

这一刻,陈家父女一时感动得不知说什么好,还是陈小红先缓过劲来,她找出几个酒杯,一一斟满,说:"谢谢大家的关心,请每人干一杯吧!"

人们齐声响应:"这是状元酒,自然要喝!"

然而陈大冬却急忙站起来,手足无措地阻拦众人:"别、别喝呀……"

邻居大嫂说:"陈大叔,我们知道这是散酒,可在状元宴上喝散酒,就更有意义了!"

陈小红奇怪地看了爸爸一眼,今天爸爸怎么这样不近人情?别说人家还带了礼品,就是空手而来,也该敬一杯薄酒呀!她不顾爸爸的阻拦,率先举起了酒杯:"我爸爸他喝醉了,我先敬大家一杯!"说着,一饮而尽。

一杯酒下肚,陈小红不由大惊失色:"爸爸,怎么是凉开水?这半年——"

什么?众人都饮了一杯,可不就是凉开水!

陈大冬像个做错事的孩子,红着脸说:"小红,下岗后我虽然又找了份工作,但挣钱并不多,为了稳定你的情绪,我就以水代酒了……"

邻居大嫂的眼睛湿润了:"这里的状元宴,原来是以水代酒啊!"

陈大冬苦笑道:"其实,喝了半年凉开水,我早把酒戒掉了。"

王厂长满脸羞愧:"老陈,我对不住你,我们少在街上吃几顿饭,你也不至于下岗,状元宴也不致办成这个样子!"

　　陈小红用发誓一般的语气说:"爸,四年以后你再开戒吧,那时,我给你买最好的酒!"

　　陈大冬泪如雨下,他又连饮了两杯凉开水:"有这样争气的孩子,我的心早醉了!"

关键词:孝道

> 卢爱国希望儿子送给自己一份特别的生日礼物,可儿子竟然造假,这可气死老卢了!

特别的生日礼物

曹景建

这天,卢爱国给儿子卢卫军打电话,说自己的生日马上就要到了,他希望儿子能给他一个特别的礼物,又补充说,只要一张纸就行!

卢卫军当兵一年多,已被遴选进了集团军侦察营,成了一名后备狙击手。听了父亲的话,他低头想了想,恍然大悟。

打卢卫军记事起,家里正厅墙上就挂着一幅装裱起来的靶纸,正中心是密集的十个孔洞,发发十环,而且全都靠近靶心。当年,就是这张靶纸,让父亲赢得了整个步兵师射击比武的冠军。

如今父亲这么一说,卢卫军马上表示,一定要给老爸一幅满意的"画儿"。为了送给父亲这个礼物,卢卫军更加刻苦了,无论是吃饭还是睡觉,都在琢磨射击的要领和技巧,战友们都说他魔怔了!俗话说"不疯魔,不成活",卢卫军的射击成绩节节攀升,打出的成绩让别人望尘莫及。但是卢卫军每次去看自己打出的靶纸,都轻轻摇头、愁眉不展,他觉得自己再打也只能和父亲打个平手。

怎么才能让父亲眼前一亮呢?思来想去,他心里有了底儿!

父亲生日当天上午,儿子的"画作"如期而至。卢爱国兴冲冲地打开靶纸,刚一瞧,眉头就拧成了一个大疙瘩。他不相信自己的孩子能这样干,于是又重新把靶纸铺开,拿到门外,对着太阳翻来覆去地察看。

接着,卢爱国重重叹了口气,进屋把那张靶纸塞进了抽屉里。

中午,卢爱国的一帮老友都来了。同事老冯说:"卢哥,前几天你不是说儿子要送一张靶纸作生日礼物吗?拿出来让我们开开眼,看你这个神枪手的儿子是不是比他爹还强!"

卢爱国的脸涨得通红,他哪敢拿出来呀!到时候丢的不仅是自己的脸面,还有儿子的人品哩!于是,卢爱国摇摇头,支支吾吾地说:"儿子的那张靶纸寄倒是给我寄了,可能是邮路出问题了,到现在我还没有收到呢……"

既然没有收到,大家也就不问了,于是便划起拳、喝起酒来。

卢爱国刚把心放下,突然就听门外一声喊:"老卢啊,我的老排长,我来晚了!"

只见一个中等个头、身着大校军服的男子兴冲冲走进来。卢爱国赶紧站起身迎了上去:"说不让你来了,怎么还来?你公事要紧哪!"

大校摆摆手说:"公事是要紧,可我这不是办完了嘛。好不容易出差来你这里,又赶上我的老上级过生日,要是不来讨杯酒喝,也太不懂事了吧!"

卢爱国于是高兴地向大家介绍:"诸位,这位大校同志就是我当年的一个班长,叫高飞,现在出息了,我儿子就在他的部队当兵!"

高飞听卢爱国提到卫军,便接着说起来:"真是虎父无犬子,卫军在我们那里表现特别突出,尤其射击水准,我们整个集团军都没有几个敢跟他叫板的。这不,我们正准备派他去战区参加狙击手对抗赛呢!"

卢爱国悄悄地拉了一下高飞的衣角,小声说:"老哥们,你就别当着大家的面故意给我老脸上贴金了,吃完饭我还有话问你。来,来,先喝酒!"

饭后,送走了其他人,屋子里只剩下了卢爱国和高飞。卢爱国喝了口茶,对高飞说:"老高,啥也别说了,我想卫军这孩子不适合在侦察营,他有问题,你还让他去战区参加比赛,别把人丢战区去啦!"

高飞听了一惊,从沙发上挺起身来:"咋了,卢哥,此话怎讲?"

卢爱国拿出那张靶纸说:"你瞧瞧这上面的弹洞,虽然也是十个孔,差不多也都是十环,可这明显是造假的嘛!"高飞也凑近仔细观察起来。

卢爱国又拿出一把剪刀和一张白纸,狠狠地捅了一下,说:"你看,这捅出的洞和卫军靶纸上面的洞差不多吧。他小子想糊弄我!要知道子弹射到靶纸上就是圆圆的一个洞,怎么可能是这个样子!"说到这里,他喘着粗气,提高嗓门,"依我看,这臭小子是虚荣心作怪,幸亏我刚才没有拿出来让大伙儿看,否则我这老脸都丢尽了。你说,这样撒谎作假的孩子能是一个合格的兵吗?更别提能成为一个狙击手了!"

谁知高飞哈哈大笑起来,指了指墙上那张卢爱国的靶纸:"你这都是老古董了,现在还当宝贝似的供着呢!知道为啥卫军的靶纸是这个样子的吗?实话告诉你,你看卫军靶纸上一共是十个孔对吧,可他只用了五颗子弹!"

"五颗子弹,打出十个弹孔?"卢爱国瞪大眼睛问道。

高飞得意地说:"说出来你可能觉得不可思议,但这的确是我们的训练方法,很多特种部队都在推广呢。我们训练狙击手时,在靶纸前面立着一把锋利的匕首,要求子弹射中匕首,锋利的刀刃把子弹劈成两半,在靶纸上自然形成两个不规则的弹洞!而发发子弹不偏不倚射中匕首,子弹再被匕首劈开的绝技,卫军要得可谓是出神入化,无人可比!"

关键词:孝道

> 给母亲的礼物,或许是世界上最难买到的。

母亲的足浴

张开山

明天就是母亲的八十大寿了,张军暗下决心,一定要买个最好的礼物送给她老人家,让母亲也高兴高兴。

这事要搁在有钱人身上,一点也不难,可张军没钱哪,说来也是心酸,十年前,张军鼓动妻子和他一起辞职下海,谁知折腾了几年,不但没挣到钱,还把家里的积蓄赔了个精光。自此,他啥事儿也不干了,整日龟缩在家里喝闷酒,生闷气,可光喝酒生气又能顶啥用,一家人的吃喝找谁去?万般无奈之下,他把脸一耷拉,找到居委会的刘主任,申请吃上了"低保"。

张军的兄弟姐妹虽多,平时却是各忙各的,自己的事还顾不过来,谁还有闲心管他?只有张军的母亲,整日为他忧心忡忡,还不时接济他个三十、五十的。

母亲的恩要报,可有孝心架不住没现钱呀。张军在几家大商场里转悠了十多圈,也没能给母亲买到满意的礼物,好礼物太贵他买不起,次礼物又拿不出手。正在他转来转去,转得头皮发麻时,在一家大商场的门口,遇见了多年不见的老同学。

老同学一见面非要请张军吃饭,吃完饭又拉他去足疗中心洗脚。足足一个半小时的泡脚、洗脚,再加上小姐的那么一搓一揉,让张军舒服得差点没晕死过去。他大开眼界,头一次知道世间还有这样的享受方式,心里也不由得一亮,对,何不请母亲也来享受一次?

第二天,张军连哄带骗,把母亲带到了足疗中心,可母亲一听要洗脚,说什么也不肯进门:"花钱让外人给我洗脚?你疯了吗?"说完就要往回走。张军拽住她,说尽了好话,母亲还是不依。张军很委屈,眼泪就在眼眶里打转了,说:"妈,今天是您老的八十大寿,我没钱给您买高档的服装,也没钱为您办一桌丰盛的酒席,我就这么一点点的心意,您还能不满足我吗?好歹我也是您的儿子呀!"

看到张军难过,母亲心软了,就答应了他,说:"咱可就这一回呀!"

足疗中心的小姐倒上滚烫的热水,母亲的一双脚在药液里慢慢地变红了,她幸福地闭上了眼睛,随着小姐一次一次往盆里加入开水,母亲的脸上越发地安详了。

回到家,母亲高兴地对张军说:"军儿呀,妈这一生还是头一次享受这样的待遇呀!"说完,从兜里拿出六十元钱来,递给他说:"你出去时我问过小姐了,在那里洗一次脚是六十元,你有这份孝心妈妈就知足了,现在你不太富裕,这钱你收下吧。"张军怎肯收钱,母亲坚持说:"拿着,今儿是我的生日,你别让我生气好吗?"老太太把话说到这份上了,张军也不好再说什么,把钱收了下来。

母亲自从洗了足浴,逢人便夸张军是个孝子,夸得张军心里美滋滋的,别提多高兴了。过了一周,母亲打电话将他叫进家门,说:"那次足浴洗得太舒服了,我还想洗一次,这回咱们不花钱,我已经烧开了水,你在家里给我洗吧!"

什么?张军惊得半天说不出话来,眼睛睁得大大的,傻了。母亲一拉脸,说:"我是你妈,你小时候我不但给你洗脚洗屁股,还得给你接屎接尿。现在我老了,让你为我洗一次脚,就把你吓成这个样子?"

张军忙解释说:"妈,不是我不肯给您洗脚,只是我怕洗不好,不如足疗中心的小姐洗得舒服。"母亲说:"你不会怕什么,咱们慢慢地学嘛。"

母亲把脚放入热水盆里,就开始指挥张军为她洗脚、按摩,她一会儿说揉这,一会儿说敲那,一会儿说手重了,一会儿说手轻了,没用多长时间,张军就气喘吁吁、大汗淋漓了。好容易洗完,母亲又交给他一本书,说:"这是我托人买的足浴按摩书,你没事时好好学学,赶明儿好再为我洗脚。"张军一怔,说:"什么?您还想让我为您洗呀?"母亲说:"你要是怕累就叫你媳妇给我洗也成,反正洗脚这差事我是交给你们一家人了。"

张军回家和媳妇一说,就被媳妇骂了个狗血喷头,说那是你妈又不是我妈,我凭什么为她洗脚?张军没办法,只好自己学,一边看书一边琢磨,慢慢的还真把按摩的套路学得个八九不离十了。而母亲更不肯轻易放过他,三天两头地叫他过去为她洗脚,而且是越洗越勤。张军每次都累得腰酸背痛,后悔自己想出这么个请母亲洗足浴的馊主意。

没过多久,居委会的刘主任来找张军,说根据别人的举报,一个能花钱请母亲去足疗中心洗脚的人怎么能吃低保呢?决定取消他的"低保"资格。张军想争辩,可刘主任根本不听他的,这下把张军愁得欲哭无泪。

母亲知道这事,把张军找来,说:"吃低保吃不出个好日子来,要想活得滋润,就得自己动手挣钱。咱们楼下有个空房子,你把它租下来当洗脚房吧,我这还有两万元钱,你先拿着用!"张军不答应:"妈,让我去给别人洗脚,这多没面子呀!"母亲眼里有了泪光,说:"我都八十岁的人了,看不到你有个好的前程,死后怎能安心?你那不是给别人洗脚,是在给你自己洗钱呢!你又怕丢什么面子?"

张军想想也是,自己已经混到这种地步了,还要那面子干吗用?十天后,他的洗脚屋就开张了,开头来的人并不多,可因为他要的价格便宜,也不搞那些乱七八糟的事儿,渐渐地人就多了起来,生意越来越红火,没出两年他就当上老板,雇了小工,自己不用给别人洗脚了。

一天,张军又碰到了居委会刘主任,刘主任笑着对他说:"你可真成呀,从一个低保户,一下子就当起了老板来,有本事!"张军心里有气,嘲讽地说:"这还要感谢你呀,要不是你取消了我的低保资格,我现在还不是个困难户?"刘主任笑了,说:"这个功劳我可不敢抢,是你妈要求我们取消你的低保资格的。当初我们还怕你接受不了,你妈却说,我的儿子我知道,他能有出息的。嘿!现在看来,你妈就是眼光高嘛!"

张军愣住了,是母亲!他一想,坏了,由于近段时间生意忙,已经一个多月没见到母亲了。他买了好多礼物来看母亲。母亲正在泡脚看电视呢,见他来了,忙说:"你这么忙来看我干吗?还是工作要紧呀!"张军叫了声:"妈……"就哽咽得说不出话来,忙蹲下身去,将母亲泡进水里的脚抬起来,又要像以前那样给她按摩。母亲把脚抽回来,说:"军儿,别、别这样。其实这样洗脚不舒服,每次你给我洗脚,我都是咬着牙关硬挺住的,我这双老脚怎经得起这样敲敲打打呢?我还是爱老式的洗脚法,舒服呀!"

听了这话,张军的眼泪巴嗒巴嗒地掉进了母亲的洗脚盆里……

关键词：孝道

> 当妈的都盼着孩子能回家过年，可向阳街道的赵大妈偏偏为这件事犯起了愁，还突然要学四川话，这是为啥呢？

方言专家

冯海鹏

当妈的都盼着孩子能回家过年，可向阳街道的赵大妈偏偏为这件事犯起了愁。

赵大妈是向阳街道的妇女主任，老伴走得早，闺女出嫁了，儿子又在外地工作，平时家里就她一个人。这天早上，她刚要出门，突然接到儿子刚子的电话，说年底要回家过年。一开始，赵大妈还挺高兴，可放下电话，她却越想越发愁，最后开始翻箱倒柜地收拾起行李来。

刚巧，闺女翠玲来看她，一见这情形，就问："妈，你这是要干啥啊？"赵大妈一拍脑门："啊呀，你看，我光顾忙了，忘跟你说。我……我正准备去四川你表姑家住一段日子。"

翠玲一愣："咋突然要去那里啊？多少年都不联系了……妈，是不是有啥事啊？"

赵大妈连忙说没事。可她越说没事，翠玲越不放心，一再追问。赵大妈只好吞吞吐吐地说："闺女，我……我想去学学四川话！"

"啥?学四川话?"这一说,倒把翠玲逗得哈哈大笑,"妈,你这是演的哪一出啊?年轻时说湖南话,如今连做梦都说咱这儿的话,现在又要学四川话?你还想当个方言专家啊?"

赵大妈有些尴尬地说:"我就是想学学……"翠玲笑着接口道:"好吧,妈,你要当专家我也不拦着,可去这么大老远的地方,总得先联系一下吧,我回去给表姑家打个电话,明天再来帮你准备。"赵大妈只好点头答应。

第二天,赵大妈刚起床,翠玲就来了。在她的身后,还领着一个老太太。一进门,翠玲就对赵大妈说道:"妈,你不用去四川学四川话了,我把人给你领来了。"说完,一指身后的老太太。

赵大妈疑惑地问:"她能教四川话?"翠玲点点头。赵大妈忙握住老太太的手,说道:"那太谢谢你了。"

可没想到,那个老太太却把手抽出来,一边打手势,一边发出"啊啊啊"的声音。赵大妈半天才明白过来,原来老太太是个哑巴!赵大妈顿时气呼呼地瞪着翠玲。翠玲却笑了,说这老太太是自己的邻居,有个儿媳妇叫幺妹子,从小在四川长大,说一口地道的四川方言,前几天刚巧回来,一听说赵大妈要学四川话,幺妹子便高兴地答应教赵大妈。

翠玲说完,一脸得意地对赵大妈说:"这不,人家婆婆非得来亲自告诉你哩,要不你该说我诓你了!"赵大妈瞅瞅哑巴老太太,又比画了两下,见老太太点了头,这才把心放下。

就这样,当天晚上,赵大妈就住到了翠玲家,天天到幺妹子那里学四川话,一回家,还蹩脚地练习一通,逗得翠玲哈哈大笑。可每当翠玲问她为啥要学四川话时,赵大妈总是嘿嘿笑着说:"等刚子回来你就知道了。"

转眼两个月过去了。赵大妈的四川话已经学得有模有样了。这天,赵大妈告诉幺妹子,说自己耽误了她不少工夫,现在四川话也学得差不多了,就不打算再学了。虽然幺妹子一再说没事,可赵大妈还是说自己改天就不过来了。

谁知道,到了傍晚,哑巴老太太却拎着礼物来找赵大妈了。她把礼物放下,对着赵大妈比画了一阵。赵大妈看明白了她的意思,疑惑地比画道:"啥?让我继续去学?"老太太点点头,焦急地盯着她,然后又是一阵比画。

等哑巴老太太停下来,赵大妈突然间沉默了,过了一会儿,她拉了拉老太太的手,叹口气,比画道:"嫂子,啥都不说了,我学这四川话也是为了这个,咱当娘的一样的心啊,你放心!明天我还去。"赵大妈的眼圈热热的,她发现老太太的眼中也亮晶晶地闪着泪花!

转眼快过年了。这天是刚子回来的日子,傍晚的时候,赵大妈正在家里忙活,突然听见门铃响。赵大妈打开门一看,刚子拎着大包小包站在门口,身边还跟着一个漂亮的姑娘。还没等赵大妈开口,刚子就笑着介绍道:"妈,这就是我电话里给你说的英子!"英子冲赵大妈甜甜地一笑。赵大妈则笑呵呵地说:"娃儿些,你们那远回来,快进来撒!"竟然是四川话。这话一出口,刚子和英子顿时都愣住了。见两人发愣,赵大妈笑了:"愣啥子嚰?外头冷,快进去撒!"

"哎!"英子一边激动地答应,一边和刚子进了门。

等进屋再一看,刚子和英子更惊讶了,只见屋里竟然挂着一串串辣椒、腊肉,就像个四川人家。

赵大妈让刚子帮着英子安顿,自己跑到厨房给他们泡茶。没两分钟,刚子也跟了进来,笑呵呵地说:"妈,你这是干啥啊?满口四川话,还把家里都弄成了这个样子。"

赵大妈神秘地一笑："儿子,先别问这些,你先说说,妈这四川话说得咋样?"刚子忙竖起大拇指："哎呀,妈这水平简直比四川话还四川话哩!"

赵大妈乐了："别给我油嘴滑舌!妈是说……妈是说,妈说四川话,英子没说啥?"

"这个啊,说了。"

"说啥了?"赵大妈急切地追问。

刚子顿了下,说："妈,我说了你可别生气啊,她说,她还真不习惯你说这话哩!"

赵大妈一听,顿时失望地叹了口气,自言自语道："那我不都白忙活了吗?我可是专门为她学的四川话啊!"

刚子一愣："妈,你说啥?为她?"赵大妈点点头,这才把学话的事情从头到尾说了一遍,最后,赵大妈说,"刚子,娘这都是为你们好啊,妈当妇女主任,常和大嫂子、小媳妇打交道。那些外地来的媳妇就跟我说,刚来的时候婆媳语言不通,不仅觉得生分,还闹了不少误会。妈也是外地媳妇,也懂啊!可咋办啊?妈就想学学四川话,一方面少闹点误会,另外,大过年的,能让人家姑娘有个到家的感觉啊。"

刚子听完,愣了许久,才动情地说："妈,难为你了啊!"

赵大妈笑了："难为啥啊,只要你们好,妈都高兴!"　正说着,刚子却突然大声咳嗽了一声,然后狡黠地冲外面叫道："进来吧!都听到了吧?"赵大妈一抬头,发现英子已经站在门外!只见英子快步走进来,一把拉起赵大妈的手,眼圈红了："妈,有你恁好的娘,这就是俺的家了呀!"

赵大妈一听,顿时目瞪口呆地问刚子："刚子,她是不是你说的那个四川的英子啊?咋说咱这里的话啊?"

刚子望了英子一眼,笑着说:"咋不是?就是她!英子为了和你这未来的婆婆相处好,跟我学了好久家乡话了。你们呀,想到一块儿去了。"说完,刚子哈哈大笑起来!

赵大妈一听也乐了。正在这时,翠玲领着幺妹子也来了。赵大妈介绍道:"这是幺妹子,也是四川来的。我学四川话还得谢谢她呢……"

还没等赵大妈说完,幺妹子忙说道:"别,婶儿,我还要谢谢您呢。刚来那阵,家里没人陪我说话,我婆婆虽然说不出话,可她心里急啊。幸好翠玲姐提起你想学四川话,我婆婆才想了这个主意,就是想让你来陪我说说话啊!你和婆婆待我都像亲闺女一样。"赵大妈拉起幺妹子和英子的手说:"孩子,说这些干啥?当娘的都是一样的心。要我说,哪里有这份情,哪里就是家啊!"

关键词：孝道

> 血浓于水，天下哪有不爱孩子的爹？只是表达方式不一样罢了……

寻蜂老爹

侯 子

寻蜂之人

杨老爹是寻蜂人，一辈子在山野丛林里钻，干的是寻野蜂、取巢、捉蛹、挖蜜、换钱的营生。他有个儿子叫杨丹宇，早早考上大学走出大山，在省城里安了家、立了业。

这年秋天，杨老爹的老伴去世，杨丹宇和五岁的儿子小虎回家奔丧。仪式结束后，乡亲们纷纷宽慰杨老爹："也别太难过，以后就跟儿子进城享福喽。"杨老爹挤出一丝苦笑，没搭话。

晚上，安顿小虎睡下后，杨丹宇和老爹围坐在火塘边，相对无言。杨老爹耐不住闲，又去忙他几天前捉来的一群蜂。那是群细腰长身的大马蜂，连巢带蜂被套在一个加了细钢丝的透明网袋内。杨老爹小心地将网袋口松开一个小缝隙，用竹签送进一块腐肉去喂蜂，嘴里说着："嘿，这样的大毒蜂，可以泡药酒，一只能卖五块钱呢！"见杨老爹心情缓和了些，杨丹宇觉得机不可失，于是他往火塘里添了块柴，轻声说："明天我们就回城了，您在家一个人，也别太劳累了，钱我会按月寄来，您别操心。"

杨老爹一听,心里"咯噔"一下。因为依着本地乡下的风俗,叫孤老随儿走,他现在成了孤寡老人,是有资格同儿子住在一起的。如果儿子不想接纳他,那么在乡亲们的面前,他会抬不起头的。杨老爹不由有些恼怒:"怎么,我老了,想一脚把我踢开了?"

杨丹宇沉默了。记得杨丹宇刚上初中那阵,杨老爹没日没夜在山里寻蜂,被蜇得鼻青脸肿的,回到家一不遂意就打人。那时杨丹宇住校搭灶,家里没什么好吃的,母亲就把蜂蛹打成汁,在锅里一煮,凝成了豆腐块,让他带着下饭。那东西算不上什么正经吃食,同学见了就笑话他,让他很自卑。再加上山区学校刚建成,住宿条件不好,杨丹宇睡了几天潮铺,受了凉,头昏脑涨不说,身上也起了风湿疹,于是他就打起了退堂鼓。他说:"爹,我不想念书了,想跟你学寻蜂。"

杨老爹当时没吭声,但当晚,杨丹宇在家里炕上睡着,突然杨老爹掀起被子,丢过来一团东西。睡梦中的杨丹宇立时惨叫不已,原来那是半个带蜂的巢。

杨丹宇带着一身蜂蜇的肿,抹着眼泪,连夜往学校赶,背后还传来杨老爹的嘲笑:"想学寻蜂,就得先学会被蜂蜇,这点痛都受不起!"

从那以后,杨丹宇再没喊过爹,他恨极了这个爹,想早点离开这个家。现在,母亲去世了,杨丹宇也算是没什么牵挂了,他索性摊了牌:"不是我不想让您去城里,实在是您的性子,那个……太粗犷了……"

杨老爹强忍怒气:"我也不是非要同你们住在一起,哪怕在你家待上几天,再找个借口,说住不惯,我自己再回来,行不行?至少在乡亲们面前,你得给我留点面子。"

反哺之恩

看着老爹苍老的面容,杨丹宇眼里有些泛酸,但他还是没点头。杨老爹年轻时是本地一霸,像野蜂一样,一点就着,动不动就跟人打架,是派出所里的常客。他说的话,怎么能信呢?万一他住下来不走了呢?想到这,杨丹宇咬咬牙:"钱不够您说话,我绝不会让您亏着。"

"这不是钱的事,我要的是面子!"杨老爹几乎咆哮起来,但转瞬,他又蔫了。杨丹宇看着,心里也不是滋味,再三掂量,只好吞吞吐吐地说:"其实,我倒无所谓,就怕您跟我们住在一起,带坏了小虎。"

杨老爹恍然大悟。的确,像他这样的粗人,又不识字,肯定有许多不好的习惯,如果潜移默化影响了小虎,那可就毁老杨家的根了。这个理由足够过硬,面子与孙子,当然是孙子重要了。杨老爹若有所思地点点头,但他又心有不甘,想了想,他一招手:"你来看!"

杨丹宇凑过来一看,只见网袋内,大马蜂们正疯狂地围咬着那块腐肉,可它们撕下肉粒,却并不吃,而是带到巢窝上,去喂那些肉虫般还没蜕变的幼虫。

杨丹宇正莫名其妙,杨老爹一叹:"看清了吧,马蜂自己不能吃肉,它的腰太细,肉通不过去,所以它们把肉嚼碎喂给幼虫,幼虫消化后会从嘴里分泌出白色的黏液,再来反哺马蜂。可别小看这种黏液,里面有多种营养成分,马蜂喝了,一飞几十里都不会累。"

杨丹宇听着有些奇怪,杨老爹仿佛看出了杨丹宇的心思,语调一沉,竟有几分不好意思:"要说,咱父子俩,就是马蜂和幼虫。我没上过学,读不进去书,所以供你上学读书。我之前脾气不好,蛮横霸道,可你却是个人见人夸的好学生,年年有奖状。我怕坏了你的名声,所以就不好意思在别人面前耍蛮了;等你上了大学,在城里干出了名堂,我一想儿子这么有出息,老子再不成器,那成什么话?所以凡事都收敛着点,你说,是不是就像你'反哺'了我?"

杨老爹说得有些含糊,但杨丹宇还是明白了:一辈子不善于表达的爹,这是在向他祖露心迹啊!

杨丹宇不由有些感动,他正若有所思,突然身后响起了小虎的声音:"爸爸,爷爷,你们还不睡啊?"

血脉之情

起夜的小虎探过头来,半梦半醒间,猛然看到满袋子"嗡嗡"躁动的马蜂,顿时吓了个激灵。他"啊"地叫了声,就往杨丹宇怀里扑。杨丹宇猝不及防,身子一斜一撞,蹭到了杨老爹。杨老爹一个踉跄,手一张,袋口一松,立时,一团黄雾般的马蜂冲了出来,开始疯狂寻找攻击目标。

"小心!"杨老爹大叫一声,他猛一直腰,竟将火塘旁的竹架碰倒。架上晾着一筲箕土烟沫子,"刷"一下,撒了杨丹宇和小虎一头一脸。杨丹宇被土烟味呛了个喷嚏,他趁势一躬身,把小虎压倒,护在了身下。身下响起了小虎的哭声,不知是被吓慌了还是被蜇了。

"别动!"杨老爹又一声大喝,与此同时,他迎着逃出来的蜂群扑去,飞快地封了袋口,阻止再跑蜂,然后他忍着被蜂蜇熄灭了灯,顺手从火塘里抽出根着火的柴棒,慢慢挥舞着在堂屋跑着圈。马蜂有趋光性,而且它们能感应到人跑动时引起的气流,并顺着气流追上来。见"嗡嗡"的蜂群跟了上来,杨老爹惨叫着,向屋外的水塘奔去。

杨丹宇忍受着后背上钻心的蜇痛护着小虎,不敢动弹。蜂群被闻讯赶来的乡亲们用杀虫剂驱散了,跳进水塘躲避的杨老爹才被救了上来。抹了些自制的蜂药,杨老爹躺在床上,尽管头、脸已肿得变了形,但他好像毫不在意,张着肿起的嘴,道:"不怕,没事,被蜂蜇蜇也好,能治风湿和湿疹,记得那年你在学校得了湿疹回来,我就放蜂蜇你,那回,不就把你的病治好了?"

原来当年是这么回事,杨丹宇明白过来,心中五味杂陈。

杨老爹皱了皱鼻子,说道:"老实说,我也不想进城。城里规矩多,我怕受不了,再说,城里也没有蜂,我不习惯。要说,我也是为了你,我若不进城,乡亲们肯定说你做儿子的不孝,我怕你往心里去……"

杨丹宇眼眶有点泛潮,杨老爹就扯开话题道:"对了,刚才那马蜂蜇到咱小虎没有?我在你俩身上撒了土烟沫子,那玩意的味道能让马蜂敬而远之。我见你刚才拼命护着小虎,你俩都没事吧?"

杨丹宇说:"您知道撒土烟沫子让我们避开马蜂,可怎么偏把马蜂往自己身上引?"

杨老爹别过脸,轻声说:"都是当爹的,你能怎么对小虎,我、我也能怎么对你。"

杨丹宇再也忍不住了,泪水夺眶而出,大吼了一声:"爹!"

关键词：孝道

> 百善孝为先，只有有了孝心，才能被称作人。孝是成功的基石。

阳光总在风雨后

一 冰

2006年5月，我的策划公司终于到了山穷水尽的境地，每月总是入不敷出，房租、税费、电话费、员工工资……每一样都令我绞尽脑汁，我感觉自己已被逼到了悬崖边，我决定再坚持最后一个月，一个月以后呢？我想我唯一的出路就是从公司租用的位于三十八层的写字楼跳下去！

这一天，一丝阳光终于刺破云层：有一家外资企业要做一个新产品的宣传策划，标的为二百万元。经过精心准备，我们的方案也入了围，和另外五家公司一起进入了竞标阶段。竞标的前一天，我正在组织最后的冲刺，就在这时，我的手机响了，一看号码，是老家的电话，接通电话，我听到了弟弟惊恐、悲恸的声音："妈快不行了……"

母亲的身体一直不好，那是为我们兄弟几个操劳过度了，弟弟说母亲病倒已经有一段时间了，家里怕影响我的工作，没跟我说。母亲昏迷中还时时念叨着我的名字，弟弟让我马上回去跟母亲见上最后一面。

我转身就要走，可看到办公桌上一大堆策划方案，那是我最后的机会了,如果我明天不能参加竞标,群龙无首,这就等于自动放弃,我能放弃吗?但是,那边是我唯一的、含辛茹苦的母亲,我能让她含怨九泉吗?说不定我回去了,她精神好了,病也好了……我做出了决定:回家!

我打电话订了一张回老家的机票,又去银行取出了所有的现金,把员工们当月的工资全部付清,只剩下我自己返乡的路费。当我跨出办公室大门时,员工们都哭了,我也哭了……

在竞标结束的当天晚上我回到了母亲的身边,她只有一口气了,我扑到了母亲的床边,撕心裂肺般地叫了一声:"妈——"听到我的声音,母亲慢慢地睁开了眼睛,一下子抓住我的手。我的泪水涌了出来,母亲的手在我的脸上轻轻地抚摸着,柔声说着:"孩子莫哭,孩子莫怕,妈在你身边!"

接下来,母亲竟然奇迹般地坐了起来,她要给我做饭吃。父亲说饭已经做好了,于是我们搬来了桌子、板凳,一家人围坐着一起吃饭。我们都以为母亲一定是回光返照,这是我们全家的最后一顿团圆饭,但没想到的是奇迹真的发生了——母亲居然渐渐康复了!

我们又惊又喜地把母亲送到了医院,医生检查后说母亲的身体没有什么大碍,只是劳累过度,调理一段日子就好了。

母亲安好了,我这才想起了公司的事,我摸出手机,一看,手机关着,我这才想起因为走得匆忙,忘了拿充电器了。我让小弟到街上买了一个充电器,在医院里充起了电。充了几分钟后,我打开了手机,谁知刚一打开,"滴滴滴"短信的提示声音不绝于耳,我一看,竟有几十条信息,全是我的副手和公司的同事发来的,上面是同样的内容:"我们成功了!"

我激动地拨通了副手的电话,他大叫着说:"我们成功了!那家公司采用了我们的策划方案!"

我简直不敢相信自己的耳朵:"是真的吗?"

"是真的,五十万元预付款已经打到了我们的账上,你随时可以去查。"他感慨地说,"我们之所以取胜,是因为你的孝心感动了那家外企的老总。"

"孝心?怎么回事?"

他说,他们去参加竞标时,那家外企的老总发现我没有来,感到很奇怪,我的副手就把我因母亲病危回去看望的事说了。那老总听罢,当场就取走了我们的策划方案,和几个评委碰了一下头,忽然宣布把新产品的宣传策划工作交给我们。其他公司都不服,那老总说:"谁敢在这个紧要的关头去看望自己的母亲?他的这份孝心让我们别无选择——当然,那是在他和竞争对手条件相仿的前提下。"

我没想到事情会是这样的结果,但我明白:奇迹终将是奇迹,它不可能每天都发生,但我会让孝心伴我一生的……

关键词：孝道

> 小偷也有良心，古代劫富济贫的侠盗故事由此而来。也有人说，要讲良心，干脆不做小偷好了。那如果小偷没良心，又会怎样？

惹不起

王长军

张三是个手段高超的小偷。经过两天的踩点，他瞄上了一户人家，这户人家防范措施极差，家中只有父子俩，儿子才十来岁，还是个学生，相当瘦小；而父亲则天天躺在床上，像是生了病。偷这样的人家还不是手到擒来，即使被发现了也打得过、逃得脱。

深夜时分，张三轻手轻脚地由水管攀援上去，再拉开阳台窗户进得室内。正要翻箱倒柜，忽听得卧室内有声音，我的个天，这对父子还没睡！

张三隐身暗处，悄悄探出头往卧室看去，发现卧室内不是一张床，而是两张，一大一小，大床上睡着父亲，小床上睡着儿子。

此刻父亲已睡着了，儿子却轻手轻脚地干着一件相当奇怪的事：他拿根绳子，先把一头扎在父亲的手腕上，再把绳子另一头扎在自个的手腕上，这才关灯睡觉。

张三惊讶极了，这是要干什么？正想着，黑暗中父亲开口了："儿子，我手上绳子哪来的？"

父亲醒了，他察觉到了手腕上系着的绳子。儿子一听父亲问话,忙回答说:"爸,你每天半夜都要起夜。你身体还没完全恢复,昨天夜里起来上厕所摔了一跤,差点把骨头跌断。所以我就想了这个办法,找一根绳子连着我们,这样夜里你一动我就醒了,你要上厕所我就可以扶着你去。"

父亲沉默下来,半响,满是欣慰地说道:"儿子,你放心,这回我一定会小心,你上学太累了,一定要睡个安稳觉,还是解开绳子吧!"

儿子坚持道:"不行,你千万不能再跌跟头了,绳子不能解。爸,就这样,睡吧!"

父亲不再坚持,合眼沉沉睡去。

张三把爷儿俩的对话全听在耳里,一时出了神。张三吃惊地发现,自己冰封已久的心竟然温暖了起来……过了一会儿,张三做出一个决定:空手退出。

回到贼窝,见张三空手而归,哥们李四一脸嘲讽地叫起来:"怎么着,失手了?原来绝顶高手也有失手的时候啊。"

张三冷哼一声,把事情经过一五一十地讲了,最后说:"我们虽是见不得人的小偷,可也是人,对这样的孝子家庭,我实在不忍下手,我怕偷了会遭报应……"

一语未了,李四就怪叫起来:"哟哟,小偷还讲良心?世道真是变了,婊子都要立牌坊了!我说哥们,你要讲良心,干脆不做小偷好了。这么着,你不偷,我偷!我不怕报应,管他什么孝子不孝子的。"

张三正要拦,李四身形一晃,消失在了黑暗中。

却说李四施展技能,只几下就翻进了那户人家,侧耳一听,那爷儿俩呼噜声大作,显然睡得正熟。

李四大喜,此时不偷,更待何时?可是,一番地毯式搜索后,什么也没发现。李四有些窘迫,刚才还笑话张三空手而归,现在这么回去,不是轮到张三笑话自己了吗?不行,一定要找到值钱的东西。看样子,只有进卧室这一条路了,一般来说这样的小家小户,最喜欢把值钱的东西藏在卧室里。

门无声无息地推开了,老天保佑,爷儿俩依旧在呼呼大睡。借着窗外朦胧的月光,李四一眼看到两张床之间的床头柜,以及放在床头柜上的衣服,钞票要么放在床头柜里,要么就放在衣服口袋里。

李四当即猫着腰、踮着脚来到床头柜前,只两下,果真从抽屉里翻出一沓钞票,心里不由得大喜,谁知就在这时,意外发生了!

原来,这位父亲每到这时便要起夜,他一睁眼,瞅见一个黑影蹲在床头,顿时吓得大叫起来:"儿子,有小偷!"

儿子猛地惊醒,立即坐起身子,可已经迟了,李四已如受惊的老鼠一样,闪电般准备往外蹿!

李四心里根本不怕这爷儿俩,一个年少瘦弱,一个身体有病,根本不是对手,自家身手了得,只需两秒就可跑掉。更重要的是,爷儿俩系着绳子,他们没法追,等他们解开绳子,自个早就溜之大吉了。

李四心里正得意,起身迈腿就跑,突然,不可思议的一幕发生了:李四的脚下突然一绊,重重摔倒,头一下子磕上了坚硬的床沿!李四晕过去的一刹那,他明白发生了什么:当儿子坐起身,爷儿俩之间的绳子便被拉直,像绊马索一样绊倒了自己……

看守所内,有人来探望李四,是张三。

望着头上绑着纱布、垂头丧气的李四,张三说:"李四,从这件事你得出什么结论没有?"

李四哭丧着脸说:"哥,我悔啊,你说得太对了,孝子家庭,咱真的惹不起哟!"

关键词：孝道

> 林溪每年生日都会和父亲一起在南明湖畔拍一张合影，可她发现缺了一张。这一张照片去哪里了？

照片去哪儿了

杜 辉

林溪是个白领，业余爱好很多，这天，林溪看到一家大型门户网站上正在举办一场纪念父亲节的活动，参赛要求很简单——以图文结合的方式，讲述自己和父亲之间的感人故事。

林溪心中一动，似乎想到了什么，第二天是周末，她风风火火回到家，进门后便问正在厨房忙活的妈妈："我爸呢？"妈妈边择菜边说："你爸出差了，半个月后才回来，你这么急找他有事吗？

林溪边挂外套边问："我和我爸的那些生日合影，在哪放着呢？"

妈妈不解地问道："你急如星火地回来，就为了找那些合影？有什么用吗？"

林溪一笑："暂时保密。"

在父母的卧室里，林溪打开那本相册，一页页地翻动着，她的动作越来越缓慢，表情越来越凝重，眼睛里渐渐蒙上了一层雾气，连那些照片都由清晰变得朦胧起来。

这些照片的背景只有一处，就是美丽的南明湖畔，照片的主人公只有两位,就是林溪和她的父亲,连拍摄时间都是每年的同一天,就是林溪的生日。第一张照片上,她只有一周岁,还被父亲抱在怀里,拍第二张照片时,已经过去了整整一年,她骑在父亲的肩膀上,三岁时的那张合影,她已经站在父亲身旁,接下来的那些合影上,女儿和父亲身高上的差距越来越小,是的,女儿在渐渐长大,而父亲在慢慢衰老。

林溪心里有种说不出的惭愧,虽然她每年都会配合父亲,在自己生日那一天,在南明湖畔拍一张这样的合影,但她毕竟太年轻了,并没有在这件事上倾入太多的感情,甚至没有把这些合影完整地看一遍,幸好这次父亲节的活动,唤醒了她心中那份迟钝的爱。

林溪努力让自己平静下来,她取出相机,把那些照片,一张一张地拍了下来。

林溪把这些照片上传到网上后,很快在参赛者中脱颖而出,引发了广泛关注,这些照片像一组家庭的编年史,记录了岁月流逝,记录了时代变迁,更记录了父女情深,让无数网友为之感动、为之唏嘘,对那位二十几年如一日坚持下来的父亲,网友们纷纷表示了敬佩之意。

但一位细心的网友很快发现了问题,在评论区发言:"不对啊,看你的文字介绍,你今年二十六岁,从一岁开始,每年生日拍一张合影,一直拍到去年,应该有二十五张合影才对啊,可你的帖子里为什么只有二十四张合影?"

一语惊醒梦中人,林溪把那组照片仔仔细细数了好几遍,果然是二十四张,也就是说,在她的成长历程中,其中有一年的生日,并没有拍下父女合影,为什么会出现这种情况?林溪一时百思不得其解。

有一点林溪可以肯定,缺失的这一次生日合影,应该是发生在自己幼年的时候,因为自打她有清晰的记忆以来,父亲对这件事的坚持,可以说是风雨无阻,没有遗漏过一次,但也正因为这样,林溪才会格外困惑:那一年的生日究竟发生了什么事,阻断了父亲多年来的坚持?

林溪并没有急于去向父母寻求答案,她想让悬念暂时保持下去,让这个帖子维持足够的热度,果然,对这张缺失的合影,网友们兴趣浓厚,在评论区做出了各种各样的猜测。

有位网友的想法,代表了很多人的意见:"大家是不是把简单的东西复杂化了?也许这位父亲纯粹就是搞丢了一张照片。"

这位网友的猜测,遭到了林溪的否决:"我不敢说没有这个可能,但可能性非常小,我从小就有丢三拉四的毛病,我爸对我这方面要求很严格,他笃信正人先正己的道理,我印象里他从没丢过重要的东西,你们也看到了,这些照片保存得有多好,这么多年了,还跟新的一样。"

接下来又有一位网友发表了评论:"人都是有惰性的,说不定什么时候就会发作,南明湖在远郊,离你家应该有段距离,会不会是那天天气不好,你爸突然懒得去了?"

林溪很快做出了回复:"你有这种想法,是因为不了解我爸,他之所以这些年坚持和我合影,一方面是为了记录下父女相处的时光,一方面也是为了借这件事培养我持之以恒的良好习惯,他从小就教育我,做一件事之前,要慎重考虑好,一旦决定去做了,有再大困难,都要想办法克服,决不能半途而废。"

刚回复了这条评论,林溪又看到了一条新留言,这位网友的语气信心十足:"我知道是怎么回事了,一定是你爸有很重要的事要处理,比合影这件事重要得多,他只好做出割舍了。"

林溪在电脑前考虑了半天,才在键盘上敲出了下面的回复:"你的猜测不能说没道理,可惜还是没法说服我,我记得在我十七岁生日那天,为了跟我合影,我爸专程从外地赶回来,为此还被竞争对手抢去了一单生意,损失着实不小,我妈有点心疼,我爸是这么说的:我答应过女儿,每年生日都要和她合影,这是我对她的承诺,我要让女儿明白守信的重要性,这是多少金钱也买不来的。"

看到下一条留言时,林溪忍俊不禁:"给你们父女俩拍照的,肯定是你妈了,会不会是你爸妈那天吵架,没人给你们拍照了?"

尽管这条留言有点无厘头,但林溪还是很认真地做出了回复:"我父母感情很好,发生冲突的情况很少,当然了,天下没有不吵架的夫妻,但我父母最大的好处,就是能控制自己的负面情绪,有冲突也会关起门来解决,决不会让这些负面的东西影响到我,所以这些年我一直是在一个非常和谐的家庭环境中成长,也由此培养了我比较健全的人格……"

林溪的帖子人气越来越高,评论也越来越多,还有不少网友通过站内短信跟她私下交流,这天,当林溪打开一条私信时,眼睛一下子瞪圆了,短信的内容很简单,只有短短十几个字:"你想知道答案吗?周末下午,南明湖畔见。"

在风光如画的南明湖畔,林溪见到了一个年轻男人,他自报姓名叫邱峰,看上去成熟稳健,很有绅士风度。邱峰取出一张照片,面带微笑地说:"答案就在这里,你遗失的那张照片,变成了另外一张合影,一直被珍藏在我家。"

林溪凝眸细看,这是一张已经有些泛黄的合影,一看就有些年头了,照片上是一对年过五旬的农村老人,他们并肩站在南明湖畔,腼腆的笑容下,透出质朴的幸福感。

看了这张合影,林溪已经隐隐约约地猜到了什么,她把目光转向邱峰,等待他讲出事情的始末缘由。

　　林峰的嗓音富有磁性,他的讲述也很有感染力:"照片上的两位老人,是我的爷爷奶奶,他们今年已经七十多岁了,脑子还很好使,他们经常拿着这张照片,给我讲起二十年前的那段经历。两位老人相濡以沫半辈子,好得跟一个人似的,为了庆祝结婚三十周年,一贯从牙缝里省钱的他们,竟然奢侈了一回,去旅游了一趟,南明湖是最后一站,逛完南明湖,他们就要回去了。

　　"在南明湖畔,他们看到了一家三口,妈妈拿着相机,正准备给父女俩拍照,我爷爷一见之下,又羡慕又懊悔,如果能和老伴拍一张合影,作为结婚三十周年的纪念,该有多好,自己怎么就没有想到呢?现在去哪找照相的地方?可怜我爷爷奶奶,一辈子没出过门,在农村也很少照相,哪能事先想到这些?

　　"这时候,那位父亲看出了什么,走过来向我爷爷询问一番后,马上做出了决定,要给我爷爷奶奶拍一张合影,随后按地址寄过去,爷爷奶奶喜出望外,感激得不知说什么好,这位父亲向妻子要相机时,妻子似乎有些不情愿,低声说了一句话,父亲迟疑了一下,很快摆摆手,拿过那台相机,向我爷爷奶奶走过来……"

　　邱峰讲完了,他对林溪说:"看到你发的那些照片,我就什么都明白了,但我也是到这时候才知道,为了成全我爷爷奶奶,你父亲做了什么样的牺牲,他把完美留给了别人,把缺憾留给了自己,我甚至能想象出你母亲当时对他说的话:相机里的胶卷,只够拍一张了,你不跟女儿合影了吗?"

　　林溪由衷地为父亲骄傲,她说:"我爸经常对我说:赠人玫瑰,手有余香,你帮助了别人,自己也会受惠,玫瑰很快就会凋谢,但芳香会永驻在你的生命中!"

邱峰用欣赏的目光看着她:"说得太好了,林小姐,我可以送你一束玫瑰花吗?"

邱峰和林溪成了一对恋人,而且很快到了谈婚论嫁的地步,邱峰的朋友们难免觉得奇怪,作为一名小有名气的摄影师,邱峰身边美女如云,他怎么就看上了姿色平平的林溪呢?邱峰说出了自己的理由:美丽的容颜,终究会老去,良好的家风,才能代代相传,遇到这个叫林溪的女孩,是他这辈子最大的幸运。

林溪重新编辑了那个帖子,用爷爷奶奶的这张合影,填补了那一年的空白,并且在帖子里讲述了这个故事,这个感人至深的故事,也打动了无数的网友。

林溪二十六岁的生日到了,邱峰决定在这一天登门,用手中的相机,为这对父女拍下新的合影。

- ◇ 夫妻同道,父子同心。　　　　　　　　　　　　——(明)冯梦龙
- ◇ 上和下睦,夫唱妇随。　　　　　　　　　　　　——《千字文》
- ◇ 结发为夫妻,恩爱两不疑。　　　　　　　　　　——《留别妻》
- ◇ 妻贤夫祸少,子孝父心宽。　　　　　　　　　　——《增广贤文》
- ◇ 贫贱之知不可忘,糟糠之妻不下堂。　　　　　　——(汉)宋弘
- ◇ 宁作野中之双凫,不作云间之别鹤。　　　　　　——(南朝)鲍照
- ◇ 唇齿相依关共运,戚欣与共胜天伦。　　　　　　——(明)于谦
- ◇ 百世修来同渡船,千世修来共枕眠。　　　　　　——《增广贤文》
- ◇ 君如天上雨,我如屋下井。无因同波流,愿作形与影。——(唐)张籍
- ◇ 夫不贤,则无以御妇;妇不贤,则无以事夫。　　　——(汉)班昭
- ◇ 生为同室亲,死为同穴尘。　　　　　　　　　　——(唐)白居易
- ◇ 家贫思良妻,国乱思良相。　　　　　　　　　　——(宋)司马光
- ◇ 夫妻死同穴,父子贫贱离。　　　　　　　　　　——(宋)陈师道
- ◇ 贤妇令夫贵,恶妇令夫败。　　　　　　　　　　——(清)周希陶

第五章 夫妻情笃

- ◇ 夫妇和而后家道成。 ——(明)程登吉
- ◇ 妻子好合,如鼓瑟琴。……宜尔室家,乐尔妻帑。 ——《诗经》
- ◇ 夫妇之道不可不久也,故受之以《恒》。恒者,久也。 ——《周易》
- ◇ 为人夫者,敦懞以固;为人妻者,劝勉以贞。 ——《左传》
- ◇ 分者,限也;男子虽强,而各有权限,不得逾越。岿者,巍也;女子虽弱,而巍然自立,不得陵抑。各立合约而共守之。此夫妇之公理也。——康有为
- ◇ 夫不下于妻,是谓夫亢。夫亢,则门内不和,家道不成。施于国,则国必亡;施于家,则家必丧,可不慎与! ——(清)唐甄

关键词:婚姻

> 李家家训是男人不洗碗,因为洗碗是妇人之事,男人做了就是胸无大志。可这家训,也是可以变通的嘛……

男人不洗碗

於全军

李新是从西部小县城里考出来的大学生,如今在上海工作。他娶的妻子雨欣是上海当地人,家庭条件相当不错。

新婚过后,小两口搬进了新居,生活十分美满。这一天李新和雨欣商量,想让父母来上海玩几天,看看闻名遐迩的上海外滩和东方明珠。雨欣一听,就说:"这有什么好商量的?请他们来就是。"

说实话,李新平时挺怕他这个上海小娇妻的,听了这话就跟奉了圣旨一样,立马颠颠地就去打电话。李新父母一听也十分高兴,当下就答应来上海玩几天。

二老到来,李新就请了假陪他们到处逛,晚上,都住到了新居里。这时雨欣也下班回来,见了他们只是淡淡打个招呼,就到卧室玩起了手机。倒是李新,忙里忙外,又是倒水又是递烟。晚饭是李新妈做的,四个菜一个汤,都是老家风味。直到饭菜做好,雨欣才从卧室走出来吃饭。

吃完饭,雨欣把小嘴一擦,又奔卧室了。李新妈起身收拾碗筷要去厨房洗,李新觉得自己老婆既不做饭又不洗碗的,不好看,老妈岁数又大,干脆自己站出来说:"妈,您歇着吧这碗我洗。雨欣刚做了美甲,这两天一直是我洗碗的。"

李新妈急忙摆手说:"还是我洗吧,大男人哪有洗碗的?陪你爸坐会儿去!"

李新就陪老爸坐在沙发上聊天。老爸是退休的语文老师,很健谈,对李新说:"你现在也成家了,有条家规该给你说说了。从你爷爷那辈儿起,我们李家传下来一句家训——男人不洗碗。"

李新爸摆了这么一段龙门阵:李新爷爷那会儿,是个读书人,上的是洋学堂,十里八乡很有名望。那时候家里靠种地为生,李新奶奶是庄户人家出身,体格粗壮,下地种田她一个人就能做完,从来不用李新爷爷插一下手。她是这么说的:"好男儿志在四方,要是种庄稼,这一辈子就拴在地头了。"

李新爷爷在家里刻苦攻读,以期有个好前程,不过看见妻子从地头回来后还要做饭,实在太累,于心不忍,就替她洗碗。不料,事情就坏在洗碗上了。这天中午,李新爷爷收拾完碗筷正在洗碗,有人推门进来了。来客乃是本地驻军的旅长,邀请李新爷爷出山担任参谋。那年月科考制度已然废止,这已经是读书人的一个好出路了。不料旅长看见李新爷爷正在洗刷刷,当即脸一变,说:"做这种妇人之事,可见胸无大志!"竟摔门而去。李新爷爷见此情景,也是十分后悔,于是立下家训,李家的男人,不洗碗!

李新笑了笑,也没往心里去。他自己知道自己老婆雨欣,小时候在家里被捧得像小公主一样,再加上工作也不轻松,自己洗个碗也没啥。

玩了两天,李新爸妈就回去了,李新把他们一直送到了火车站。可是回到家,雨欣竟然主动提出来了:"咱爸说的那个家训,男人不洗碗,也不是没道理。你在单位只是个大头兵,需要努力提高才能在大上海出人头地。饭我做,碗我洗,你吃完饭给我老老实实学习去,能力上去才能升职。"

李新这个高兴,果然抱回一堆专业书,吃完饭就啃起来,这一啃就是两耳不闻窗外事,家务全靠好老婆。这样过了一年多,他在单位的理论考核中独占鳌头,被任命为科长了。所谓好事成双,老婆雨欣也在这一年怀了孕,挺起了大肚子。

雨欣怀孕到了九个月,就请了产假在家里休养。李新工作也忙,但他知道自己岳父岳母这种海派人物指望不上,干脆一个电话打给了自己父母,让他们来照顾几天。李新爸妈一听,知道自己要升级为爷爷奶奶了,这个高兴劲就甭提了,立马坐车来到上海。李新妈负责做饭洗衣,李新爸负责采买物品,雨欣连手也不用动一下。

可这么十几天下来,李新妈妈的身体就有点扛不住了,岁月不饶人啊。看着她在厨房里洗碗时直捶背,李新就想上前帮忙,可老妈说:"你爸说的家训你忘啦?放心,我歇一歇就好。"李新爸也说:"这样吧,咱们吃完饭呢,先把碗筷放到洗碗池里泡起来,等你妈歇过乏来,再洗不迟。"李新只好作罢。

所谓十月怀胎,一朝分娩。到了第十个月,雨欣肚子里的动静越来越大,就不敢在家里住了,直接住到医院产房里。雨欣本来就比较挑食,再加上怀孕反应,医院的饭食一吃就吐,买外面饭馆的吧,又嫌不干净,于是李新妈就说:"饭咱们还是家里做,我做好,就让李新爸送过来。反正从家到医院也就坐三站公交,很方便。李新别的不用管,就负责陪床。"

事情就这样定了,一连三天,李新妈都把饭菜做好,放到保温食盒里,由李新爸送过来。可第四天,到中午十二点了,李新在产房左等右等都不见老爸送饭过来,打电话过去,总是关机,他生怕老爸在路上出事,可雨欣这里又离不开人,正在焦急呢,岳父和岳母来了,他急忙交代几句,就开车往家里赶。

三站地是晃眼即到,李新上了楼,开了门,一看厨房里有个人正忙活着呢,传来稀里哗啦的声音。他过去一看,不是别人,老爸正洗碗呢。看见李新进来,老爸的脸就是一红,说:"你,你怎么回来了?"

李新这个奇怪:"您,没有去送饭吗?我妈呢?"

老爸在围裙上擦了擦手,说:"她去送饭了。你没见着?对了,她说顺路买点小孩衣服、食品什么的,耽搁几分钟也正常。本来我要去送的,她说她掐算日子了,就今明两天,她要去照应一下。"

原来是这样,李新这才放了心。他抬手拿起老爸放在桌上的手机,原来没充电自动关机了。随即他又问老爸:"您说咱家家训是男人不洗碗,怎么您洗上了?"

老爸笑呵呵地坐在沙发上,说:"其实上个月,你妈累得背疼时我就洗上了,只是你上班看不见。还记得你爷爷那条家训的故事吗?上回我没讲完,后面还有呢。那个旅长因为你爷爷在家里洗碗,甩袖而去后,就找了另一个读书人当参谋。可那时正是军阀混战时期,旅长的队伍不久就拉出去,参加了一场大火并,被打得几乎全军覆没,旅长连同那个参谋,一同死在战场上。消息传来,就有人对你爷爷说,幸好洗了碗,这才免遭横祸啊。"

"那么,家训呢?又废除了?"李新问。

"没废除,只是有更改。改成:男人没空女人洗,女人没空男人洗。所以你爷爷奶奶一辈子就没红过脸,家庭和睦其乐融融,这不是比当参谋更好吗?"

李新这个纳闷:"我说爸,您这家训上回干吗只说一半啊?"

老爸呵呵一笑:"实话跟你说吧,雨欣什么都好,就是太娇气。我和你妈看你忙上忙下的,雨欣手都不伸,才用家训说一说她。要说这孩子真不错,你这不一年多就当科长了吗?现在说另一半故事,就是让你体谅她,女人又要洗衣做饭又要上班,还要生孩子,真不易啊。你只有体谅她,家庭才能和和睦睦,越过越红火!"

李新连连点头。老辈人的处理家事的方法,是真值得年轻人学习的。就在这时,他的电话响起来,一接,是老妈打来的。老妈的声音激动得都抖起来了:"生了!生了!是个带把儿的,长得跟你小时候一模一样!"

李新急忙把手机开成了免提,好让老爸也听到,顿时,房间里响起了"哇哇——"的哭声。爷俩相视一笑,从此也后,咱老李家就变爷仨啦!

> 人要学会感恩,如果你对别人不上心,又凭什么要求别人把你捧在手心里呢?

应该感谢谁

郑小亮

石爱民"大器晚成",在单位摸爬滚打了二十多年,好不容易才混到了"正科级"。这天,红头文件正式下发,下午下班后,等到同事们全都离开,石爱民才翻开文件,贪婪地看了一遍又一遍。

回到家,石爱民把好消息告诉了老婆,他的老婆满脸笑容地到厨房做饭去了。

晚饭时间尚早,石爱民闲着无聊,掏出手机拨拉着,不干别的,这好消息必须在朋友圈里分享一把。朋友们的反应挺快,又是赞又是各种神回复,石爱民笑得合不拢嘴。正开心着,老婆喊吃饭,石爱民往饭桌边一凑,顿时脸上阴沉下来。

桌上就三个菜,有两个还是中午留下来的剩菜,若是往常还凑合,可这会儿石爱民完全没了胃口。老婆扒了一口饭,奇怪地问:"你咋不吃饭啊,再不吃都要凉了。"

看着老婆那样儿,石爱民突然感到一阵厌恶,他皱着眉头说了一句:"喉咙有点不舒服,咽不下,我不吃了。"说罢,他便坐到沙发上来了个"葛优躺",继续拨拉手机。

这当口,石爱民对老婆可不满了,明明知道自己刚提档升级,她倒好,只当没这回事,换了人家头脑灵光的老婆,不说怎么庆祝,最起码会买点好酒好菜吧?

其实这不满由来已久,石爱民亏就亏在老婆头上,老婆是农村出身,没工作。石爱民好不容易给她找了个收银员的轻松活儿,她却老出错,干了几个月差点没倒贴,只好作罢。

老婆曾多次向石爱民提出"申请":"我还是自己去找点活干吧,别的事儿干不来,干点粗活没问题。"每次这样一说,石爱民的脸便阴沉下来,你想呀,老婆在外头干粗活,被同事们撞见,自己的脸往哪儿搁?所以,石爱民就让老婆在家里待着,帮着料理家务。

就在这时候,石爱民禁不住心头一喜:就在刚才,石爱民把提拔的好消息发朋友圈后,他一个高中时代的女同学单独发来"贺电",这个女同学还向他透露,过几天,她将出差路过石爱民的"地盘"……说起这个女同学,一直是石爱民的"梦中情人",直到现在,石爱民还深深地记得她的一颦一笑、一嗔一恼。石爱民自加上这个女同学的微信后,人家对他爱理不理,问候经常是有来无往。这次女同学"开恩",主动向他道贺,还留了点"暧昧",石爱民岂肯放过这个机会?他想都没想便回复了:"欢迎大驾光临,届时由我做东,我们好好聚聚。"

两人微信上一聊起来就没完没了,直到老婆催促洗澡,石爱民才发现夜幕已降临,为防止老婆怀疑,只好发去一个"嘘"的图片,意犹未尽地收了场。

没过两天,石爱民得到了那个女同学光临的准确时间,是3月6日这天。石爱民查了一下日历,这天正好是双休日,他决定好好陪陪老同学。日子一天天临近,石爱民绞尽脑汁,甚至列出了这天的出游及招待计划,当然了,事儿必须干得隐秘,如果被家里知道了就不好收场。

转眼便到了3月5日,想到明天就能见到女同学,石爱民的心便狂跳不止。他把计划仔细地梳理了一遍,突然猛地一拍大腿:"瞧我这脑子,怎么把这么重要的事给忘了!"什么事?说来凑巧,3月6日这天,是那个女同学的生日!于是,石爱民急急地赶去糕点房,精挑细选为女同学定做了一款白巧克力蛋糕,他记得很清楚,以前女同学最喜欢吃这种蛋糕。

一晚的辗转难眠,石爱民终于盼到天亮。女同学约定上午九点左右到达,石爱民八点不到就开车出了门,来到糕点房取了蛋糕。盼星星盼月亮,终于盼来了女同学的电话:"老同学,我上午赶不过来了,真不好意思,下午吧,下午争取快点赶到,我们不见不散。"

下午也好啊,挂了手机后,石爱民调转车头,把蛋糕也拎了回去。他怕蛋糕放在车里会闷坏,如果变味了该多尴尬啊,而且他早就编好了对付老婆的故事,如果老婆问起,就说同事生日晚上聚会,买个蛋糕表示一下,顺便以此为借口"请假"。

回到家,石爱民发现家里没人,想起他在市里住读的儿子今天放假,估计老婆是去了菜市场。他闲得无聊,把蛋糕搁在桌上,上街溜达去了。直到午饭时间,石爱民才慢悠悠地回来,看到正在饭桌上狼吞虎咽的儿子,忍不住一笑。就在那一瞬间,石爱民脸上的笑容僵住了:搁在桌上的蛋糕居然开了封,端端正正地摆在饭桌上,还被切下了一大块!

这会儿老婆还在厨房做菜,石爱民火冒三丈,虎着脸问儿子:"这蛋糕谁动的?"儿子没停嘴,边吃边回答:"是我,我切了一块给老妈吃。"一个蛋糕算不了什么,问题是现在再去定制,肯定来不及啊!眼见自己好好的计划被毁了,石爱民急火攻心,没通过脑子的一句话脱口而出:"谁叫你切蛋糕给她吃的!"儿子疑惑了:"切蛋糕给老妈吃怎么了?"石爱民没法回答,气鼓鼓地立在原地。

这时,老婆端着最后一盘菜从厨房里走出来,开饭了。石爱民无滋无味地吃过午饭,正在想怎样换个法子庆祝女同学的生日时,手机响了,是那个女同学的声音:"抱歉啊,老同学,我被人半路劫走了,哎呀,人家非要招待我,想走也走不了,我们以后有缘再聚吧,记得常联系哟!"

正失望着,儿子凑了过来,神神秘秘地说:"爸,你这事儿干得漂亮,不过也不用那么死板,一家人嘛,随便点才好,蛋糕切了就切了,不用等你回来动手,搞得那么正式吧?"

石爱民愣住了:"说什么呢,云里雾里的?"儿子笑着说:"不就是过个三八妇女节么,你想得挺周到,还挺节约的,趁着我放假回家,提前买蛋糕给老妈过节,一举两得,不过,老妈过节的礼物你想好了没有?我想就买化妆品吧,你看老妈的脸……"

石爱民一怔,看着正在弯腰拖地板的老婆,他的心像被人揪了一把。对啊,再过一天就是妇女节了,这么多年,妇女节就那么稀里糊涂过去了,他从来没给老婆庆祝过,可老婆却从未提起。平时脸撞脸,石爱民没关注老婆,这会儿他才发现,老婆笑的时候一脸皱纹,简直像个老太婆。

石爱民呆了半晌,突然小声问儿子:"知不知道什么牌子的化妆品好?"儿子应道:"先别忙,待我上网查查,再入手不迟。"石爱民眼一红,微笑着点了点头。

洗了把脸后,石爱民头脑清醒,禁不住暗自庆幸,幸好那个女同学失约,否则……想到此,他忍不住叹了口气,心想:女同学一个电话,就能叫自己欣喜若狂,老婆与自己同甘共苦几十年,默默付出任劳任怨,自己却不当回事,这合适吗?

石爱民轻轻拍了拍正在上网的儿子,说:"有个事要嘱咐你,从今往后,你要牢记你妈的生日和节日,必要时记得提前提醒我一下。"

儿子笑了:"爸,怎么突然开窍了,你以前可从不提这个。"石爱民若有所思地说:"你记住就是了,人要学会感恩,就从感恩你妈妈开始,这就算是我们的家风吧……"

关键词：婚姻

> 夫妻之间既要互相帮助，也要坦诚以对，这才是婚姻长久之道。

漂流的手机

杨 航

王小兵是个快递员，有一天他派件时碰上了个疑难件，收件人叫周俊，可收件地址却查无此人；再看寄件人信息，只有几个简单的草字，连电话号码都少了一位。这个包裹在王小兵这搁了几天也没人来问，王小兵不由动了小心思：干脆自己签收得了。

王小兵当真把包裹带回了家，可一看到妻子，他就慌了神。原来，王小兵的这份工作是妻子丽梅托人费了好大功夫找的，丽梅知道丈夫有爱贪便宜的毛病，在小兵上班前，就对他千叮咛万嘱咐，说千万不能捅娄子。如今虽然他带回的只是个"无人件"，但如果让丽梅发现了，少不了一顿训。王小兵趁妻子进厨房的工夫，迅速把包裹塞到了沙发下面。

到了夜里，等妻子睡着后，王小兵蹑手蹑脚从沙发底下掏出包裹，一闪身钻进卫生间，将包裹拆开了一看，里面是部智能手机，外加一个充电器。王小兵拿出手机正准备细看，手机竟然响了，有来电！王小兵吓了一跳，电话里传来一个女人低沉的声音："王小兵先生，你好！"王小兵感到毛骨悚然，他努力保持镇静，回了一句："请问你是?"

"我是这个手机的主人,王先生,你对这个手机感觉怎么样?满意吗?"王小兵赶紧想撇清:"什么王先生,我姓周,叫周俊,你弄错人了!"

"别激动,王先生,我既然能道出你的姓名,自然是不会弄错人的。王先生,现在这个手机在你手上,说明和你有缘,既是有缘,你就是它的新主人了。"王小兵听傻了,对方好像是无所不知,他不禁问:"这究竟是怎么回事?"

"你一定听过漂流瓶的故事吧,你手上其实就是一部漂流手机,漂到谁手里,谁就有缘当它的主人。"难道真有这种天上掉馅饼的好事?王小兵将信将疑地问:"我就这么白白得到这个手机?不会有什么条件吧?"

"王先生真是个聪明人,这条件还真有一个,就是你要为这个手机一次性充值九千九百九十九元。"

王小兵心里咯噔一下,这一下子要存近万的话费,听着总是不太靠谱,他打起了退堂鼓:"那我还是不要了,不要总行吧!"

"不要也行,你将它原样邮走,让它继续漂流,不过为了让它保持通话畅通,你必须为它充满电,另外再充九百九十九元的话费。"

不要也得充九百九十九元,这不是打劫吗?王小兵不想玩了,说:"收件人周俊到底是谁?你告诉我,我直接把手机交给他!"那边也传来不耐烦的声音:"王先生,今天的通话到此结束,是弃还是留,请谨慎选择。对了,王先生,别耍小聪明哦,私拆包裹可不仅仅是丢饭碗的事……"一阵冷笑后,不待王小兵回应,对方挂断了电话。

王小兵惊出一身冷汗,对方最后一句话分明是在威胁他,要是自己没按要求去做,后果恐怕不堪。可这个神秘人到底是谁呢?她怎么知道接电话的不是周俊而是他王小兵呢?王小兵不禁打了个冷颤。

一大早,王小兵向公司请了半天假,约了好兄弟张卓出来商量对策。王小兵将事情从头到尾都交代了,然后苦着脸说:"兄弟,这事够诡异吧,你快帮我分析分析。"

张卓一听,哈哈大笑道:"这事依我看,是你小子走桃花运了,八成是哪个女的看上了你,想着法子要跟你谈情说爱呢!"

王小兵直摇头:"亏你想得出来,对方也没逼我留下手机,不留下手机怎么谈情说爱?再说我可是有家室的人。你说我会不会是得罪什么人,人家给我下套呢?"

张卓收起玩笑,认真起来:"要是报复的话,现在对方有证据了为什么不行动?干吗要拐这么大的弯让你充话费呢?我看事情没那么简单。"看王小兵不住地点头,张卓接着说:"我们不妨查一下那手机卡,既然是部漂流的手机,也许能从中查出点什么来。"王小兵接口道:"你在电信公司不是有熟人吗,走,我们这就查一查。"

两人来到电信公司,一查都傻眼了,那个手机卡里,竟然真的有近千元的话费,看来那个女的似乎所言非虚,而身份信息一看就是假的。王小兵喃喃道:"难道这确实是部漂流手机?她是靠什么抓住每一位经手人的把柄,让他们一个个乖乖地给手机充费呢?"

"你应该是遇到了一个手段高明的女黑客,这手机里八成安装了木马程序,所以她能时刻监视你的一举一动。"张卓试玩了一下手机,拍了拍王小兵的肩,说,"兄弟啊,你千不该万不该,不该私拆这包裹啊,让人抓了把柄。我看,要不你还是老老实实地充点话费,把它送走吧。"说完把手机归还给了王小兵,并朝他诡异地笑了笑。

王小兵接过手机,叹口气道:"唉,看来也只能破财消灾了,都是贪心害死人!这件事千万别让你嫂子知道啊。"张卓说:"兄弟,吸取教训就是,以后不能干的事坚决别干!"王小兵听得脸上火辣辣的,憋屈极了。

王小兵咬牙刚交了话费,手机就又响了起来:"王先生,刚看到你给手机充了值,看来你是选择让它继续漂流了。那请按我说的做:将手机原样包好,在中午十二点之前将它寄给一个陌生人,为了保证此件不会被退回你手里,你必须匿名,收件人的地址必须是真实的,等手机漂流到下一个人手中后,我就不会再骚扰你了,放心,你私拆包裹的事,也就无人知晓了。"

还和上次一样,对方说完后"喀嚓"挂断了电话,还好王小兵开了免提,张卓把通话内容听得一清二楚。他说:"兵哥,你真的照她说的去做吗?要是那样岂不是也成了害人吗?"王小兵说:"你以为我想啊,我现在是身不由己!"

张卓凝神想了想,一拍大腿:"我有个主意,我们干脆把它寄给一个用得上的人。你先前跟我说什么来着,这包裹本来的签收人叫'周俊'?巧了,我上次出差就认识了一个叫周俊的老板,他说他每月的话费都好几千,我正好有他的名片,你就把这个包裹寄给他。"说着掏出钱包找起名片来。

王小兵一看名片,大喜过望:"还真叫周俊,这太好了!现在我把包裹寄给这个人,某种程度上,也算是'物归原主'了。"说做就做,王小兵将手机按原样封好,赶在十二点之前,将包裹寄了出去。

王小兵每天查询着快件的物流信息,直到两天后,看到快件终于被人签收了，王小兵心头的石头才算落了地。回头看看在家里忙忙碌碌的妻子，王小兵心里五味杂陈，他恨自己没听妻子的话，才惹出这一摊子事来，白白损失了钱不说，还整天提心吊胆……想到这些，王小兵心里愧疚极了。

接下来的日子里，王小兵就像换了个人，工作起来认真又卖力。这天，他一早又骑车送包裹去了。这头王小兵刚走，那头张卓就到了他家，张卓掏出了一叠钞票和一部手机递给丽梅："嫂子，这九百九十九元和手机，我朋友周俊都给寄回来了。听说这几天兵哥表现得相当不错，看来嫂子这'寄个假包裹，教育真夫君'的方法还真奏效了！"

丽梅扑哧一笑："他这个人不经堑不长智，工作来之不易，就得让他受个教训，避免他日摔大跟头。等过了这阵子，我找个机会再把真相告诉他，夫妻之间既要帮助，也要坦诚，你说对不？"

张卓佩服地说："嫂子你还真行，为了把戏演足，连变声软件都用上了……"丽梅得意一笑，给张卓递来一杯果汁。

屋里两人举杯庆祝行动成功，而此时，王小兵的脸上也挂着微笑，正穿梭在大街小巷，一丝不苟地认真派着件……

关键词:婚姻

> 爸妈老了,他们生活的重心是孩子、家庭。那他们年轻时,又是如何谈恋爱的呢?不妨问问他们,也许他们会教会你爱情的责任。

那年月的爱情

童树梅

章程要结婚了,忙着大扫除,一天,他在妈妈的一大堆旧物中发现了两封信,用棉布包着,奇怪的是,信口封得好好的。两封信都有些发黄发脆,看上去有些年头了,一看署名,竟是爸爸写给妈妈的。两封信发出的时间只相差几天,而且是爸爸在前线当兵时寄出来的,那时爸妈还没有结婚。

这是爸爸写给妈妈的求爱信吗?可是妈妈为什么都没拆开?章程很好奇,趁爸妈上街买结婚用品的时候,想着先拆开看看再说。按照日期先后,章程先拆开了第一封,这一看,让他大吃一惊:这封不是求爱信,而是分手信!信的大意是:有位首长的女儿看中了爸爸,爸爸经过认真思考也觉得自己和妈妈不合适,于是提出分手。章程想,爸爸这么一个不起眼的本色农民,竟然还有首长的女儿看上过他,那最终又为什么还是跟妈妈结了婚呢?

答案或许就在第二封信内!章程立马拆开了第二封,果然,这是一封悔过书:"梅,我说了假话,根本就没有什么首长的女儿看上我,我说假话是因为我要上前线蹲猫耳洞了,我怕自己回不来,更不想你因为我误了青春,所以才狠心写了那封信,谁知刚换防上前线没两天两国就停战了。但愿还来得及,请你千万要原谅我……对不起!"

章程看完两封信,一时间哭笑不得,正呆呆地出神,爸爸捧着大红喜字先回来了。章程迎上去,抖着那两封信,故意板着脸说:"爸,看你干的好事!"爸爸先是一愣,等看清楚了,脸色一下子变了,叫道:"这、这、这是哪来的?"

章程说了发现信的经过,爸爸一听,长长吁了一口气,说:"当时可把我吓死了,生怕你妈一怒之下再也不理我。还好,直到我退伍回来,你妈对这两封信都只字未提,我还以为信没收到,现在我知道了,信是收到了,可你妈当时或许有其他原因,随手一扔忘了看,老天保佑,幸亏没看!"爸爸最后说:"信给我,一定不能让你妈看到,不然我后半辈子别想安生了,什么首长女儿,我会被她笑死的!"

爸爸揣好信上楼贴大红喜字去了,这时妈妈拎着喜糖刚到家。

章程不太满意这件事的结局:爸爸煞费苦心地编造谎言,写了这信,妈妈竟没看!于是,他决定"出卖"爸爸,当即上前对妈妈说:"妈,爸当兵时写给你的信,几十年了你看都不看,也太粗心了吧?"妈妈也是一惊,问:"什么信?"章程一撇嘴:"就是我在你杂物堆里找到的那两封,用棉布包着的……"妈妈突然紧张起来,说:"信呢?你没告诉你爸吧?"章程一见妈妈这反应,随口扯谎道:"信被我收起来了,我还没来得及告诉爸……"

妈妈用手拍拍胸口,说:"那就好,千万不要告诉他!你爸来的信,我哪能不看呢?"

接着,妈妈讲了起来:"那年月收到你爸寄来的信,我哪舍得撕开?总是小心地用水一点点弄开信口。可看过第一封后我哭了两天,死的心都有了。幸亏没两天第二封信到了,原来是扯谎,吓死我了!我装作从没收到过信,把信重新粘好收起来,不让你爸看到,省得他老脸没处放……儿子,永远别跟你爸说穿这事,听到没有?"

  章程一遍遍回味着这事,上了楼,发现爸爸正在忙,便上前说:"爸,信呢?"爸爸一瞪眼:"干什么?不是说过不让你妈知道的吗?"章程动情地说:"这两封信我要永远保存,代代传下去!我也是个要结婚的人了,要向你们学习,永远对爱的人多些承担……"

关键词:婚姻

> 男人多少都会藏些私房钱,有些妻子对其深恶痛绝,其实大可不必,因为藏私房钱说明男人懂得家庭和睦……

幸福密码

李 锦

明天就是周末了,张晓天摸了摸口袋里私扣的二百块钱,心里十分高兴。近一段时间,他跟公司几个同事组成了一个"舌尖上的美味"聚餐联盟,每月去一家城中有名气的饭店,品尝一下那里的特色菜肴。大家都不是有钱人,为了公平起见,会餐轮流做东。这次该张晓天请客,他为此准备了三四个月,因为这种纯粹享受的钱,老婆翠兰是不会给报销的,他不得不动用自己的私房钱。

"家和万事兴",张晓天常常听父母提起,现在经手过日子,他更明白其中的道理。两口子收入都不高,既要还房贷又要拉扯孩子,老婆对钱就攥得特别紧,张晓天想乱花个钱很不容易。偏偏他这个人又特别重情义,为了不惹老婆生气,他也藏起了私房钱,有了私房钱,他日子过得顺当多了。

下班回到家,张晓天把剩下的奖金交给了翠兰,递给她时还开起了玩笑:"老婆大人在上,老公奉命把本月全部奖金奉上,请查收!"翠兰一边骂他贫嘴一边把钱装进腰包。交了差,张晓天急忙走进书房,把口袋里钱与原来私房钱放在一起。

当张晓天翻开藏钱的《英汉大辞典》后,不禁傻了眼,钱明明放在书里面,怎么说不见就不见了呢?他又把书细细翻了一遍,还是什么都没有!不好,肯定被老婆端窝拿走了。钱一入老婆的手,再要回来就难了,如果实话实说,背着老婆藏私房钱,老婆肯定会发威的,钱要不来不说,以后再藏钱就不那么容易了。明天就要会餐了,钱没了,拿什么请客呢?

一番思索之后,张晓天想到了一条妙计,他拿出手机,拨通了同事小王的电话,求他帮个忙,就说钱是小王准备买手机的,暂时放在他这儿。小王满口应允,说一会就去他家里拿钱。

张晓天把接下来要做的事在脑海中过了一遍电影,自认为天衣无缝后,便走出书房向老婆摊牌:"老婆,我夹在《英汉大辞典》里的一千块钱,你见了没有?"翠兰倒是爽快:"钱被我拿走了!上午翻辞典查个英语单词时,发现里面有钱,正好我急用,就拿走了。钱从哪里来的?是不是背着我藏了私房钱?"

"这是哪里话?老婆大人这么英明,哪需要我藏私房钱呀?这钱不是我的,是同事小王的,他一会就来拿。告诉你个秘密,千万不要对别人说,这些钱是小王藏的私房钱,他怕被老婆发现了,便托我给他保管着。你知道的,小王平时是最怕老婆的!"张晓天讨好似的解释道。

"既然是小王的钱,那就等他来了,我再给你!如果你说谎骗我,我可跟你没完!"翠兰半是玩笑半是训斥。张晓天胸有成竹,微笑着点点头。

很快大半个小时过去了,迟迟不见小王的身影,张晓天等不及了,便拨打他的手机,听筒里却传出"你拨打的电话已关机!"的声音。这家伙怎么回事?关键时刻掉链子。张晓天心想:不管他来不来,这一千块钱必须要回来,不然明天的事怎么收场?

张晓天知道老婆心软,经不起软磨硬泡,于是便用请求的口气说:"好老婆,赶紧把钱还给我吧!我好给小王送去,说好了要来的,到现在没来,手机还关机,肯定是遇到了什么当紧的事。你不给钱,到时见了小王,我多没面子!你总不能看着你老公被别人取笑吧?"

要是以往,估计翠兰早就点了头,可这次不知为什么,她死活不同意。不管张晓天怎样说,她横竖都是那句冷冷的话:"既然你一口咬定钱是小王的,就让他来找我要好了!"

看样子老婆是王八吃秤砣——铁了心,张晓天决不能低头认输,否则钱就一分也要不回来。不过,虽然他人高马大,可却没有对老婆动手耍横的习惯,既然小王不愿来帮忙,那就直接去岳父岳母家,告老婆一状,也让她知道自己不是任人拿捏的软柿子。岳母很喜欢张晓天,平时跟老婆闹点小矛盾,她说话总是向着他。

到了岳父岳母家,两个人都在,张晓天嘴如连珠炮,把事情的经过跟二人来了个竹筒倒豆子,中间还添油加醋地说了不少翠兰的不是。

岳母听了,不仅没帮他说话,反而冷冷地说:"这钱是小王的还是你的?这点你没说实话吧?夫妻之间应该坦诚相待,你做到了吗?女人最忌讳的就是最亲近的人骗她,好端端地过日子,藏什么私房钱?女人掌钱持家,钱把子攥得紧,那是知道节俭,会过日子,如果都像你们男人那样,有再多的钱也经不起花。你看看你岳父,一辈子了,什么事都与我商量,也从没跟我撒过谎……"

张晓天一下子由原告变成了被数落的对象,因心里有鬼,说他的人又是岳母,他不敢进行反驳,只得低头听着,并后悔自己怎么就来了这儿。

岳母的训导还没结束,楼下有个老太太喊她去跳舞,她才收嘴出了门。她前脚出门,岳父就抱怨开了:"你怎么这么不小心?一点钱都藏不住!既然被发现了,拿出来交公不就行了,干吗斤斤计较,惹得大家都生气?如果急用,不能再想别的办法吗?"

"你们怎么知道这钱是我的私房钱?"张晓天疑惑地问。岳父叹了口气说:"你以为自己很聪明,随便找个人挡一下就能过关?你没到之前,翠兰就打来电话,说你藏了私房钱还要来告状。当时她妈问她如何断定是你的私房钱?翠兰说你在书房给小王打电话时她偷听到了,她给小王媳妇打了电话,让她管好小王。现在知道为什么小王没去你家还关机了吧?"说着,他从内衣口袋里掏出一沓钱交给张晓天,"这是五百块,你先拿着用吧,不够,就再想其他办法。"

"不!不!你留着吧!"张晓天急忙推辞。岳父把钱强行往他手中一塞,说:"拿着吧,我知道你急用。这些钱都是平时你和翠兰的弟弟偷偷孝敬我的,现在我用不着。不过这事千万别让你岳母知道,不然她会生气的!"

张晓天还想再推辞,手机忽然响了起来。他收起钱,接了电话,是母亲打来的,让他赶紧回家,说有急事找他。他急忙辞别岳父,匆匆赶回父母家中。

进了门,母亲对张晓天怒目而视,他屁股还没沾上板凳,暴风骤雨般的训斥就开始了:"你说说你干的这叫啥事?偷偷摸摸地藏钱,到外面胡乱花!每月房贷要还,还要拉扯孩子,一块钱恨不得掰成两半花,人家翠兰,一年都舍不得添件衣服,你还有心思偷花钱?你爹和我生活了这么多年,从没见他背后有什么小九九!你倒好,好的东西不学,专走歪门邪道,净惹事找气生!……"

不用说,翠兰肯定跟母亲说了他不少坏话,张晓天心里很窝火,不就是藏点私房钱吗?至于这么小题大做?回去一定要好好教训教训她，不然以后在家里就没地位了。主意打定后，他低着头一声不吭。直到母亲说累了，才让张晓天回家。

张晓天刚出门，父亲便跟了上来，他语气温和地说："今天这事是不是感到很生气？如果你有准备回去大吵大闹的想法，那就大错特错了。藏私房钱说明你懂得家庭和睦，有些事不想惹翠兰生气。虽说想法是好的，可私房钱却见不得光，既然露了馅，你就认个错得了。翠兰只是向我们告状，并没拿这事跟你闹翻天，就已经给你留面子了。作为男人，肚量大一点，要处处让着媳妇，让她觉得你的好，不管穷富，两个人和和睦睦，日子才能过得舒坦一些。"

父亲的话说在了张晓天的心坎上，回想起小时候一家人幸福的生活，他心头之气渐渐地消散了。临分别时，父亲往他手中塞了一团东西，便匆匆离去，张晓天一看，竟然是一沓钞票。不用说，一定是父亲救急用的私房钱。

一路之上，张晓天早就想好了道歉的话。进门之后，他态度真诚地向老婆赔不是："老婆，是我错了，我不该藏私房钱，更不该编谎话骗你。其实藏这些钱，是为了完成一个心愿，马上就是我们三周年结婚纪念日了，我想买个手机送你，你手机太旧了，该换个新的了。起先没告诉你，一是怕你不舍得，二是想给你一份惊喜！"翠兰听后，脸上露出娇羞的笑容。

第二天，张晓天如约参加了宴会。宴会上，他的名牌西服让大家赞不绝口，西服是翠兰买的，用的就是他的私房钱。从那以后，他还会存私房钱，却再没乱花过一分。

> 正所谓"一夜夫妻百日恩",可要是真的只能做"一夜夫妻",又会有多少恩情呢?

非法夫妻

杨金凤

一夜夫妻

老何是个律师,刚刚在街上挂出自己的牌子,正是要大干一番的时候,妻子却在这当口病倒了。没办法,老何只能一边忙案子,一边抽空到医院照顾。

来了几天医院,隔壁病房的一对乡下小夫妻引起了老何的关注。听护士说,他们是刚成婚的小两口,头天晚上进的洞房,第二天新娘就病倒了。一查,新娘患的竟是一种不治之症,医生说最多只能活六个月。也就是说,这对小夫妻注定只能做一晚上的夫妻了。

这天,老何照顾完妻子出来,刚好看见隔壁那位倒霉的新郎坐在走廊上,他长得挺憨厚,双手捂着脸,头发乱蓬蓬的,一副沮丧透顶的模样。

老何在他旁边坐下,跟他套起话来。一来二去,两人就算认识了。新郎叫石头,娶的是邻村的二妞。石头家的家境在他们村算是好的,办这门亲事花了两三万,没想到刚度过了一个洞房花烛夜,老婆就得了这绝症,医药费又花了两三万,几乎把家底掏空了。

老何安慰了石头几句后,习惯性地用法律思维沉思了片刻,心中一动,问道:"你们登记了吗?"

"登记?"石头摇摇头,"还没有,我们那里都是先拜堂,登记以后再说。"

"有解救!"老何眼睛一亮,一拍大腿,"你们还没登记,在法律上仍不是合法夫妻。也就是说,在法律上,你完全可以不承担这个责任和义务……"

石头听着,也是眼睛一亮:"真的?"接着眼神又黯淡下来,叹息道,"可我们到底拜过堂了呀。在乡下,拜了祖宗,入了洞房,那就是两口子了,生是你的人,死是你的鬼!"

老何微微一笑:"小伙子,你还是不太理解呀!你那是习俗,咱讲的是法律。"他耐心地给石头上了一堂普法课。石头听了半晌,脸色变得犹豫起来。

老何又想了想,突然灵光一闪,问道:"小伙子,你有没有想过,你老婆知道自己有病,所以才跟你结婚的?"

这话一说,石头立刻惊呆了,茫然地摇摇头。老何就给他分析:石头家家境在当地算不错的,石头人好老实,而他老婆家属于贫困家庭,而且他们只见了一次面,女方就一直催着他赶快选日子成亲,这足以证明女方家是有预谋的。

石头听着听着,脸色变得铁青。突然,他猛地站起来,大步走进病房,气愤难平地责问妻子:"你老实告诉我,咱们成亲前,你是不是已经知道自己得病了?你们家是不是故意来坑我的?"

妻子二妞的脸顿时惨白如纸,她惊恐地望着石头,说不出话来。石头狠狠地一跺脚:"你说呀!到底是不是?有你们这么坑人的吗？"

二妞移开眼光,望着别处,眼泪一下子涌了出来,好半天才哽咽着说:"石头,我对不起你……这是媒婆出的主意……我和我爹本来也觉得不能害人,但我爹实在没钱给我治病,我也不知道,我这病原来治不好的。要是晓得治不好,说什么我也不能害你啊!"

石头听罢,愤怒地吼了一句:"我打死这个老媒婆!"

二妞擦了擦泪水,平静下来,说:"石头,你回去吧,别管我了,就当咱们没成过亲。我不会怨你,真的!我欠你的,下辈子再还你吧……"

石头没有说话,只是胸脯在激烈地一起一伏,他咬了咬牙,扭头走了出去。

两人失踪

老何拉着石头,重新在椅子上坐下,说:"你瞧,我猜得一点儿没错吧?"接着,他给石头出主意:他这桩婚事,在法律上有诈骗的嫌疑,幸好对石头最有利的一点是,他们还没有登记,不是合法夫妻,石头非但不用承担做丈夫的责任和义务,还可以向女方家追回彩礼和医药费,甚至可以要求他们赔偿自己的精神损失。

石头听罢,抱着脑袋想了半天,喃喃道:"这样不太好吧?怎么说,我们也是拜过堂的,而且、而且,也真做了一晚夫妻……"

老何一听,简直感到石头有些不可理喻了,他不禁提高了声音:"你怎么老想着拜堂?这根本是两码事!我可以用脑袋担保,你这个官司百分之百可以打赢!"说罢,摸出一张名片递过去。

石头接过一瞧,惊讶地说:"原来你是律师?"

老何点点头,拍拍他肩膀道:"记住,千万不能意气用事,要一步步按照法律程序走,如果有需要,随时找我。"说完就走了。

回到律师事务所,老何显得很兴奋。他是个半道出家的律师,自己的律师事务所刚开张,正是迫切需要在这个城市打响名头的时候。石头这桩案子太特殊了,他只要接下来,然后请几家媒体,炒上一炒,他也就算成名了。

第二天一早,老何来到医院时,却发现石头不见了。老何忍不住问床上的二妞:"请问,你爱人呢?"

一问,二妞立时泪如雨下,扭过脸轻轻说了句:"他回去了……"

老何不禁皱起了眉,他担心石头跑回去找女方家兴师问罪,万一他们双方悄悄地私了,那还用他这个律师干什么?

到了傍晚,老何再去医院时,却听见护士那里炸开了锅,原来二妞也不见了。

老何的心提到了嗓子眼,二妞这身子骨,一个人跑去外面,能活几天?二妞一死,这个案子的轰动性恐怕就大打折扣了。

正在这时,只见石头急匆匆地回来。老何忙一把拉住他:"你老婆跑到外面去了,快把她找回来!"

石头大吃一惊,飞快地冲进病房一看,果然见床上空空的。他急坏了,转身就跑了出去。

过了一晚,老何又来到医院,发现二妞被找回来了,面无血色,奄奄一息的样子。石头正手忙脚乱地给她梳洗,一边忙乎,一边喋喋不休地骂她:"你跑什么呀?我又没说不管你,你以为我就这样扔下你吗?"二妞怔怔地听着,只知道流泪。

老何在外面等了一会儿,等石头出来了,就拉他坐下,责备道:"你跑回家是不是找媒婆算账去了?哎呀,我告诉过你,一步步都得按法律程序走,你这样于事无补!"石头疲惫不堪地叹了口气,说:"我哪有时间去找媒婆算账?我这趟回家是去拿钱的。"

老何一听,感到很意外,接着问他准备怎么解决这件事。

石头烦闷地挠着头发,说:"我现在脑子乱得很,真的不知道该怎么做。何律师,你让我好好想想吧。"

老何提醒道:"你要抓紧,因为你老婆的病说不准,随时都有可能……人一走,事情就麻烦得多。"石头默默地点点头。

法律背后

又过了几天,老何看见石头仍旧像过去那样,跑前跑后地细心照顾着二妞。他天天提醒石头,要趁早拿定主意。可石头依然犹豫不决,除了唉声叹气,什么话也不说。

这天,老何又来到医院,发现二妞的病床空空的,两人都不知去向。老何大吃一惊,跑去一问护士,原来他们昨天下午出院了。

老何又喜又忧,心想:石头应该是想通了,他让老婆出院,估计是要送回娘家去。但不知道这个石头会不会照他说的话做,会不会记得找他。事情到了这步,老何只能耐心地盼着石头打电话给他了。

过了两天,石头还没有打电话来,老何不禁着急起来。想来想去,他往医院打了个电话,试着问问医院有没有石头的地址。

结果让他很意外,院方说,早上石头把二妞送回医院了。他立刻风风火火地赶到医院,找到二妞的病房一看,果然见她好好地躺在床上。才两天不见,二妞的病仿佛一下好了许多,她穿着红艳艳的衣服裤子,头发梳得很漂亮,原本没有一丝血色的脸,竟然也有了些红晕,眼睛里闪着活泼动人的光泽。

老何怔了怔,没看见石头,就笑着问二妞:"你看起来好多了,你爱人呢?"

二妞一听,有些嗔怪地说:"他呀?出去买东西了,我不让他买,用旧的就行了,他非要买……"她脸上带着笑,眼里却默默地流下幸福的泪水来。

老何暗暗称奇,坐在走廊里等石头。过了一会儿,只见石头提着个大袋子,从外面大步走了进来。

老何喊住他,迫切地问:"小伙子,你是不是找过女方家了?谈得怎么样?"

石头笑了笑,说是陪老婆回了趟娘家,但什么也没谈,因为乡下有个习俗,新娘子婚后两天要回娘家住,他们已经迟了。

"是这样呀,"老何沉吟一下,问,"你……你们怎么又回来了?"

石头淡淡地说:"我知道,花再多钱也是治不好的,但总不能丢在家里等死吧?怎么说,我们也是拜了堂的,到底做过一夜夫妻,钱花了就花了吧,以后再挣。"

老何不敢相信地瞪大了眼,心里好一阵子失望。他苦苦等待着这个机会,想不到这傻小子竟死钻牛角尖转不过来,看样子,注定要当这冤大头了。这么一想,他气愤地说:"小伙子,你这样做的确有情有义,但我作为一个法律工作者,并不支持你这样做,这样对你很不公平,在今天这个社会,每个人都应该根据法律得到自己应得的权利……"

石头低着头,听老何滔滔不绝地说了一阵,忽然生气地打断他的话:"法律法律,什么都讲法律!法律重要,难道良心不重要吗?"说着,回头一指病房门口,眼睛立刻湿了,"她也就几个月的命了,还有什么值得跟一个快死的人计较的?何况她还是我老婆,我就想让她高高兴兴过完剩下的日子,也不枉我们做过一夜的夫妻!"说完,从怀里摸出两本红彤彤的本子。

老何接过来一看,一下子愣住了,这两个红本子,竟是他们的结婚证!

石头把结婚证拿回去,"啪嗒",结婚证上滴上了两滴眼泪。他小心翼翼地抹了抹,塞回怀里,抬头说道:"何律师,说起来也要感谢你,谢谢你提醒了我,我们现在是合法夫妻了!"说罢,头也不回地迈进了妻子的病房。

关键词：婚姻

> 婆媳矛盾自古以来就是家庭和谐的拦路虎，这不，汪家儿子要为了媳妇儿动手杀老娘啦！可在这之前，他有一个要求……

诓妻计

俞恒祥

青山大队有家人家，男的叫汪善能，在县农机厂工作，家里还有三个人：母亲汪大妈、妻子王桂花和儿子小军。汪大妈和王桂花这婆媳俩，关系紧张得要命，就像天上的阴电和阳电，只要碰在一起，便是电闪雷鸣，倾盆大雨。真是大吵三六九，小吵天天有，钉头碰铁头，两个死对头！

却说这一天，小军不小心跌了一跤，哇哇直哭。汪大妈正好走过，刚想伸手去搀，却又一下停住了。为啥？不敢搀。因为前几天，小军也跌倒了，她去搀了一把，结果招来王桂花的一顿臭骂，说小军是她推倒的。正当汪大妈搀也不是，不搀也不是，左右为难的辰光，王桂花闻声跑来了。她一看，马上指着汪大妈骂开了："你这死老太婆，良心实在坏！我同你有气，小孩总同你没气吧？跌得这样子，也不晓得搀一把，还站在旁边看得有滋有味，跌死了你才开心呀！"媳妇一开口，阿婆也不示弱。结果，你来我去，唇枪舌剑，陈谷子、烂芝麻统统搬了出来。

正在这辰光,汪善能从城里回来了。汪善能平时很少回家,因为他每次回来,总像老鼠进风箱,两头要受气。汪善能一到,婆媳俩更像火上浇油,闹到后来,两个人统统往汪善能身上撞。汪大妈一把眼泪鼻涕说:"你是我的儿子,今天给我一句话,到底让我活不活?"王桂花一把鼻涕眼泪说:"你是孝子,多来多去多了我这个外人,我还是同你去离婚清爽。"汪善能闭紧嘴巴,一言不发。他晓得,现在这个场面,讲这个也不好,讲那个也不是,多讲不如少讲,少讲不如不讲,他索性装哑巴,随她们拉来推去,整整闹了一个下午。

到了晚上,局势才算稍稍平静下来。汪大妈被左邻右舍一顿劝,哭哭啼啼回房去了。屋里只留下了汪善能和王桂花,王桂花想:这一次,我一定要结结棍棍来一场,只要降服丈夫,老太婆就没有法子了。所以当别人一走,她又呼天抢地起来,一定要汪善能表态。汪善能坐在一旁,闷声不响,最后牙一咬,说:"好了,别哭了。这一回,我决心彻底解决。"王桂花问他怎样彻底解决,汪善能轻声说:"我左思右想,只有一条路了。我娘年纪也不小了,我想凑个机会弄死她,省得闹不清……"王桂花听了吓得一跳,眼睛瞪得像两只电灯泡。汪善能说:"是真的,我想过多次,为了夫妻和睦,现在决定这么做了。"

王桂花看看丈夫一本正经,不像讲假话,心想:这个老太婆确实是早死一天好一天,不过弄死她心里总有点慌。她问丈夫,要是被人发现怎么办呢?汪善能点点头说:"对呀,你们现在婆媳关系紧张,如果把她弄死,人家肯定要怀疑到我们头上来的。若要神不知,鬼不觉,就要做点假戏……"接着,他要王桂花依他几件事:一、明天一早向阿婆去认错道歉;二、从明天起,待阿婆要亲热,见了面,脸孔要笑,嘴巴要叫;三、从明天起,绝对不许再吵架,也不能冷言冷语。王桂花听完这些,低头不响。汪善能还告诉王桂花,明天起他要出差两个月,希望她能照自己讲的做,一定要坚持下去。只有经过这样一段时间,使左邻右舍都感到她们婆媳和睦了,等他回来再悄悄地把她弄死,别人才不会起疑心。

再说,汪大妈这天晚上躺在床上,翻来覆去一直睡不着。第二天,天蒙蒙亮,她刚想起床,房门被推开了,接着走进一个人来。她侧身一看,不禁吓了一大跳,原来走进来的是媳妇王桂花。她来做什么?汪大妈浑身起了鸡皮疙瘩。

"妈,"王桂花却亲亲热热地喊了一声,接着走上前,轻声细语地说,"昨天是我不好,惹得你老人家生了气,我……我被善能骂了一顿,现在向你赔礼认错来了。喏,这里有一碗鸡蛋茶,是刚烧好的,你快趁热吃吧,吃了消消气。"汪大妈这时怀疑自己是不是在做梦:媳妇进门八九年了,这还是第二次喊"妈"。第一次是他们成亲那天,说是新媳妇见婆婆,才喊了一声"妈"。以后她不是叫"老太婆""死老太婆",就是叫"老不死"。可今天,怎么啦?亲亲热热喊了"妈",还送来一碗糖氽鸡蛋,着实叫人有点不相信了。

王桂花把鸡蛋碗轻轻地放在汪大妈床前,说:"妈,你吃了再躺一会儿吧,早饭我会送来的。"随后就走出了房门。这第一段假戏确实难做,王桂花心里别别跳,脸上像火烧,浑身冒冷汗,双脚要软倒。

王桂花出门后,汪大妈把那碗鸡蛋捧了起来,看了又看,想了又想,总想不出媳妇为啥会变得这么快,昨天像个雷公菩萨,今天像个观音娘娘。会不会嘴上放蜜糖,心里藏砒霜呢?想到这里,汪大妈怀疑这碗鸡蛋是媳妇放进了什么毒药,是要药死自己。汪大妈把鸡蛋一放,心里说:不吃,过会儿给狗吃。过了一会儿,她又把那碗鸡蛋捧了起来,想:我活到六十六了,以前那种日子,活着也没意思,活受罪不如死了清爽!想着,她端起鸡蛋茶,连汤带水,一口气统统倒进了肚子。随后翻箱倒柜,把一些好衣裳统统穿在身上,再往床上一躺,闭上眼睛,等着肚子痛,见阎王,同老头子会面去。可是等呀等呀,汪大妈的肚子一直没痛起来,反而浑身有了力气。过了一会,媳妇又捧来了一碗粥,又是亲亲热热地喊了声"妈"。这一回,汪大妈不管三七二十一,坐起身子,接过来就吃,吃完后,又和衣躺下。整整半天,她肚子不痛,头也不昏,精神蛮好,这一下,她是真正奇怪起来了。

到了中午,汪大妈起了床,跑到灶房一看,呆住了:自己那只小灶头不见了,旁边放着一堆破砖头。这时,媳妇又跑了过来,她挽过婆婆说:"妈呀,以前都是我不好,惹得你老人家生气。从今以后,我们合在一起过。"说着,她把婆婆拉到已经摆好热饭热菜的桌子旁。汪大妈瞪大眼睛,看着媳妇,还像在做梦……

从此以后,王桂花进门一声"妈",出门一声"妈",嘴又甜,手又勤,既端菜,又送饭,弄得汪大妈心里也热乎乎起来。这真是:王桂花假意待阿婆,汪大妈真心看媳妇。汪大妈想:媳妇待我好,我待媳妇也要好;只有你好我好,大家才能好。所以,媳妇到队里参加劳动,她在屋里烧饭、喂猪、管小军,样样事情做得有条有理。媳妇回家来,她饭菜捧上桌;媳妇出门去,她家里弄清爽。她看到媳妇在外面劳动辛苦,就抢着要烧早饭,可媳妇房里有只闹钟,每天四点半闹钟一闹,媳妇就起床了,自己怎么也赶不上。汪大妈为了让媳妇多睡一会,悄悄把闹钟拿到自己房里,第二天待王桂花醒来,天已大亮,汪大妈已经将早饭烧好了。王桂花心里热乎乎,眼睛湿漉漉。这次,她是真心真意、亲亲热热地喊了一声"妈"……

一天,王桂花半夜里突然发高烧,汪大妈听到媳妇生病,连忙跑过来,把孙子小军抱到自己这边来困好,又到媳妇床前,端茶送水,天刚亮,汪大妈就请来了医生给媳妇看病。总算还好,经过医生治疗,加上汪大妈耐心服侍,桂花的病很快就好了,只是感到浑身没有力气。汪大妈就把女婿过年时送来的荔枝拿了出来,一定要塞给媳妇吃。这一下,王桂花不好意思了,坚决不要,连声说:"我们没有买给你老人家吃,还有面孔吃你的?……"汪大妈说:"什么你的我的,都是一家人嘛!你一定是做吃力了,吃斤荔枝补补力。身体要紧呀……"说着,汪大妈坐在媳妇床前,把荔枝一个个剥开,塞到王桂花嘴里。这时的王桂花,嚼着荔枝,心里甜酸苦辣的滋味都有,禁不住眼泪骨碌碌地流出来了。王桂花身体复原后,立刻去买了两斤荔枝送给婆婆,又给了她五斤粮票、五块钞票,叫她想吃点啥就去买点啥。汪大妈也感动得眼眶酸溜溜的,禁不住撩起衣襟擦眼角。

婆媳俩就这样你好我好、你亲我热地过了两个月。这一天,汪善能回来了,他一看家中情形,什么话也没有说。吃完晚饭后,他从袋里取出一只瓶子,把瓶子里的东西倒进杯子,然后倒上温开水,送到母亲房里去了。王桂花正在一旁织毛线衣,当时并不在意,待丈夫回房后,问:"你给妈吃啥东西?""药。""啥药?"汪善能压低声音说:"毒药。""啊……"王桂花浑身一抖,毛线衣都掉到了地上。汪善能一把捂住她的嘴:"你昏啦,叫那么大声!"说着,把那只空瓶递了过来。

王桂花接过瓶子一看:上面的商标标有"剧毒"两字,还有一个黑白分明的骷髅图案。她看得浑身发寒,二话不说,转身要往外跑。汪善能一把拉住她,问她到哪里去,她说叫医生来抢救,汪善能把门一堵,说:"两个月以前是怎样商量的?我这次回来,左邻右舍都说你们婆媳关系不错,这要归功于你假戏做得成功。我想条件已经成熟,现在把她毒死,谁也不会怀疑我们了。"王桂花听到这里，急得哭起来了，她"扑通"一声跪倒在丈夫面前，连连恳求，说："善能，我求求你，快叫医生来抢救吧！我们不能害死妈。以前是我不好，好多事都是误会的，妈是好人。"汪善能问："那以前是怎么回事？"王桂花说："以前是你僵我僵，越来越僵；后来是我好你也好，就好了起来。老实说，我开始是假好，后来自己也不知道是怎么回事，会真的好了起来。现在我才知道，家里有一老，真是一件宝呀……"

汪善能听到这里，一把搀起妻子，哈哈大笑起来。这时候，他才告诉王桂花，他给母亲吃下去的，并非什么剧毒药，而是治腰痛病的活血药。他要弄死母亲完全是假的，不过是想了个"诓妻计"，希望婆媳能你好我好，从假好变真好。这下，王桂花才大梦初醒，她连连捶着丈夫的背脊，说："你……你倒好，原来是捉弄我呀！"汪善能说："不是我捉弄你，而是教育你，不过方法不同罢了。"说着，夫妻俩都哈哈笑了。

> 妻子受了委屈,丈夫应该挺身而出,这没错。可这时,妻子是应该在一旁摇旗呐喊、火上浇油?还是应该和气劝解,退一步海阔天空?

比比谁是贤妻

种豆人

今天是刘应强去武术学校进行培训的日子。刚上完一堂课,刘应强突然接到他老婆范春花的电话,范春花在电话里哭哭啼啼地说被人欺侮了,让刘应强去帮她出气。刘应强是个火暴脾气,挂了电话,跟老师请了假,直奔老婆说的地点。

刘应强一到,范春花扫了身后的粮食店一眼,把事情经过一五一十地说了。原来今天一大早,范春花赶到菜场附近摆摊,她的摊位正好挡在一家粮食店的门口,粮食店的瘦老板很不高兴,对范春花嚷道:"这位大嫂,你怎么能把摊子摆在我家店前呢?你这样我们还怎么做生意?"

范春花好容易才把摊子摆好,她不服气地说:"凭什么?这儿虽说是你家门口,却是公家的地,你管得着吗?"瘦老板见跟范春花说不通,就作势要上前收她的摊子。范春花一看急了,她扑上前就挠了瘦老板一下,瘦老板猝不及防,一下子被她挠破了脸,他不由也火了,向范春花高高举起了拳头……

刘应强听到这里顿时怒了,就要冲进粮食店去,却被范春花一把拉住了:"算了吧,那家伙刚刚出去了,现在店里只有他老婆……"但刘应强哪里肯听?他冲到粮食店里,看到一个女人正在喂孩子吃奶,便不由分说,"啪啪"给那女人两个巴掌,女人被打得莫名其妙,她怀里的孩子也吃了一惊,吓得哇哇大哭起来。这时,范春花忙拉住他,说:"她男人不在家,你别难为她一个女人了,这门面上有他的手机号,你打过去骂骂他!"

刘应强听了,果真在门面招牌上找到了瘦老板的手机号,拨通后就破口大骂,那边的瘦老板也不是省油的灯,两人各不相让地骂了一通,最后刘应强撂下一句狠话:"咱们走着瞧,老子定要你尝尝我的厉害!"瘦老板也不甘示弱:"有本事等我晚上回来好好算账!我还怕你不成!"

范春花见势不对,连忙拉着刘应强回家,刘应强看着忐忑不安的妻子,就安慰她,拍拍她的手,说:"你真是我的好贤妻,跟着我吃了这么多苦,还处处为我着想……但你别怕!现在我好歹也学了几天武术,只要有人敢欺侮你,我一定要为你出这口气!"

范春花迟疑地说:"要不就算了吧?反正你也打了他老婆,我们又没吃亏……""那哪行!他小子敢跟我说狠话,我绝不能轻饶他!"范春花看着老公,欲言又止。

等到晚上,范春花把刘应强看得死死的,不让他出门。等范春花睡着之后,刘应强偷偷起身,出了门。刘应强来到粮食店门外,已是深夜,他给瘦老板发了条短信:老子来了,就在你家店门外,有本事出来跟老子拼个你死我活!

刘应强发完短信就后悔了,听早上通话的口气,那瘦老板恐怕也是个血性子,两人真打起来,总有人会吃亏,再说两家的孩子正在嗷嗷待哺,万一有个好歹,两个家可怎么办? 就在这时,手机振动了!对方回信息了!

刘应强的手不由哆嗦起来,等他打开信息一看,他竟然乐了,只见回复内容是这样的:哥们,何必苦苦相逼呢?大家都是做生意混碗饭吃的,相逢一笑泯恩仇吧!

见对方说了软话,刘应强顿时强硬起来,马上回信息把对方狠狠地骂了一顿,直骂得对方体无完肤。

没想到那瘦老板还真是个软骨头,骂他也不恼火,反而告诉刘应强哪里是本市摆地摊的地点,每天只收两块钱的管理费,生意还很火,还回复给他一个"笑脸"的表情。

刘应强知道对方不会出来跟他打架了,于是得意扬扬地回去了。

第二天一早,刘应强把昨晚的事告诉了范春花,中午,范春花真的跑到瘦老板说的那个地摊市场去看了,那里果真和瘦老板说的一模一样。刘应强不免有些得意,逢人就吹自己是怎样用一条短信吓趴了一个瘦鬼,让他"招供"出了这个市场信息。

这天晚上范春花收摊回来,突然对刘应强说:"不如我们买点礼物去看看瘦老板和他老婆吧?"刘应强一脸吃惊:"你说什么?"范春花说:"我现在想想总觉得不安心呢,你当时打了人家,他们还一点不记仇,还给我们指了一条明路,做人不能不凭良心啊!"刘应强鼻子里一哼:"那是他打你在先,后来又怕我打他!你以为他是心甘情愿的?"

听了这话,范春花突然不安起来:"那天是我先把摊子挡在他的门口,不过他并没有打我……他把拳头举了半天,可最后还是放下了,他说男子汉不兴打女人……"

刘应强听了不由一愣,觉得瘦老板那话像根鞭子抽在他身上,他想起自己那天打瘦老板老婆的一幕,脸上不由发起烧来。这两周的武术课上下来,他也懂了一些习武为人之道。

第二天一早,刘应强夫妻俩买了一些礼品来到了瘦老板的粮食店,瘦老板对他们的到来很诧异,他下意识地摸了摸自己脸上的那道抓痕,那可是范春花与他争执时留下的。

刘应强两口子看了看他的脸,尴尬起来,范春花歉意地说:"对不起,我上次不应该那样对……"

"文艺,你该去学校了!"她的话还没说完,就被一个女人打断了,那女人正是瘦老板的老婆,女人边说话边替瘦老板拿来了外衣。

瘦老板听了女人的话后,又照照镜子,迟疑地说:"可我的脸……"女人"扑哧"一笑,说:"你就说是猫抓的,为这个你两个礼拜都没去学校了,瞧你这点出息!"

瘦老板乖乖地穿上外衣匆匆地出去了,刘应强一看他的外衣怔住了,上面印着"骄子武术学校"几个小字。瘦老板走后,女人轻声说:"我老公并不知道我挨打的事,你就不要说漏嘴了。还有,那天我老公等你到半夜,见你没来就先睡了,你发短信时是我收的,也是我回的,你不会介意吧?"

原来如此!可刘应强眼下却顾不得多想这个问题了,他心里有另外一个疑问:"你老公也在'骄子武术学校'学武术?我怎么没见过他?"女人淡淡地一笑:"他是'骄子武术学校'的名誉校长……"

刘应强顿时愣住了,半天说不出一句话来,心想,怪不得在学校学习两周了,还没见过王文艺校长呢,原来都是自家两口子给闹的。

而范春花这时却在想另一个问题——总以为自己是个贤妻,哪知道跟人家一比,差远了!

> 夫妻之间比浪漫更重要的,是安心。

奇吻

朱美洪

夫妻吵架

夫妻接吻,本是件甜蜜事儿,但世上的事儿真难说,百雀村有这么一对夫妻,他们的接吻就有另外的名堂。

这对夫妻男的叫郭丰收,他原先的妻子死了,经人介绍,认识了外乡一个叫顾美丽的女人,这顾美丽比郭丰收小十来岁,她想男人年纪大些会疼人,就嫁给了郭丰收。

结婚后,郭丰收果然非常体贴郭美丽,连农活也不让她做,只让他在家里做点家务活儿,闲着没事,就看看电视,顾美丽喜欢看爱情片,看到电视上那些夫妻搂着接吻的镜头,心里非常向往,想,这郭丰收真死板,从来不吻我一下!

这天中午,郭丰收从田里回来,问:"饭熟了吗?"

顾美丽正在入迷地看一个言情片,电视上,丈夫下班归来,亲密地吻了一下妻子,看得郭美丽都呆了,听到郭丰收在叫自己,这才缓过神,回头一看,郭丰收满头大汗,卷着裤腿,手上握着一根赶牛的鞭子。她连忙站起身,走到丈夫跟前,接过鞭子,朝着郭丰收嫣然一笑,仰起脸,希望郭丰收能低下头吻她一下。

郭丰收诧异地瞅着顾美丽,说:"我问你中饭熟了没有,你拿我手上的鞭子干啥?"顾美丽不说话,把身子往郭丰收怀里又凑了些,仍旧仰着脸,希望郭丰收能弯下头来吻自己,郭丰收瞅着她,问:"你这是怎么了?"

天下竟然有这么不解风情的人!顾美丽气得把鞭子往地上一扔,拉长脸,从厨房端出饭菜,气鼓鼓地往桌上一扔,郭丰收瞅着顾美丽,更加觉得莫名其妙,问:"你到底咋啦?对我一会笑一会光火的,你是不是有病啊?"

顾美丽再也忍不住,冲郭丰收吼道:"你才有病呢!"

两口子顾不上吃饭,先吵了起来。这吵声惊动了村上的人,一群村妇跑到他们家门口,问他们为啥吵架,郭丰收说不出,顾美丽又不说,只扯着嗓子一个劲地哭。郭丰收看这顾美丽哭得痛断肝肠的样子,不再吭声,从地上捡起牛鞭子,拉过站在门口的一位妇女到一旁说了几句话,便下田去了。村妇们劝了一会儿顾美丽,一直劝得她不哭了,这才各自回了家。

奇怪的吻

过了半个来小时,正在地里干活的郭丰收突然吆喝一声让牛停下来,走上地头,急匆匆往家赶,一进家门,见顾美丽坐在椅子上,噘着嘴,郭丰收径直走近郭美丽,伸出沾满泥水的双手,朝顾美丽抱过来。

顾美丽一怔,将郭丰收一把推开,说:"你想干啥?"

郭丰收不理顾美丽,一把搂住她的脖子,低下头,猛地亲她的嘴。顾美丽没想到郭丰收这时候倒来吻她了,可郭丰收满脸的汗,嘴唇上还粘着泥，就不停地摆头，紧抿着嘴，不让郭丰收吻。郭丰收急了，用力抓住顾美丽，一定要凑上她的嘴亲她。

这时，刚才那群村妇又跑过来，脸上都带着惊慌，在一旁看着郭丰收跟老婆接吻。顾美丽看到这群妇女在旁边看着，非常难为情，拼命想摆脱郭丰收，可郭丰收的手像老虎钳，生生捏开顾美丽的嘴巴，硬生生把舌头伸进了顾美丽的嘴里。

郭丰收旁若无人地吻了妻子后，这才松开顾美丽，抿着嘴唇，掉头就往门外走。这群村妇全都涌进来，围着顾美丽，说："你们家郭丰收真不容易啊！他娶了你，心里可疼你了，你可别做出让他伤心的事来！"

咬一辈子

顾美丽气呼呼地说："我丈夫吻我，你们跑来凑什么热闹！你们想看接吻，还不如叫你们男人吻！"

村妇们齐齐摇头，说："你说到哪儿去了，我们才不看郭丰收吻你！"顾美丽瞅着这群没情调的女人，说："你们快走吧，别待在我家！"

可村妇们都不想走，顾美丽烦了，怒气冲冲地把她们赶出门，然后"砰"的一声关上了大门。被赶出来的村妇冲着在地里干活的郭丰收大喊："郭丰收，你快回家看看吧！"

正在地里耕田的郭丰收听了，急忙喝住牛，急匆匆朝家走。郭丰收推开家门，见顾美丽冲他一笑，脸上很不自然，急忙搂住顾美丽，低下头，拿嘴来吻顾美丽。这回顾美丽不挣扎了，她觉得丈夫还是很浪漫的，居然又从田里跑回来吻她。这时，那群村妇又一起涌进来。顾美丽斜着眼瞟了下村妇，暗自说：真没素质！想瞧？那就让你们瞧个够!

郭丰收吻了她几下,又抿抿嘴唇,出了门,下田去了。

顾美丽摸摸嘴,扫了眼围观的村妇,说:"我跟丈夫吵了嘴,丈夫向我道歉,就吻我,这有什么好看的?"

村妇们说:"你丈夫是个老实人,你以后别跟他吵嘴了,弄得你们嘴对嘴的,多难为情呀!"顾美丽一笑:"跟你们实话说吧,今天我就是想他回家时吻我,可他不懂我的意思,这才吵起来的。"村妇们愣住了:"就为这事儿吵嘴呀?"

顾美丽又说:"没想到我丈夫现在才明白过来,两次跑回家吻我,手脚都不洗,弄得我脸上脖子上都是泥,真有意思!"村妇们七嘴八舌地说:"你丈夫根本没有吻你!"

顾美丽一愣:"咋不是吻我呢?你们都亲眼看到了!"

"我们是亲眼看到了,那只是嘴对嘴,不是吻!"

顾美丽笑着说:"难道我傻得连接吻也不知道?"一个村妇走到顾美丽跟前,问:"你知道郭丰收的前妻是怎么死的吗?"顾美丽摇摇头。

这位村妇说,有一年,郭丰收跟前妻吵了嘴,其实也没怎么大吵,吵完后,郭丰收就下田干活去了,哪晓得前妻一时想不开,在家里喝了农药,她刚把农药喝下,郭丰收从田里回来喝水,前妻看见郭丰收,又不想死了,她不好意思说自己喝了农药,只是叫郭丰收过来亲她一下,因为郭丰收只要一亲就能闻到她嘴里的农药味,就能救她了。哪想到郭丰收还在气头上,又忙着赶地里的农活,就没理睬妻子,喝了口水又下田干活去了,一直忙到中午回家吃饭时,才发现前妻倒在地上,嘴流白沫,早已没了气。

顾美丽大吃一惊,下意识地捂住自己的嘴:原来郭丰收不是在吻自己,而是拿嘴来试她有没有喝农药!

村妇接着说:"打那以后,咱村里的男人跟老婆吵了嘴,无论农活多忙,干一会儿就会赶回家,跟老婆对对嘴,老婆不想对嘴,丈夫也要强行掰开老婆的嘴。这不叫吻,叫庄稼汉咬老婆,要咬一辈子的……"

> 诙谐幽默是一个人的优点,但万一过了头,就成了嘴上没把门。张三娃因为关键时刻耍嘴皮子,得罪了老婆,这下可是吃不了兜着走!

张三娃逗妻

程碧富

张三娃从小便有长大了当警察的志向。高中毕业后,他考上了警校,毕业后便当上了列车乘警。他老爸是个出名的说笑话的能手,张三娃在潜移默化中,性格也变得幽默乐观,加上生就一副娃娃脸,活脱脱是块相声演员的料。

俗话说:乐极生悲,物极必反。这回,就因为张三娃说了一句幽默得过于深刻的话,生出了他媳妇和他闹离婚的笑话。

年初春运的时候,张三娃和搭档在开往北京的列车上抓住一个"三进宫"的小偷,那小偷为了逃避处罚,就悄悄塞给他俩五张百元大钞。他俩自然不吃这一套,在一番亦庄亦谐的教训之后,把那小偷送进了拘留所。

谁知,那小偷从拘留所出来后,不仅不思悔改,还发狠要报复张三娃。有一天,他瞅准张三娃家里没人,便趁黑撬门进了屋,要偷走那台最值钱的彩电,还留下一张事先写好的"敬酒不吃吃罚酒"的纸条。就在这小偷抱起彩电要溜时,张三娃的爱人小刘恰巧回家来了。她推开门一见小偷刚张嘴要喊,却被早有准备的小偷用匕首架在了脖子上,更巧的是,张三娃出门走到半路上,忘了带那本《相声艺术欣赏》,便折回家里来,他跨进门见此情景,便"啪"地掏出枪,同时又认出了是那个小偷,他大喝一声:"把刀放下!不然我就开枪了!"那小偷狂叫道:"别过来!不然我就开刀了!"

张三娃嘿嘿一笑:"开刀?你龟儿子还成外科医生了?"小偷听他说这话,差点儿被逗笑了。

张三娃眨眨眼稳稳神,把枪紧紧瞄住小偷的脑袋,可瞄来瞄去就是没敢开枪。但他嘴里却在安慰着妻子:"老婆你别怕,老公的枪法棒极了!"

小刘也冒出一句:"有老公在,我就不在乎!……"

那小偷听了还真虚了三分,也不敢贸然动刀。

张三娃又大喝一声,"把刀放下!免你死罪,不然我就真开枪了!"

却不料那小偷的贼胆也不小,他反而狂叫道:"条子!你老婆在我刀下,你把枪放下让我走,咱俩井水不犯河水,不然我真杀了她!"

在这节骨眼上,张三娃突然冒出一句:"你杀了她老子再找一个!"张三娃冒出这句话,不知是急中生智的"攻心术"还是急火攻心,信口开河。但竟起到了立竿见影的效应:小偷犹豫了,动摇了,心里说:你想得倒美!偷彩电定不了我死罪,若杀了你老婆,就是个死罪,我吃枪子,你还可以挑挑拣拣地再找一个更漂亮的老婆,我有那么傻吗?

于是,小偷便央求张三娃放他走,并先扔了刀以示诚意。张三娃捡起刀,把枪放进枪套,尔后不慌不忙,板起脸对小偷训道:"我放你走?猫和耗子能结婚吗?把你放了,我的处分放在你的档案里?我咋向上头和我老婆交待?"

那小偷望望窗口,四楼太高,跳下去不死也得断条腿。又见张三娃像门神一般堵在门口,张三娃那勾拳铁掌扫堂腿的功夫,他也早就领教过了。他叹口气,乖乖地让张三娃戴上了手铐。

张三娃的一句话,镇住了小偷,逮住了小偷,却得罪了他老婆小刘,一头摆平,一头却跷起来了。

打那天往后,张三娃一回家,小刘就回娘家了。开头几天他也没在意,心想可能是因为出了这件事,小刘害怕,就让她回娘家散散心吧。

可是,又隔了好几天,小刘仍没回来,而且小刘要同他离婚的小道消息却传得沸沸扬扬。开头,张三娃还百思不得其解。后来,他猛地一拍脑袋想起来了,便赶紧揣起一个姑娘写给他的情书,一溜烟就往岳母家跑。

小刘一见他,没说上几句话就又哭又闹地质问道:"在那么危急的关头你为啥不开枪打小偷?是啥用心啥目的?既然你的枪法棒极了,为啥瞄了半天不开枪?八成是想开枪打我哇!你说……"小刘越说越伤心,"自从跟你结婚,我就担惊受怕,却没后过悔,可结婚才一年多你却变了心,'杀了她我再找一个!'哼!原来你是想一举两得借刀杀人啊……"小刘把憋在心里的恶气全倒出来之后,止住哭,又严肃地给张三娃作了以下结论:"你是喜新厌旧,没良心有野心没安好心。我成全你,咱们离婚吧!"

张三娃听了小刘的哭诉质问,一声没吭,却从袋里摸出一封情书,抑扬顿挫地念起来:"张三哥,你好!我早就准备给你写这封信,可就是一直没有碰上合适的机会……"

小刘一听冷笑道:"我没冤枉你吧?唉,真是知人知面不知心,画虎画皮难画骨。幸好原先有计划三年内不要孩子,咱也没拖累,我成全你离婚,但我奉劝你,再不要去欺骗那些纯洁的涉世不久的姑娘,这是我对你的最后忠告……请你走吧!"

张三娃站了起来,却不走,先装出像小偷样子探头探脑朝四处望望,见屋里没人,突然哈哈大笑,走过去一把抱住小刘说:"我的夫人,对于您刚才那幕情真意切的表演,鄙人表示充分的谅解和理解。理解万岁!同志们——"他这恰到好处地插进一个小品动作,弄得小刘哭也不是笑也不好:"你别用幽默来哄我,谁不晓得,你们父子俩都是油嘴扯客!我不会再上第二次当!"

张三娃笑够了,这才倒了两杯水,一杯放在小刘手边,然后换了一副正儿八经的脸孔,摆出一副循循善诱的态势,说:"你冷静地想一想,我要是真没良心有野心没安好心,我早就开枪了!执行公务也好,正当防卫也好,打死小偷他活该,是不是?"小刘既不点头也不吭声。

"可我哪敢开枪呀!我说咱枪法棒极了,那是临场发挥吓唬小偷的,但那心理震慑作用却不可小看,不然小偷咋就是不敢动刀呢……"

小刘脸上的气色开始有所缓和。

"你想想,我们一年就只打一次靶,三发试射,五发立姿,三发跪姿,一共才十一发子弹,我那枪法能有多棒?"

小刘想笑,又赶紧绷住脸。

"要是没把握乱开枪,要是万一把夫人您给打着了,你们单位领导给您作的悼词充其量是:刘晓莉同志不幸牺牲于一次意外事件的乱枪之中,全体同志都深感遗憾和悲痛,一鞠躬、二鞠躬、三鞠躬……"

小刘瞪他一眼,端起茶杯遮住脸。

"而我呢?最多挨一个'理应开枪但处置欠妥'之类的处分,因为好人坏人各消灭了一名。等过了这一阵,我还不是照样可以'再找一个'?"

"油嘴!"小刘笑了,没再掩饰。"总之,我绝不会乱开枪,万一打错了人,我不真成了'没良心有野心没安好心借刀杀人的张世美同志?"

"你这个小油嘴!"小刘一下扑进张三娃怀里又捶又哭又笑。

张三娃却扭头向门口打招呼:"妈,您买菜回来啦?"

惊得小刘跳起来一望,哪里有人!小刘气得抡起拳头往张三娃胸前"咚咚"直敲……

关键词：婚姻

> 听说过当房子、当土地、当宝贝的，可你听说过当一只手吗？

当手

魏 炜

从前，有一对贫苦夫妻，原本日子就过得紧巴巴的，这两年赶上天旱，地里的收成减少，这日子就更难过了。媳妇因此看丈夫处处不顺眼，没事儿就挑他毛病，天天跟他吵架。

丈夫名叫冯全，是个老实巴交的好男人，他忍了好多天，这天终于忍不住了，冲媳妇吼道："你不要没事找事！天天这么吵，这日子怎么过呀！"

媳妇见他敢反驳，就更来劲了："过不去就不要过了，你快给我写休书吧！哪个女人跟了你，才算倒霉。"

冯全心里明白，这休书却是万万写不得的。真休了媳妇，他还到哪里去娶？他媳妇也看明白了这点，见冯全不肯写休书，就骂他窝囊。

两个人吵得正凶，忽然听到有人敲门。冯全媳妇去开了门，见是邻居王五。王五在县城里开着一间当铺，日子好过得很。他还是个热心肠，经常帮助乡亲们，见此情景便笑呵呵地问道："咋又吵上了？"

冯全媳妇把冯全又数落了一通。王五想了想,问她:"你说你家冯全笨,挣不来钱,我看这样吧,把他的右手当给我,三个月,我给你十两银子,咋样?"

冯全和媳妇一听,不禁面面相觑。听说过当房子、当土地、当宝贝的,可谁听说过当一只手的?王五解释说,手长在身上,总不能砍下来押在当铺里,所以他的规矩是,在三个月里,冯全要保证不用右手,用一次罚银一两。如果三个月内确实没用过右手,十两银子就归他了。

冯全媳妇一想,这可是个只赚不赔的买卖啊,当即点头答应了。冯全怕老婆又跟他吵,也跟着答应了,他跟王五写下了契书,签字画押。王五收起契书,给了冯全十两银子就走。

冯全媳妇看到十两银子,不禁乐坏了,对她来说,这可是笔大钱啊。她担心丈夫会忍不住用右手,就找了根绳子,把他的右手绑到了他的身上。

冯全本来习惯用右手做事,现在手被绑起来了,做什么都别扭,但想想别扭能换来那么多的银子,也只能忍着。

这天中午,冯全媳妇刚进厨房,就大叫一声。冯全三步并作两步跨进厨房,只见一条三尺来长的红蛇尾巴盘在房梁上,探出半个身子,正对着他媳妇吐着信子,他媳妇吓得浑身哆嗦。冯全手上一使劲,就崩断了捆着右手的绳子,然后快速冲过去,用右手一把抓住了红蛇的七寸,往下一拽,那蛇就被他从房梁上拽下来了。冯全又用左手从七寸处顺着蛇身一撸,那蛇身上的骨头就让他撸碎了,瞬间萎靡下来。冯全把蛇扔到一旁,对媳妇说:"这红蛇少见,还这么鲜艳,毒性一定很大,等会儿我把蛇卖给隋郎中去,说不定能多卖几个钱。"

媳妇这才从惊恐中回过神来,一把抱住了冯全的胳膊:"吓死我了!"

冯全突然觉得胳膊有些发麻,低头一看,惊慌地说:"哎呀,媳妇,都是我不好,忘了不能用右手了,咱把手当给人家了啊。我一动右手,那就得赔银子,唉,我真笨呀!"说着,他抬起手来,就要打自己的嘴巴。

媳妇一把拽住了他,瞪着他说:"你傻呀?是我的命重要,还是那一两银子重要?咱赔给人家!"

冯全来到隔壁王五家,跟他说了动右手捕蛇之事,王五让他写下一张单据,日后还上一两银子。然后,冯全又提着那条红蛇找到隋郎中,隋郎中一看,说那条蛇乃是极其难得的毒蛇,很是珍贵,竟给了他五钱银子。冯全拿着银子回到家,交给他媳妇。他媳妇收起银子,高高兴兴地给冯全做饭去了。冯全见媳妇没再跟他吵,心里一阵轻松。

转眼到了冬天,冯全做了些捕兔的夹子,放到野兔觅食的必经之路上。第二天一早,天刚蒙蒙亮,冯全就跟他媳妇一道上山去看是否捕到了兔子。

冯全媳妇看到一个夹子上捕到了一只兔子,顿时兴奋起来,跳过去就要抓兔子。冯全一把拉住了她,说道:"别急着过去。俗话说,兔子急了也咬人。现在,这兔子被夹子夹住了,挣脱不开,正是急眼的时候,你一过去,它没准就给你一口。先用棒子把兔子打死,再拿下来,就稳妥啦。"

冯全媳妇抡起棒子,狠狠地朝着兔子脑袋砸去。可她抡得太高了,棒子先砸到了身后的一株大树上,她的身子被反弹而出,向前扑去。不巧,又被脚下的石头一绊,她跟跟跄跄地往前扑了几步,眼看就是陡峭的悬崖了,冯全媳妇吓得大叫起来。

冯全眼见媳妇要掉下悬崖,心里一急,一下子就崩断了捆着右手的绳索,伸手一抓,恰恰抓到了媳妇的脚踝,把媳妇使劲拉回了安全的地方。媳妇看自己得救了,惊喜异常,扑过去就抱住了冯全:"你又救了我一次呀!"

冯全伸手去抱媳妇,这才发觉自己又用了右手,想到他跟王五的约定,不觉懊恼地说:"哎呀,又要赔给人家一两银子啊。"

媳妇在他胳膊上狠狠地掐了一把,说:"你这个钱串子脑袋!你说说,是我的命值钱,还是那一两银子值钱?"

冯全笑了:"当然是我媳妇的命值钱了,那是多少银子都买不来的。可老是往外掏银子,我也心疼啊,快把我的右手捆上,可别再用了。"他捡起绳子,递给媳妇。

媳妇却把绳子狠狠地扔到悬崖下,说:"没了银子咱还能过日子,可要是没了你的右手,我这小命不保啊。咱不要银子了,还是安安生生地过日子吧。"

冯全迟疑着问:"你不嫌弃我啦?"

媳妇说:"以前你天天干活,我都没觉得什么。现在你的右手被捆起来,好多事做不了,都得我做,我这才知道你做了多少事。"

晚上,冯全和媳妇来到王五家,说了用右手的事,王五又让他写了张单据,收好了。这时,冯全媳妇把十两银子奉上,笑吟吟地说:"王大哥,我要把冯全的右手赎回来。至于我们欠你的那二两银子,等我们攒够了,马上就还给你。"

王五一愣:"有银子不要,你们犯啥傻呢?"

冯全媳妇说:"王大哥,多亏那绳子捆得不紧,冯全才在关键时刻崩断了,救了我两次。还有,我发现他以前干活儿挺多的,是我眼瞎了没看到,还怪他笨。有他的手在,可比银子值钱啊。以后,我跟他好好过日子,再也不吵了。"

王五笑了,他掏出那两张单据,交还给冯全媳妇,说:"那二两银子你们也不用还了。"原来,他当初当下冯全的右手,就是要让冯全媳妇看到冯全干了多少活,从而懂得珍惜。

从那以后,冯全跟他媳妇恩恩爱爱地过上了日子。

> 老伴去世前给齐老太寄了一个包裹,上面的收件人是"齐天大圣"。齐老太想要打开包裹,看看老伴给自己什么礼物,可她要怎么证明自己就是"齐天大圣"呢?

寄给"齐天大圣"的包裹

蒋诗经

这天,齐老太意外收到了一张包裹单。邮递员让齐老太签收的时候,眼神怪怪的。包裹单上的收货地址是对的,但收货人一栏却工工整整地写着一个让人啼笑皆非、莫名其妙的名字:齐天大圣。

齐老太接过包裹单一看,眼泪出来了。这个名字在别人的眼里看起来可能像个笑话,但在齐老太的心里,却代表着她和老伴一起走过的甜美岁月。

从年轻时起,齐老太的老伴就一直对齐老太宠爱有加,放任着她的小性子,还给她起了个外号叫"齐天大圣",说她像孙悟空一样难缠,让人头疼。然而三个月前,老伴因为癌症去世,丢下了齐老太。

老伴走的时候,牵着齐老太的手说:"我就是不放心你,你一定要好好照顾自己,没事多出门走动走动,别整天闷在家里……"

齐老太悲伤地送走了老伴,开始过起了独居生活,短短的三个月,齐老太的精神已经大不如从前了。今天齐老太意外地收到了这张包裹单,怎么能不百感交集?只是齐老太有点奇怪:老伴都已经去世了,包裹里到底是些什么呢?

齐老太带着一丝好奇,直奔邮局去取包裹。工作人员是个小姑娘,态度非常好,轻声细语地问齐老太有什么可以帮忙的。齐老太将包裹单递了过去。小姑娘接过一看,差点笑出了声,随后让齐老太出示身份证。齐老太有些不耐烦,明明有包裹单,还要身份证干什么,难道这世上还有第二个"齐天大圣"?

小姑娘只好解释这是手续问题,齐老太不满地咕哝着递上了身份证。小姑娘为难地说:"阿姨,您的身份证不对啊!"

"不对?我的身份证还有假?"

"您的身份证倒是不假,可是身份证上的名字和包裹单上的名字不一样,所以……"

齐老太急了,明明是寄给自己的包裹单,地址、电话都对,为什么就不能取?小姑娘无奈地看着齐老太说:"阿姨,这我真的爱莫能助,除非……除非您能证明您就是'齐天大圣'。"

证明自己是齐天大圣?齐老太有点蒙了,看着小姑娘一本正经的样子,齐老太知道再怎么说也没有用了。

回到家里,齐老太越想越气,这个老伴,怎么玩出了这一手呢?想到老伴,齐老太突然灵光一闪,她想到办法了。齐老太从箱子底翻出了一大沓信件,都是老伴当年写给她的情书,每封情书的开头,都是"亲爱的齐天大圣"。

这些情书,如今看来,又肉麻,又温馨。齐老太翻看了一遍,深深地叹了口气,如果不是为了那个包裹,她怎么也不会拿出来示人的,可如今只有豁出去了。

第二天,齐老太带着一大叠情书找到小姑娘:"你看这些信,能证明我是齐天大圣了吧?"

小姑娘哭笑不得,她耐心地向齐老太解释,这样的证明不符合程序,只有出示当地居委会的书面证明,她才能将包裹交给齐老太。齐老太再一次离开,闷闷不乐。没办法,看样子只好去居委会找赵主任。

居委会赵主任听说后,不禁笑了。赵主任和齐老太是老街坊,当然知道她就是那个"齐天大圣"。他和齐老太聊着过去的事,让齐老太感慨了好一阵子,可是最后,赵主任还是两手一摊——这个证明,没法开。齐天大圣只是个外号,外号怎么能证明身份呢?

齐老太直直地瞪着赵主任,问:"那我这包裹不领了?"

赵主任挠挠头说:"这样吧,我以居委会的名义给你打个申请报告,你去派出所,看看那里能不能给你出具一个证明,成吗?"

就这样,齐老太拿着申请来到了派出所。接待齐老太的是个小年轻。小年轻一听,皱着眉语重心长地说:"阿姨,派出所是你们开玩笑的地方?您都这么大岁数了,怎么越活越像个孩子,谁能证明您是齐天大圣?嗯?我告诉您,能证明您是齐天大圣的只有一个,那就是如来佛祖!要不,您去找他吧。"

说完,小年轻低头干起自己的活来,把齐老太晾在了一边。

齐老太被小年轻一顿抢白,眼泪都快下来了。真没想到,老伴弄的这个包裹,给她惹来了这么多麻烦。齐老太含着委屈的泪水,正准备离开,李所长刚巧走了过来。李所长看见齐老太失落的模样,连忙问小年轻是怎么回事。小年轻拿出那张申请报告,又好气又好笑地说明了原委。李所长听完,狠狠地瞪了小年轻一眼:"这报告我们同意不了,难道不能另外想想办法?"说罢,李所长叫住了齐老太,将她扶进了办公室。

李所长详细地询问了情况,齐老太把包裹的来龙去脉说了一遍,最后伤心地说,以前家里遇上一点棘手的事,都是老伴去处理,自己从来没过问过,想不到如今老伴一走,自己面对很多问题只能束手无策。齐老太说着说着,说到动情处,眼泪不由得又下来了。

李所长听完这些,宽慰齐老太道:"虽然您这个申请我们不能同意,但您想过没有,您的老伴已经去世三个月了,这个包裹会是从哪儿寄来的呢?"

齐老太摇头,她一直觉得老伴既然这样做,肯定有他的道理,等取到包裹以后,一切自会水落石出的。李所长让齐老太拿来包裹单,仔细地看了看,说:"虽然包裹是用昵称寄给您的,但寄件人却不是您的老伴。这样吧,我先帮您查查寄件人到底是谁,问问寄件人,不也能知道一二吗?"

齐老太一听,连连点头,还是所长考虑事情周到,她可从来没有想过这个办法。

没过多久,李所长就告诉齐老太:"查出来了,寄件人是本市的一个慢递公司。包裹是您的老伴寄存在他们那里,指定日期寄出的。现在好办了,包裹无人认领,查无此人就会退回去。到时我们拿您老伴生前的身份证明,就可以从慢递公司将包裹取出来,您看行吗?"

慢递公司?齐老太惊奇地张大了嘴,她只听说过快递公司,还有慢递公司?李所长笑了,说这个世界上人们有各种各样的需求,当然也就应运而生了一些奇怪的行业,慢递公司就是一个典型,比如很多人喜欢给未来的自己写一封信,等过些时日再让慢递公司寄给自己。

齐老太这才明白过来,但她还是不能理解,老伴为什么要费这么大的周折寄这个包裹,难道是故意和自己开玩笑?这一切,恐怕要等拿到包裹才能见分晓了。

　　过了几天,齐老太在李所长的帮助下,终于如愿以偿地拿到了那个包裹。打开包裹,齐老太的泪水再次决堤,里面全都是老伴精心包装的一些小物件,这些物件都曾是齐老太送给老伴的,这些年,老伴一直珍藏着。除了这些物件,还有一封信,信的开头依然是"亲爱的齐天大圣"。信件里,老伴说明了这么做的原因。

　　老伴知道自己走了之后,齐老太肯定不愿出门走动,会独自关在屋里一个人伤心,所以决定找点事让齐老太做。他把这个包裹寄存在慢递公司,故意将收件人写成"齐天大圣"。如果齐老太能如愿地拿到这个包裹,证明有好心人在帮助她,那么她就会知道多出来走动的好处。如果拿不到这个包裹,她肯定会一直寻找下去,那么她依然会接触到许多人,至少也能和人说说话,比一个人闷在家里伤心要好。

　　看完老伴的信,想着老伴的良苦用心,齐老太禁不住又破涕为笑了。

关键词：婚姻

> 夫妻要想过得长久,有什么办法吗?朱亚艳请来了乡下的婆婆,让她给自己支支招,没想到,婆婆还真是有绝招的……

婆婆的绝招

大刀红

最近,朱亚艳发现,丈夫施浩南越来越爱撒谎了,前几天他说下班后要应酬客户,结果却被人发现他在酒吧里和朋友喝酒聊天。该怎么做才能治治自己的丈夫呢?朱亚艳眼珠转了两转,想到了婆婆:施浩南最怕的就是他妈,施浩南说过,他和他爸两人,什么事都瞒不过他妈。

本来,朱亚艳挺嫌弃乡下的婆婆,但现在,为了学到婆婆的绝招,治住丈夫,她决定把婆婆接到城里来。婆婆没有想到城里的儿媳会主动来接她,激动得不得了,一口答应了下来。

当晚,朱亚艳特地从酒店叫了许多炒菜送到家里,给婆婆接风。吃饭的时候,婆婆问朱亚艳:"浩南怎么不在家呀?"

朱亚艳叹了口气,说:"妈,你还不知道呢,现在浩南天天都是这么晚才回来。"这次,朱亚艳是瞒着施浩南去接婆婆的,所以,施浩南根本不知道今天自己的妈要来。

朱亚艳和婆婆吃完饭,就坐在沙发上看电视,一直等到晚上九点多钟,施浩南才醉醺醺地回到家。

施浩南一进门,看到母亲来了,酒一下子醒了三分,人老实了许多。

婆婆问施浩南:"你今天到底在做什么?你媳妇给你打电话也不接。"

施浩南说:"妈,你不知道,今天下午公司开会,所有人都必须关手机。晚上有客人,我在陪客户。"

朱亚艳听了,对婆婆说:"妈,别听他瞎掰,每天回家,都是这两句话。"

施浩南听朱亚艳这么说,很不服气,没说上几句,两人就争吵起来。婆婆一看小两口干架了,便站起身,走到施浩南面前,说:"转过身去。"

施浩南听母亲这么说,一怔,便不再和朱亚艳吵嘴了,却也不肯转过身去。婆婆走到施浩南身后,看了看,便问:"为什么不对你媳妇说实话?"

施浩南一下子面红耳赤,吭吭哧哧了半天,才对母亲说了实话:下午他和几个朋友玩牌,一直玩到晚上,在外面吃过饭才回家。他怕几个哥们笑话他怕老婆,所以一直关着手机。

朱亚艳觉得很奇怪:为什么婆婆往施浩南身后一站,施浩南便说了真话?这更加坚定了朱亚艳向婆婆学绝招的决心。

婆婆是个闲不住的人,来到儿子家里后,每天买菜、做饭、洗衣、整理房间,朱亚艳看在眼里,喜在心上,想不到婆婆真好,要是早点把她接到城里来就好了,她喜笑颜开地对婆婆说:"妈,你别累着。"

婆婆笑着说:"不累,不累,我还等着抱孙子呢。"

自从婆婆来了,施浩南也仿佛变了一个样,不再和他那帮狐朋狗友混在一起,每天下班后就准时回家陪朱亚艳和母亲。但生活不会一帆风顺,没几天,事情就跟着来了:这天朱亚艳发现,自己的一张私人银行卡里少了五千元。

当着婆婆的面,朱亚艳质问施浩南:"你是不是从我银行卡里取了五千块钱?"

施浩南愣了一下,说:"没有呀。"

朱亚艳狐疑道:"这卡的密码是用我们两人的生日拼凑的,我曾经告诉过你,不是你,又会是谁?"

施浩南听了,对朱亚艳说:"不会是你取了,又忘记了吧?"朱亚艳说:"不会的,我的记性没那么差,一定是你背着我取走了。"

施浩南见朱亚艳这么怀疑自己,便有些烦躁,对朱亚艳吼道:"我说没有拿,就没有拿,懒得和你说。"说完,就准备出门。

见施浩南准备穿鞋逃跑,朱亚艳一把抓住施浩南的手,说:"不许走,我们的事还没有说清楚。"

"不要这样。"婆婆在一旁开了口,婆婆走到他们两人面前,对朱亚艳说:"我知道他有没有拿钱。"

婆婆让朱亚艳松开手,站到一边,然后自己走到了儿子的身后。见母亲又走到自己身后,施浩南说:"妈,你看吧,这次真不是我。"朱亚艳见婆婆盯着施浩南的后脑勺看了一会儿,摇了摇头。婆婆想了想,又命令施浩南:"把手伸给我看。"

施浩南听了,马上把手伸给母亲。朱亚艳赶紧也凑了上去,只见施浩南的手上什么也没有。

婆婆看了看后,对朱亚艳说:"钱不是他拿的,你错怪他了。"

朱亚艳眼珠转了两下,婆婆是从哪儿看出施浩南没有撒谎的呢?实际上,朱亚艳卡上的钱确实没有丢,她只是想找点事,看婆婆的"火眼金睛"是否准确无误。现在,她只觉得婆婆堪比天上的神仙,料事如神。

过了两天,朱亚艳给丈夫赔礼道歉,说自己记错了,一个星期前她曾因为公事,临时替公司开支了五千元钱,结果事情一忙,全忘了。

过了几天,朱亚艳回到家,见婆婆在厨房里忙活,就凑上前去,和婆婆一起择菜。两个人聊着聊着,朱亚艳开始套婆婆的话:"妈,为什么你一看浩南的后脑勺和手心,就知道浩南有没有撒谎?"

一听朱亚艳这么问自己,婆婆扑哧笑出了声,说:"我们家浩南和他爸爸一样,一撒谎,耳朵就会红。"

朱亚艳一怔,问:"妈,你怎么知道,他们一撒谎耳朵就会红?"

婆婆不好意思地对朱亚艳讲起了以前的事情:那时,她刚和公公结婚,小两口新婚燕尔,甜蜜了一阵。可是那时家里困难,一次为了一些小事,小两口针尖对麦芒,互不相让,最后干起了架,公公甩了婆婆一耳光。婆婆哪受得了这委屈,当天就不再理公公,倒在床上睡觉,什么事也不管。

第二天一早,婆婆也不起床做饭,公公没有办法,只好起来做面条,最后,公公端了一碗热腾腾的面条来到床边,碗里还卧着两个香喷喷的荷包蛋。

婆婆看见两个鸡蛋,心里一热,问公公:"你吃了吗?"

公公装作满不在乎的样子,红着耳朵说:"废话,能不吃吗?我吃了四个鸡蛋呢。"

婆婆讲完,就淌出了眼泪,说:"家一直是我当的,我知道,家里只剩下两个鸡蛋了,你公公全给了我。"婆婆说,从那天起,她便发现公公一说谎,耳根就通红。从此,婆婆多留了个心,常常细心观察公公的一举一动,来调整一家人的关系。

婆婆笑着说:"没想到,浩南出生后和他爹一样,撒谎的时候,耳根红,手心出汗。"婆婆说,这些天,她发现浩南一回到家,就瘫倒在沙发上,可能是工作太累的缘故吧。

朱亚艳听了一怔,自己怎么没有注意到呢?每次施浩南回家,自己还支使他做这做那,根本没有问他一天下来是不是劳累辛苦。也许,丈夫就是为了躲避这些,才宁愿和朋友在外面胡混,也不愿意回家吧。

过了两天,婆婆说要回乡下照顾公公,朱亚艳把婆婆送到车站,这一次,她向婆婆学到了绝招,那就是:夫妻要想过得长久,一定要注意对方的生活细节,真正关心对方。

临走时,婆婆坐在车上,伸出头对车外的朱亚艳说:"媳妇呀,我发现你也有个毛病,你琢磨人的时候,老爱转眼珠。"

朱亚艳一听,有些晕菜,自己这个毛病,婆婆也看出来了!

关键词:婚姻

> 洋媳妇儿想要遵守中国传统习俗举行婚礼,这可是件稀奇事儿。可村里懂得这些规矩的人也越来越少,到时候可不是看洋媳妇儿出洋相,而是自己要出洋相啦,这可怎么办?

行大礼

徐 涛

田耘在一家外资企业工作,和一个叫海蒂的外国女孩恋上了,两人很快就确定了结婚的日期。田耘的父母乐得合不拢嘴,要儿子带海蒂回农村老家举办婚礼,好好风光一番。

海蒂高兴地答应了,田耘却犯了愁。田耘的老家在一个偏远的山村,在他的记忆中,家乡十分看重传统习俗,要是回老家举行婚礼,这不是给海蒂一个大出"洋相"的机会吗?

海蒂听了却并不在意,只是提出婚礼前要先回国看望一下父母。一个多月后,海蒂回来了,婚期也到了,田耘带着海蒂赶回家乡。

回到老家一看,家里全都布置好了,可关键时刻,主持仪式的田三公却没到,他可是传统习俗方面的权威啊!村主任说,田三公到亲家那里去了,答应一定按时赶回来,哪知到这时候还没见影子。良辰吉日不能错过,田耘的父母就请村主任来主持婚礼。

田耘的父亲说:"今天的婚礼意义大着呢,咱娶的是外国媳妇,一定要让她好好见识一下咱们的风尚礼节,彰显咱们是礼仪之乡!"

村主任为难地说:"说实话,以前这些事一直是田三公操持的。这些年,咱村里的年轻人都外出打工了,很少有人回村来举办婚礼,村里懂得这些规矩的人也越来越少。实在没人,我也只能滥竽充数了!"村主任想了想,又说,"别的先不说,婚礼三拜我还是懂的,那就开始拜堂吧!"

田耘点点头,对海蒂说:"拜堂你懂吗?"谁知海蒂不高兴地叫起来:"该我问你懂不懂,你迎娶过我吗?还没迎娶,拜什么堂?"

田耘答不上话来,村主任也愣住了,心想:嘀,你这老外还晓得这些?几个大娘在一旁说:"是的是的,男家应该先迎娶,不然把女人看低了!"

村主任犯难了:"她家在外国,怎样迎娶呀?"大家说:"那就做个形式吧。"海蒂笑嘻嘻地说:"要双吹双打的乐队,不然我可不嫁呀!"于是所有人先移到村头,然后吹吹打打往回走。村头到田家要经过一座石桥,队伍快要到桥头的时候,后面"嘟嘟"响起汽车喇叭声,原来是两辆小车从镇里开了过来,不住地按喇叭。大家正准备让路,海蒂却走出来说:"不能让!"

田耘低声说:"海蒂,你不要太任性!"海蒂没有理他,走到小车边,对车里的人说:"对不起,中国有四句古话,你们知道吗?"车里的人摇摇头,"什么四句话,不明白。"

海蒂一板一眼地说:"那我告诉你们吧:久旱逢甘雨,他乡遇故知,洞房花烛夜,金榜题名时。这是人生四件大喜事。今天是我们新婚大喜,你们说,该谁让谁?"乡亲们恍然大悟:"对对对,今天是新人为大、新人为大!"

小车只好在后面停住了,让迎亲队伍先过了桥。一行人回到田家,村主任说:"现在该拜堂了吧!"

海蒂却说:"现在还不行,咱们还没有交换龙凤帖呢!"说着,海蒂掏出一个烫金红封来,红封上印了一只凤凰。海蒂郑重地递给田耘,说:"这是我的生辰八字,我是属兔的。中国有一句古话:嫁鸡随鸡,嫁狗随狗,我这辈子,就托付给你了!"乡亲们看着海蒂认真的样子,忍不住想笑,又都觉得奇怪:听她说话,哪像外国姑娘呀,活脱脱是咱乡下妞呢!

交换过龙凤帖,村主任说:"现在总该拜堂了吧,请父母上前来!"田耘的父母笑眯眯走向前台,海蒂急忙说:"不行不行!"田耘头大了:"怎么又不行啦?"海蒂说:"正中的位置是留给天地的,没有天哪有地,没有地哪有家?"田耘的父母忙说:"是呀,规矩应该是这样。"赶紧挪到旁边。

村主任看了海蒂一眼,见她没有别的意见了,这才扯着嗓子叫起来:"一拜天地!"田耘和海蒂恭恭敬敬地拜了。村主任又叫:"二拜高堂!"话音刚落,海蒂又急了:"还有词呢?"村主任愣了:"词?啥词?"海蒂说:"应该是一拜天地,万物生灵;二拜父母,养育之恩;夫妻对拜,相敬如宾!"

乡亲们一齐说:"对呀,对呀,田三公也是这样叫的!"

村主任挠挠头,说:"好,依你的,依你的!"就依样画葫芦地叫起来。拜完堂,村主任松了口气说:"拜完了,没啥事儿了,现在新娘该给大伙发喜糖了!"海蒂又摆手说:"还不行呢!"村主任都快崩溃了:"咋又不行呀?规矩就是拜堂后发喜糖!"

海蒂胸有成竹地说:"你那是外乡的规矩,不是咱这一方的规矩。咱们这里还有一道程序呢!"

村主任说:"我真服你了,听你这口气,好像你是本地人,我倒是个外地人了!"

只见海蒂从包里取出事先准备好的东西,装在一个盘子里,郑重其事地端了出来。大家一看，盘里不是糖果，是啥？是一盘象征"稻黍稷麦豆"的五谷杂粮。海蒂把盘中的五谷撒向空中，嘴里念念有词："风调雨顺，五谷丰登……"乡亲们见她那副神神秘秘的样子，忍不住捂着嘴笑。撒完了，海蒂对田耘说："把糖果点心拿出来，给客人们发喜糖，祝大家喜气洋洋、甜甜蜜蜜！"大伙都欢呼起来。

喜糖发完了，田耘的母亲拉着海蒂的手，拿出一对玉镯子，给海蒂戴在腕上，说："妈也没有什么值钱的东西，这对镯子是田家传下来的，就给你了！"客人中有人就逗海蒂："这对镯子可珍贵呢，你用什么礼物回敬你婆婆呀？"

海蒂大大方方地说："我有最珍贵的东西回报！"乡亲们暗想：最珍贵的，那一定是外国带来的宝贝吧？于是一齐目不转睛地看着她，要看是个啥宝贝。海蒂慢慢地把手伸进包里，掏出一件东西来，忽地一抖开，你猜是啥，原来是一件白布对襟小娃娃衣！乡亲们哄堂大笑起来，笑得前仰后合。

村主任摸着头想了半天，对海蒂说："先前田耘对我说，你对乡下的风俗啥都不懂，要我多包涵。今天倒好，你比我们本地的还在行。我琢磨着，要么就是田三公事先教了你，要么就是你自己编的一套，糊弄糊弄咱？"

海蒂还没说话，有个人开了口："我啥时候教过她呀？"说话的就是田三公，其实他早到了，他见海蒂做得挺好，就闪在一边悄悄看着。田三公对海蒂说："姑娘，你非常懂得咱们的风俗礼仪呀，你是从哪学来的？"

海蒂说："事情是这样的，田耘担心的事，我早就想到了，我利用回家的时间，补了这一课。我们那里有一个华人社区，我回家时，社区里刚好有一对华人新人结婚，我参加了他们的婚礼。他们的礼仪非常庄重,我特别喜欢,就认真记下了。因为我有一个愿望:懂中国的风尚礼仪,做中国的好媳妇!"

村民们听了都新奇不已,村主任乐呵呵地说:"哪天咱们也专门到那个华人社区去,好好学习一下咱们的传统礼仪。"

田耘的父母听了哭笑不得:"咱们家乡的传统礼仪,还要跑到万里之外去学,这是哪门子事呀?"

海蒂却说:"正好我带来了当时的录像,你们现在就可以看呀!"她打开电视机,连接好录像,电视画面出来了。屏幕上,在万里之外的异国他乡,一对身着红装的中国新人,在唢呐锣鼓的吹打乐声中,进入婚礼厅堂。一位老者主持婚礼,随着"一拜天地,万物生灵……"的声音响起,一场风格浓郁、原汁原味的中国传统婚礼,展现在人们眼前。参加婚礼的每一个人,神情都是那样庄重、那样虔诚,每一个动作都一丝不苟、诚惶诚恐。老者的声音继续在厅堂里回荡:"……守住礼仪,守住根本!"

> 2016年12月12日,作为上海代表之一,我很荣幸去北京参加第一届全国文明家庭表彰大会,受到了党和国家领导人的亲切接见。这振奋人心的一刻至今仍萦绕心头……在此,我要感谢那些在我困难之时,给我帮助、给我鼓励的亲朋好友。同时,还要感谢《故事会》杂志,是她,让我创造了人间奇迹!

《故事会》创造奇迹

龚建强口述 张道余采写

因故事而结缘

我叫龚建强,是石化今电公司的一名普通职工,有个幸福美满的家庭。2001年春暖花开的时候,经人介绍,认识了一位农村姑娘叶红。交谈中,问起她的业余生活,得知她平时爱看《故事会》,而我也是《故事会》的忠实读者,两人的话题便多了起来,大有相见恨晚之势。

叶红的父母是农民,每逢农忙,我就去她家烧饭做菜,洗衣刷碗,拖擦地板……一有空闲,还与叶红一起,把《故事会》上看来的笑话、故事,讲给叶红父母听,他们经常笑得直不起腰来。慢慢地,叶红父母接受了我。

2002年5月4日,我与叶红走进了幸福的婚姻殿堂,喜结良缘。

没料到,一场灾难突如其来降临到我们头上。2002年5月10日,我们新婚大喜的第六天,叶红突然晕倒在工作岗位上,成了没有知觉、丧失语言和行为功能的重度脑瘫病人!我抱着昏迷中的妻子,一声声地呼唤:"叶红,你醒醒!叶红,你快醒醒!"可是躺在病床上的她,依然双眼紧闭,甚至连喘气的声音都没有……

这场变故,差点把我击倒。我当时只有三十四岁,难道以后几十年我要和植物人厮守一起?一些好心人劝我趁早离开,说实话,我有些迷茫,也有些动摇。岳父母看我愁眉苦脸,就安慰我说:"建强,我们不怪你,是叶红她命不好。"并且准备把女儿接回家去,还对我说,"你还年轻,不连累你了。"

当岳父母说这些话时,我发觉我的手在颤抖,难道我就这样离叶红而去?我的责任在哪里?我的担当在哪里?我的良心在哪里?不,我不能做不讲信用、不讲良心的事。一念至此,我斩钉截铁地说:"爸,妈,你们放心,叶红是我妻子,不管以后发生什么情况,只要我还有一口气,我就照顾她一辈子!"

因故事而坚强

医生告诉我,根据当时的医疗条件,叶红治愈的可能性几乎为零,除非用坚忍不拔的毅力和赤诚之心,唤醒她的知觉和心灵。

就是这个"除非",让我似乎在黑暗中见到了光明。

为了照顾方便,我把叶红接回了家,天天在她耳边呼唤:"叶红,你快醒醒,你快醒醒呀!"两个月过去了,嗓子都喊哑了,可叶红仍像一尊木雕的菩萨,毫无动静。

难道是我方法不对,还是心不够实诚?我一边整理床铺,一边低头寻思。就在这时,我一眼瞄到放在枕头边的《故事会》,心头豁然一亮：叶红病前喜欢看《故事会》，不妨给她讲点笑话、故事吧。

于是，接下去的日子，我每天都会给她讲几个笑话、故事。想不到奇迹真的出现了。一年后的一天，我讲完一则笑话，突然发现叶红的嘴角微微向上翘了一下。我揉了揉眼睛，赶紧又讲了一则笑话，激动人心的场景又重现了。我那个激动呀，一把把她抱在怀里："叶红，你醒啦，叶红，你终于醒啦！"

当然，那时她还不能睁开双眼。但我的信心上来了。我马不停蹄坚持每天用《故事会》上的一则则笑话、一段段段子、一个个故事，激活她的思维神经。

2004年夏天的一个中午，天空乌云密布，雷声隆隆，紧接着，一场暴雨瓢泼而下，叶红突然艰难地用手朝窗外一指，喃喃自语地说："下，下，下雨啦！"就是这简单的三个字，对我来说，赛过三声霹雳，我激动地抱住叶红，泪水止不住哗哗直流："我成功啦！"

后来，我又自制了一些康复器材，训练她僵硬的肢体，成功地让她从床上走了下来。她不仅能自己走路，自己穿衣，自己吃饭，而且还能做些简单的家务……

这些说起来容易做起来难，我前后总共花了整整八年时间。2900多个日日夜夜，我没吃过一顿安稳饭，睡过一个安稳觉，人也瘦了一圈。有人问我："你这样值不值？"我说："值，我捡回了一个妻子。"又问："这样累不累？"我说："累，但我累得高兴，我在尽一个丈夫的责任。"

因故事而和美

叶红的身体慢慢康复了，大家都沉浸在劫后重生的欢喜之中。

2010年的一天,叶红突然温柔地对我说:"我想要个孩子,好吗?"我一听,惊喜异常。当年我已经四十多岁了,多么希望自己能有个孩子!可转而一想,她的身体虽然大有好转,但与常人相比还是有差距,生孩子不是小事,她能承受得了吗?

为慎重起见,我陪叶红去医院征求专家们的意见。专家们一致认为:可以,但有风险。我听说有风险,就劝叶红放弃这个想法。可叶红却很坚定:"你冒那么大的风险把我从死亡线上拉回来,现在,我就不能冒险给你一个完整的家?"

在叶红的一再坚持下,2011年的春天,叶红十月怀胎,生下了一个活泼可爱的儿子。现在儿子已经七岁了,学会了拉二胡。当孩子稚嫩的乐曲响起的时候,全家人的脸上都露出了灿烂的笑容。我情不自禁地对叶红说:"叶红,我代表全家人谢谢你!"叶红听了,惊奇地望着我:"谢我?"我说:"是呀,你冒着极大的风险,给了我一个完整、温馨的家,不应该谢谢吗?"叶红认真地笑着说:"不,要谢就谢《故事会》!"说着,从枕边拿来一本《故事会》,"是这上面的故事告诉我,做人要知恩图报!"

叶红说得对,我与她夫妻相守十五年,是《故事会》,给了我智慧和力量,创造了人间奇迹;是《故事会》,给了我一个完整的家。

谢谢你,《故事会》!

传统优秀家训选摘

朱柏庐《朱子家训》(又名《朱子治家格言》)

《朱子家训》又名《朱子治家格言》《朱柏庐治家格言》,是以家庭道德为主的启蒙教材。作者朱用纯(1617~1688),字致一,自号柏庐,江苏省昆山县人。其父朱集璜是明末的学者。朱用纯自幼致力读书,曾考取秀才,志于仕途。清入关,明亡,遂不再求取功名,居乡教授学生并潜心程朱理学,主张知行并进,一时颇负盛名。康熙曾多次征召,然均为先生所拒绝。著有《删补易经蒙引》《四书讲义》《劝言》《耻耕堂诗文集》和《愧纳集》。《朱子家训》通篇意在劝人要勤俭持家安分守己。讲中国几千年形成的道德教育思想,以名言警句的形式表达出来,可以口头传训,也可以写成对联条幅挂在大门、厅堂和居室,作为治理家庭和教育子女的座右铭,因此,很为官宦、士绅和书香门第乐道,自问世以来流传甚广,被历代士大夫尊为"治家之经",清至民国年间一度成为童蒙必读课本之一。《朱子家训》仅五百二十二字,精辟地阐明了修身治家之道,是一篇家教名著。其中,许多内容继承了中国传统文化的优秀特点,比如尊敬师长、勤俭持家、邻里和睦等,在今天仍然有现实意义,当然其中封建性的糟粕,如对女性的某种偏见、迷信报应、自得守旧等是那个时代的历史局限,我们是不能苛求于前人的。

此《朱子家训》实际应为《朱子治家格言》,与宋朝朱熹的《朱子家训》是不同的,应该分清楚。

(原文):黎明即起,洒扫庭除,要内外整洁;既昏便息,关锁门户,必亲自检点。一粥一饭,当思来处不易;半丝半缕,恒念物力维艰。宜未雨而绸缪,勿临渴而掘井。自奉必须俭约,宴客切勿流连。器具质而洁,瓦缶胜金玉;饮食约而精,园蔬愈珍馐。勿营华屋,勿谋良田。三姑六婆,实淫盗之媒;婢美妾娇,非闺房之福。童仆勿用俊美,妻妾切忌艳妆。祖宗虽远,祭祀不可不诚;子孙虽愚,经书不可不读。居身务期质朴,教子要有义方。与肩挑贸易,毋占便宜;见贫苦亲邻,须加温恤。勿贪意外之财,勿饮过量之酒。刻薄成家,理无久享;伦常乖舛,立见消亡。兄弟叔侄,需分多润寡;长幼内外,宜法肃辞严。听妇言,乖骨肉,岂是丈夫?重资财,薄父母,不成人子。嫁女择佳婿,毋索重聘;娶媳求淑女,勿计厚奁。见富贵而生谄容者最可耻,遇贫穷而作骄态者贱莫甚。居家戒争讼,讼则终凶;处世戒多言,言多必失。勿恃势力而凌逼孤寡,毋贪口腹而恣杀生禽。乖僻自是,悔误必多;颓惰自甘,家道难成。狎昵恶少,久必受其累;屈志老成,急则可相依。轻听发言,安知非人之谮诉?当忍耐三思;因事相争,焉知非我之不是?需平心暗想。施惠无念,受恩莫忘。凡事当留余地,得意不宜再往。人有喜庆,不可生妒忌心;人有祸患,不可生喜幸心。善欲人见,不是真善;恶恐人知,便是大恶。见色而起淫心,报在妻女;匿怨而用暗箭,祸延子孙。家门和顺,虽饔飧不继,亦有馀欢;国课早完,即囊橐无馀,自得至乐。读书志在圣贤,非徒科第;为官心存君国,岂计身家?守分安命,顺时听天。为人若此,庶乎近焉。

(译文):每天早晨黎明就要起床,先用水来洒湿庭堂内外的地面然后扫地,使庭堂内外整洁;到了黄昏便要休息并亲自查看一下要关锁的门户。对于一顿粥或一顿饭,我们应当想着来之不易;对于衣服的半根丝或半条线,我们也要常念着这些物资的产生是很艰难的。凡事先要准备,没到下雨的时候,要先把房子修补完善,不要"临时抱佛脚",到了口渴的时候,才来掘井。自己生活上必须节约,聚会在一起吃饭切勿流连忘返。餐具质朴而干净,虽是用泥土做的瓦器,也比金玉制的好;食品节约而精美,虽是园里种的蔬菜,也胜于山珍海味。不要营造华丽的房屋,不要图买良好的田园。社会上不正派的女人,都是奸淫和盗窃的媒介;美丽的婢女和娇艳的姬妾,不是家庭的幸福。家僮、奴仆,不可雇用英俊美貌的,妻、妾切不可有艳丽的妆饰。祖宗虽然离我们年代久远了,祭祀却要虔诚;子孙虽然愚笨,五经、四书,却要诵读。自己生活节俭,以做人的正道来教育子孙。和做小生意的挑贩们交易,不要占他们的便宜,看到穷苦的亲戚或邻居,要关心他们,并且要对他们有金钱或其他的援助。不要贪不属于你的财物,不要喝过量的酒。对人刻薄而发家的,决没有长久享受的道理。行事违背伦常的人,很快就会消灭。兄弟叔侄之间要互相帮助,富有的要资助贫穷的;一个家庭要有严正的规矩,长辈对晚辈言辞应庄重。听信妇人挑拨,而伤了骨肉之情,哪里配做一个大丈夫呢?看重钱财,而薄待父母,不是为人子女的道理。嫁女儿,要为她选择贤良的夫婿,不要索取贵重的聘礼;娶媳妇,须求贤淑的女子,不要贪图丰厚的嫁妆。看到富贵的人,便做出巴结讨好的样子,是最可耻的,遇着贫穷的人,便摆出骄傲的态度,是鄙贱不过的。居家过日子,禁止争斗诉讼,一旦争斗诉讼,无论胜败,结果都不吉祥。处世不可多说话,言多必失。不可用势力来欺凌压迫孤儿寡妇,不要贪口腹之欲而任意地宰杀牛羊鸡鸭等动物。性格古怪,自以为是的人,必会因常常做错事而懊悔;颓废懒惰,沉溺不悟,是难成家立业的。亲近不良的少年,日子久了,必然会受牵累;恭敬自谦,虚心地与那些阅历多而善于处事的人交往,遇到急难的时候,就可以受到他的指导或帮助。他人来说长道短,不可轻信,要再三思考。因为怎知道他不是来说人坏话呢?因事相争,要冷静反省自己,因为怎知道不是我的过错?对人施了恩惠,不要记在心里,受了他人的恩惠,一定要常记在心。无论做什么事,当留有余地;得意以后,就要知足,不应该再进一步。他人有了喜庆的事情,不可有妒忌之心;他人有了祸患,不可有幸灾乐祸之心。做了好事,而想他人看见,就不是真正的善人。做了坏事,而怕他人知道,就是真的恶人。看到美貌的女性而起邪心的,将来报应,会在自己的妻子儿女身上;怀怨在心而暗中伤害人的,将会替自己的子孙留下祸根。家里和气平安,虽缺衣少食,也觉得快乐;

尽快缴完赋税,即使口袋所剩无余也自得其乐。读圣贤书,目的在学圣贤的行为,不只为了科举及第;做一个官吏,要有忠君爱国的思想,怎么可以考虑自己和家人的享受?我们守住本分,努力工作生活,上天自有安排。如果能够这样做人,那就差不多和圣贤做人的道理相合了。

颜之推《颜氏家训·卷一·序致第一》

一个源远流长的民族,必有它赖以立国的优良传统;一个世代昌隆的门第,也必有它赖以持家的宝训。在中国上下五千年的历史长河中,圣贤相继,德慧相承,教人忠诚老实、尊老爱幼、说话谨慎、行为端正的典籍浩如烟海。

在这些典籍中,颜之推所著《颜氏家训》为历代所推崇,是一部影响比较深远的作品。

颜之推(公元513—?),单字介,北朝临沂(今山东临沂)人。早传家学,十二岁时,适遇湘东王自讲庄、老之学。之推便预为门徒。只因淡玄说虚,并非所学?仍然学习《周礼》《左传》等,博览群书。初仕梁,为湘东王参军。后入北齐,任中书舍人,因之推聪颖机悟,博识有才辩，应对闲明，又擅长于文学，为尚书左仆射祖所赏识，官至黄门侍郎。齐亡入周，为御史上士。隋开皇中，太子召为文学，深为礼重，不久因病终。《颜氏家训》计七卷二十篇，从居家教子起，逐渐向外扩展，不仅建立了他的家庭伦理观，而且就个人修养所应遵守的行为规范，也做了具体说明，涉及范围十分广泛。我们选出的《卷一·序致第一》，侧重于其中所述的人人应遵守的先圣先贤之道。

(原文)：夫圣贤之书，教人诚孝，慎言检迹，立身扬名，亦已备矣。魏晋已来，所著诸子，理重事复，递相模效，犹屋下架屋，床上施床耳。吾今所以复为此者，非敢轨物范世也，业以整齐门内，提撕子孙。夫同言而信，信其所亲；同命而行，行其所服。禁童子之暴谑，则师友之诫，不如傅婢之指挥；止凡人之斗阋，则尧、舜之道，不如寡妻之诲谕。吾望此书为汝曹之所信，犹贤于傅婢寡妻耳。

(译文)：古代圣贤们的著述，主要是教人行忠孝，至于言语谨慎、行为庄重、立身扬名等道理，也说得很周全。魏、晋以来，阐述古代圣贤思想的书，道理重复，内容雷同，前后照搬，好比屋里再建屋子，床上再放床一样。现在我又来写这一类书，不敢以它做世人行为的规范，只不过是作为整顿自家门风、警醒后辈儿孙罢了。同样一句话，有的人就信服，是因为说话者是他们所亲近的人；同样一个吩咐，有的人就照办，是因为做出吩咐者是他们所敬服的人。要杜绝孩子的过分淘气,师友的劝诫,还不如婢女的转挥命令;要制止兄弟间的内讧,尧、舜的教导,还不如他们自家妻子的诱导规劝。我希望这本书能被你们信服,不过是希望它能胜过婢女对孩童、妻子对丈夫所起的作用而已。

朱熹《朱子家训》

《朱子家训》原载《紫阳朱氏宗谱》。南宋中期,金、蒙南侵,赋税苛重,百姓怨声载道,民族危机深重,加之儒家衰弱、封建统治的腐朽,致使纲常破坏,礼教废弛,官场贪风日盛,道德沦丧,人们精神空虚,理想失落,社会动荡不安。为了稳定国家秩序,加强家庭和社会的凝聚力,拯救社稷,拯救国家,朱熹以弘扬理学为己任,奉行"格物致知,实践居敬"的教育理念,力主以"存天理,去人欲"为内容的道德修养,力求重整伦理纲常、道德规范,重建价值理想、精神家园。《朱子家训》正是在这样的背景下产生的。

(原文):君之所贵者,仁也。臣之所贵者,忠也。父之所贵者,慈也。子之所贵者,孝也。兄之所贵者,友也。弟之所贵者,恭也。夫之所贵者,和也。妇之所贵者,柔也。事师长贵乎礼也,交朋友贵乎信也。

见老者,敬之;见幼者,爱之。有德者,年虽下于我,我必尊之;不肖者,年虽高于我,我必远之。慎勿谈人之短,切莫矜己之长。仇者以义解之,怨者以直报之,随所遇而安之。人有小过,含容而忍之;人有大过,以理而谕之。勿以善小而不为,勿以恶小而为之。人有恶,则掩之;人有善,则扬之。

处世无私仇,治家无私法。勿损人而利己,勿妒贤而嫉能。勿称忿而报横逆,勿非礼而害物命。见不义之财勿取,遇合理之事则从。诗书不可不读,礼义不可不知。子孙不可不教,童仆不可不恤。斯文不可不敬,患难不可不扶。守我之分者,礼也;听我之命者,天也。人能如是,天必相之。此乃日用常行之道,若衣服之于身体,饮食之于口腹,不可一日无也,可不慎哉!

(译文):当国君所珍贵的是"仁",爱护人民。当人臣所珍贵的是"忠",忠君爱国。当父亲所珍贵的是"慈",疼爱子女。当儿子所珍贵的是"孝",孝顺父母。当兄长所珍贵的是"友",爱护弟弟。当弟弟所珍贵的是"恭",尊敬兄长。当丈夫所珍贵的是"和",与妻子和睦。当妻子所珍贵的是"柔",对丈夫温顺。侍奉师长要有礼貌,交朋友应当重视信用。

遇见老人要尊敬,遇见小孩要爱护。有德行的人,即使年纪比我小,我一定尊敬他。品行不端的人,即使年纪比我大,我一定远离他。不要随便议论别人的缺点;切莫夸耀自己的长处。对有仇隙的人,用摆事实讲道理的办法来解除仇隙。对埋怨自己的人,用坦诚正直的态度来对待他。不论是得意或顺意或困难逆境,都要平静安详,不动感情。别人有小过失,要谅解容忍!别人有大错误,要按道理劝导帮助他。不要因为是细小的好事就不去做,不要因为是细小的坏事就去做。别人做了坏事,应该帮助他改过,不要宣扬他的恶行。别人做了好事,应该多加表扬。

待人办事没有私人仇怨,治理家务不要另立私法。不要做损人利己的事,不要妒忌贤才和嫉视有能力的人。不要声言忿愤对待蛮不讲理的人,不要违反正当事理而随便伤害人和动物的生命。不要接受不义的财物,遇到合理的事物要拥护。不可不勤读诗书,不可不懂得礼和义。子孙一定要教育,童仆一定要怜恤。一定要尊敬有德行有学识的人,一定要扶助有困难的人。这些都是做人应该懂得的道理,每个人尽本分去做才符合"礼"的标准。这样做也就完成天地万物赋予我们的使命,顺乎"天命"的道理法则。

范仲淹 《范文正公家训百字铭》

俗话说"打虎还得亲兄弟,上阵还需父子兵",兄弟间理应相互帮助,相互关心。我们持家立业,必须得注重孝道,维系好家庭成员之间的良好关系,不遗余力。"先天下之忧而忧,后天下之乐而乐",范仲淹一生坎坷,在仕途上也是几起几落,但其虚怀若谷、谦恭宽厚的品格一直为后世敬崇与效仿。

这首《家训百字铭》以朴实无华、言简意赅的文字,总结出立身处世、持家治业的要点,读来朗朗上口、铿锵有力,不愧是家训中的精华之作。

《家训百字铭》不失为一套助力于我们为人处世、操持家业的成熟理论。

孝道当竭力,忠勇表丹诚;兄弟互相助,慈悲无过境。
勤读圣贤书,尊师如重亲;礼义勿疏狂,逊让敦睦邻。
敬长与怀幼,怜恤孤寡贫;谦恭尚廉洁,绝戒骄傲情。
字纸莫乱废,须报五谷恩;作事循天理,博爱惜生灵。
处世行八德,修身率祖神;儿孙坚心守,成家种义根。

诸葛亮《诫子书》

古代家训,大都浓缩了作者毕生的生活经历、人生体验和学术思想等方面内容,不仅他的子孙从中获益颇多,就是今人读来也大有可借鉴之处。《诫子书》是三国时期政治家诸葛亮临终前写给他儿子诸葛瞻的一封家书。诸葛亮被后人誉为"智慧之化身",他的《诫子书》也可谓是一篇充满智慧之语的家训,是古代家训中的名作。文章阐述修身养性、治学做人的深刻道理,读来发人深省。它也可以看作是诸葛亮对其一生的总结,后来更成为修身立志的名篇。

《诫子书》的主旨是劝勉儿子勤学立志,修身养性要从淡泊宁静中下功夫,最忌怠惰险躁。文章概括了做人治学的经验,着重围绕一个"静"字加以论述,同时把失败归结为一个"躁"字,对比鲜明。

从文中可以看出诸葛亮是一位品格高洁、才学渊博的父亲,对儿子的殷殷教诲与无限期望尽在此书中。全文通过智慧理性、简练谨严的文字,将普天下为人父者的爱子之情表达得非常深切。

(原文):夫君子之行,静以修身,俭以养德。非澹泊无以明志,非宁静无以致远。夫学须静也,才须学也,非学无以广才,非志无以成学。淫慢则不能励精,险躁则不能冶性。年与时驰,意与日去,遂成枯落,多不接世,悲守穷庐,将复何及!

(译文):君子的行为操守,从宁静来提高自身的修养,以节俭来培养自己的品德。不恬静寡欲无法明确志向,不排除外来干扰无法达到远大目标。学习必须静心专一,而才干来自学习。所以不学习就无法增长才干,没有志向就无法使学习有所成就。放纵懒散就无法振奋精神,急躁冒险就不能陶冶性情。年华随时光而飞驰,意志随岁月而流逝。最终枯败零落,成为不接触世事、不为社会所用之人,只能悲哀地坐守着那穷困的居舍,到那时悔恨又怎么来得及?

图书在版编目(CIP)数据

中国好家风故事读本：全2册 /《故事会》编辑部编. —— 上海：上海文化出版社，2017.8（2018.7重印）

ISBN 978-7-5535-0707-1

Ⅰ.①中… Ⅱ.①故… Ⅲ.①家庭道德-中国-通俗读物 Ⅳ.①B823.1-49

中国版本图书馆CIP数据核字(2017)第093006号

书　　名	中国好家风故事读本
主　　编	夏一鸣
副 主 编	朱　虹　吕　佳
责任编辑	刘雁君　赵媛佳
发稿编辑	朱　虹　吕　佳　姚自豪　丁娴瑶
	陶云韫　王　琦　曹晴雯　黄怡亲
整体设计	周艳梅
图文制作	华　婵
督　　印	张　凯
出　　版	上海文化出版社
出　　品	上海故事会文化传媒有限公司
	（200020 上海市绍兴路74号　www.storychina.cn）
发　　行	上海文艺出版社发行中心
	（上海市绍兴路50号）
印　　刷	上海中华印刷有限公司
开　　本	889×1194　1/32
印　　张	16.75（全2册）
版　　次	2017年8月第1版
印　　次	2018年7月第4次印刷
书　　号	ISBN 978-7-5535-0707-1/I·206
定　　价	50.00元（全2册）

版权所有 翻印必究

 上海故事会文化传媒有限公司 出品（00626）www.storychina.cn

上海故事会文化传媒有限公司所有图书可办理邮购，免收邮费（挂号除外）
汇款地址：上海市南绍兴路74号(200020)；　收款人：上海故事会文化传媒有限公司出版发行部
联系电话：021-64338113
如发现本书有质量问题，请与印刷厂质量科联系　Tel：021-69213456